CHINA SCIENCE, TECHNOLOGY AND ENGINEERING INDICATORS

中国科学技术与工程指标

中国科协创新战略研究院　著
China Academy of Strategy

清華大学出版社
北京

内容简介

本书是关于中国的科技创新投入产出、科学技术与工程发展状况的指标分析报告。本书从科技人力资源、科技与工程的高等教育、中小学数学和科学教育、研发(R&D)经费投入、科研产出和影响力、科技基础条件资源、高技术产业、公民科学素质及对科技的态度等方面,系统、客观地反映了中国科学技术与工程的发展状况、潜力与竞争格局,为制定科技政策、产业政策和经济政策提供科学依据。

中国科学技术与工程指标充分考虑了指标设置的通用性、可比性,实现重要指标、共性指标国际可比,多渠道、多途径采集中国科学技术与工程指标的基础数据。通过统计分析、抽样调查、大数据挖掘等方式,形成对中国科学技术与工程教育、学术、产业等各方面发展状况的量化评价,并对我国科学技术与工程发展的基本现状、基本特征做出分析和判断。

本书可供各级政府相关部门、科技工作者及高等学校相关专业师生阅读参考。

图书在版编目(CIP)数据

中国科学技术与工程指标/中国科协创新战略研究院著. —北京:清华大学出版社,2018
ISBN 978-7-302-49044-9

Ⅰ. ①中…　Ⅱ. ①中…　Ⅲ. ①科学技术—指标—研究—中国　Ⅳ. ①G322

中国版本图书馆 CIP 数据核字(2017)第 295511 号

责任编辑: 盛东亮　赵晓宁
封面设计: 王昭红
责任校对: 焦丽丽
责任印制: 杨　艳

出版发行: 清华大学出版社
网　　址: http://www.tup.com.cn, http://www.wqbook.com
地　　址: 北京清华大学学研大厦 A 座　　**邮　　编:** 100084
社 总 机: 010-62770175　　**邮　　购:** 010-62786544
投稿与读者服务: 010-62776969, c-service@tup.tsinghua.edu.cn
质量反馈: 010-62772015, zhiliang@tup.tsinghua.edu.cn
课件下载: http://www.tup.com.cn,010-62795954
印 装 者: 小森印刷(北京)有限公司
经　　销: 全国新华书店
开　　本: 185mm×260mm　**印　张:** 22.75　**字　　数:** 553 千字
版　　次: 2018 年 5 月第 1 版　**印　　次:** 2018 年 5 月第 1 次印刷
印　　数: 1～1500
定　　价: 138.00 元

产品编号:076974-01

编辑委员会

罗　晖　周文标　周大亚　阮　草　陈　锐　王宏伟

指导专家

龚　旭　杨起全　宋卫国　谭宗颖　孙　诚　崔宇红

编　写　组

组　长：罗　晖

副组长：陈　锐　王宏伟　邓大胜　徐　婕

撰稿人：（按姓氏笔画排列）

马俊峰　王　飒　王　晋　王　超　王燕妮　尹玉辉
石　磊　石　蕾　吕　华　任　磊　华青松　刘　虹
刘向东　刘馨阳　孙　诚　杜云英　李　娟　杨　光
杨　静　何　薇　张　超　张　静　张明妍　陈　玲
周琼琼　赵　霞　赵晶晶　郝琦玮　胡　姝　夏　婷
徐　婕　徐光耀　徐振国　高宏斌　高孟绪　高晓巍
黄　辰　崔宇红　崔　崑　康桂英　熊嘉慧

PREFACE
前言

科学技术与工程指标是对科技创新活动的定量化测度，是评价科技创新活动投入产出的基本依据。世界各国和国际组织都非常重视科学技术指标，将其作为科技决策和评价科技创新政策效果的主要工具。

2015 年 6 月，中国科协创新战略研究院启动了“中国科学技术与工程指标”项目，力图通过较为系统全面的指标对中国的科技创新、科学技术与工程发展状况进行定量化描述。报告从科技人力资源、科学与工程领域的高等教育、中小学数学和科学教育、研究与开发的经费投入、科研论文及专利的产出和影响力、国家科技基础条件资源、高技术产业和贸易发展等方面，全面客观地反映了中国科学技术与工程状况、发展潜力与竞争格局，为政府制定科技、产业相关政策提供依据，为评价科技投入和政策实施效果提供工具，为社会各界了解中国科学技术与工程水平提供参考。

中国科学技术与工程指标的设置，充分考虑了指标的通用性和可比性，力图实现重要指标和共性指标的历史可比和国际可比。指标的基础数据，主要来自世界经济合作和发展组织(OECD)、世界银行、《中国统计年鉴》《中国科技统计年鉴》等国内外公开的教育、科技、经济统计数据库和相关专项调查。报告采用趋势分析、结构分析、国际比较和综合指标构建等方法，分析了中国科学技术与工程的发展过程和现状，并通过国际比较，判断中国科学技术与工程的国际竞争地位。与同类报告相比，本报告在以下三个方面有所创新：一是测算中国的科技人力资源规模和结构，实现科技人力资源的国际比较，并分析专业技术人员、研发(R&D)人员、高等学校专任教师等其他口径的科技人力资源信息；二是对从中小学到高等教育的学生、教师队伍情况、校内外数学与科学的课程表现等进行分析，展现潜在科技人力资源的发展状况；三是充分运用科学计量分析、SWOT 分析等方法，对科学技术与工程的科研产出及其学术影响力、经济社会效应进行分析，力求科学、客观。

考虑到统计数据的获取有一定限制和困难，本报告中除有特殊说明，一般不包括中国香港、澳门及台湾地区的有关数据。

本书在编写过程中，得到中国科学技术协会、国家自然科学基金委员会、教育部、科学技术部、中国科技指标研究会等有关专家、学者的指导和帮助，在此致以诚挚的感谢，并请广大读者对报告提出宝贵意见，以便我们不断改进。

中国科协创新战略研究院

2018 年 1 月

CONTENTS

目录

第0章

CHAPTER 0

研究概况

世界各国和国际组织都非常重视科学技术指标，对科学技术指标的研究起步较早，已取得一系列研究成果。其中美国的《科学与工程指标》、OECD的《科学技术和工业记分牌》、《日本科学技术指标》等是国外权威机构在国家科学技术和工程评价指标方面较成熟的研究成果，《全球创新指数》和世界经济论坛的《国际竞争力指数》等报告也将科学技术指标作为评价国家科技发展水平和创新能力的基本工具。在国际科技与工程评价指标体系的基础上，中国结合本国国情特征，积极开展科学技术统计指标研究，目前已形成了具有本国特色、基本稳定的科学技术指标体系。但相比国外权威机构，中国在指标体系结构完整性和可比性方面仍存在一定差距。因此，进一步研究和完善中国科学技术与工程评价指标体系，全面准确地描述和反映中国科学技术与工程的发展状况及趋势，可以为中国创新政策的制定提供更可靠的依据，具有重要理论和实践意义。

1. 国内外科技创新评价指标

目前国内外的科学技术指标相关研究报告，大致可以分为两类：一是指数测算与排名；二是指标数据描述与分析。

指数测算报告以《全球创新指数》和《全球竞争力报告》的影响最大，这类报告将科学技术创新指标作为构建综合指标体系的基础指标，通过测算指数对国家或组织的创新能力和竞争力进行综合评价和排名（见表0-1）。报告通常以全球多个经济体为评价对象，使用R&D(研发)[①]经费、R&D人员、论文和专利等指标反映国家或地区的科技发展情况，使用GDP和进出口指标等反映经济发展情况，并采用树状评价指标体系对参评国家或组织进行评价与排名。

指标数据描述型报告，以美国《科学与工程指标》为代表，这类报告主要是通过对指标数据进行定量分析和事实描述，来反映国家科学技术的发展现状，报告政策中立并且不给出排名以及政策建议。

① 全书中以R&D代表“研发”，后文不再说明。

表 0-1　科技指标中的指数测算类报告

报告名称	发布机构	发布时间	指标数量	参评国家或组织
《欧洲创新联盟记分牌》	欧盟创新政策研究中心	2000 年(2010 年更名)	3 个领域 8 个大项 25 个指标	欧洲 28 个国家
《全球创新指数》	欧洲工商管理学院,康奈尔大学和国际知识产权组织	2007 年起	84 个基本指标	全球 142 个经济体
《全球竞争力报告》	世界经济论坛	1979 年起	114 个基本指标	148 个国家或地区
《世界竞争力年度报告》	瑞士洛桑国际管理学院	1989 年起	333 个基本指标	世界 60 个主要国家或地区

1）美国国家科学基金会(NSF)的科学与工程指标报告

自 1972 年起,美国国家科学基金会每两年发布一份《科学与工程指标》报告,向总统和国会报告美国科学技术和工程领域的量化信息,以此作为制定国家政策的基础。目前,报告已成为美国科学、工程和教育状况研究最有影响力的报告,是关于美国大学、企业、联邦政府以及国际科学和工程领域研发活动的最全面信息源。

《科学与工程指标》的体系结构比较稳定,包括中小学数学与科学教育,科学与工程高等教育,科学与工程劳动力,研究与发展经费,学术研发,产业,技术和全球市场,公众对科学与技术的态度和认知等七大部分。其中,教育指标处于重要位置,从中小学教育和高等教育两个方面反映美国科学与工程的教育现状,是该指标体系的突出特点;其余五个部分分别反映了美国的科技研发活动、学术研发活动、与产业界和全球市场的互动关系,及公众对科学技术的理解和认知等方面的现状。另外,报告每一部分还包含指标数据变动的简要分析和相应的国际比较,得出世界各国科技水平的评估和对比。在基本结构保持稳定的情况下,随着中国和全球科技、经济的发展变化,《科学与工程指标》也在不断调整部分指标。

2）日本科学技术政策研究所(NISTEP)的科学技术指标报告

日本科学技术政策研究所从 1991 年开始每年定期发布《日本科学技术指标》系列报告,通过指标数据的量化分析反映日本科技发展的整体状况,使科技统计数据成为日本科技决策的基础和依据。

日本科学技术指标体系总体上包括五个基本方面:①研发支出。对日本和主要国家各类 R&D 支出进行分析和比较;②研发人员。介绍科学技术活动的人力资源情况和国际比较;③高等教育。通过高等院校的就读和就业选择情况反映科技人力资源的储备人才培养情况;④R&D 产出。分析和比较世界主要国家科学论文和专利等研发产出情况;⑤科学技术与创新。使用科技创新影响力指标来反映科技研发与经济社会效应之间的联系。总体而言,日本科学技术指标体系定位明确,认为科技指标报告要为研究人员和决策者提供数据和证据,为衡量和评价科技发展水平和制定科技政策提供量化的数据作为参考;注重国际比较,报告各章在与国际主要国家进行比较后才是本国的具体情况分析;指标分析多样化,在分层级指标体系的 150 个指标中同一大类指标下又细分为描述型、分析型和评价型的具体指标,能够清晰地反映日本在各个指标上的表现和在国际上的相对位置。

3）经济合作与发展组织（OECD）的科学、技术和工业记分牌

OECD自1961年成立以来，一直把R&D的定义和测度作为科技政策研究的重点。1997年开始，OECD发布了《科学技术和工业：记分牌和指标》。报告提供了一个对OECD成员国科学技术和产业活动绩效进行比较分析的框架，并采用记分牌的方式形成动态的检测系统，根据科学、技术和产业的发展变化，不断进行调整和完善。

以2015年的报告为例，指标体系包括：①R&D和创新：知识创造与扩散；②科学技术人力资源：知识和技能；③专利：保护和商业化的知识；④信息与通信技术：一个知识社会的推动者；⑤知识流动和全球企业；⑥知识在生产活动中的影响。六大部分共76个指标，全面反映了科学、技术、全球化和工业等领域的绩效，并由OECD科学技术和产业司（DSTI）开发的数据库进行支撑。报告在其他缺乏统计和调查数据支撑的国家应用较少。另外，指标体系以均量指标为主，影响力指标较少，很难区分不同国家对全球科技发展的贡献。

4）中国科学技术部的科学技术指标体系

自1991年起，中国科学技术部每两年发布一次《中国科学技术指标》报告，截至2014年已出版十二期。报告以比较翔实的国内外统计数据为基础，对中国科学技术发展的资源、能力和在国际科技活动中的地位以及发展趋势做了较为系统的分析，为中国制定科技发展政策，研究中国科技发展态势提供了较为系统的资料和数据。

《中国科学技术指标》从多个侧面反映了国家科技活动状况和科技政策的特征，主要包括科技人力资源、研究与发展经费、科技活动产出、主要执行部门（大中型工业企业、政府研究机构、高等学校和企业）的科技活动、高技术产业、区域科技指标、公民对科学技术的理解与态度状况。同时，通过对中国地区科技发展的总体规模、差异和趋势进行对比分析，揭示中国科技活动的基本情况和主要特征，为中国宏观科技管理和决策提供了可靠的依据。

2. 已有研究评述

1）研究的共识与发展趋势

目前，国内外权威机构发布的科学技术与工程指标体系主要包括四个基本方面：研发经费支出、科技活动产出、各创新主体的研发活动、科技活动的产业化和经济效应，从科技活动的投入、产出、主体行为和影响四个维度，比较全面地反映了国家或地区的科学技术活动。

各报告的指标体系又具有各自的突出特点。其中，美国科工指标强调科学与工程教育，即科技人力资本的形成基础及其对国家科技与工程实力的作用；OECD的科技与产业记分牌和欧盟的创新记分牌体系，强调指标在成员国之间的可比性，并体现全球化进程中的知识流动特征；各类国际竞争力指标体系中的科学技术指标，则从国家研发支持和科技基础设施等方面评价创新对国家竞争力的贡献。总结国内外科学技术与工程评价指标体系的发展和演进，可以得出其整体发展趋势具有以下三个特征：

一是强调评价指标的可比性。作为反映国家或地区科技活动状况和与国际先进水平比较的依据，评价指标的可比性是国内外主要科技指标体系强调的重点，具体体现在两个

比较维度——国际或地区间的比较和本国或地区在时间序列上的比较：①国际或地区间的比较主要取决于评价指标的数据可得性。比较美国科工指标和OECD的科工记分牌可以看出，指标相对简洁、数据获取相对容易的美国科工指标，对后续科学技术指标的研究产生了较大影响，而以大量统计和调查数据库为支撑的OECD科技指标体系，虽然能够更细致地反映国家科技活动的各个方面，但在大多数国家中难以实现，从而影响了评价结果的国际可比性和实用性；②国家或地区内部在时间序列上的可比性。要求指标体系的稳定性和可持续性，并强调指标数据的可比价处理。

二是强调科技人力资本形成在评价科学技术与工程状况中的作用。在美国和日本的科技指标体系中，均将科学与工程教育放在了重要位置，从初、中等科学教育人数和高等教育人数与结构等方面反映国家科学技术与工程的人力资源储备，认为科学与工程教育所体现的科技人力资本形成状况表明了国家未来的科技发展潜力。

三是重视指标数据结果的应用分析。国家和机构发布科学技术指标体系，并应用指标体系评价各国或地区科学技术与工程发展现状，从中识别先进水平并发现差距，是国内外科工指标研究的基本技术路径。结合经济社会发展出现的新问题和新情况，采用相关指标突出科学技术与工程对国家经济社会发展的支撑作用，丰富指标分析内容、提高指标数据的应用效率，是目前科工指标研究的重要趋势。

2）研究的局限

完善中国的科学技术与工程指标体系，除了要把握国内外研究的共识和发展趋势，还要认识到目前的科工指标体系仍存在的局限。

一是对科研成果质量的关注不够。科学技术与工程状况是国家或地区科技实力的体现，仅以科技成果的数量，例如发表论文数量、专利数量等指标衡量科技发展状况，往往无法反映真实情况。

二是缺少对科技活动所处环境条件因素的客观评价。环境条件是科技活动效果的重要影响因素，目前受到国内外学者的广泛关注，但以往研究大多采用主观因素较强的调查数据，仍需进一步完善环境因素的客观评价指标。

三是缺少对科技活动作用和效果的关注。在科技活动的影响方面，目前的科工指标研究仅从某一时间段的经济社会发展情况反映科技发展的作用和效果，缺少科技进步和创新促进经济社会发展的真正证据。日本在科技指标体系中加入了反映经济社会科技进步的全要素生产率指标，是相关研究中的有益尝试，对中国构建和完善科学技术与工程指标体系具有借鉴意义。

3. 进行中国科学技术与工程指标研究的意义

一是社会有需求。科技进步是经济社会发展的首要推动力，自主创新是调整经济结构、转变增长方式、提高国家竞争力的中心环节，建设创新型国家是面向未来的重大战略选择。党中央国务院高度重视科技创新，特别是“十八大”以来围绕科技创新做出了一系列重大部署，提出实施创新驱动发展战略，大力推动以科技创新为核心的全面创新。“十三五”时期，世界科技创新呈现新趋势，中国经济社会发展进入新常态，想要深刻认识并准确把握新趋势和新常态的要求，需要有一套系统科学的指标，来反映中国的科技创新发展状况，评价衡量中国建设创新型国家和科技强国的进程，分析判断未来科学技术与工程发展的趋势。

二是现有指标报告仍需扩充。20 世纪 80 年代以来，中国已经形成特色鲜明、相对全面的科学技术指标体系，也有同类报告从不同方面分析中国科技创新的发展状况。由于各类报告定位不同，指标选取各有侧重，现有的指标报告仍有扩展和互补的空间。尤其是目前中国科学技术、教育、学科发展等反映科技发展水平的各类指标分散在科技部、教育部、国家自然科学基金委、中国科协等部门发布的报告中，缺乏综合性和完整性。因此，在整体上展示国家科学、技术、工程、教育、科学文化等综合发展情况，形成统览型的综合报告，具有较强的理论意义和现实价值。中国科协是开放型、枢纽型和平台型的群团组织，中国科协创新战略研究院是科协系统建设高水平科技创新智库的依托单位，具备丰富的科技评估研究基础，能够突破部门或政府报告的局限，发布全面、中立、客观的科学技术与工程指标报告。

三是中国科协有推动高水平创新智库建设的要求。近年来，中央陆续发布了《关于加强中国特色新型智库建设的意见》《中国科协系统深化改革实施方案》等指导性文件，提出中国科协需要服务国家经济社会与科技事业发展，立足已有决策咨询工作经验，在“十三五”时期重点建设高水平的创新智库。根据《中国科协高水平科技创新智库建设“十三五”规划》要求，采集科学技术与工程指标，建设指标数据库，提供多元化的数据产品和信息服务，发布科学技术与工程指标报告，是中国科协建设高水平创新智库，打造一批智库品牌报告的具体要求。

4. 中国科工指标报告的指标体系

中国科协创新战略研究于 2015 年启动中国科学技术与工程指标项目。启动初期，项目组成立了由中国科协创新战略研究院、中央教育科学研究院、中国科普研究所、北京理工大学、科技部国家科技基础条件平台中心、海关总署研究中心等单位的专家学者组成的联合研究团队，展开有关指标体系构建的预研究。

1）中国科技与工程指标的设计思路

《国家创新驱动发展战略纲要》提出，实现创新驱动是一个系统性的变革，要按照“坚持双轮驱动、构建一个体系、推动六大转变”进行布局，构建新的发展动力系统。其中，“双轮驱动”就是科技创新和体制机制创新两个轮子相互协调、持续发力，“一个体系”就是建设国家创新体系。要建设各类创新主体协同互动和创新要素顺畅流动、高效配置的生态系统，形成创新驱动发展的实践载体、制度安排和环境保障。

国家科技创新体系主要由创新主体、创新基础设施、创新资源、创新环境等要素组成，且是一个不同要素互动关联、互相作用的复杂系统。OECD 在 1996 年的报告中，曾特别强调了系统分析方法应用于技术发展研究的重要意义，要求打破单一线性创新模式描述的“投入—产出”或“上游—中游—下游”关系，转向链环互动的整体创新系统模式。

建立中国科学技术与工程指标体系，是在国家创新体系框架下应用系统论分析方法，建立包括各个创新要素在内的评价指标体系。体系构建考虑了与现有中国科技统计调查体系、教育统计调查体系的衔接，以及指标基础数据获取的可行性，在科学技术活动“投入—产出”指标基础上，增加了创新体系内相关的基础设施资源、文化环境等方面的指标。同时，为了体现国家创新体系主体的互动作用，还增加了政府、高等学校、科研机构等不同科技主体间的经费流动指标。

2）指标体系的结构

中国科学技术与工程指标的设计遵循系统性、科学性、可比性、有效性等基本原则，其中，系统性原则和科学性原则是科技与工程指标设计的基本要求，其他原则从不同方面反映了科技创新评价指标设计中的可操作性与指标的应用性要求。中国科学技术与工程指标主体包含八大维度（见图 0-1），共 203 个主要指标（见表 0-2）。在投入方面，主要包括科技活动的人力和资本投入，其中人力投入为科技人力资源和体现科技人力资源储备、素质情况的科技与工程相关方面的各阶段教育情况；在产出方面，主要包括科学技术与工程的学术产出，产出的学术、社会和经济影响力，以及科学技术与工程的产业化——高技术产业发展情况的主要指标；创新体系的其他要素指标包括基础设施条件、公民的科学素质及对科技的态度等反映创新体软硬环境的指标。具体各章的安排如下：

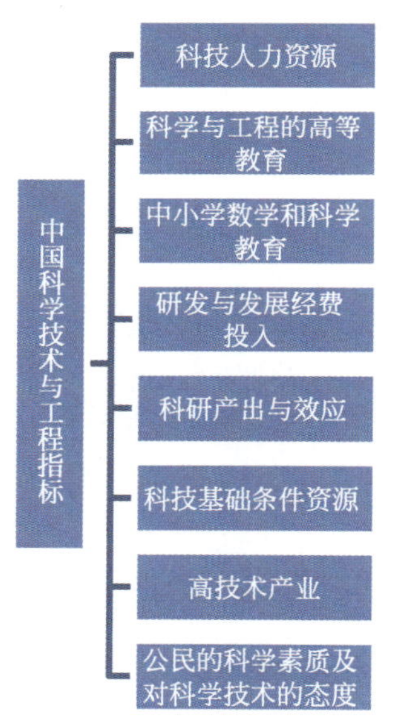

图 0-1　中国科学技术与工程指标主体维度

第 1 章，科技人力资源。主要包括 2 个一级指标和 11 个具体指标。一级指标一方面从“资格”角度测算中国的科技人力资源规模，另一方面从“职业”角度分析其他不同口径的科技人力资源，即专业技术人员，R&D 人员和高等教育专任教师。通过对科技人力资源的学历、学科分布等方面的分析，展示近年来中国科技人力资源的发展变化趋势。

第 2 章，科学与工程的高等教育。主要包括 3 个一级指标，48 个具体指标。从高等教育发展和学科演进的视角入手，对高等教育的概况、分类演变、学科演进和自然科学与工程技术领域的学生情况以及留学生的情况进行系统分析。

第 3 章，中小学数学和科学教育。主要包括 4 个一级指标，26 个具体指标。分析中国中小学学生数学和科学课程标准和学业成就等，以及中小学数学和科学课程的教师资源、科学教育基础设施和条件等软硬件资源状况，并展示中小学参与校外科学活动的情况，反映中国中小学数学和科学总体教育状况。

第 4 章，研究与开发经费。主要包括 3 个一级指标，17 个具体指标。对中国 R&D 经费的总量、经费类型、执行机构、经费流向等方面的情况进行分析，并与发达国家进行比较，反映中国当前在科技投入方面的状况。

第 5 章，科研产出和影响力。主要包括 4 个一级指标，41 个具体指标。通过对国内外科学与工程领域的论文和专利进行分析，对中国的科研能力、创新能力进行测度，并与目标国家进行对比分析。通过对科学家在国际上获得著名科技奖励的情况和中国科技人员在国际标准化组织的任职分析，展示国家科技能力及其在国际上的影响力。

第 6 章，国家科技基础条件资源。主要包括 3 个一级指标，17 个具体指标。依据科技部、财政部组织的科技基础条件资源调查和重大科研基础设施专项调查的数据，分析以大型科学仪器设备、重大科研基础设施和科学数据为代表的科技基础条件资源状况。

第 7 章，高技术产业与贸易发展。主要包括 3 个一级指标，23 个具体指标。从高技术产业、高技术产品贸易和中国技术贸易三个部分展开，反映中国高技术产业的发展状况及特点。

第 8 章，中国公民的科学素质及对科学技术的态度，主要包括 3 个一级指标，20 个具体指标。以 2015 年中国公民科学素质抽样调查的概况和主要结果为基础，通过对 31 个省、自治区、直辖市和新疆生产建设兵团的公民科学素质水平发展状况、公民获取科技信息和参与相关活动的情况及公民对科学技术的态度等方面的调查结果，反映 2015 年中国公民科学素质及对科学技术的态度。

3）主要数据来源

中国科学技术与工程指标体系的基础数据来源主要有三个方面，一是中国公开统计数据，包括相关年份的《中国统计年鉴》《中国科技统计年鉴》《中国教育统计年鉴》《中国科技论文与引文数据库》《中国技术市场交易报告》等由国家统计局或政府部门发布的公开统计数据；二是国际主流数据库，报告中的国际可比指标的数据主要来自世界银行等国际组织或机构的经济、科技、社会、论文和专利等数据，例如，OECD 数据库中的“主要科学技术指标”、InCites 数据库、UNESCO 数据库、世界银行数据库等，世界知识产权局（WIPO）的专利数据；三是专项调查数据，主要是由权威机构执行的全国范围的大型调查项目，其结果可以体现全国的情况，并有一定的代表性。主要调查项目包括科技部、财政部每年组织开展的科技基础条件资源调查，经国家统计局批准，由中国科普研究所执行的第九次中国公民科学素质抽样调查，还包括中国科协创新战略研究院执行的全国学会在国际民间科技组织任职情况等专题调查项目。

表 0-2 中国科学技术与工程指标

维　度	一级指标	二级指标	三级指标
科技人力资源	按资格为主测算	—	1. 科技人力资源总量
			2. 各学历层次科技人员占比
			3. 各学科科技人员占比
	从职业角度分析	专业技术人员	4. 专业技术人员总量
			5. 不同科技领域专业技术人员占比
		R&D 人员	6. R&D 人员全时当量
			7. 各部门 R&D 人员占比
			8. 各活动类型 R&D 人员占比
		高等教育专任教师	9. 高等教育专任教师数
			10. 各学历层次专任教师占比
			11. 各类职称专任教师占比

续表

维　　度	一级指标	二级指标	三级指标
科学与工程的高等教育	高等教育机构概况	—	12. 高等教育机构总数
			13. 高等教育经费收入
			14. 高等教育经费支出
			15. 普通高等学校生均教育经费支出
	科学与工程高等教育	专科层次	16. 招生人数
			17. 不同学科招生占比
			18. 招生性别比例
			19. 不同培养渠道招生占比
			20. 在校生人数
			21. 不同学科在校生占比
			22. 在校生性别比例
			23. 在校生培养渠道结构
			24. 毕业生人数
			25. 毕业生学科结构
			26. 毕业生培养渠道结构
		本科层次	27. 招生人数
			28. 不同学科招生占比
			29. 招生性别比例
			30. 不同培养渠道招生占比
			31. 在校生人数
			32. 不同学科在校生占比
			33. 在校生性别比例
			34. 在校生培养渠道结构
			35. 毕业生人数
			36. 毕业生学科结构
			37. 毕业生培养渠道结构
		研究生层次	38. 招生人数
			39. 不同学科招生占比
			40. 招生性别比例
			41. 不同培养渠道招生占比
			42. 在校生人数
			43. 不同学科在校生占比
			44. 在校生性别比例
			45. 在校生培养渠道结构
			46. 毕业生人数
			47. 毕业生学科结构
			48. 毕业生培养渠道结构
	国际交流	来华留学生	49. 接收留学生数量
			50. 留学生在不同层次高等教育学生中所占比例
			51. 各学科留学生学占比
			52. 不同来源地留学生占比
			53. 不同经费来源的留学生占比
			54. 不同目的地省份的留学生占比
			55. 不同学历层次的留学生占比
		出国留学生	56. 出国留学生数量
			57. 学成归国人员数量
			58. 高等教育领域留学生按目的国分布
			59. 留学生净流量

续表

维　　度	一级指标	二级指标	三级指标
中小学数学和科学教育	学生的数学和科学学业成就		60. 学生的数学学业成就
			61. 学生的科学学业成就
	数学和科学教师	数学学科	62. 不同学段教师数量
			63. 不同学段数学学科男女教师比例
			64. 不同学段数学学科少数民族教师占比
			65. 不同学段数学学科本科以上学历教师占比
		科学学科	66. 不同学段科学教师数量
			67. 不同学段科学男女教师比例
			68. 不同学段科学少数民族教师占比
			69. 不同学段科学本科以上学历教师占比
	科学教育基础设施和条件	实验室	70. 实验仪器达标率
			71. 实验室生均使用面积
			72. 生均实验设备资产值
		教学用计算机	73. 每百名学生平均拥有的教学用计算机数
	校外科学教育	博物馆中的科学教育	74. 全国科技馆数量
			75. 科技馆展教辅导员数量
			76. 展教辅导员本科及以上学历占比
			77. 学生观众数量及占全部观众的比重
			78. 开展馆校合作的科技馆数量
			79. 开展馆校合作的学校数量
		科技竞赛中的科学教育	80. 科技竞赛数量
			81. 科技竞赛参赛人数
		科技教育出版物	82. 科技教育类图书发行量
			83. 科技教育类图书在少儿图书中所占比例
			84. 不同学科科技教育类图书比例
			85. 不同年龄段科技教育类图书比例
研究与发展经费投入	总量		86. R&D 经费投入
			87. R&D 经费投入强度
	结构	经费用途结构	88. 基础研究投入占比
			89. 应用研究投入占比
			90. 试验发展投入占比
		经费来源结构	91. 政府资金占比
			92. 企业资金占比
			93. 国外资金占比
		执行部门结构	94. 政府执行占比
			95. 企业执行占比
			96. 高等院校占比
	研发经费流向		97. 企业资金流向政府科研机构比例
			98. 企业资金流向高等院校比例
			99. 政府资金流向企业比例
			100. 政府资金流向高等院校比例
			101. 企业执行研发经费中来自政府资金的比例
			102. 高等院校执行经费中来自政府资金的比例

续表

维　　度	一级指标	二级指标	三级指标
科研产出与效益	科技与工程学科论文	国内论文	103. 论文总量
			104. 论文数量年增长率
			105. 不同学科论文占比
			106. 不同机构发表论文占比
		国际论文	107. SCI 论文数
			108. 论文数量全球百分比
			109. 论文数量年增长率
			110. 不同学科论文占比
			111. 不同机构发表论文占比
			112. 论文被引总频次
			113. 被引频次全球百分比
			114. 篇均被引频次
			115. 高被引论文数量
			116. 高被引论文全球百分比
			117. 热点论文数量
			118. 热点论文全球百分比
			119. 国际合作论文数量
			120. 国际合作论文占比
			121. 横向合作论文数量
			122. 横向合作论文占比
	专利	本国专利	123. 专利申请量
			124. 专利授权量
			125. 专利授权量占申请量的比例
			126. 有效专利数量
			127. 不同技术领域专利占比
			128. 职务发明专利中不同机构占比
		国外专利	129. PCT 专利申请量
			130. 三方专利申请量
	学术影响力	国际科技奖项	131. 全球不同领域国际科技奖项的总人次
			132. 各国获国际科际奖项总人次
			133. 各国获国际科技奖项人数占世界总人数的比例
		国际标准化组织技术委员会任职	134. 在国际标准化组织(ISO)技术委员会秘书处任职数量
			135. 在 ISO 技术委员会成员国任职数量
			136. 在 ISO 分技术委员会秘书处的任职数量
			137. 在 ISO 分技术委员会成员国任职数量
			138. 不同学科领域任职比例
		学会人员在国际民间科技组织中任职	139. 学会人员在国际民间科技组织中任职的总数
			140. 学会人员在国际民间科技组织中担任主席职务的人数
			141. 不同学科领域任职比例
	经济效应		142. 技术依存度
			143. 全要素生产率对经济增长的贡献

续表

维　　度	一级指标	二级指标	三级指标
国家科技基础条件资源	大型科学仪器设备	仪器规模	144. 原值50万元及以上的大型科研仪器数量
			145. 原值500万元以上的大型科研仪器数量
		购置资金来源	146. 中央财政购置大型科研仪器总额
			147. 主体科技计划项目资金占比
		国产化情况	148. 国产化率
			149. 各类型大型科研仪器的国产化率
		开放共享水平	150. 实现开放共享的大型科研仪器的数量
			151. 对外开放率
		设备为企业服务情况	152. 企业研发使用占总服务机时的比重
		开放共享载体	153. 国家大型科学仪器中心数量
			154. 国家级分析测试中心数量
			155. 大型科研仪器共享网数量
	重大科研基础设施	—	156. 设施投资额
			157. 设施建设数量
			158. 不同主管部门科研基础设施占比
	科学数据	—	159. 科学数据资源量
			160. 科学数据中心数量
高技术产业	高技术产品制造业	总量	161. 高技术产业主营业务收入额
		结构	162. 内资企业主营业务收入占比
			163. 三资企业主营业务收入占比
		占制造业比重	164. 高技术产业主营业务收入占制造业的比重
			165. 部分国家高技术产业出口占制造业的比重
		技术创新	166. 高技术产业R&D经费支出
			167. 大中型高技术产业有效发明专利拥有量
	高技术产品贸易	总量	168. 高技术产品进出口总额
			169. 占商品进出口总额的比重
		技术领域结构	170. 不同技术领域高技术产品进口额占比
			171. 不同技术领域高技术产品出口额占比
		出口贸易方式结构	172. 进料加工贸易占比
			173. 来料加工装配贸易占比
			174. 一般贸易占比
		出口企业性质结构	175. 外商独资企业占比
			176. 中外合资企业占比
			177. 国有企业占比
		贸易伙伴	178. 中国进口前十大贸易伙伴占比
			179. 中国出口前十大贸易伙伴占比
	中国技术贸易	—	180. 技术合同数
			181. 技术合同交易额
			182. 输出技术合同成交额
			183. 吸纳技术合同成交额

续表

维度	一级指标	二级指标	三级指标
公民的科学素质及对科学技术的态度	公民科学素质	总体水平	184. 中国具备科学素质的公民比例
		各地区水平	185. 东中西部地区公民科学素质水平
			186. 各省份公民科学素质水平
		群体特征	187. 按城、乡分类的公民科学素质水平
			188. 不同年龄段公民的科学素质水平
			189. 不同性别公民的科学素质水平
			190. 不同受教育程度公民的科学素质水平
	公民的科技信息来源	公民获取科技信息的主要渠道	191. 通过不同渠道获取科技信息的公民占比
			192. 公民对互联网渠道传播科技信息的信任程度
		公民利用科普场馆情况	193. 过去一年公民参观过各类科普场馆的比例
			194. 公民因“本地没有”而未参观过科技类场馆的比例
		公民参加科普活动的情况	195. 过去一年公民参加或知晓各类科普活动的比例
		公民参与公共科技事务的程度	196. 经常或有时参与各类公共科技事务的公民占比
	公民对科学技术的态度	公民对科技信息的感兴趣程度	197. 对科技类新闻话题感兴趣的公民占比
			198. 具备科学素质的公民中对科技类新闻话题感兴趣的占比
		公民对科学技术的看法	199. 支持科技事业发展并对科学技术的应用充满期望的公民占比
			200. 具备科学素质的公民中支持科技事业发展并对科学技术的应用充满期望的占比
			201. 支持转基因技术应用的公民占比
			202. 具备科学素质的公民中对转基因技术应用持支持态度的占比
		公民对科学技术职业声望的看法	203. 科学家、教师、医生和工程师等科学技术类职业在公民心目中的声望

第1章

CHAPTER 1

科技人力资源

本章导读

当前，中国经济发展步入新常态，经济已经由高速增长转向中高速增长。面对经济增速的放缓、增长动力的转换、经济结构的再平衡，必须要坚持走中国特色自主创新道路，实施创新驱动发展战略。创新驱动发展的关键是科技创新，科技创新的核心是科技人力资源，它是推动国家科技事业发展的战略资源，也是提升国家竞争力的关键因素。

在中国高等教育从精英化走向大众化的驱动下，近年来，中国科技人力资源快速增长，截至2015年，中国科技人力资源总量为8640万人，目前已成为世界前列的科技人力资源大国。研究中国科技人力资源整体情况和重要科技领域科技人力资源规模及其内部的结构变化，有助于正确制定实施国家发展战略、对科技人力政策做出科学调整，这对国家的科技实力和可持续发展能力具有重要意义。

本章着重从科技人力资源"资格"和"职业"两个方面对中国科技人力资源总量进行测算，并剖析中国从"资格"角度测算的科技人力资源学历和学科结构，揭示中国当前科技人力资源的质量；对专业技术人员、研发（R&D）人员和高等教育专职教师的总量和结构剖析，展示近年来中国重要科技领域人力资源的发展变化趋势。

本章包含三部分内容，第一部分是科技人力资源总量与结构剖析，第二部分是专业技术人员、R&D人员、高等教育专职教师等其他细分口径的科技人力资源情况分析，第三部分是科技人力资源的国际比较。

本章要点

1. 中国科技人力资源总量稳定增长。

截至2015年，中国科技人力资源总量达到8640万人，居世界第一。

2. 高等教育是培养中国科技人力资源的主力。

截至2015年，中国科技人力资源总量中经高等教育培养的具备"资格"的科技人力资源为8043万人，占中国科技人力资源总量的93.1%；不具备“资格”但符合“职业”范畴的技师和高级技师、乡村医生和卫生员共占科技人力资源总量的6.9%。

3. 中国科技人力资源仍以专科学历为主，呈现明显的金字塔结构。

截至2015年，中国研究生学历的科技人力资源数量占具备资格的科技人力资源的5.9%，本科学历占38.5%，专科学历占55.7%，呈现明显的金字塔结构。

4. 中国科技人力资源学历层次不断提升。

2000—2015年，中国专科层次科技人力资源占比由60.2%降至55.7%，本科层次科技人力资源比例由37.4%升至38.5%，研究生层次科技人力资源比例由2.4%升至5.9%。每年新培养的本科及以上层次的科技人力资源数量增长迅速，未来科技人力资源的学历层次将进一步提升。

5. 工学、理学和医学领域的研究生学历科技人力资源最多。

自2005年以来，工学和医学领域的科技人力资源比例呈现上升趋势，分别从2005年的35.2%、9.1%增至2015年的51.1%、12.6%。尽管管理学、经济学、法学和教育学领域的科技人力资源数量在增长，其在科技人力资源中的占比却分别由2005年的10.8%、16.7%、6.8%、8.8%降至2015年的7.9%、8.2%、3.4%和4.3%。农学和文史哲领域的科技人力资源比例较为稳定。

6. 中国公有经济企事业单位专业技术人员数量不断增长，人员结构波动较小。

中国公有经济企事业单位科技领域的专业技术人员数量，从2005年的2197.9万人增至2015年的2488.7万人，年均增长1.3%。2015年，平均每万名在岗职工中的科技领域专业技术人员为5018.0人，比2005年增加759.3人，增长17.8%。

科技领域专业技术人员内部结构波动较小。科技领域专业技术人员中，工程技术人员占比有所增长，由2005年的21.8%增至2015年的25.9%；教学人员占比逐步下降，由2005年的57.3%降至2015年的51.8%；农业技术人员、科学研究人员和卫生技术人员比例相对稳定，分别保持在3%、1.5%、17%上下。

7. 近年来，中国R&D人员总量持续增长，在各执行部门和从事不同活动类型的R&D人员分布比例差异较大。

2015年，中国R&D人员全时当量达375.9万人/年，是2000年的4.1倍。

从执行部门的R&D人员分布比例看，企业R&D人员所占比例逐年增大，其他部门所占比例相对减少。

从事试验发展的R&D人员占比较高，保持在65%以上，并且逐年扩大，2014年达到历史最高值82.7%，2015年则小幅降低至81.8%。从事基础研究和应用研究的R&D人员所占比例有所减少，分别从2001年的8.2%和23.6%降低到2014年的6.3%和11.0%，2015年又小幅回升至6.7%和11.5%。

8. 中国高等学校专职教师的学历层次随着高等学校办学规模的扩张逐步提升。

2015年，中国高等学校专职教师达到160.3万人，比2004年增加63.2万人，增长65.1%。

2015年，中国专职教师中博士学历占比为21.2%，硕士学历占比为35.9%，本科学历占比为41.6%，专科及以下学历占比为1.3%。与2004年相比，博士学历的专职教师占比增加了13.7%，硕士学历占比增加了11.6%，本科和专科及以下学历的专职教师占比分别减少了22.2%和3.2%。

9. 近十年，中国科学与工程领域每年新增科技人力资源量一直居世界第一，且稳步增长。

2014年中国新增科技人力资源437.2万人，是印度的1倍多，是美国的3倍多。

从趋势来看，中国科学与工程领域每年的新增科技人力资源数量仍将继续领先，且远超其他国家。

10. 中国R&D人员总数居世界首位，但每万人就业人员中从事R&D活动人员的数量与发达国家仍有较大差距。

2015年，中国R&D人员全时当量375.9万人/年，比2014年的371.1万人/年减少了4.8万人/年。

丹麦、瑞典、韩国和奥地利的R&D人员优势明显，每万人就业人员中从事R&D活动人员分别为212人年/万人、176人年/万人、168人年/万人和160人年/万人，分别是中国(49人年/万人)的4.3倍、3.6倍、3.4倍和3.3倍。

11. 中国研究人员占R&D人员的比例、每千就业人员中研究人员数量与发达国家相比差距较大。

中国研究人员全时当量占R&D人员全时当量的比例偏低，2015年仅为43.1%，与发达国家有较大差距。

近十年，中国每千就业人员中研究人员一直在2人年以下，不到瑞典的1/6，不到美国、德国、法国、英国、澳大利亚、瑞士、荷兰与英国等国的1/4。

从各国研究人员所属部门分布比例来看，大多数研究人员集中在企业和高等教育机构，但是从内部结构细分来看，不同国家存在着较大差异。中国的研究人员主要集中在企业，2015年中国企业研究人员占62.7%。

1.1　科技人力资源的总量与结构

科技人力资源的概念和理论框架由经济合作与发展组织(OECD)和欧盟(EU)等国际组织于20世纪60年代提出，20世纪90年代才开始进入中国学术界的研究视野，并逐渐得以应用和发展。

按照经合组织与欧盟统计局(Eurostat)联合编写的《科技人力资源手册》(即堪培拉手册)中的定义，科技人力资源是指满足下列条件之一的人：一是接受过自然科学相关专业的高等教育，即具备“资格”；二是虽然没有接受过相关专业高等教育，即不具备“资格”，但在科技相关岗位从事工作，符合“职业”条件。一个国家科技人力资源的总量是按“资格”和“职业”两者统计的合计值，即任何一个人只要满足“资格”和“职业”中的一个条件，即属于科技人力资源的组成部分。由于受到统计数据的限制，我们尚无法做到统计完全符合“职业”条件的科技人力资源数量。本研究从两个部分对科技人力资源进行测算：一是完成科技领域大专或以上学历(学位)教育的人员,即具备成为科技人力资源"资格"的人员;二是虽然不具备上述资格,但从事通常需要上述资格的科技职业的人员。概言之,本报告按"资格"和"职业"两者的合计值来测算科技人力资源的总量。其中,"资格"部分科技人力资源的测算主要是通过高等教育毕业生的数据进行估算,"职业"部分则是以"技师和高级技师人员""乡村医生和卫生员"统计数来代表。

1.1.1 科技人力资源总量

截至2015年,中国科技人力资源总量为8640万人。其中,通过接受高等教育而具备"资格"的科技人力资源8043万人,占科技人力资源总量的93.1%;不具备"资格",但符合"职业"条件的技师和高级技师494万人,乡村医生和卫生员103万人,共占科技人力资源总量的6.9%(见图1-1)。

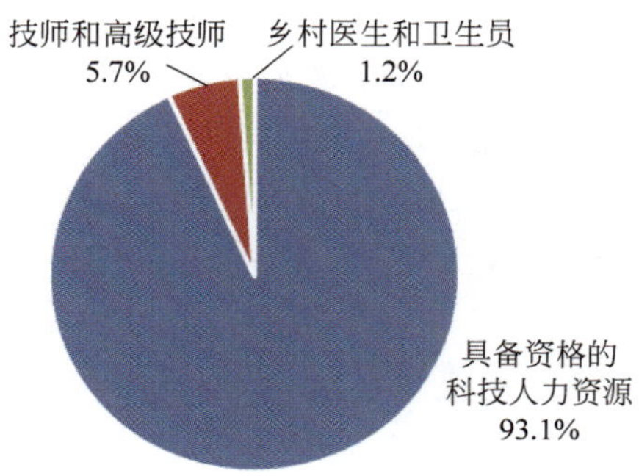

图1-1 各类科技人力资源占比(截至2015年底)

注:数据来源于《中国劳动统计年鉴》。数据详见附表1-1和附表1-2。

近十年来,中国科技人力资源增长迅速。2005年,中国科技人力资源总量为4252万人,2015年增至8640万人,10年间增加4388万人,比过去50多年的总和还多。其中,具备"资格"的科技人力资源从2005年的4037万人增至2015年的8043万人,增长了近一倍(见表1-1)。

表1-1 部分年份中国科技人力资源总量 单位/万人

类　别	2005年	2009年	2011年	2014年	2015年
具备资格的科技人力资源	4037	5484	6390	7621	8043
技师和高级技师、乡村医生和卫生员	215	315	371	492	597
总计	4252	5799	6760	8114	8640

注:数据来源于历年《中国科技人力资源发展研究报告》,不具备"资格"但从事科技职业的人员中,技工和高级技工数据来自《中国劳动统计年鉴》,卫生员和乡村医生数据来自《中国卫生和计划生育统计年鉴》。

1.1.2 科技人力资源的学历结构

本报告按具备资格和从事职业两方面的总和来测算科技人力资源总量,本小节对科技人力资源学历结构进行分析,仅针对具备资格的科技人力资源部分。

截至 2015 年，中国研究生层次科技人力资源约有 473.4 万人，占具备资格科技人力资源的 5.9%；本科层次科技人力资源 3093.4 万人，占 38.5%；专科层次科技人力资源 4476.4 万人，占 55.7%（见图 1-2）。从数量上可以看出，中国科技人力资源的学历层次分布呈现明显的金字塔结构。专科层次科技人力资源仍然是科技人力资源的主要组成部分。

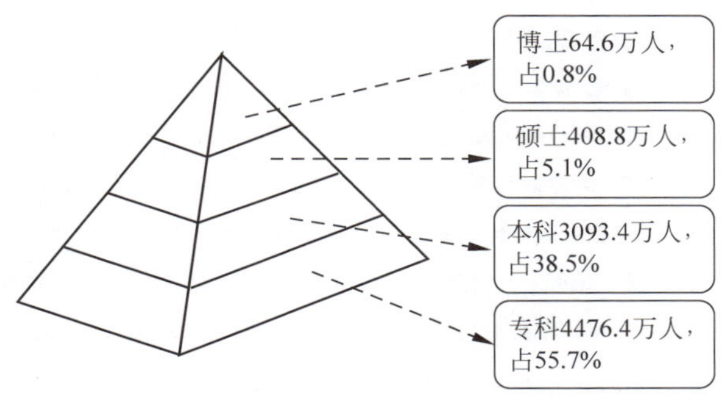

图 1-2 中国科技人力资源学历结构（截至 2015 年底）

注：数据来源于《中国教育统计年鉴》历年高等教育毕业生数据的测算。

从历史来看，我国科技人力资源的整体学历层次正在不断提高，尤其是研究生层次科技人力资源增长最为迅速。专科层次科技人力资源占比由 2000 年的 60.2%下降至 2015 年的 55.7%，下降了 4.5 个百分点；本科层次科技人力资源占比由 2000 年的 37.4%提高至 2015 年的 38.5%，提高了 1.1 个百分点；研究生层次科技人力资源占比由 2000 年的 2.4%提高至 2015 年的 5.9%，提升了 3.5 个百分点（见图 1-3）。

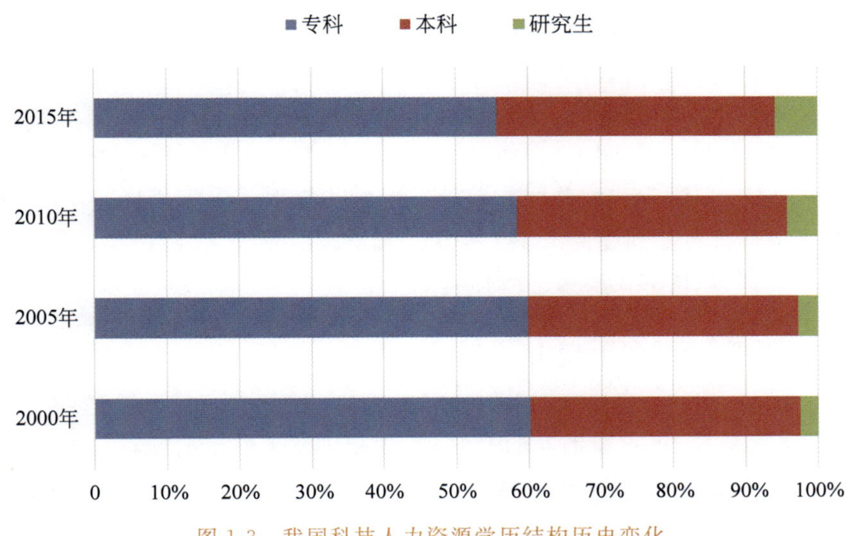

图 1-3 我国科技人力资源学历结构历史变化

注：数据根据《中国教育统计年鉴》历年高等教育毕业生数据测算而得。数据详见附表 1-3。

近年来每年新培养的本科及硕士以上层次科技人力资源数量及比例仍在稳定增长，考虑到科技岗位入职学历门槛的逐步提高，专科层次毕业生纳入科技人力资源的比例仍在下降（见图 1-4），例如，2006 年新培养的专科、本科和研究生科技人力资源分别占 49.6%、

42.7%和7.7%，而2015年新培养的专科、本科和研究生科技人力资源分别占38.6%、51.0%和10.4%，未来我国科技人力资源的学历层次将进一步提升。

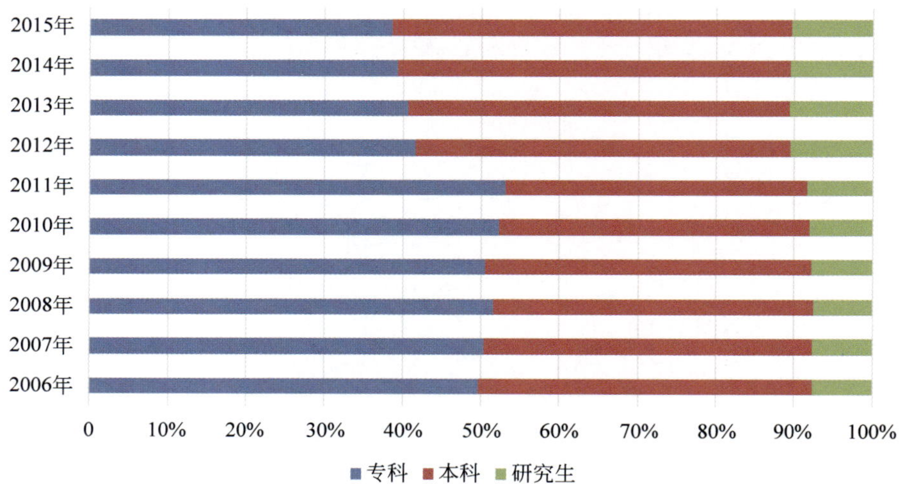

图 1-4 符合资格条件的每年新培养的科技人力资源学历结构(2006—2015年)

注：数据根据《中国教育统计年鉴》历年高等教育毕业生数据测算。数据详见附表1-4。

1.1.3 科技人力资源的学科结构

尽管高等教育毕业生毕业后不一定从事本学科相关职业，但总体而言，科技人力资源的专业结构与高等教育毕业生的学科结构存在着密切关系，基于科技人力资源的定义和中国高等教育的发展状况，本节从资格角度，对中国高等教育不同学科毕业生数量与比例以及中国科技人力资源的学科结构进行分析。

近十年来，工学和医学领域的科技人力资源比例呈现上升趋势。工学领域的科技人力资源由2005年的1171万人增至2015年的3740万人，占科技人力资源总量的比例由35.2%增至51.1%；医学领域的科技人力资源由2005年的302万人增至2015年的924.7万人，占科技人力资源总量的比例由9.1%增至12.6%。管理学、经济学、法学和教育学领域的人科技人力资源数量均在增长，分别由2005年的358万人、556万人、227万人、291万人增至2015年的580.7万人、602.1万人、251.3万人、315.9万人，但所占科技人力资源比例分别由10.8%、16.7%、6.8%、8.8%降至7.9%、8.2%、3.4%、4.3%。农学和文史哲领域的科技人力资源比例较为稳定，2015年分别占到3.6%和.1.1%左右(见图1-5)。

从各学历层次来看，每年新培养的专科、本科和研究生层次的工科科技人力资源均在快速增长，其他学科则相对平稳，这表明未来科技人力资源总量中的工科人员比例会进一步提升。

符合“资格”条件的每年新培养的专科层次工学科技人力资源数量由2006年的92.7万增加到2011年的196.5万，占专科层次的比例由60.4%增加到73.3%。新培养的医学科技人力资源数量每年略有增加，而每年新培养的管理学科技人力资源数量则自2009年开始下降(见图1-6)。

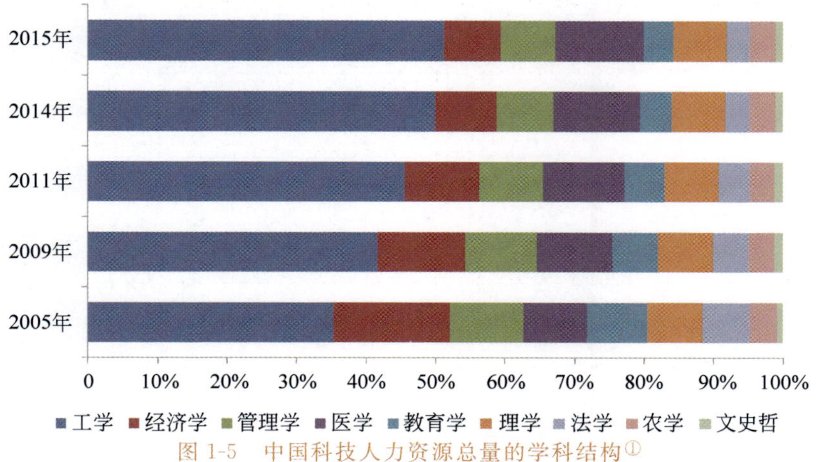

图 1-5 中国科技人力资源总量的学科结构[①]

注：数据来源于《中国科技人力资源发展研究报告》《中国科技人力资源发展研究报告 2010、2012、2014》。数据详见附表 1-5。

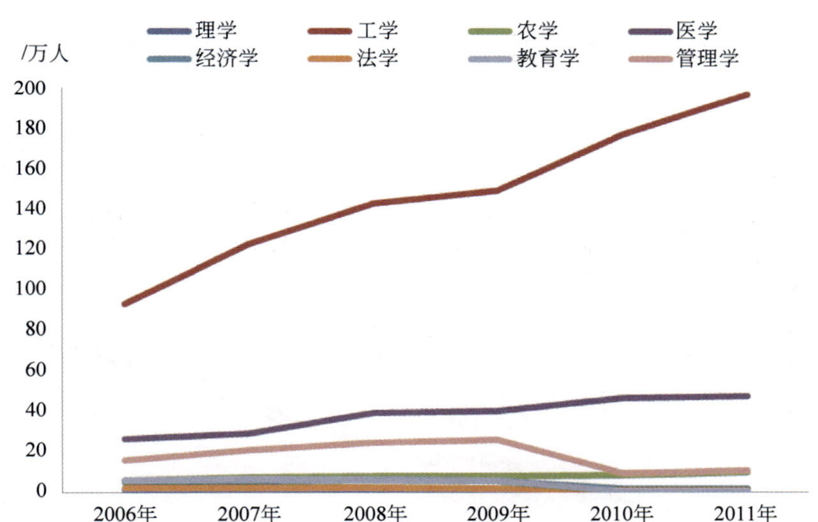

图 1-6 符合资格条件的每年新培养的专科层次科技人力资源数量(2006—2011 年)

注：数据根据《中国教育统计年鉴》高等教育毕业生数据测算。数据详见附表 1-6。

经过测算得到，2012—2015 年，新增专科层次科技人力资源数量最多的是制造类，2015 年占专科层次的 25.3%，其次是土建类和电子信息类，分别占 22.9%和 17.6%，三类共占 65.8%(见表 1-2)。

① 2004 年，教育部印发了《普通高等学校高职高专教育指导性专业目录(试行)》，将专科教育的学科门类分设为 19 个大类。然而，实际操作中，直到 2011 年统计口径才发生变化。为了历史对比和结构图显示的直观性，这里将近年专科大类数据按原有的学科大类进行了归类合并。农林牧渔大类并入农学，交通运输大类、资源开发与测绘大类、材料与能源大类、土建大类、水利大类、制造大类和电子信息大类并入工学，生化与药品大类和医药卫生大类并入医学，可能会与实际存在一些误差。

表 1-2　从“资格”角度看每年新培养的专科层次科技人力资源(2012—2015 年)　单位/万人

类　　别	2012 年	2013 年	2014 年	2015 年	合计
农林牧渔大类	8.7	8.6	8.4	8.4	34.1
交通运输大类	15.4	16.8	17.9	19.2	69.3
生化与药品大类	9.1	8.8	8.4	7.8	34.1
资源开发与测绘大类	6.2	6.9	7.4	7.9	28.4
材料与能源大类	5.5	5.5	5.3	4.8	21.1
土建大类	32.2	37.7	43.8	45.9	159.6
水利大类	1.5	1.8	1.9	2	7.2
制造大类	51.7	50.9	50.1	50.8	203.5
电子信息大类	44.2	39.2	35.6	35.4	154.4
医药卫生大类	14.5	16.3	16.8	18.5	66.1
合计	189.0	192.5	195.6	200.7	777.8

注：数据根据《中国教育统计年鉴》高等教育毕业生数据测算①。

在本科层次科技人力资源中，工学类数量显著多于其他学科科技人力资源数量，并且始终保持增长态势，2015 年新增 156.2 万人，占当年新增本科数量的 60.4%。2007—2012 年，理学类科技人力资源基本保持稳定，2012—2014 年有所减少，2015 年与 2014 年大体相当(见图 1-7)。

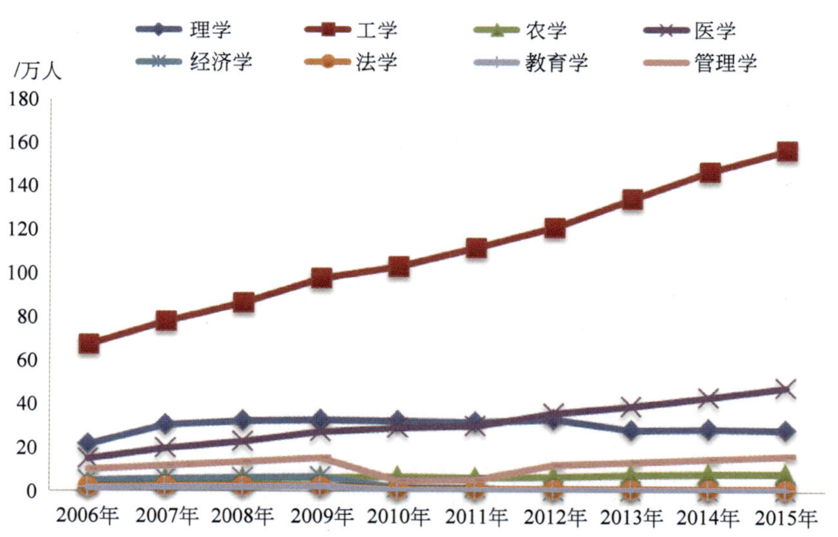

图 1-7　符合“资格”条件的每年新培养的本科层次科技人力资源数量(2006—2015 年)

注：数据根据《中国教育统计年鉴》历年高等教育研究生毕业生数量测算得到，数据详见附表 1-7。

① 由于教育部对专科层次高等教育专业目录进行了调整，本部分对各专业毕业生折算成科技人力资源的比例进行了相应调整。

从学科分布看，研究生层次科技人力资源数量较多的学科排在前三位的分别是工学、理学和医学，分别占研究生层次科技人力资源总量的36.2%、11.4%和10.8%。自2006年以来，在新培养的研究生层次科技人力资源中，工学数量均超过三分之一。近两年，管理学新增研究生层次科技人力资源成为增长最快的第二大学科（见图1-8），2015年占比13.1%。

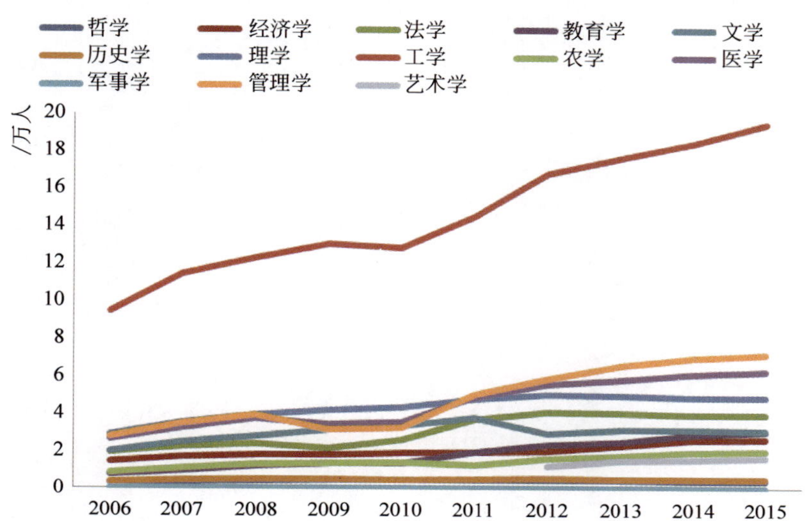

图1-8 符合“资格”条件的每年新培养的研究生层次科技人力资源数量（2006—2015年）

注：数据根据《中国教育统计年鉴》历年高等教育研究生毕业生数量测算得到。数据详见附表1-8。

1.2 其他口径的科技人力资源

前文主要从“资格”的角度对中国科技人力资源总量进行分析。实际上，有资格成为科技人力资源的人在从业时并不一定从事科技工作，因此从“职业”角度阐述科技人力资源是十分必要的。鉴于中国并没有“职业”角度统计的科技人力资源数据，本节根据一些已经有所统计的数据，如专业技术人员、R&D人员、高校专职教师等，从“职业”角度对中国科技人力资源的利用状况作一些分析。

1.2.1 专业技术人员的总量与结构

专业技术人员是指事业单位和企业中具有中专及以上学历或取得初级及以上专业技术职称的就业人员。科技领域专业技术人员是指科技领域的五类专业技术人员，包括工程技术人员、农业技术人员、科学研究人员、卫生技术人员和教学人员。公有经济企事业单位的科技领域的专业技术人员情况可以从一定角度反映出中国公有制企事业单位的科技人力资源情况。

1. 科技领域专业技术人员总量

2015年，中国公有经济企事业单位的科技领域专业技术人员为2488.7万人，占公有经济企事业单位的专业技术人员的80.6%。近十年来，公有经济企事业单位的科技领域专业技术人员数量不断增加，2015 年比 2005 年(2197.9 万人)增加 290.9 万人，增长 13.2%，年均增长 1.3%。平均每万名在岗职工中科技领域专业技术人员的数量可在一定程度上反映出中国科技劳动力的充足程度。2015 年，中国公有经济企事业单位平均每万名在岗职工中科技领域专业技术人员数达 5018 人，比 2005 年增加 759 人，增长 17.8%(见图 1-9)。

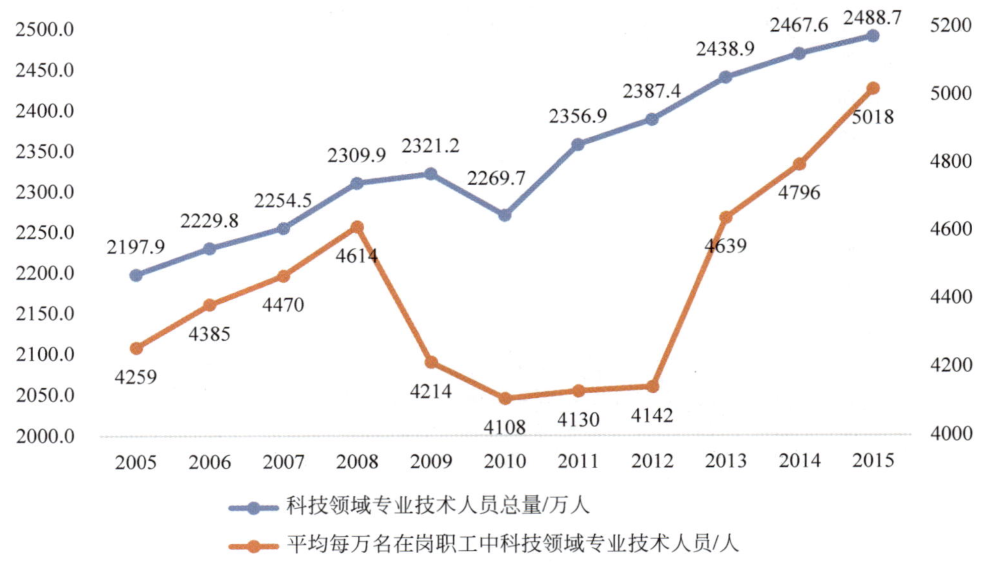

图 1-9 科技领域专业技术人员情况(2005—2015 年)

注：数据来源于《中国科技统计年鉴 2006—2016》。数据详见附表 1-9。

2. 科技领域专业技术人员的结构

从公有经济企事业单位的科技领域专业技术人员的内部结构来看，2005 年以来，工程技术人员比例有所增长，从 2005 年的 21.8%增至 2015 年的 25.9%；教学人员比例逐步下降，由 2005 年的 57.3%降至 2015 年的 51.8%；农业技术人员、科学研究人员和卫生技术人员比例比较稳定，分别保持在 3.0%、1.5%、17.0%左右(见图 1-10)。总体来看，科技领域专业技术人员的内部结构波动较小。

从各类人员数量来看，近十年来，中国公有经济企事业单位的各类技术人员数量都有所增长，但增速不一，其中，中国公有经济企事业单位的科学研究人员增速最快。

2015 年，中国公有经济企事业单位的科学研究人员达到 45.1 万人，比 2005 年(31.1 万人)增加 14.0 万人，增长 45.0%，年均增长 3.8%。近十年来，中国公有经济企事业单位的科学研究人员占科技领域专业技术人员的比例保持稳定，2015 年为 1.8%，仅比 2005 年(1.4%)增加 0.4%(见图 1-11)。

2015 年，中国公有经济企事业单位的工程技术人员达到 644.8 万人，比 2005 年(479.1 万人)增加 165.7 万人，增长 34.6%，年均增长 3.0%。中国公有经济企事业单位的工程技术人员占科技领域专业技术人员比例呈现稳步上升态势，2015 年为 25.9%，比 2005 年(21.8%)增加 4.1%(见图 1-12)。

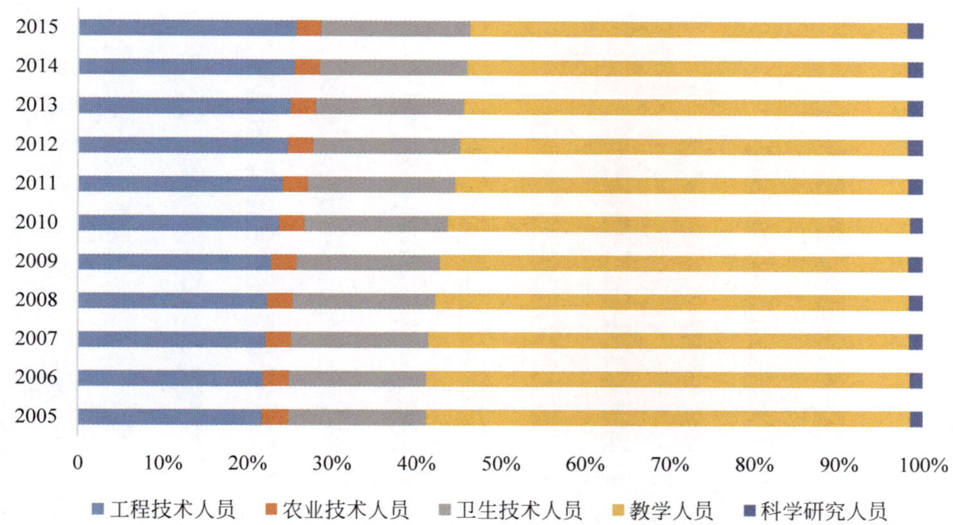

图 1-10 中国公有经济企事业单位的科技领域专业技术人员的内部结构(2005—2015 年)

注:数据来源于《中国科技统计年鉴》。数据详见附表 1-10 至附表 1-14。

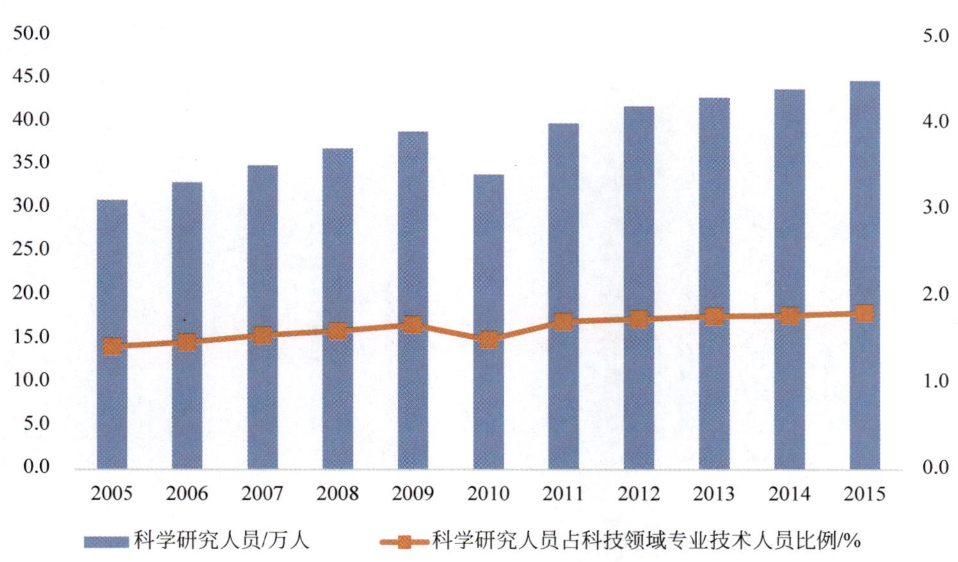

图 1-11 科技领域科学研究人员情况(2005—2015 年)

注:数据来源于《中国科技统计年鉴 2006—2016》。数据详见附表 1-10。

中国公有经济企事业单位的农业技术人员缓速增长,2015 年为 72.2 万人,仅比 2005 年(70.6 万人)增加 1.6 万人,增长 2.3%,年均增长 0.1%。中国公有经济企事业单位的农业技术人员占科技领域专业技术人员比例一直在 3%左右,近年来略有下降,2015 年为 2.9%,比 2005 年(3.2%)减少 0.3%(见图 1-13)。

2015 年,中国公有经济企事业单位的科技领域卫生技术人员达到 437.0 万人,比 2005 年(358.1 万人)增加 78.9 万人,增加 22.0%,年均增长 2.0%,高于中国科技领域专业技术人员的年均增长率(1.3%)。中国公有经济企事业单位的卫生技术人员占科技领域专业技

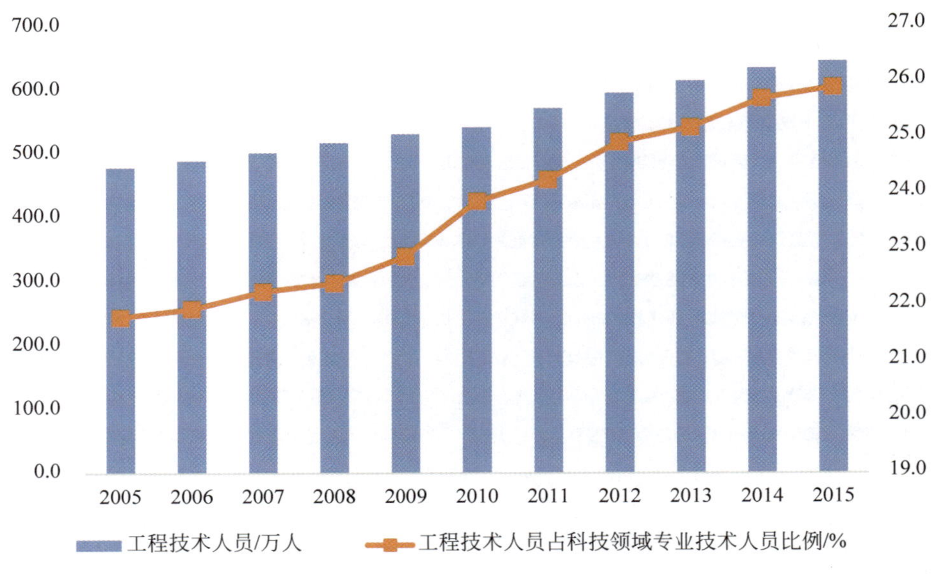

图 1-12 科技领域工程技术人员情况(2005—2015 年)

注：数据来源于《中国科技统计年鉴 2006—2016》。数据详见附表 1-11。

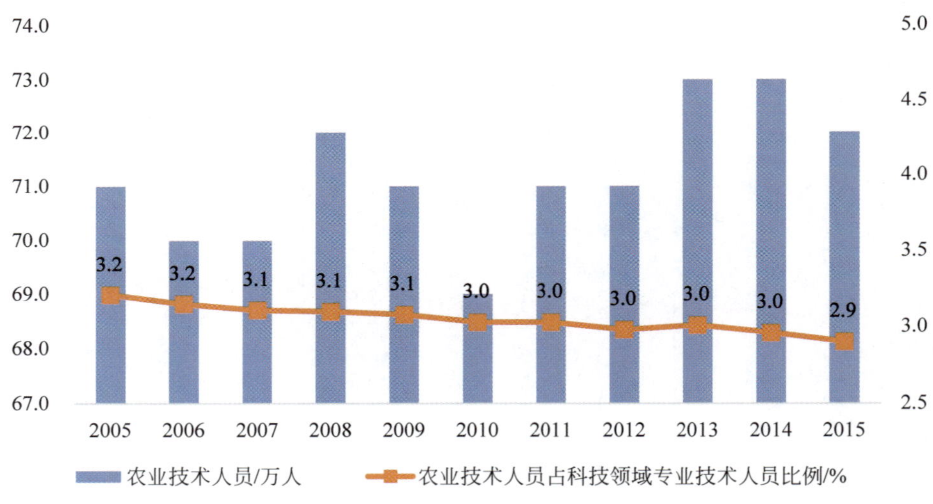

图 1-13 科技领域农业技术人员情况(2005—2015 年)

注：数据来源于《中国科技统计年鉴 2006—2016》。数据详见附表 1-12。

术人员比例近十年来基本稳定在 17%上下，2015 年略有上升，为 17.6%，比 2005 年(16.3%)增加 1.3%(见图 1-14)。

中国公有经济企事业单位的教学人员数量增长缓慢，2015 年为 1289.6 万人，仅比 2005 年(1258.9 万人)增加 30.7 万人，增加 2.4%，年均增长 0.24%，低于中国科技领域专业技术人员的年均增长率。中国公有经济企事业单位的教学人员占科技领域专业技术人员比例总体呈现缓幅下降态势，2015 年为 51.8%，比 2005 年(57.3%)下降 5.6%(见图 1-15)。

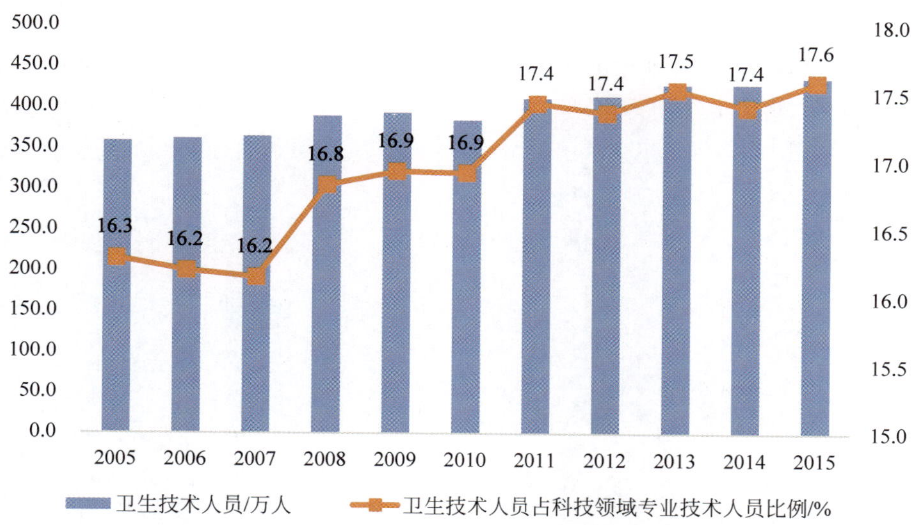

图 1-14 科技领域卫生技术人员情况(2005—2015 年)

注：数据来源于《中国科技统计年鉴 2006—2016》。数据详见附表 1-13。

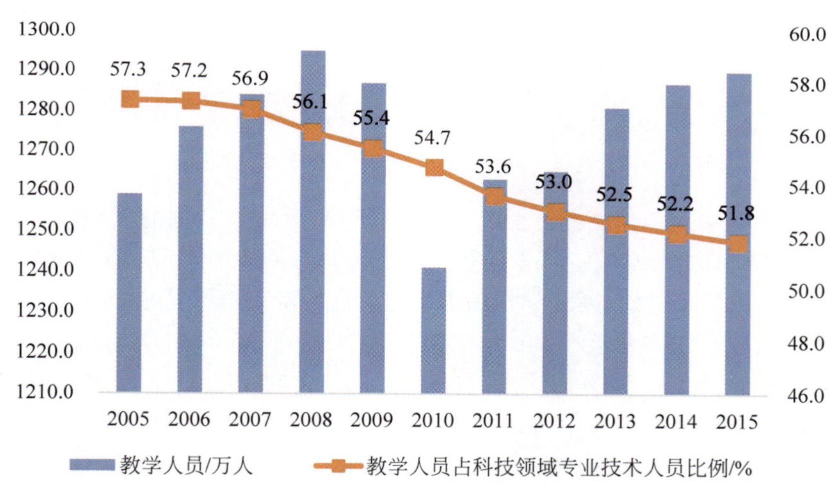

图 1-15 科技领域教学人员情况(2005—2015 年)

注：数据来源于《中国科技统计年鉴 2006—2016》。数据详见附表 1-14。

1.2.2 R&D 人员的总量与结构

R&D 人员是指单位内部从事基础研究、应用研究和试验发展三类活动的人员，包括直接参加上述三类项目活动的人员以及这三类项目的管理人员和直接服务人员。R&D 人员全时当量是指 R&D 全时人员(全年从事 R&D 活动工作时间占全部工作时间的 90%及以上人员)工作量与非全时人员按实际工作时间折算的工作量之和。

1. R&D 人员全时当量

近年来，中国 R&D 人员全时当量稳步增长，但增速呈现下滑趋势。2015 年，中国

R&D 人员全时当量达 375.9 万人/年[①]，是 2000 年的 4.1 倍。2005 年、2007 年和 2009 年 R&D 人员出现较快增长，分别比上年增长 18.4%、15.6%和 16.6%。2011 年以后，增长速度下降较快，2011 年比上年增长 12.9%，而 2015 年仅比上年增长 1.3%，2012—2015 年间，增速下滑明显(见图 1-16)。

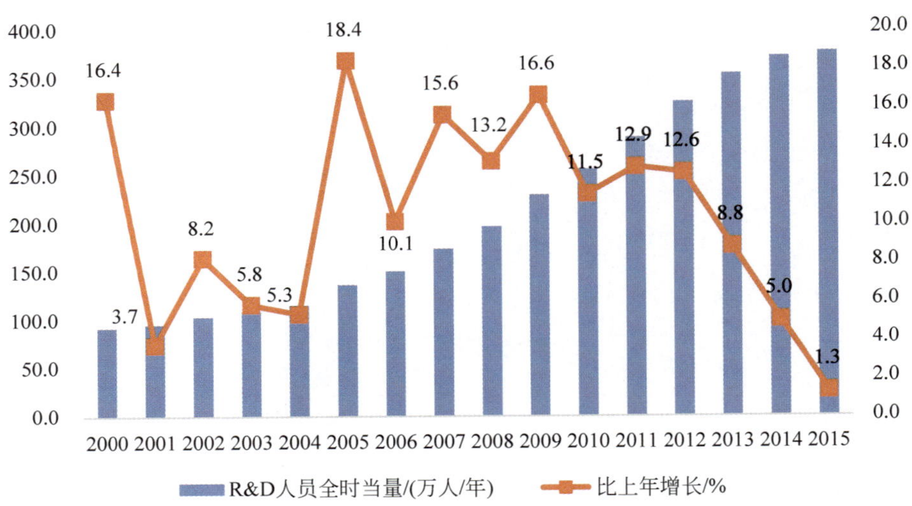

图 1-16　R&D 人员全时当量及增长情况(2005—2015 年)

注：数据来源于《中国科技统计年鉴 2001—2016》。数据详见附表 1-15。

2. R&D 人员全时当量的结构

2009—2015 年，中国 R&D 人员全时当量在总体数量增长的同时，各执行部门的 R&D 人员全时当量数量和比例也产生了较为明显的变化。总体来看，各部门的 R&D 人员总量均持续增加，研究与开发机构、高等学校的 R&D 人员总量一直平稳增长，分别从 2009 年的 27.7 万人/年和 27.5 万人/年增至 2015 年的 38.4 万人/年和 35.5 万人/年。企业 R&D 人员增幅较大，从 2009 年的 164.8 万人/年增长到 2015 年的 291.1 万人/年。从执行部门的分布比例来看，企业 R&D 人员所占比例有所增大，从 2009 年的 71.9%提升到 2015 年的 77.4%，提升了 5.5%，研究与开发机构、高等学校所占比例均呈现下降趋势，分别从 2009 年的 12.1%、12.0%降至 2015 年的 10.2%、9.4%(见图 1-17)。

2001—2015 年，R&D 人员全时当量在总体数量增长的同时，不同研究类型岗位分布数量和比例也有所变化。其中，基础研究人员从 2001 年的 7.9 万人/年增长到 2015 年的 25.3 万人/年，应用研究人员从 2001 年的 22.6 万人/年增长到 2015 年的 43.0 万人/年，试验发展人员从 2001 年的 65.2 万人/年增长到 2015 年的 307.5 万人/年。可以看出，从事试验发展的 R&D 人员始终占据最大比例，保持在 60%以上，并且近年来有逐年扩大的趋势，2014 年达到历史最高值 82.7%，只有 2015 年小幅降低至 81.8%；而从事基础研究和应用研究的 R&D 人员所占比例则有逐渐缩小的趋势，从 2001 年的 8.2%和 23.6%降低到 2014 年的 6.3%和 11.0%，但 2015 年又小幅回升，分别达到 6.7%和 11.5%(见图 1-18)。

---

① 人年是 R&D 人员全时当量的单位，全时当量是全时人数加非全时人数按工作量折算为全时人员数的总和，非全时人员按实际工作时间折算为全时人员，其单位为即为“人年”。

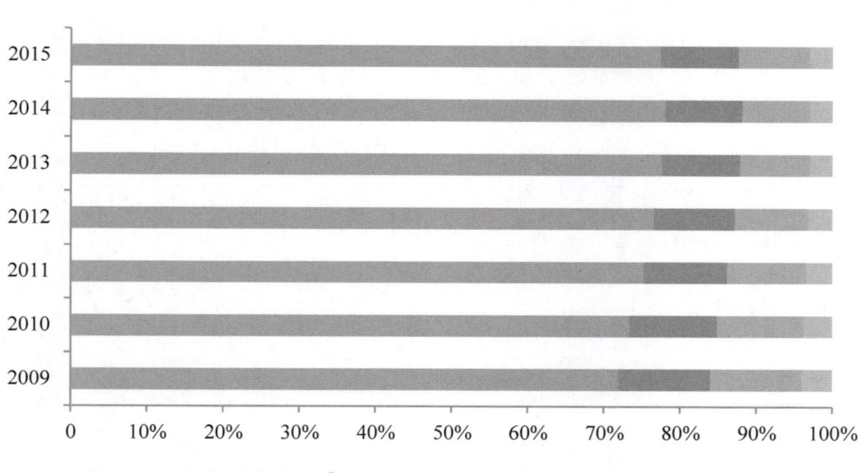

图 1-17　各执行部门 R&D 人员全时当量分布情况(2009—2015 年)

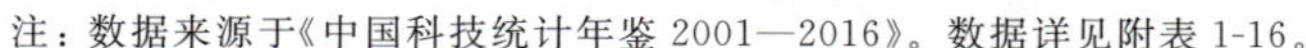
注：数据来源于《中国科技统计年鉴 2001—2016》。数据详见附表 1-16。

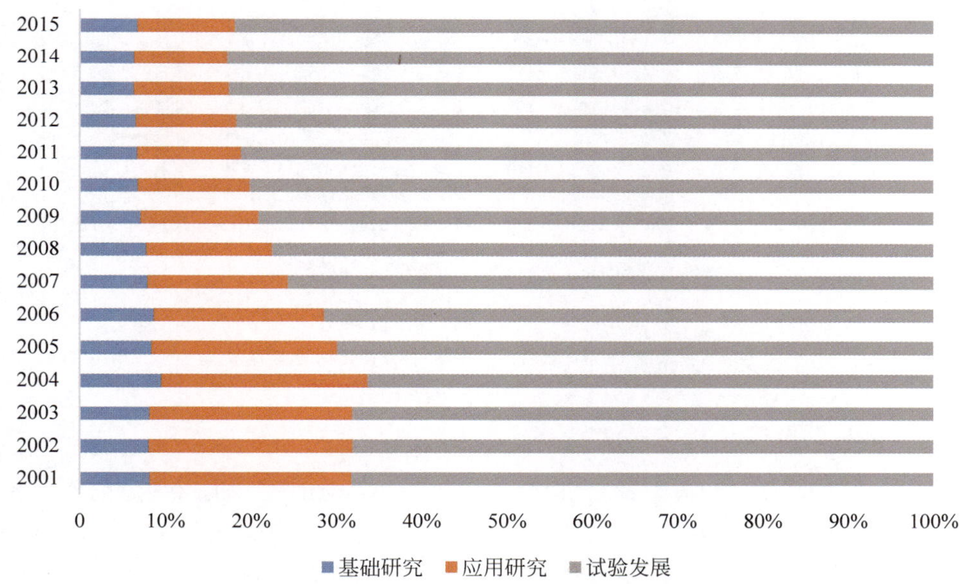

图 1-18　各研究类型 R&D 人员全时当量分布情况(2001—2015 年)

注：数据来源于《中国科技统计年鉴 2002—2016》。数据详见附表 1-17。

1.2.3　高校专职教师的总量与结构

专职教师是高等学校开展 R&D 活动的主要群体，是科技人力资源的重要组成部分，并承担培养科技人力资源的重要任务。

1. 专职教师总量

1999 年以来，中国高等教育实行扩招，为中国的科技人力资源规模迅猛发展做出巨大贡献。与此同时，中国的高等学校专职教师随着高等学校办学规模逐年扩大，其数量也在不断增长。2015 年，中国高等学校专职教师达到 160.3 万人，比 2014 年增加 3.7 万人，增长 2.4%；比 2004 的年增加 63.2 万人，增长 65.1%，年均增长率为 4.7%。尽管中国高校专职教师的增长率却呈现下滑趋势。2004 年，专职教师总量年增长 16.3%，2005 年这一数字快速下滑至 10.5%，之后的年增长率降至个位数。2008 年以后，年增长率在 5%以内波动变化，这反映出在中国当前稳定高等教育招生规模、加强高校内涵发展的大政策环境下，高校专职教师队伍也将稳定地小幅增长(见图 1-19)。

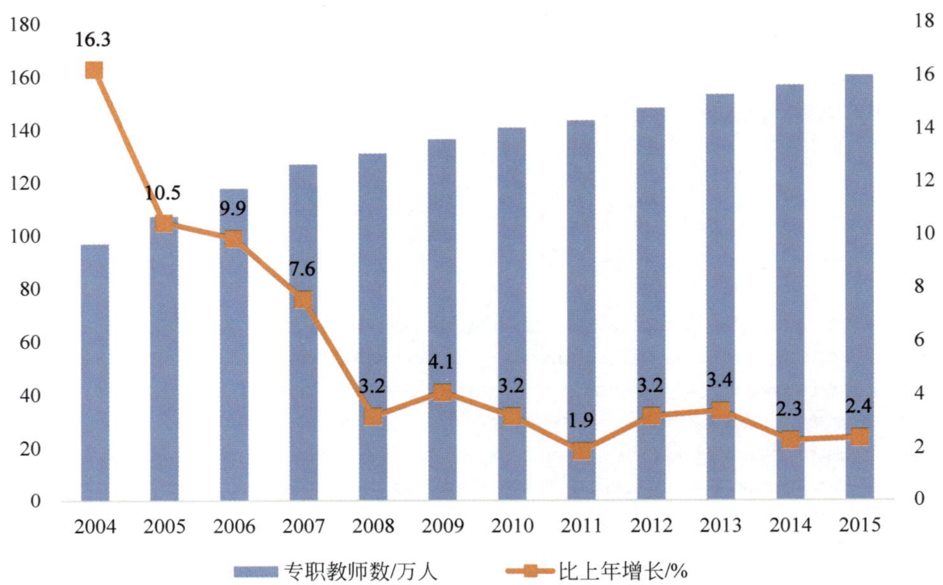

图 1-19　高等学校专职教师总量(2004—2015 年)

注：数据来源于《中国教育统计年鉴》。数据详见附表 1-18。

2. 专职教师的结构

中国专职教师的学历层次不断提升，且仍有较大提升空间。2015 年，中国专职教师共有 160.3 万人，其中博士学历 33.9 万人，占比 21.2%；硕士学历 57.6 万人，占比 35.9%；本科学历 66.6 万人，占比 41.6%；专科及以下学历 2.1 万人，占比 1.3%。2004 年，中国专职教师(不包括民办高等教育)共有 97.1 万人，其中博士学历 7.3 万人，占比 7.5%；硕士学历 23.6 万人，占比 24.3%；本科学历 61.9 万人，占比 63.8%；专科及以下学历 4.4 万人，占比 4.5%。相比 2004 年，2015 年专职教师学历层次增幅最大的是博士学历教师，所占比例增长 13.7%，其次是硕士层次学历专职教师占比，增长 11.6%；本科学历和专科及以下学力层次教师占比分别减少 22.2%和 3.2%。从近十年的情况看，中国高校专职教师的学历层次正在逐步提升，博士学历和硕士学历层次的教师数量持续增加，本科和专科及以下学历层次人员正在减少(见图 1-20)。

中国各类专职教师数量均有所增加，且职称结构呈现稳定分化发展趋势。2015 年中国专职教师(不包括民办高等教育)正高级职称 19.8 万人，占比 12.3%；副高级职称 47.2 万

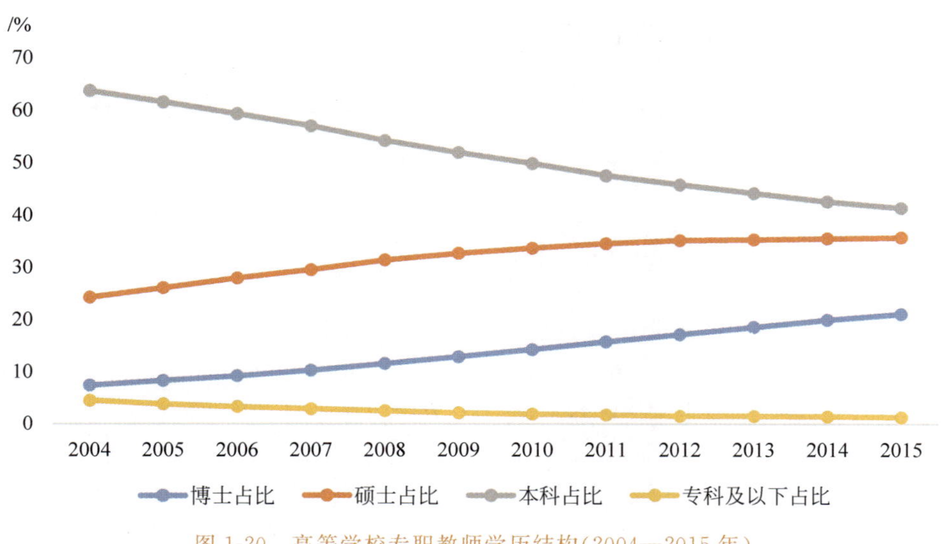

图 1-20 高等学校专职教师学历结构(2004—2015 年)

注:数据来源于《中国教育统计年鉴》。数据详见附表 1-19。

人,占比 29.4%;中级职称 64.1 万人,占比 40.0%;初级职称 19.7 万人,占比 12.3%;无职称人员最少,9.5 万人,占比 6.0%。2004 年,中国专职教师(不包括民办高等教育)正高级职称 8.9 万人,占比 9.2%,;副高级职称 28.0 万人,占比 28.9%;中级职称 32.6 万人,占比 33.6%;初级职称 20.1 万人,占比 21.3%;无职称人员最少,6.9 万人,占比 7.1%。近十年的职称占比稳定,从高到低,依次是中级职称、副高级职称、初级职称、正高级职称和无职称人员。同时,中级职称、正高级职称、副高级职称占比有所增加,而初级职称和无职称人员占比下降(见图 1-21)。

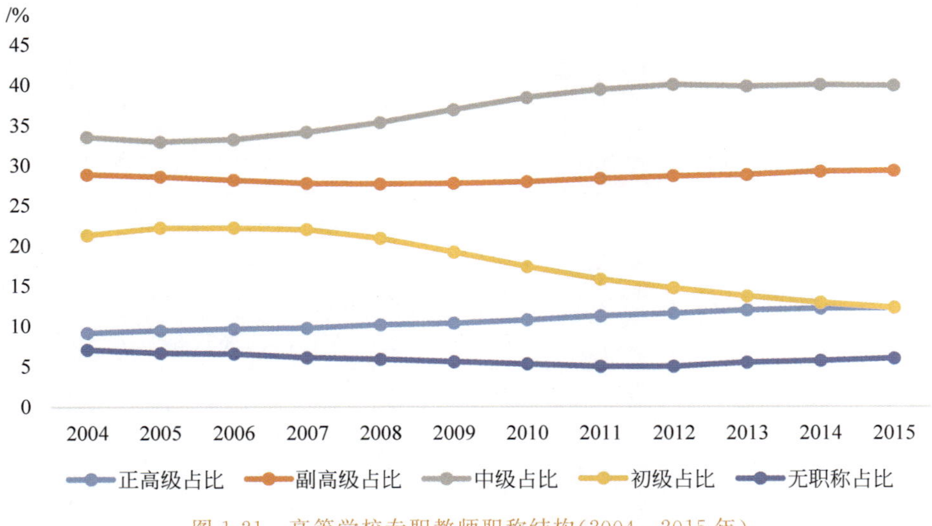

图 1-21 高等学校专职教师职称结构(2004—2015 年)

注:数据来源于《中国教育统计年鉴》。数据详见附表 1-20。

1.3 科技人力资源的国际比较

由于国际科技人力资源尚未有统一口径的数据，本节一方面从“资格”角度对部分国家科学与工程领域的科技人力资源进行比较，另一方面从“职业”角度对部分国家R&D人员和研究人员进行比较。

1.3.1 科技与工程领域的科技人力资源比较

从“资格”的角度测算，近十年来，世界主要国家科技与工程领域每年新增的科技人力资源基本呈现或稳定或增长的趋势。中国科技与工程领域每年新增科技人力资源近十年一直居世界第一，且稳步增长，2005年新增248万人，而2014年新增437.2万人。印度科技与工程领域每年科技人力资源增长十分迅速，2013年和2014年分别新增298.8万人和268.7万人。美国科技与工程领域科技人力资源逐年稳步增长，2005年新增79.5万人，2014年新增125.3万人。近年，法国、英国、巴西科技与工程领域每年新增科技人力资源30万人左右，荷兰、瑞典、瑞士等国家科技与工程领域每年新增科技人力资源3万至5万人(见表1-3)。从趋势来看，中国科技与工程领域每年新增的科技人力资源仍将继续领先，并在数量上与其他国家保持相当大的优势，为中国科技与工程领域储备了数量庞大的后备科技人力资源。

表1-3 部分国家科技与工程每年新增科技人力资源(2005—2014年) 单位/万人

国家	2005年	2006年	2007年	2008年	2009年	2010年	2011年	2012年	2013年	2014年
美国	79.5	82.1	84.7	88.0	92.2	97.8	106.8	115.6	120.8	125.3
德国	—	—	—	—	—	—	—	—	—	23.3
法国	—	26.9	26.9	27.4	27.8	—	—	29.7	29.3	30.5
英国	26.2	26.2	26.6	27.4	27.2	28.5	29.9	30.5	33.1	32.4
澳大利亚	9.9	9.8	10.0	10.5	11.0	—	13.3	—	14.3	15.7
荷兰	—	—	—	—	—	4.5	—	—	4.7	4.8
瑞典	3.0	3.2	3.0	3.0	3.1	3.2	3.4	3.6	3.6	—
瑞士	2.3	2.4	—	2.5	3.1	3.2	2.9	—	3.1	3.3
韩国	11.6	11.9	12.7	13.4	13.6	—	13.7	—	13.8	13.9
日本	—	—	—	—	—	—	—	—	—	—
印度	—	—	—	—	—	—	—	—	298.8	268.7
巴西	19.6	—	23.3	25.8	28.9	28.7	30.3	32.4	—	35.1
中国	248.0	248.3	312.3	358.4	383.5	421.5	471.2	402.7	416.5	437.2

注：表中世界国家科技与工程领域科技人力资源数据根据UNESCO网站的毕业生数量及各学科毕业生比例计算得到。中国科学与工程领域科技人力资源数据根据《中国教育统计年鉴》中的毕业生数据测算得到。

1.3.2 R&D人员的比较

R&D人员是科技活动的重要资源，不仅代表了该领域的劳动力要素，其本身所拥有的知识和智慧更是科技产出的主要依赖因素。

从各国从事R&D活动人员的总量来看，中国优势明显，占据绝对领先位置，2015年中国从事R&D活动的人员数量达到375.9万人/年，远超日本、俄罗斯联邦、英国、法国等图中其他国家从事R&D活动的人员数量（见图1-22）。

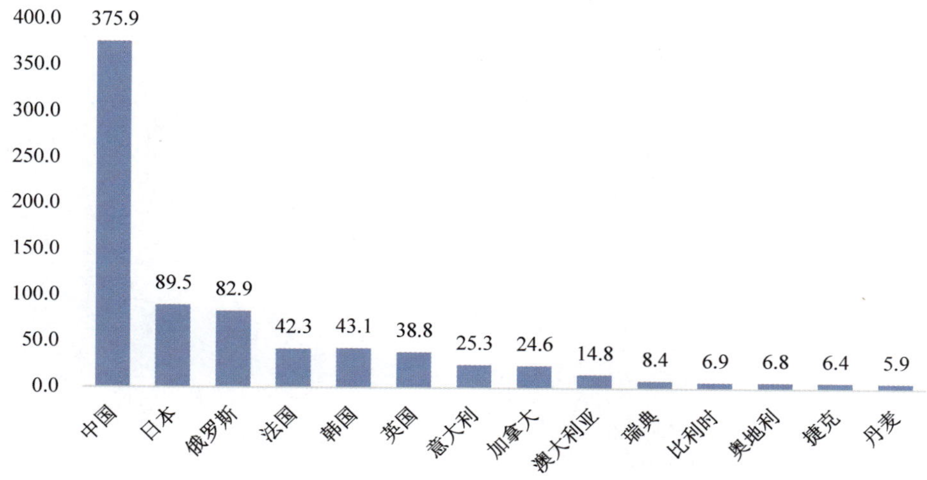

图1-22 部分国家从事R&D活动人员数量

注：数据来源于《中国科技统计年鉴2016》。中国为2015年数据，澳大利亚为2010年数据，加拿大为2013年数据，其他国家为2014年数据。数据详见附表1-21。

从各国每万人/年就业人员中从事R&D活动的人员数量来看，中国与发达国家相比差距较大。从目前的统计数据来看，丹麦、瑞典、韩国和奥地利的优势明显，每万人就业人员中从事R&D活动的人员分别为212、176、168和160人年/万人，中国仅为49人年/万人，比2014年的69人年下降了29.0%（见图1-23）。

从各国从事R&D活动人员在各执行部门的分布比例来看，大多数从事R&D活动的人员集中在企业部门和高等教育部门，但是各国还是存在较大差异。俄罗斯联邦政府部门从事R&D活动人员的比例相对较大，达到34.1%，远高于其他国家，澳大利亚和英国高等教育部门从事R&D活动人员的比例相对较大，分别为46.9%和45.8%，中国从事R&D活动的人员则主要集中于企业部门，高达78.1%，韩国、奥地利、瑞典和日本这一比例也较高，分别为72.9%、70.1%、68.7%和67.5%（见图1-24）。

1.3.3 研究人员的比较

从职业划分看，R&D人员包括研究人员、技术人员及同等职业人员、其他R&D服务人员。研究人员是指从事新知识、新产品、新程序、新方法、新系统创造工作及相关管理的人员。

研究人员全时当量占R&D人员全时当量的比例能够反映R&D人员结构的合理性。近十年来，韩国这一比例基本保持在80%以上，其次是日本、英国和瑞典，基本保持在70%以上。德国、法国、巴西、俄罗斯保持在50%以上。2009年，中国这一比例为50.3%，此后逐渐下降，2014年仅为41.1%（见表1-4）。

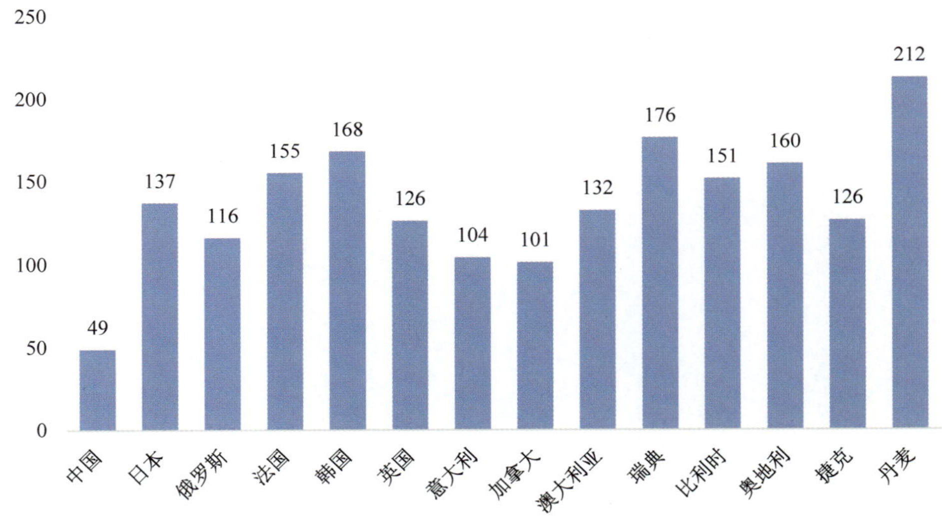

图 1-23　部分国家每万人就业人员中从事 R&D 活动的人员数量

注：数据来源于《中国科技统计年鉴 2016》。中国为 2015 年数据，澳大利亚为 2010 年数据，加拿大为 2013 年数据，其他国家为 2014 年数据。数据详见附表 1-21。

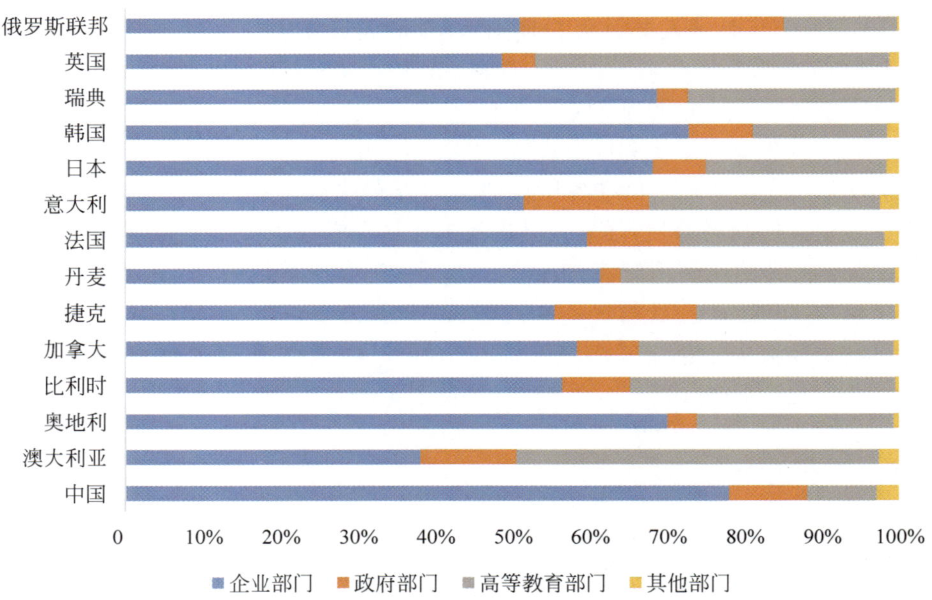

图 1-24　部分国家从事 R&D 活动人员按执行部门分布比例

注：数据来源于《中国科技统计年鉴 2016》。中国为 2015 年数据，澳大利亚为 2010 年数据，加拿大为 2013 年数据，其他国家为 2014 年数据。数据详见附表 1-22。

表 1-4　部分国家研究人员全时当量占 R&D 人员全时当量的比例　　单位/%

国　家	2005 年	2006 年	2007 年	2008 年	2009 年	2010 年	2011 年	2012 年	2013 年	2014 年
德国	57.3	57.3	57.4	57.8	59.3	59.8	58.9	59.6	60.2	58.7
法国	57.9	57.6	59.1	59.5	60.1	61.2	61.9	62.9	63.7	63.8
英国	76.5	75.9	73.5	73.6	73.7	73.1	70.6	71.9	70.9	70.5
澳大利亚	—	68.8	—	67.4	—	—	—	—	—	—
荷兰	51.1	54.3	54.4	54.3	53.4	53.4	52.2	59.9	62.2	61.4
瑞典	70.9	70.8	60.8	63.1	61.2	63.7	62.1	60.6	79.3	79.8
瑞士	—	—	—	40.5	—	—	—	47.6	—	—
韩国	83.5	84.2	82.4	80.2	79.0	78.8	79.9	79.7	80.2	80.2
日本	75.9	75.2	75.0	74.4	74.6	74.7	75.5	75.9	76.3	76.3
印度	39.6	—	—	—	—	43.7	—	—	—	—
巴西	55.7	55.1	54.2	53.5	52.6	52.0	—	—	—	—
俄罗斯	50.5	50.7	51.4	51.9	52.3	52.6	53.3	53.5	53.3	53.7
中国					50.3	47.4	45.7	43.2	42.0	41.1

数据来源：UNESCO. http://data. uis. unesco. org/。

研究人员占就业人员的比例可在一定程度上反映一个国家的创新研究实力。从世界主要国家来看，中国每千就业人员中研究人员数量偏低。近十年，中国每千就业人员中研究人员一直在 2 人年以下。与瑞典相比，还不到其 1/6。韩国每千就业人员中研究人员增长迅速，2005 年为 6.7 人年，2015 年达到 13.2 人年，超过了瑞典。美国、德国、法国、英国、澳大利亚、瑞士、荷兰与英国近年每千就业人员中研究人员保持在 8～9 人年左右，俄罗斯为 6 人年左右(见表 1-5)。

表 1-5　部分国家每千就业人员中研究人员数量(2005—2015)　　单位/人年

国　家	2005 年	2006 年	2007 年	2008 年	2009 年	2010 年	2011 年	2012 年	2013 年	2014 年	2015 年
美国	7.3	7.2	7.3	7.2	7.5	7.9	7.6	7.9	7.9	—	—
德国	6.7	6.7	6.8	7.1	7.3	7.7	7.9	8.1	8.4	8.4	8.3
法国	7.3	7.3	7.5	7.9	8.0	8.2	8.5	8.7	8.9	9.2	9.3
英国	7.6	8.1	8.2	8.1	8.0	8.0	8.0	7.8	7.9	8.1	8.2
澳大利亚	8.0	—	8.1	—	—	—	8.5	—	—	—	—
荷兰	5.7	5.6	6.1	5.8	5.6	5.2	6.1	6.9	8.1	8.5	8.4
瑞典	10.5	11.6	11.6	9.4	10.2	9.6	9.9	9.7	9.7	12.4	12.8
瑞士	6.2	—	—	—	5.7	—	—	—	7.7	—	—
韩国	6.7	7.6	8.4	9.2	9.7	10.0	10.6	11.5	12.3	12.4	13.2
印度	—	—	—	—	—	—	0.4	—	—	—	—
俄罗斯	6.4	6.2	6.1	6.1	5.8	5.7	5.8	5.8	5.8	5.8	5.8
中国					2.0	1.5	1.5	1.7	1.8	1.9	1.9

注：数据根据《中国统计年鉴》和 UNESCO. http://data. uis. unesco. org/数据计算得到。

从部门分布比例来看，各国研究人员大多集中在企业和高等教育机构，但是不同国家存在着较大差异。韩国、日本、瑞典、中国、荷兰、法国等国家研究人员主要集中于企业，韩国和日本高达 79.5%和 74.1%，瑞典、中国、荷兰企业研究人员则占 60%以上。巴西、英国、澳大利亚和瑞士高等教育机构研究人员的比例相对较大，均在50%以上，其中巴西高达67.8%。印度和俄罗斯政府部门研究人员比例较大，分别达到45.6和32.5%，远高于其他国家（见图1-25）。

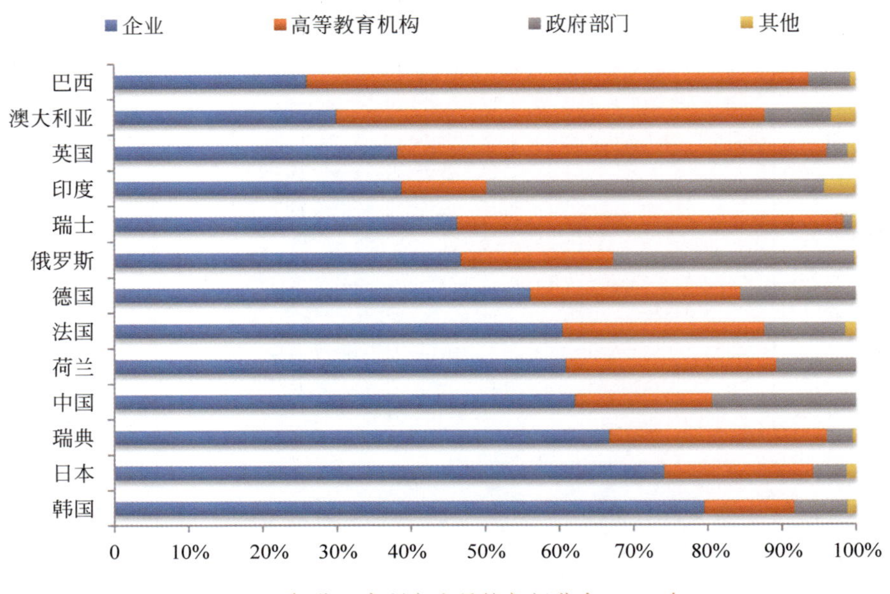

图1-25　部分国家研究人员按部门分布（2014年）

注：数据来源于UNESCO. http://data. uis. unesco. org/，印度、巴西为2010年数据，瑞士为2012年数据。数据详见附表1-23。

第2章

CHAPTER 2

科技与工程的高等教育

本章导读

21世纪以来，中国高等教育的飞速发展为中国创新体系建设和科技人力资源培养贡献了巨大力量，实现了由人口大国向人力资源大国的历史性转变。高校作为国家创新体系的重要组成部分，承担了很多社会功能，在知识传播、知识创新和技术创新等方面承担着重要作用。科学与工程类高等教育作为中国高等教育的重要组成部分，为R&D活动培养充足的后备人才资源，为市场提供具备竞争力的高素质劳动力。

本章基于国内外统计数据和调查数据，从高等教育发展和科技领域人才培养的视角对科学与工程高等教育进行深入系统的分析，系统阐释高等教育机构、财政收支和学科演进等概况和自然科学与工程技术领域学生招收、培养和毕业情况以及各学科来华与出国留学情况，客观反映中国的科学与工程高等教育。

本章主要分为五部分，第一部分是中国高等教育概况，包括高等教育机构分类、高等教育财政概况、高等教育学科和专业演进；第二部分是专科层次高等教育，包括招生情况、在校生情况和毕业生情况；第三部分是本科层次高等教育，包括招生情况、在校生情况和毕业生情况；第四部分是研究生层次高等教育，包括招生情况、在校生情况和毕业生情况；第五部分是高等教育国际比较，包括招生情况、在校生情况、毕业生情况和留学生情况。

本章要点

1. 中国高等教育快速发展，高等学校数量稳步增长，民办普通高等教育占比上升。

中国普通高等学校和成人高等学校数量由2004年的2236所增至2015年的2852所，年均增长率为2.2%。

从高等教育机构的办学隶属关系看，中央和地方部门办的高等教育机构（普通高等学校和成人高等学校）仍然占主体地位，但主体地位逐年弱化，民办高等教育机构发展迅速，所占比重逐年上升，到2015年达到28.6%。

2. 中国高等教育经费水平提高，国家财政支持力度加强，个人分担程度降低；经费支出结构进一步完善。

中国高等学校经费收入总量从2003年的1779亿元增加到2013年的8179亿元，年均增长率达16.5%。其中，财政性教育经费增长最为明显，由2003年的751亿元增至2013年的4933亿元，成为高等学校经费总收入的首要来源，并于2013年达到高校经费总收入的60.3%。高等学校事业收入占比呈现下降趋势。

中国高等学校经费支出持续增长，由2003年的1895亿元增至2013年的7743亿元，年均增长率为15.1%。人员费和共用费等事业费支出增幅显著，2013年达到总经费支出的97.5%。

3. 中国专科高等教育发展迅速，自然科学与工程技术领域学生数量总体呈现增长趋势。

中国专科（包括普通专科、成人专科和网络专科）层次高等教育招生人数和在校生人数稳步提升，于2015年分别达到612.2万人和1804.2万人，较2004年分别增长了44.5%和83.5%。

自然科学与工程技术领域专科学生数量呈现增长趋势。2015年，自然科学与工程技术领域专科招生人数、在校生数和毕业生数量分别达到317.8万人、938.6万人和296.8万人，与2001年相比，年均增长分别为10.0%、11.6%和14.5%。

自然科学与工程技术领域专科学生占全部学科领域专科学生数量的比重明显提高。2001年，自然科学与工程技术领域专科招生人数、在校生数和毕业生数量的占比分别为30.2%、31.7%和35.7%，2015年增至51.9%、52.0%和51.4%。

4. 本科层次高等教育的学生增幅较大，自然科学与工程技术领域学生数量稳步增长。

中国本科生数量（包括普通本科、成人本科和网络本科）增幅较大，招生人数和在校生数分别于2015年达到565.8万人和2085.5万人，较2004年增长了72.2%和107.2%，增幅超过专科学生。

自然科学与工程技术领域的本科生数量增长相对平稳。2015年，自然科学与工程技术领域的本科招生人数、在校生数量和毕业生数量分别为239.5万人、906.5万人和240.0万人，与2001年相比，年均增长分别为7.1%、8.7%和14.0%。

自然科学与工程技术领域的本科生占全部学科领域本科生的比重相对下降。2001年，自然科学与工程技术领域本科招生人数、在校生数和毕业生数量的占比分别为49.1%、52.7%和53.8%，2015年降至42.3%、43.5%和46.2%。

5. 研究生层次高等教育的学生均有不同程度的增加，自然科学与工程技术领域硕博毕业生数量增长明显。

2015年，中国博士研究生（包括普通高校和研究机构）招生人数和在校生人数分别为7.4万人和32.7万人，较2004年增长了39.6%和97.0%；硕士研究生招生人数和在校生人数分别为57.1万人和158.8万人，较2004年增长了109.2%和142.4%。

2015年，自然科学与工程技术领域博士研究生招生人数、在校生人数和毕业生人数分别为5.7万人、24.3万人和4.1万人，年均增长6.7%、10.0%和10.6%；硕士研究生招生人数、在校生人数和毕业生人数分别为33.3万人、92.7万人和28.6万人，年均增长

10.4%、11.9%和16.7%。自然科学与工程技术领域博士和硕士研究生占全部学科领域博士和硕士研究生比例相对稳定。

6. 中国高等教育快速发展，招生和在校生规模均居于全球前列。

2012年，中国高等教育招生数高达1188.2万人，远高于美国(309.3万人)。除美国以外，高等教育招生规模较大的国家分别是日本(62.7万人)、英国(55.4万人)、德国(49.9万人)和韩国(48.2万人)。

在女性招生数占总招生数比重方面，中国处在中等水平。2012年，中国高等教育女性招生数占比为53.2%，高于中国的国家分别是瑞典(58.0%)、澳大利亚(55.8%)、英国(54.9%)、法国(54.2%)和美国(53.9%)；而荷兰(52.4%)、瑞士(51.4%)、德国(47.2%)、韩国(47.1%)和日本(44.0%)的女性招生数占比则低于中国。

2013年，中国高等教育在校生人数达3888.5万余人，远高于印度(2817.5万人)和美国(1997.3万人)。其他高等教育在校生规模较大的国家分别是俄罗斯(752.8万人)、韩国(334.2万人)和日本(386.2万人)，英国(238.6万人)、法国(233.8万人)和德国(278.0万人)。

7. 中国是全球第一大留学生输出国，但国际吸引力与发达国家相比还有较大差距。

2013年中国输出留学生达712157人，比排名第二的印度高出50多万人。美国、英国是接收留学生数量最多的国家，2014年美国接收留学生842384人，英国接收428724人，远高于中国接收留学生人数(108217人)。

中国出国留学生人数逐年攀升，学成归国人数已逐渐接近出国留学人员数量。中国出国留学生人数从1978年的860人增加到2014年的459800人；学成回国的留学人员由1978年的248人增加到2014年的364800人。学成归国留学人员在出国留学人员中的占比于2014年达到79.3%。

亚洲为来华留学生主要来源地，本科留学生比例最大。2015年，亚洲来华留学生人数为57221人，欧洲为22267人，北美洲为9760人，非洲为9741人，南美洲为1652人，大洋洲为1604人。本科生是来华留学生的主要群体，2015年，中国招收本科留学生14571人，硕士留学生人数7316人，博士留学生1373人，专科留学生582人。

2.1 中国高等教育概况

改革开放以来，中国高等教育经历了两次重大的改革和发展时期，分别是20世纪50年代初期的高等教育管理体制改革和80年代中期以来的高等教育管理体制改革。在两次大规模高等教育管理体制改革的背景下，中国高等教育学校、学生规模和学科结构进一步完善，女性受教育机会不断提高。

2.1.1 高等教育机构概况

1. 高等教育机构分类

根据教育部《中国教育统计年鉴》对高等教育机构的分类，中国高等教育机构可以分为研究生培养机构、普通高等学校、成人高等学校和民办的其他高等教育机构。民办的其他高等教育机构中既有本科类型院校，又有高职（专科）类型院校，并不归列入独立的高等教育机构类型。因此，从办学层次上，中国高等教育机构分为普通高等学校和成人高等学校；在办学隶属关系上，高等教育机构可以分为中央部门办、地方部门办和民办三种类型。

2004—2015 年，中国高等教育快速发展，普通高等学校和成人高等学校数量稳步增长，由 2004 年的 2236 所增至 2015 年的 2852 所，年均增长率为 2.2%，其中 2008 年高等教育机构数量增幅最为明显，当年普通高等学校和成人高等学校总数增加了 342 所，较前一年增幅达 14.7%。虽然高等教育机构总量呈现稳步增长趋势，但不同性质的高等教育机构却表现出截然不同的发展势头：普通高等学校数量快速增长，由 2004 年的 1731 所增至 2015 年的 2560 所，占高等教育机构总量的比重从 2004 年的 77.4%上升至 2015 年的 89.8%；而成人高等学校数量呈现萎缩之势，由 2004 年 505 所减少至 2015 年的 292 所，占高等教育机构总量的比重更由 22.6%降至 10.2%（见图 2-1）。

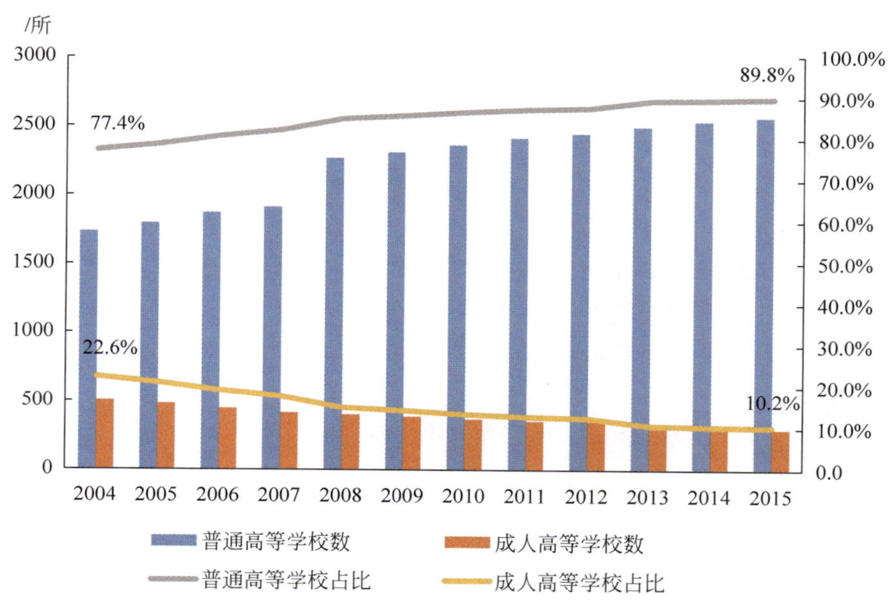

图 2-1　高等教育机构（普通和成人高等学校）数量（2004—2015 年）

注：数据来源于《中国教育统计年鉴 2004—2015》。数据详见附表 2-1。

从高等教育机构的办学隶属关系看，中央和地方部门办的高等教育机构（普通高等学校和成人高等学校）仍然占主体地位，但主体地位逐年弱化，民办高等教育机构发展迅速，所占比重逐年上升，成为高等教育机构的重要力量①。普通高等学校中，中央部门办占比逐年减少，由 2004 年的 6.4%减至 2015 年的 4.6%；地方部门办占比减幅最大，由 2004 年的 80.5%大幅降至 2012 年的 66.5%，之后一直徘徊在 66.5%～67.0%，2015 年为 66.8%；

① 中央和地方部门办高等教育机构指的是中央和地方教育部门、其他部门和企业所办的高等学校。民办高校指的是企业事业组织、社会团体及其他社会组织和公民个人利用非国家财政性教育经费，面向社会举办的高等学校及其他教育机构，其办学层次分专科和本科。

与此同时，民办普通高等学校由 2004 年的 226 所增至 2015 年的 733 所，增长了近两成，其中，2008 年是民办普通高等学校井喷式发展的年份，其占比由 2004 年的 13.1%助推至 2008 年的 28.2%，之后一直保持在 28.5%～29.0%，2015 年为 28.6%。至此，中国约三分之一的普通高等学校为民办性质，现已成为高等教育机构不可忽视的组成部分（见图 2-2）。

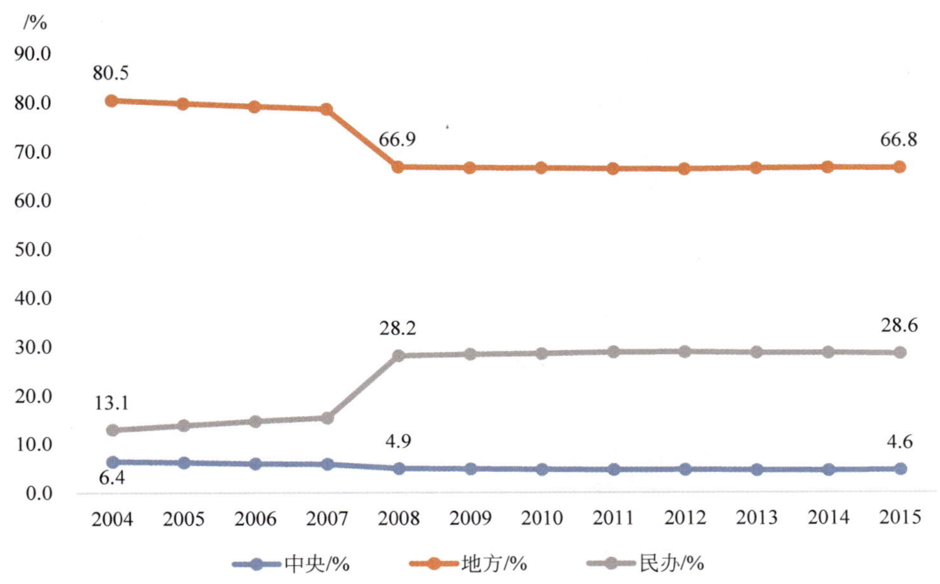

图 2-2 不同办学主体的普通高等学校结构（2004—2015 年）

注：数据来源于《中国教育统计年鉴 2004—2015》。数据详见附表 2-2。

成人高等学校中，不同办学主体则呈现较为稳定的占比结构。地方政府办的成人高等学校是主要组成部分，所占比重超过 95%；中央部门办的成人高校略高于民办成人高校，2015 年为 4.5%；民办成人高校力量单薄，2004 年以来仅有 2 所民办成人高校，2012 年减至 1 所，并维持至今，2015 年民办成人高校所占比重于仅为 0.3%（见图 2-3）。

2. 普通高等学校分类

前文提到，普通高等学校占高等教育机构总数的近九成，是中国高等教育事业发展的主要承担机构、培养高等教育人才的主力军。在办学层次上，普通高等学校主要分为本科院校和高职（专科）院校；在办学类型上，普通高等学校可以分为综合、理工、农业、林业、医药、师范、语文、财经、政法、体育、艺术和民族 12 类。

从不同办学层次看，本科院校由 2004 年的 684 所增至 2015 年的 1219 所，年均增长率为 5.4%；高职（专科）院校由 2004 年的 1047 所增至 2015 年的 1341 所，年均增长率为 2.3%，低于本科院校的增长速率（见图 2-4）。与此同时，两种普通高等院校所占比重也发生了轻微的变化：本科院校和高职（专科）院校在普通高等学校中的占比由 2004 年的约四六占比变成 2015 年的约五五占比，两种层次的院校数量基本相当。

从不同办学类型看，综合院校和理工院校是普通高等院校的两大类型，两者共占普通

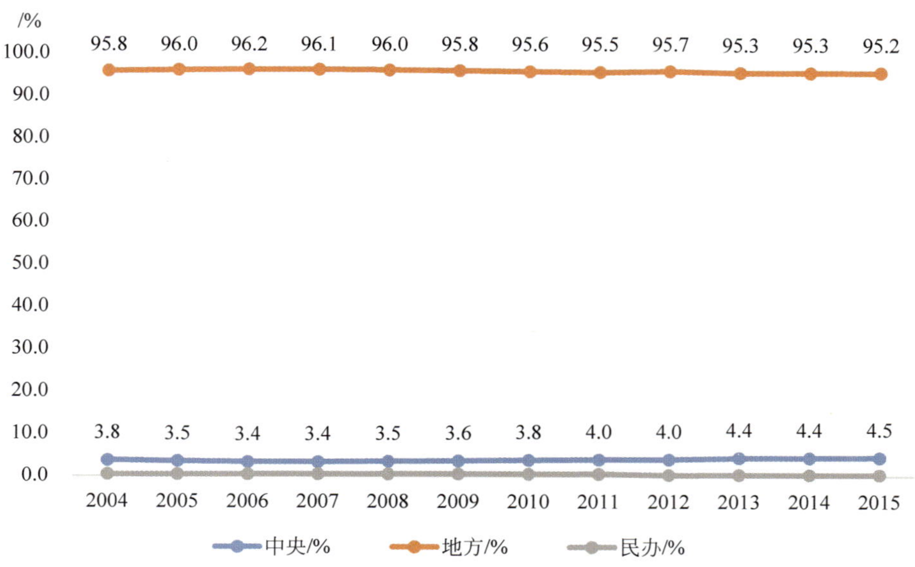

图 2-3　不同办学主体的成人高等学校结构(2004—2015 年)

注：数据来源于《中国教育统计年鉴 2004—2015》。数据详见附表 2-3。

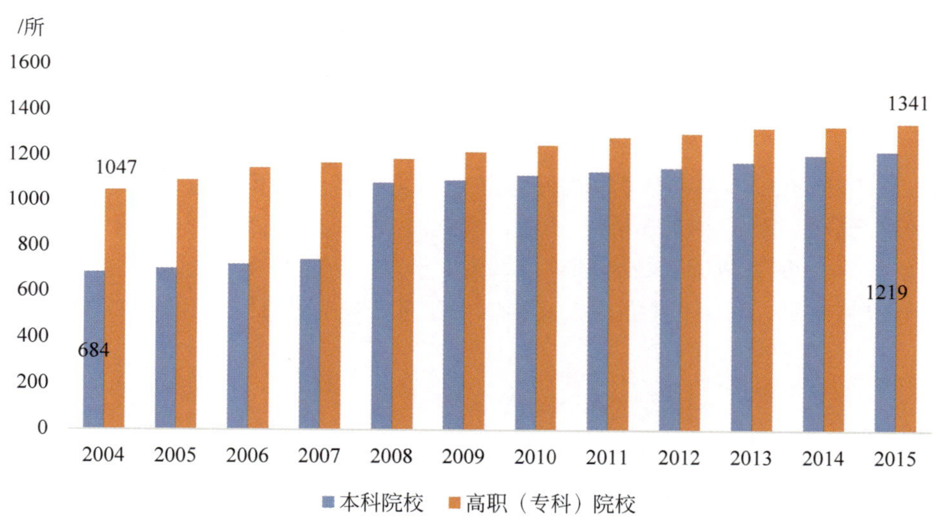

图 2-4　不同层次普通高等学校数量(2004—2015 年)

注：数据来源于《中国教育统计年鉴 2004—2015》。数据详见附表 2-4。

高等院校的 59.3%，其次是财经、师范和医药类院校。2004—2015 年，不同类型的普通高等院校数量皆有所增加，其中增长最为显著的是综合类、财经类、医药类和语文类院校，增幅均超过 65.0%，这四类院校数量分别由 2004 年的 351 所、157 所、116 所和 33 所增至 2015 年的 612 所、261 所、192 所和 54 所(见图 2-5)。2015 年仅农业院校比 2014 年数量有所减少，为 81 所，减少 1 所，农业院校和民族院校数量持平。

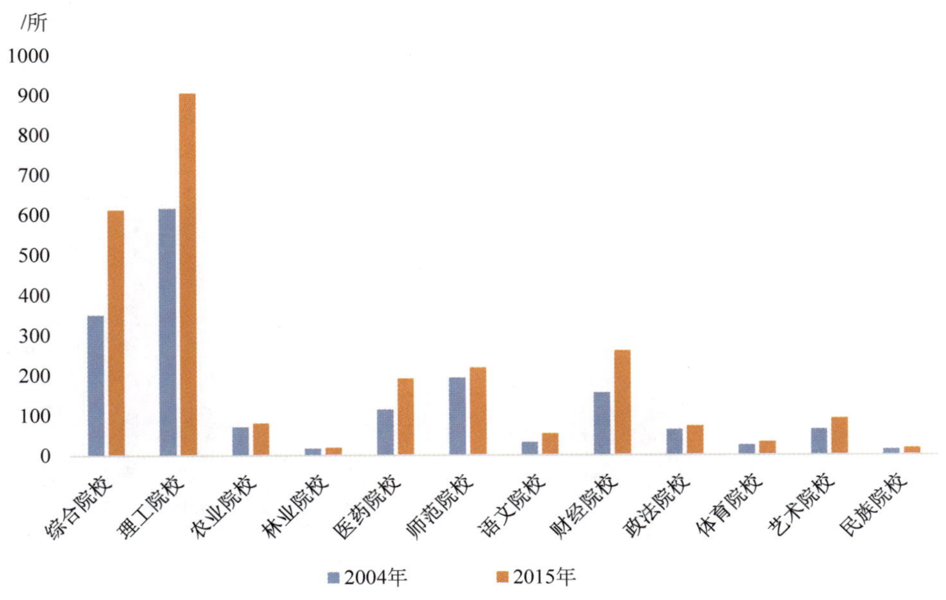

图 2-5 不同类型普通高等学校数量(2004 和 2015 年)

注：数据来源于《中国教育统计年鉴 2004、2015》。数据详见附表 2-5。

2.1.2 高等教育财政概况

1. 高等学校经费总量[①]

1）高等学校经费收入及其结构

2003—2013 年，中国高等学校经费收入总量增长迅速，从 2003 年的 1779 亿元增加到 2013 年的 8179 亿元，几乎是 2003 年的 4.6 倍，年均增长率达 16.5%。其中增幅最为明显的分别是 2005 年、2007 年和 2011 年，这三年的高等学校经费总收入较上一年度增长幅度均超过 20%，分别达到 26.4%、23.0%和 24.7%(见图 2-6)。

在高等学校经费收入结构中，财政性教育经费增长最为明显，由 2003 年的 751 亿元增至 2013 年的 4933 亿元；非财政性教育经费由 2003 年的 1027 亿元增至 2013 年的 3245 亿元。财政性教育经费于 2010 年首次超过非财政性教育经费，成为高等学校经费的首要来源，并于 2013 年达到高校总经费的 60.3%。高等学校非财政性教育经费收入的重要来源是事业收入[②]，2003—2013 年，高等学校事业收入由 2003 年 779 亿元增至 2013 年的 2736 亿元，但其占高校经费总收入的比重在波动中下降，由 2003 年 43.8%降至 2013 年的 33.6%；与此同时，其他收入占高校经费总收入的比重也有所下降，2013 年跌至 6.1%(见图 2-7)。

① 高等学校指普通高等学校和成人高等学校，高等学校经费指包括普通和成人高校的经费。

② 高等学校事业收入指高等学校开展教学、科研及其辅助活动取得的收入，包括教学收入(学费、培养费、住宿费和其他教学收入)和科研收入等。

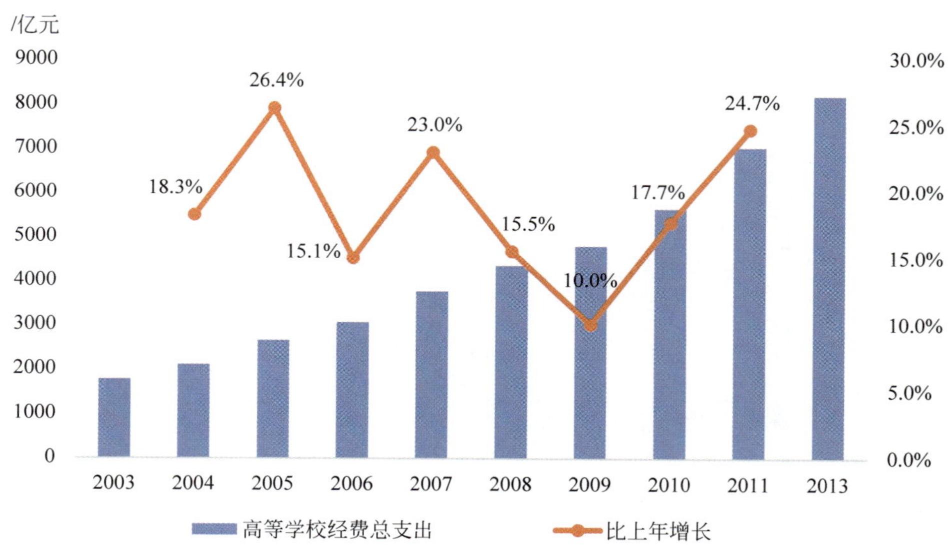

图 2-6　高等学校经费总收入及其增长率(2003—2013 年)

注：数据来源于《中国教育经费统计年鉴 2004—2014》，因教育经费统计未公布 2012 年数据，故本节所有图表都未包含 2012 年，数据详见附表 2-6。

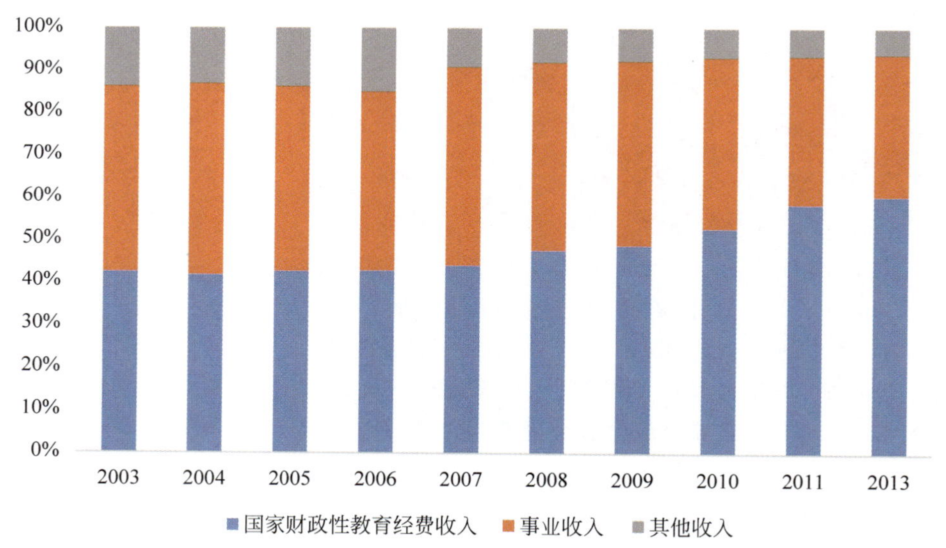

图 2-7　高等学校经费收入结构(2003—2013 年)

注：数据来源于《中国教育经费统计年鉴 2004—2014》。数据详见附表 2-7。

2）高等学校经费支出及其结构

2003—2013 年，中国高等学校经费支出也持续增长，由 2003 年的 1895 亿元增至 2013 年的 7743 亿元，年均增长率为 15.1%。其中增幅最为明显的分别是 2007 年和 2011 年，这两年的高等学校经费总支出较上一年度增长幅度在 20%以上，分别达到 22.6%和 24.6%(见图 2-8)。

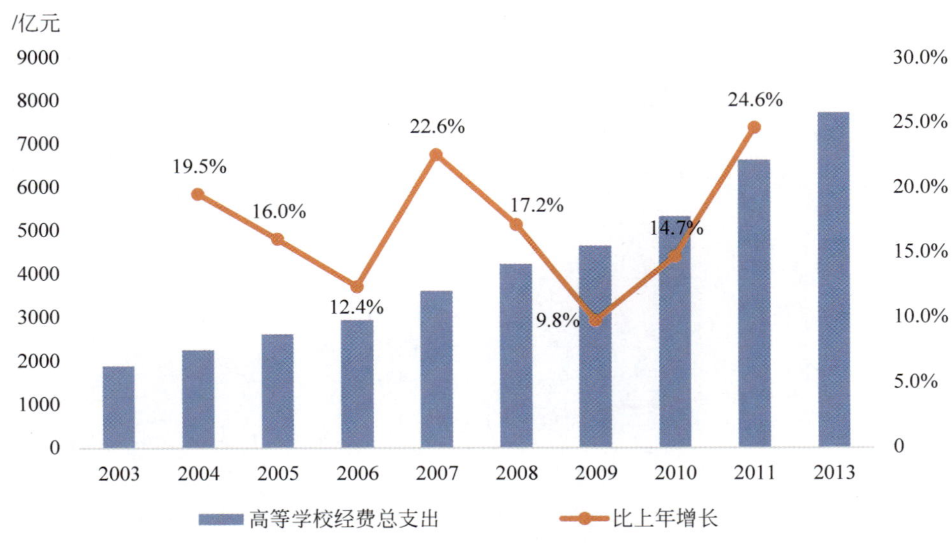

图 2-8 高等学校经费总支出及其增长率(2003—2013 年)

注:数据来源于《中国教育经费统计年鉴 2004—2014》。数据详见附表 2-8。

高等学校经费支出包括事业性经费支出和基本建设支出,其中事业性经费支出包括个人部分(人员费)和公用部分(公用费)。从历年来看,2003—2013 年,高等学校事业费和基建费支出呈现此消彼长的变化趋势,其中,事业费支出由 2003 年的 1530 亿元增至 2013 年的 7547 亿元;基建费支出由 2003 年的 365 亿元减少至 2013 年的 196 亿元。这种变化趋势在经费支出比例结构中表现尤为明显:高等学校事业费支出占总支出的比重由 2003 年的 80.7%升至 2013 年的 97.5%;基建费支出占总支出的比重则由 2003 年的 19.3%降至 2013 年的 2.5%。其中 2007 年,事业费支出占比陡然增加,这主要源于中国教育经费的统计口径发生了变化,即此前归列为基建费的“其他资本性支出”被调整列为公用费支出(属于事业费支出),导致该年事业费支出大幅增加、基建费支出突然减少。此后的 2008—2013 年,在经费统计口径未发生人为调整的情况下,事业费支出比重仍呈现出上升之势,成为高校经费支出的主要类别(见图 2-9)。

2. 普通高等学校生均教育经费

高等学校经费支出主要包括普通高等学校和成人高等学校经费支出,其中普通高等学校经费支出占高等学校经费总支出的 95.0%以上①,是高等学校经费支出的主体。

2003—2013 年,中国普通高校生均教育经费支出稳步增长,由 2003 年的 13456 元增加至 2013 年的 25434 元,增加了近一倍,年均增长率为 6.6%。2008 和 2011 年,普通高等学校生均经费支出增幅较大,分别达到 11.4%和 20.5%(见图 2-10)。

在普通高等学校生均经费支出结构中,生均事业费支出由 2003 年的 10977 元增加至 2013 年的 24729 元,而生均基建费则由 2003 年的 2478 元减少至 2013 年的 706 元。因此,

① 2013 年,全国高等学校经费支出为 7743 亿元,其中普通高等学校经费支出为 7547 亿元,占高校经费支出比重的 97.5%(数据来源《中国教育经费统计年鉴 2014》)。

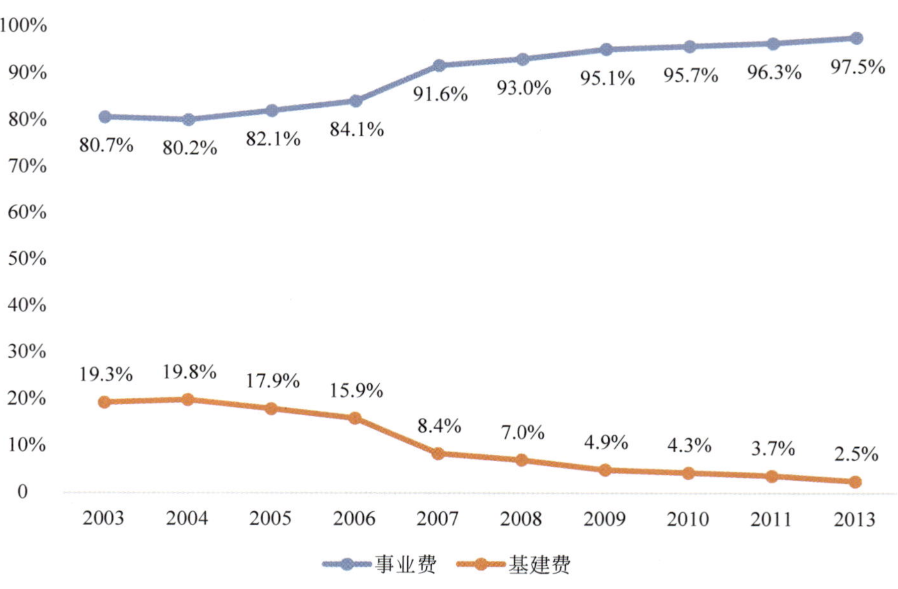

图 2-9　高等学校经费总支出结构(2003—2013 年)

注：数据来源于《中国教育经费统计年鉴 2004—2014》。数据详见附表 2-9。

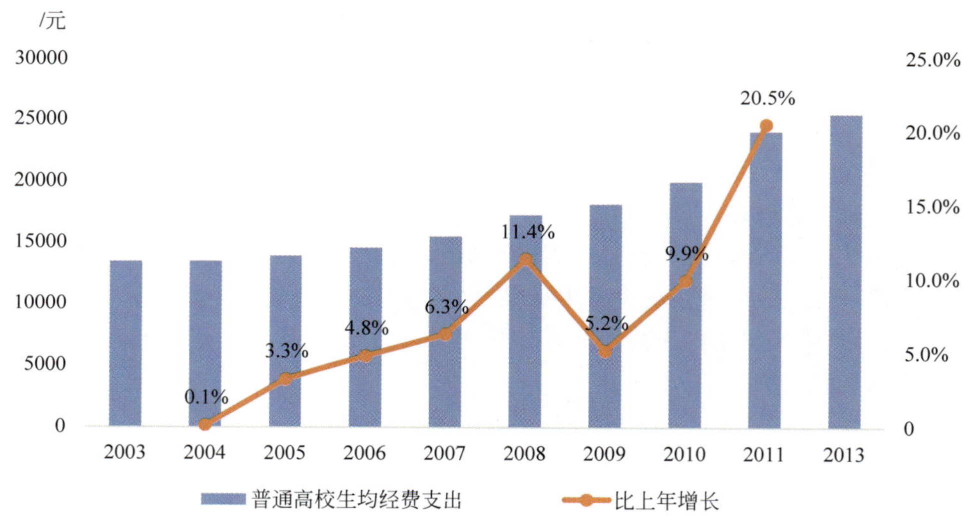

图 2-10　普通高等学校生均教育经费支出及其增长率(2003—2013 年)

注：数据来源于《中国教育经费统计年鉴 2004—2014》,数据详见附表 2-10。

生均事业费支出占比由 2003 年的 81.6%增至 2013 年的 97.2%,生均基建费支出占比则由 2003 年的 18.4%降至 2013 年的 2.8%。在生均事业费支出中,公用费支出和人员费支出在比例结构上平分秋色,但公用费支出较人员费支出增幅明显:生均公用费支出占生均经费总支出的比重由 2003 年的 43.6%增至 2013 年的 54.9%,生均人员费支出占生均经费总支出的比重则在浮动中略微上升,由 2003 年的 38.0%升至 2013 年的 42.4%(见图 2-11)。

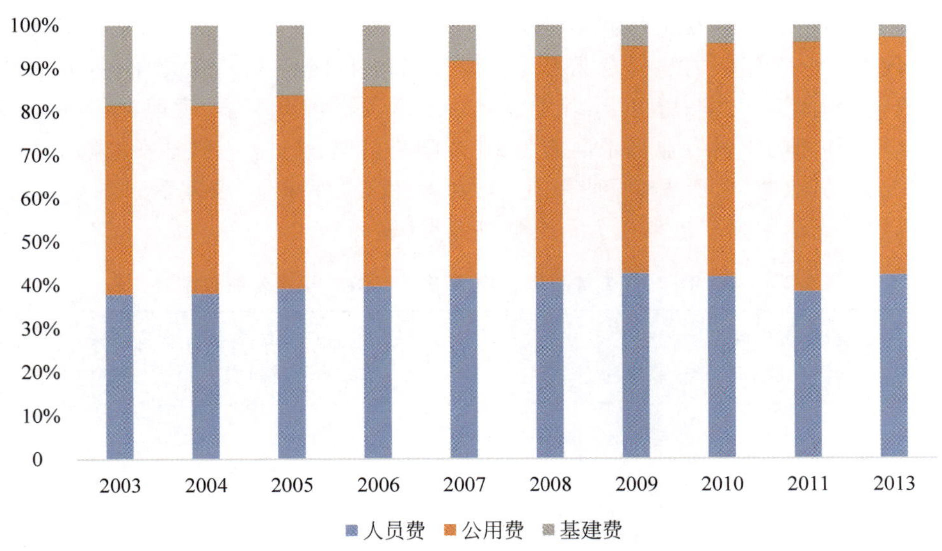

图 2-11 普通高等学校生均教育经费支出结构(2003—2013 年)

注：数据来源于《中国教育经费统计年鉴 2004—2014》。数据详见附表 2-11。

2.1.3 高等教育学科与专业演进

学科目录分为学科门类、一级学科(本科教育中称为“专业类”)和二级学科(本科专业目录中称为“专业”)三级。学科门类和一级学科是国家进行学位授权审核与学科管理、学位授予单位开展学位授予与人才培养工作的基本依据,二级学科是学位授予单位实施人才培养的参考依据。学科门类是对具有一定关联的学科的归类,其设置应符合学科发展和人才培养的需要,并兼顾教育统计分类的惯例。一级学科是具有共同理论基础或研究领域相对一致的学科集合,原则上按学科属性进行设置。二级学科是组成一级学科的基本单元。

1. 高等学校(研究生、本科)学科和专业的演进

中国先后施行过四份高等学校学科专业目录(见表 2-1)[①]。基于 1997 年和 2011 年的学科目录基础文件,分别于 1998 年和 2012 年修订印发了《普通高等学校本科专业目录(1998 年)》和《普通高等学校本科专业目录(2012 年)》。

表 2-1 历年来中国颁布的高等学校(研究生、本科)学科专业目录

时间	发布单位	名称
1983 年	国务院学位委员会第四次会议	《高等学校和科研机构授予博士和硕士学位的学科专业目录(试行草案)》
1990 年	国务院学位委员会第九次会议	《授予博士、硕士学位和培养研究生的学科、专业目录》
1997 年	国务院学位委员会、国家教育委员会	《授予博士、硕士学位和培养研究生的学科、专业目录(1997 年颁布)》
2011 年	国务院学位委员会第二十八次会议	《学位授予和人才培养学科目录(2011 年)》

① 详见中国学位与研究生教育信息网. http://www.cdgdc.edu.cn/xwyyjsjyxx/xwbl/xwzd/xkml/255068.shtml

最近两次颁布的学科专业目录分别是1997年版和2011年版，两次学科专业目录的差异主要表现为：1997年版的学科专业目录包括12个学科门类89个一级学科，分别是哲学、经济学、法学、教育学、文学、历史学、理学、工学、农学、医学、军事学、管理学，其中文学包括艺术学；2011年版的学科专业目录调整为13个学科门类111个一级学科，分别是哲学、经济学、法学、教育学、文学、历史学、理学、工学、农学、医学、军事学、管理学和艺术学；在此版本中，艺术学从文学中独立出来成为一类学科门类(表2-2)。

表 2-2　1997 年和 2011 年高等学校(研究生、本科)学科专业目录对比表

1997年版学科专业目录 (12个学科门类、89个一级学科)		2011年版学科专业目录 (13个学科门类、111个一级学科)	
01 哲学		01 哲学	
02 经济学		02 经济学	
03 法学		03 法学	
04 教育学		04 教育学	
05 文学		05 文学	
	0501 中国语言文学		0501 中国语言文学
	0502 外国语言文学		0502 外国语言文学
	0503 新闻传播学		0503 新闻传播学
	0504 艺术学		
06 历史学		06 历史学	
07 理学		07 理学	
08 工学		08 工学	
09 农学		09 农学	
10 医学		10 医学	
11 军事学		11 军事学	
12 管理学		12 管理学	
		13 艺术学	
			1301 艺术学理论
			1302 音乐与舞蹈学
			1303 戏剧与影视学
			1304 美术学
			1305 设计学

2. 普通高等职业教育(专科)学科和专业演进

近年来，中国先后发布了两份高等职业教育(专科)学科专业目录，分别是2004年版和2015年版，并于2016年更新了高等职业教育(专科)专业目录的增补专业信息(见表2-3)。

表 2-3　历年来中国颁布的普通高等职业教育(专科)专业目录

时间	发布单位	名称
2004年	教育部，教高[2004]3号	《普通高等学校高职高专教育指导性专业目录(试行)》
2015年	教育部，教职成[2015]10号	《普通高等学校高等职业教育(专科)专业目录(2015年)》

2004年和2015年普通高等学校高职(专科)专业目录共包含19个学科大类。其中，2004年版学科专业目录的学科门类为：农林牧渔、交通运输、生化与药品、资源开发与测绘、材料与能源、土建、水利、制造、电子信息、环保气象与安全、轻纺食品、财经、医药卫生、旅游、公共事业、文化教育、艺术设计传媒、公安、法律；2015年版学科专业目录门类为：农林牧渔、资源环境与安全、能源动力与材料、土木建筑、水利、装备制造、生物与化工、轻工纺织、食品药品与粮食、交通运输、电子信息、医药卫生、财经商贸、旅游、文化艺术、新闻传播、教育与体育、公安与司法、公共管理与服务。

2004年版与2015年版普通高等学校高职(专科)专业目录在学科大类的数量上保持一致，但在学科分类上略有调整，不少学科合并整合或拆分独立，主要表现在：生化与药品大类、轻纺食品大类调整为生物与化工大类、轻工纺织大类、食品药品与粮食大类；资源开发与测绘大类、环保气象与安全大类调整为资源环境与安全大类；艺术设计传媒大类拆分独立为文化艺术大类和新闻传播大类；公安大类、法律大类合并为公安与司法大类(见表2-4)。

表2-4　2004年和2015年普通高校高职(专科)学科专业目录对比

2004年版学科专业目录 (19个学科大类、78个一级学科专业)	2015年版学科专业目录 (19个学科大类、99个一级学科专业)
51 农林牧渔大类	51 农林牧渔大类
52 交通运输大类	52 资源环境与安全大类
53 生化与药品大类	53 能源动力与材料大类
54 资源开发与测绘大类	54 土木建筑大类
55 材料与能源大类	55 水利大类
56 土建大类	56 装备制造大类
57 水利大类	57 生物与化工大类
58 制造大类	58 轻工纺织大类
59 电子信息大类	59 食品药品与粮食大类
60 环保、气象与安全大类	60 交通运输大类
61 轻纺食品大类	61 电子信息大类
62 财经大类	62 医药卫生大类
63 医药卫生大类	63 财经商贸大类
64 旅游大类	64 旅游大类
65 公共事业大类	65 文化艺术大类
66 文化教育大类	66 新闻传播大类
67 艺术设计传媒大类	67 教育与体育大类
68 公安大类	68 公安与司法大类
69 法律大类	69 公共管理与服务大类

2.2 专科层次高等教育

2.2.1 招生情况

总体来看，中国专科（包括普通专科、成人专科和网络专科，以下同）层次高等教育招生人数稳步提升，由 2004 年的 423.8 万人升至 2015 年的 612.2 万人，增幅达 44.5%；自 2008 年以来，专科生招生数每年增幅在波动中下降，2015 年更是出现负增长，下降了 1.5%（见图 2-12）。

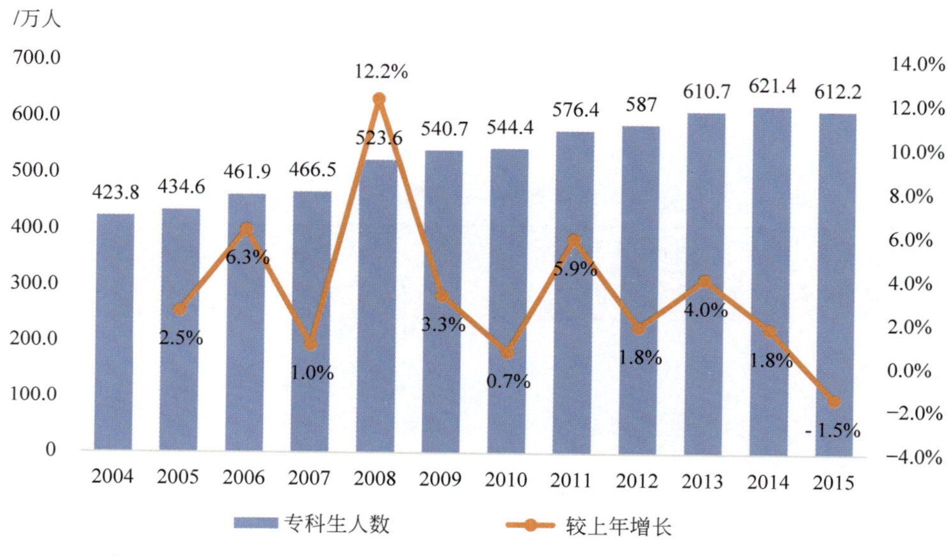

图 2-12 专科招生数(2004—2015 年)

注：数据来源于《中国教育统计年鉴 2004—2015》。数据详见附表 2-12。

2015 年，中国专科招生数量较大的专业大类是财经大类、制造大类、医药卫生大类和文化教育大类，这四大类招生数均超过 60 万人，其中财经类专科招生数更达到 149.2 万人（见图 2-13）。在这四大类中，仅制造大类 2015 年招生人数较 2014 年有所增加，从 2014 年的 704282 人增至 2015 年的 717045 人，增加了 1.8%。在 19 个专业大类中，仅农林牧渔大类、交通运输大类、制造大类、电子信息大类和法律大类 2015 年招生人数较 2014 年有所增加，其中，电子信息大类增加最多，增加了 10.3%，其余专业大类招生数均在减少。

2005—2015 年，专科学生中女性招生占比有所波动，但大部分年份保持在 50.0%～55.0%，2005—2008 年，该比例总体呈上升态势，于 2008 年达到 54.9%的最高值，随后又逐年降低，并于 2011 年达到 50.4%的最低值，之后逐年稳步上升，2015 年该比例达 53.4%，略低于 2014 年（见图 2-14）。

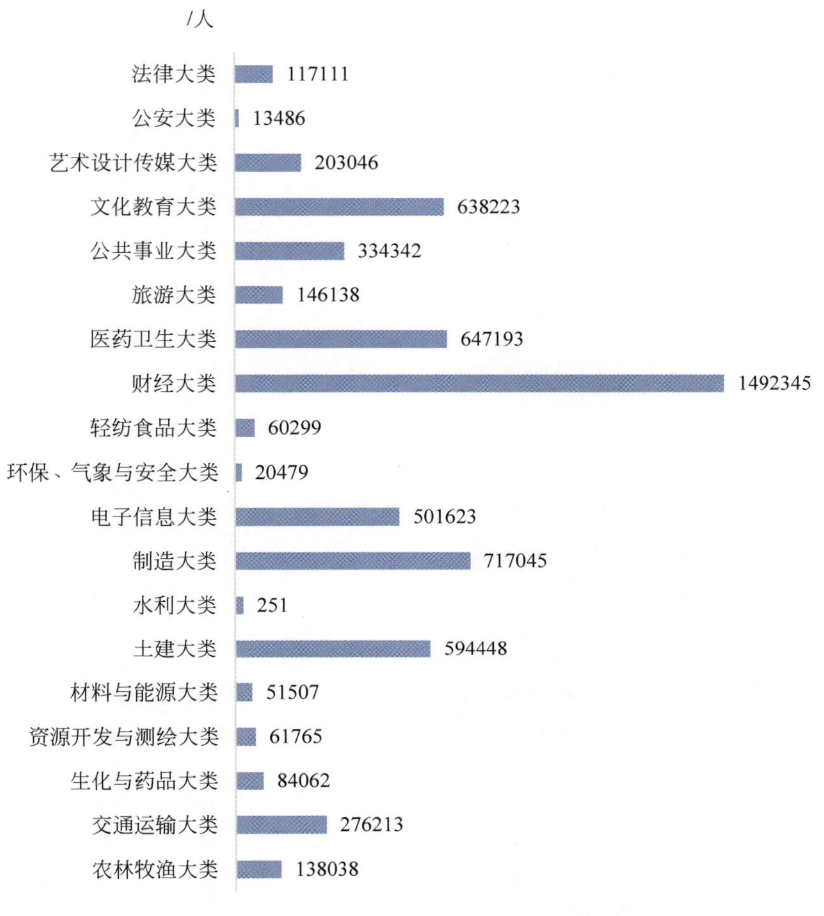

图 2-13　分学科专科招生数(2015 年)

注：数据来源于《中国教育统计年鉴 2015》。数据详见附表 2-13。

2001—2015 年，自然科学与工程技术领域专科招生数量总体呈现增长趋势[①]，从 2001 年的 88.3 万人增长到 2015 年的 317.8 万人，年均增长 10.0%。受 1998 年高等教育扩招的影响，1998 年之后至 2002 年以前自然科学与工程技术领域专科招生年增长在 20.0%以上。自然科学与工程技术领域专科招生占全部学科领域专科招生数量的比重总体呈现增长趋势，从 2001 年的 30.2%增至 2015 年的 51.9%(见图 2-15)。

从自然科学与工程技术领域各培养渠道的专科招生数量来看，普通专科招生数量最多，但网络专科招生增长速度最快。2001—2015 年，自然科学与工程技术领域普通专科招生数量由 51.7 万人增至 203.7 万人，年均增长 10.3%。网络专科由 2002 年的 3.1 万人增至 2015 年的 46.7 万人，年均增长 23.2%。成人专科由 2001 年的 31.6 万人增至 2015 年的

① 2003 年成人高校招生改秋季招生为春季招生，即延后半年招生，导致 2003 年成人高校招生数据缺失，因此文中 2003 年的成人高校招生与在校生数据采用了 2002 年数据，与事实会略有出入。另，2011 年开始，专科按 19 个大类招生，因此文中 2011—2015 年的自然工程与科技领域的数据根据大类属性进行了归类统计，将农林牧渔、交通运输、生化与药品、资源开发与测绘、材料与能源、土建、水利、制造、电子信息、环保、气象与安全、轻纺食品、医药卫生大类纳入了统计范围。

图 2-14　专科学历层次女性招生数所占比重(2005—2015 年)

注：数据来源于《中国教育统计年鉴 2005—2015》。数据详见附表 2-14。

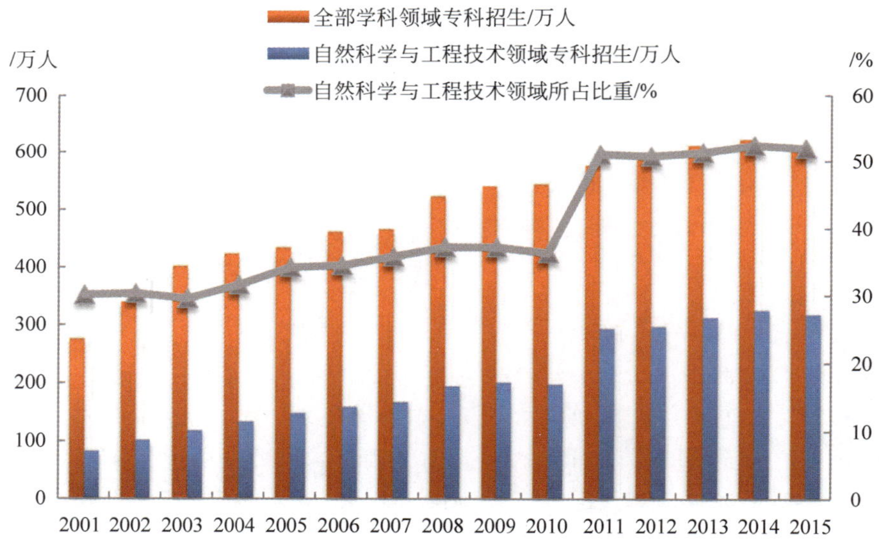

图 2-15　自然科学与工程技术领域专科招生及占全部学科领域的比重情况(2001—2015 年)

注：数据来源于《中国教育统计年鉴 2001—2015》。数据详见附表 2-15。

67.3 万人，年均增长 5.6%。从自然科学与工程技术领域不同培养渠道专科招生占各自渠道专科招生总数的比重来看，三种渠道比重在略有波动中总体呈现增长趋势；相对而言，自然科学与工程技术领域网络专科招生比重较低。2001—2015 年，普通专科比重由 39.8%增至 2014 年的 59.1%，2015 年回落至 58.5%；成人专科由 2001 年的 21.6%增至 2011 年的 53.6%，2015 年回落至 49.8%；网络专科由 2002 年的 19.8%降至 2004 年的 9.1%，2015 年增至 36.4%(见图 2-16)。

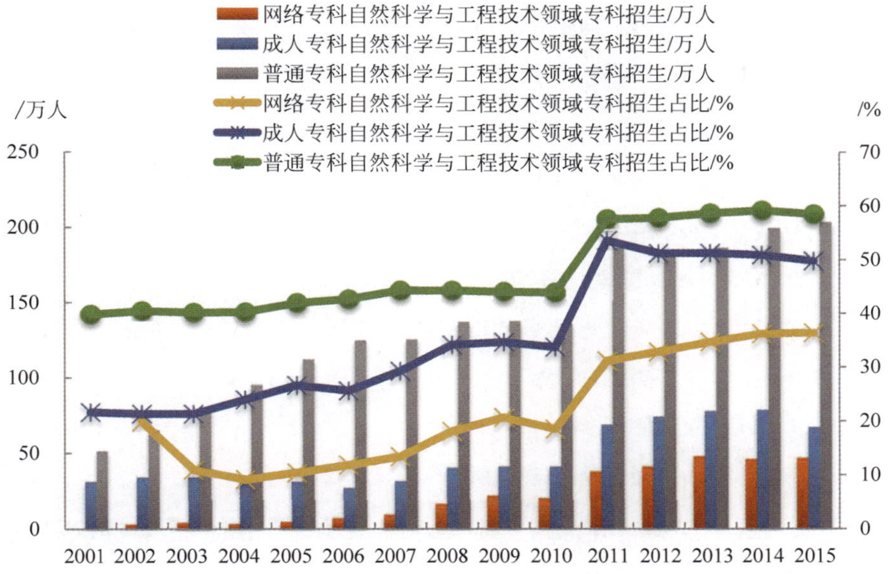

图 2-16 不同培养渠道自然科学与工程技术领域专科招生及占全部学科领域的比重情况(2001—2015 年)

注：数据来源于《中国教育统计年鉴 2001—2015》。数据详见附表 2-16。

2.2.2 在校生情况

专科在校生数有较大程度的增加，由 2004 年的 983.4 万人升至 2015 年的 1804.2 万人，增幅达 83.5%。但是，尽管总量在增加，但年增长率呈分阶段下降的趋势(见图 2-17)。

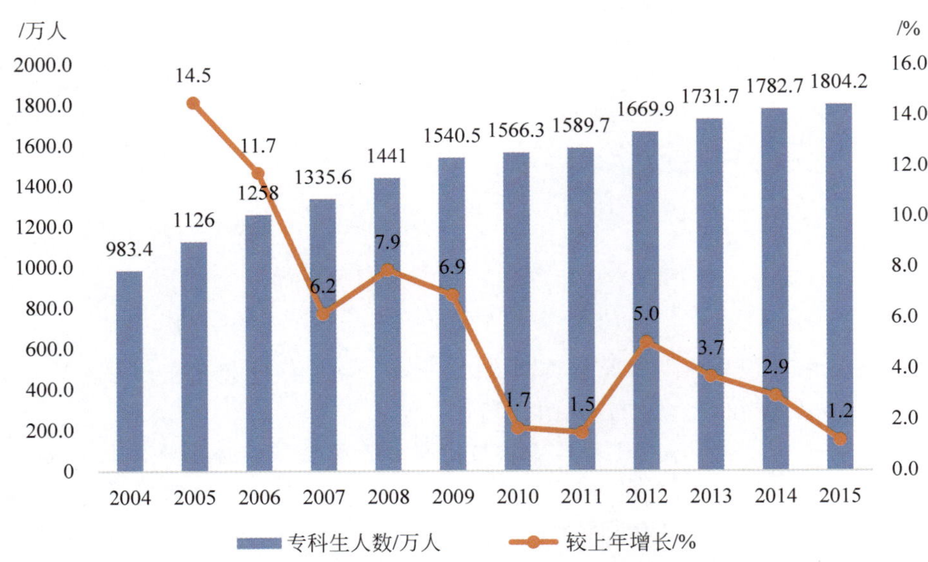

图 2-17 专科学历层次在校生数及增长率(2004—2015 年)

注：数据来源于《中国教育统计年鉴 2004—2015》。数据详见附表 2-17。

2015 年，中国专科在校数量较大的专业大类是财经大类、制造大类、医药卫生大类、文化教育大类和土建大类，这五大类专业在校生数均超过 150 万人，其中前四大类专科在校生人数超过 190 万人，财经类在校生数更达到 428.6 万人(见图 2-18)；在这五大类专业中，仅土建大类 2015 年在校生数较 2014 年出现减少，减少 16929 人。

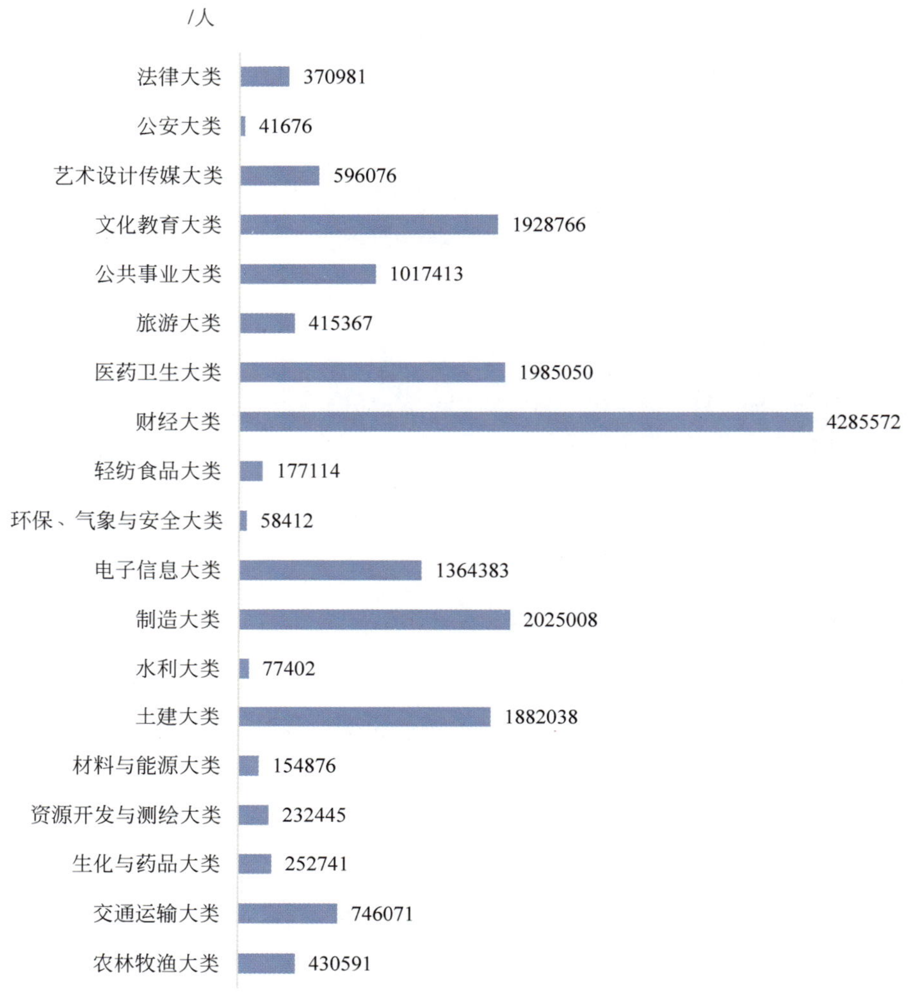

图 2-18　分学科专科在校生数(2015 年)

注：数据来源于《中国教育统计年鉴 2015》。数据详见附表 2-18。

在校生占比的表现与招生情况相类似，2005—2015 年，专科女性在校生占比在波动中先升高后降低，并保持在 51%左右(见图 2-19)。

2001—2015 年，自然科学与工程技术领域专科在校生数量总体呈现增长趋势，从 2001 年的 202.6 万人增长到 2015 年的 938.6 万人，年均增长 11.6%。自然科学与工程技术领域专科在校生占全部学科领域专科在校生数量的比重总体呈现增长趋势，从 2001 年的 31.7%增至 2015 年的 52.0%(见图 2-20)。

自然科学与工程技术领域各培养渠道的专科在校生数量变化与招生数相一致，普通专科最多，但网络专科增长最快。2001—2015 年，自然科学与工程技术领域普通专科在校生数量由 123.0 万人增至 614.1 万人，年均增长 12.2%；网络专科由 2002 年的 9.1 万人增至

图 2-19 专科学历层次女性在校生数所占比重(2005—2015 年)

注：数据来源于《中国教育统计年鉴 2005-2015》。数据详见附表 2-19。

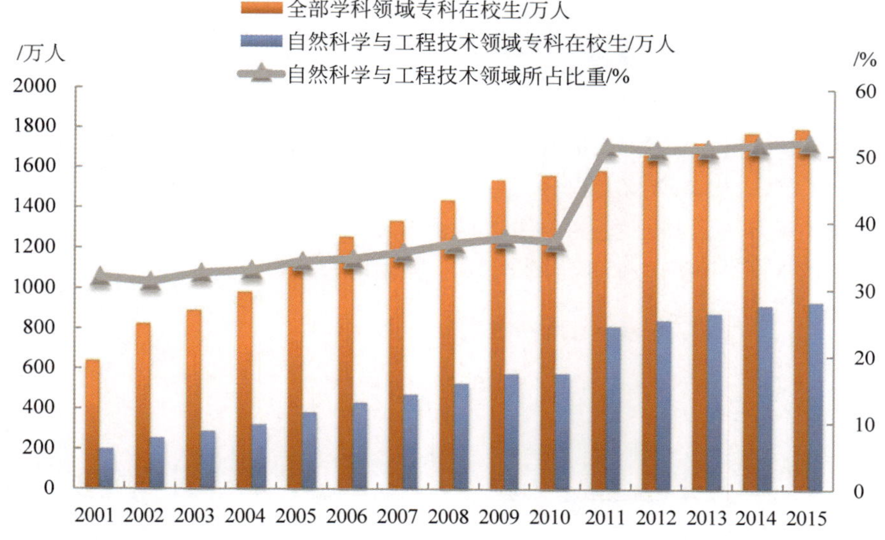

图 2-20 自然科学与工程技术领域专科在校生及占全部学科领域的比重情况(2001—2015 年)

注：数据来源于《中国教育统计年鉴 2001—2015》。数据详见附表 2-20。

136.4 万人，年均增长 23.2%；成人专科由 79.6 万人增至 188.1 万人，年均增长 6.3%。从不同培养渠道在校生占各自渠道专科在校生总数的比重来看，三种渠道自然科学与工程技术领域专科在校生比重总体呈现增长趋势，相对而言，自然科学与工程技术领域网络专科在校生比重较低。2001—2015 年，自然科学与工程技术领域在校生普通专科比重由 41.7%增至 58.6%；成人专科由 23.1%增至 52.8%；网络专科由 2002 年的 20.6%降至 2005 年的 11.3%，2015 年重新回升至 34.2%(见图 2-21)。

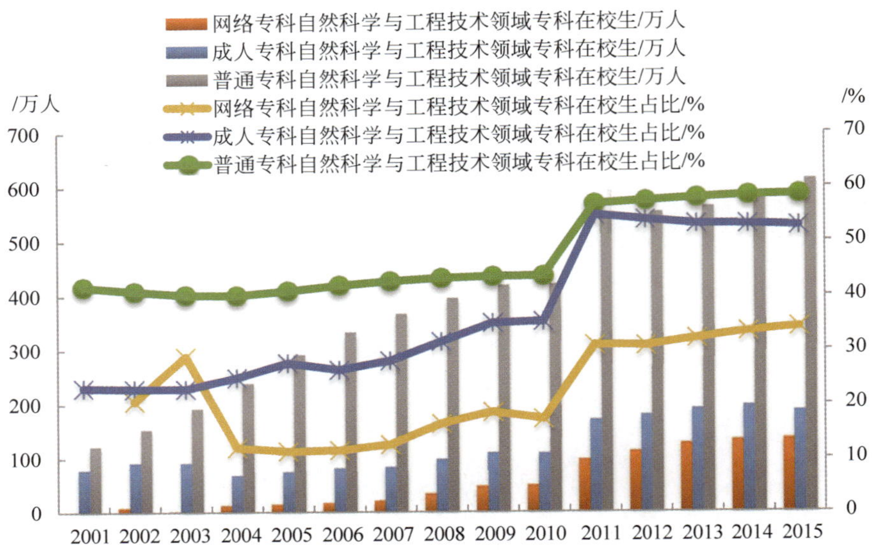

图 2-21　不同培养渠道自然科学与工程技术领域专科在校生及占全部学科领域的比重情况(2001—2015 年)

注：数据来源于《中国教育统计年鉴 2001—2015》。数据详见附表 2-21。

2.2.3　毕业生情况

2001—2015 年间，自然科学与工程技术领域专科毕业生数量总体呈现增长趋势，从 2001 年的 44.8 万人增长到 2015 年的 296.8 万人，年均增长 14.5%。受高等教育扩招的影响，2001—2005 年，自然科学与工程技术领域专科毕业生增长较快，年均增长 30.3%。自然科学与工程技术领域专科毕业生占全部学科领域专科毕业生数量的比重总体呈现增长趋势，从 2001 年的 35.7%增至 2015 年的 51.4%(见图 2-22)。

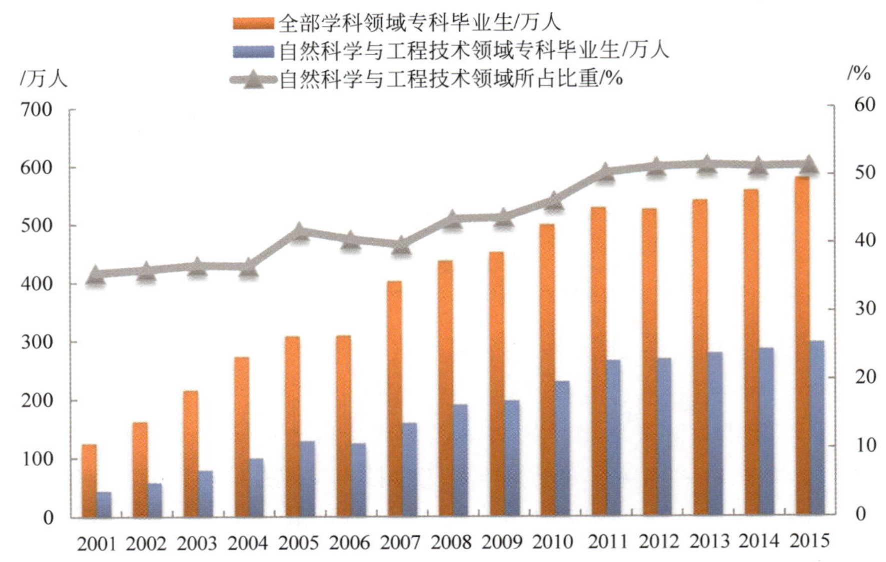

图 2-22　自然科学与工程技术领域专科毕业生及占全部学科领域的比重情况(2001—2015 年)

注：数据来源于《中国教育统计年鉴 2001—2015》。数据详见附表 2-22。

从不同培养渠道专科毕业生数量来看，自然科学与工程技术领域普通专科毕业生数量最多，但网络专科毕业生增长速度最快。2001—2015年，自然科学与工程技术领域普通专科毕业生数量由21.3万人增至185.9万人，年均增长16.7%；网络专科由2002年的0.1万人增至2015年的39.1万人，年均增长58.3%；成人专科由23.5万人增至71.8万人，年均增长8.3%。从不同培养渠道自然科学与工程技术领域专科毕业生占各自渠道专科毕业生总数的比重来看，三种渠道自然科学与工程技术领域专科毕业生比重总体呈现增长趋势，相对而言，自然科学与工程技术领域网络专科毕业生比重较低。2001—2015年，自然科学与工程技术领域毕业生普通专科比重由35.7%增至51.4%；成人专科由29.9%增至51.3%；网络专科由2002年的40.2%降至2004年的14.9%，2015年回升至34.0%（见图2-23）。

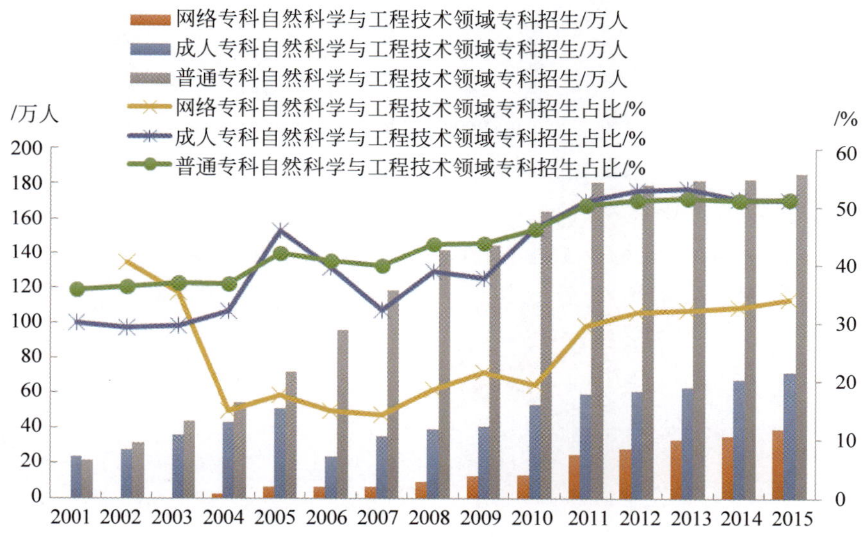

图2-23 不同培养渠道自然科学与工程技术领域专科毕业生及占全部学科领域的比重情况（2001—2015年）

注：数据来源于《中国教育统计年鉴2001—2015》。数据详见附表2-23。

2.3 本科层次高等教育

2.3.1 招生情况

较之专科生招生情况，中国本科生招生（包括普通本科、成人本科和网络本科）增幅更大，由2004年的328.6万人增至2015年的565.8万人，增幅达72.2%，但近几年招生数量年增长率开始放缓，2015年更是出现负增长（增长率为－1.0%）（见图2-24）。

2015年本科招生数量排名前三的学科分别是工学、管理学、文学与艺术。与2004年相比，2015年招生人数增长较为迅速的分别是医学、管理学和工学。其中医学本科生招生数由2004年的208667人增至2015年的582007人；管理学本科生招生数由2004年的610440人增至2015年的1248982人；工学类本科生招生数由2004年的836846人增至

2015 年的 1611617 人(见图 2-25)。在 2015 年各学科本科招生中,仅医学招生人数较 2014 年有所增加。

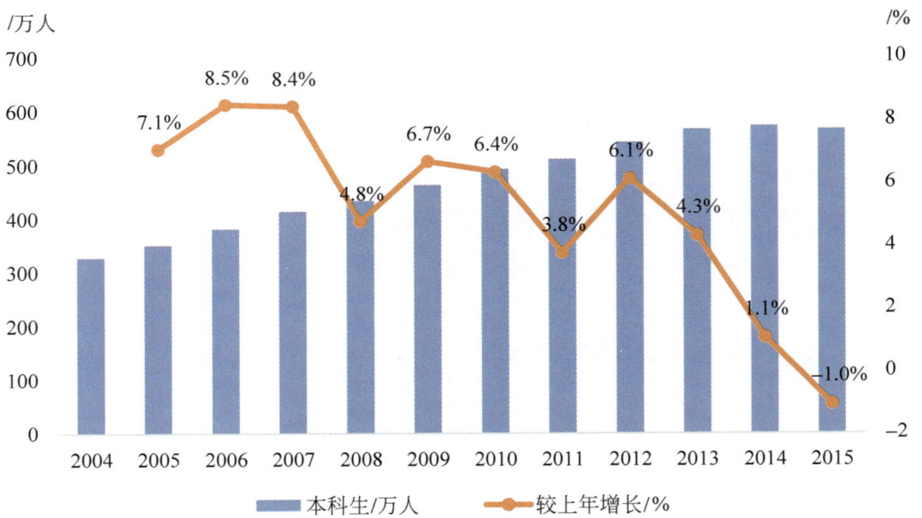

图 2-24 本科学历层次高等教育招生数及增长率(2004—2015 年)

注:数据来源于《中国教育统计年鉴 2004—2015》。数据详见附表 2-12。

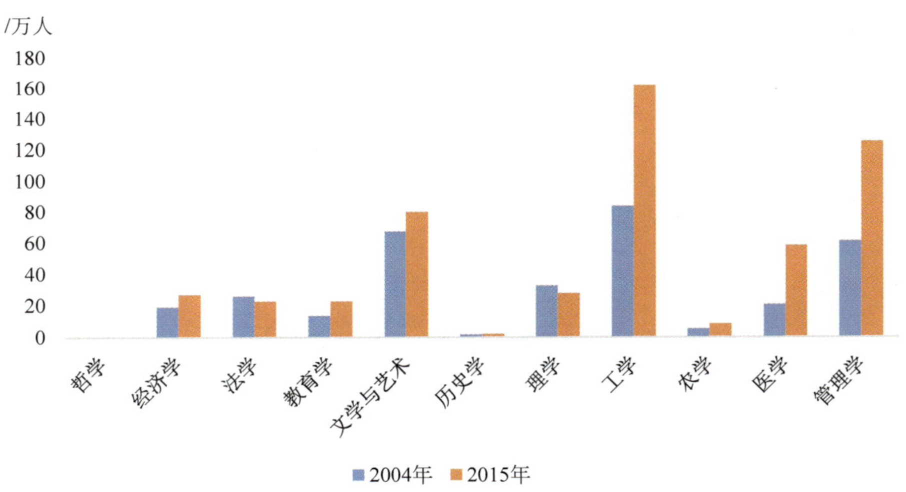

图 2-25 分学科本科招生数(2004 和 2015 年)

注:数据来源于《中国教育统计年鉴 2004、2015》。数据详见附表 2-24。

在本科生招生中女性占比量连年增加,2015 年本科生中女性招生数占比为 58.9%,比 2005 年高出 10%以上(见图 2-26)。

2001—2015 年,自然科学与工程技术领域本科招生数量总体呈现增长趋势,从 2001 年的 92.2 万人增长到 2015 年的 239.5 万人,年均增长 7.1%。受 1998 年高等教育扩招的影响,2002 年以前自然科学与工程技术领域本科招生增长较快,2002 年比 2001 年增长 19.6%。自然科学与工程技术领域本科招生占全部学科领域本科招生数量的比重总体呈现先下降后平稳的趋势,从 2001 年的 49.1%降至 2006 年的 40.8%,2015 年回升至 42.3%

（见图 2-27）。

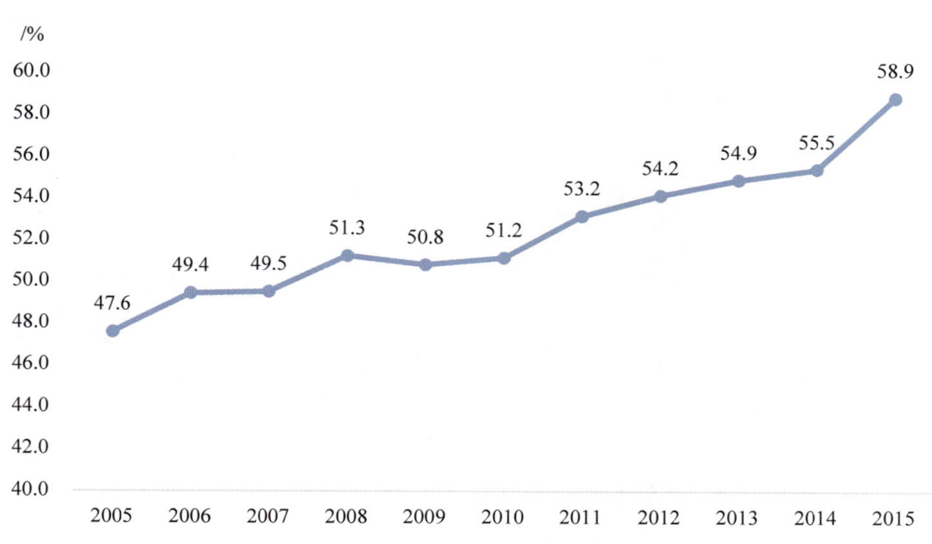

图 2-26 本科学历层次女性招生数所占比重(2005—2015 年)

注：数据来源于《中国教育统计年鉴 2005—2015》。数据详见附表 2-14。

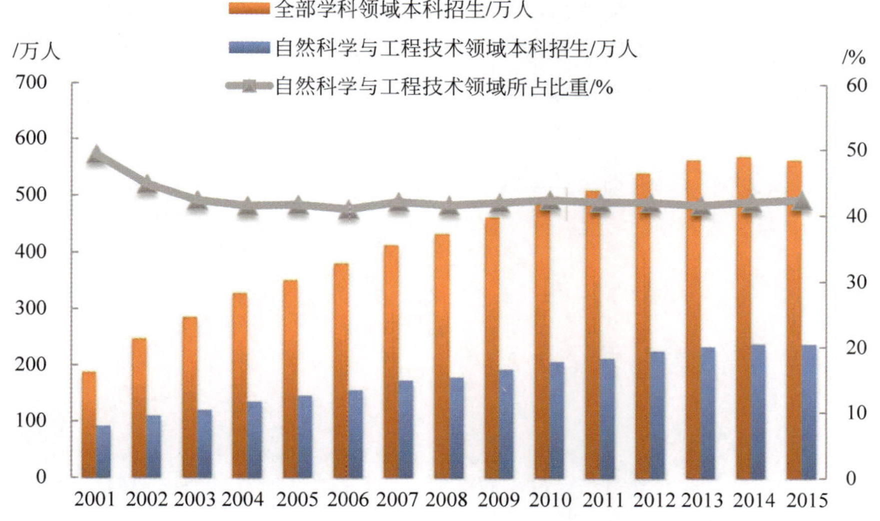

图 2-27 自然科学与工程技术领域本科招生及占全部学科领域的比重情况(2001—2015 年)

注：数据来源于《中国教育统计年鉴 2001—2015》。数据详见附表 2-25。

2.3.2 在校生情况

在校生方面，本科生由 2004 年的 1006.5 万人增至 2015 年的 2085.5 万人，增幅达到 107.2%，高于专科生(83.5%)，不过，近年本科生在校生增幅呈逐渐递减趋势(见图 2-28)。

2015 年，本科在校生数排名前三的分别是工学、管理学和文学与艺术；2004 年，本科在校生数排名前三的同样是这三类学科，只是排次略有不同，分别是工学、文学与艺术和管理

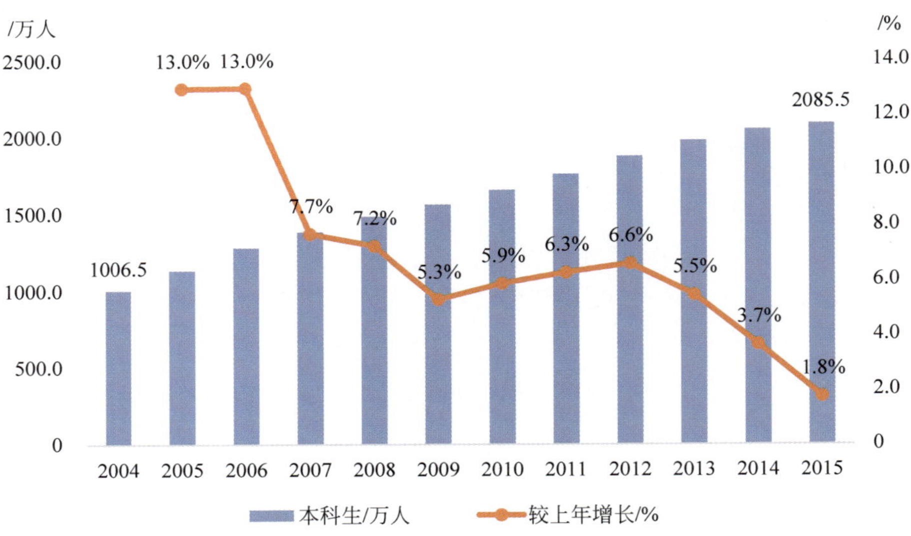

图 2-28　本科学历层次在校生数及增长率(2004—2015 年)

注：数据来源于《中国教育统计年鉴 2004—2015》。数据详见附表 2-17。

学；在这三类学科中，管理学 2015 年在校生人数较 2004 年增幅最大，由 2004 年的 174.7 万人增至 2015 年的 466.5 万人，增长了 167.0%，工学和文学与艺术分别增长 127.2% 和 90.5%。不过，2015 年医学在校生数较 2004 年增幅最大，从 2004 年的 70.9 万人增至 2015 年的 206.7 万人，增长了 191.6%，几乎翻了两番(见图 2-29)。

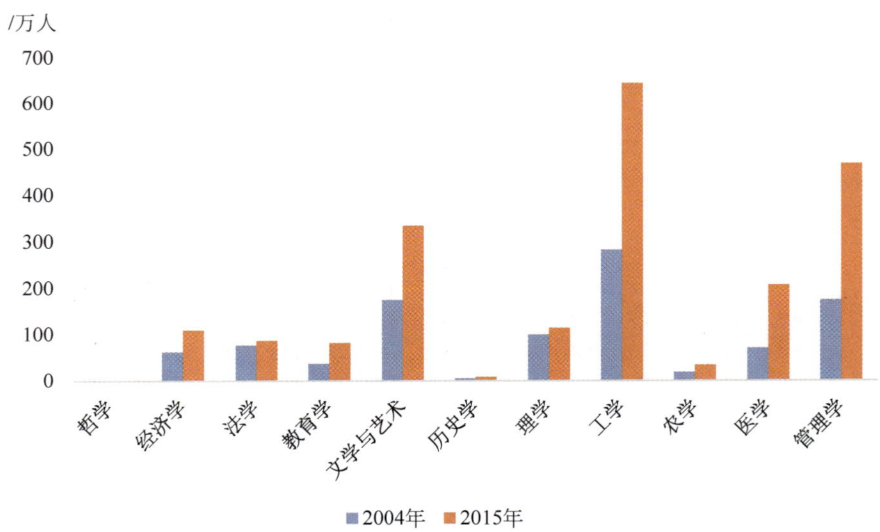

图 2-29　本科分学科在校生数(2004 和 2015 年)

注：数据来源于《中国教育统计年鉴 2004、2015》。数据详见附表 2-26。

与招生情况类似，本科女性在校生占比逐年提高。2005 年，本科女性占比不到 47.0%，2010 年首次超过 50.0%，至 2015 年已提高到 53.7%(见图 2-30)。

2001—2015 年，自然科学与工程技术领域本科在校生数量总体呈现增长趋势，从 2001

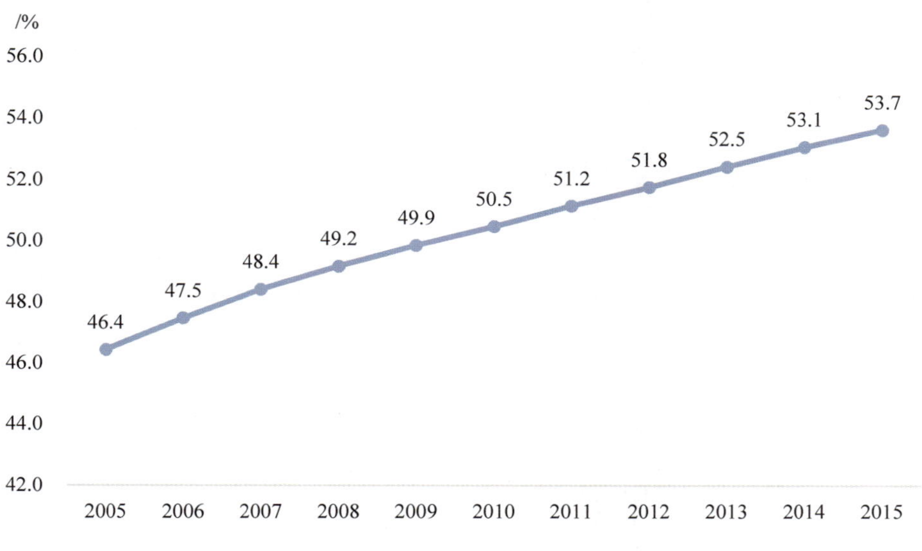

图 2-30 本科学历层次女性在校生数所占比重(2005—2015 年)

注：数据来源于《中国教育统计年鉴 2005—2015》。数据详见附表 2-27。

年的 282.3 万人增长到 2015 年的 906.5 万人，年均增长 8.7%。自然科学与工程技术领域本科在校生占全部学科领域本科在校生数量的比重在波动中呈现下降趋势，从 2001 年的 52.7%降至 2015 年的 43.5%(见图 2-31)。

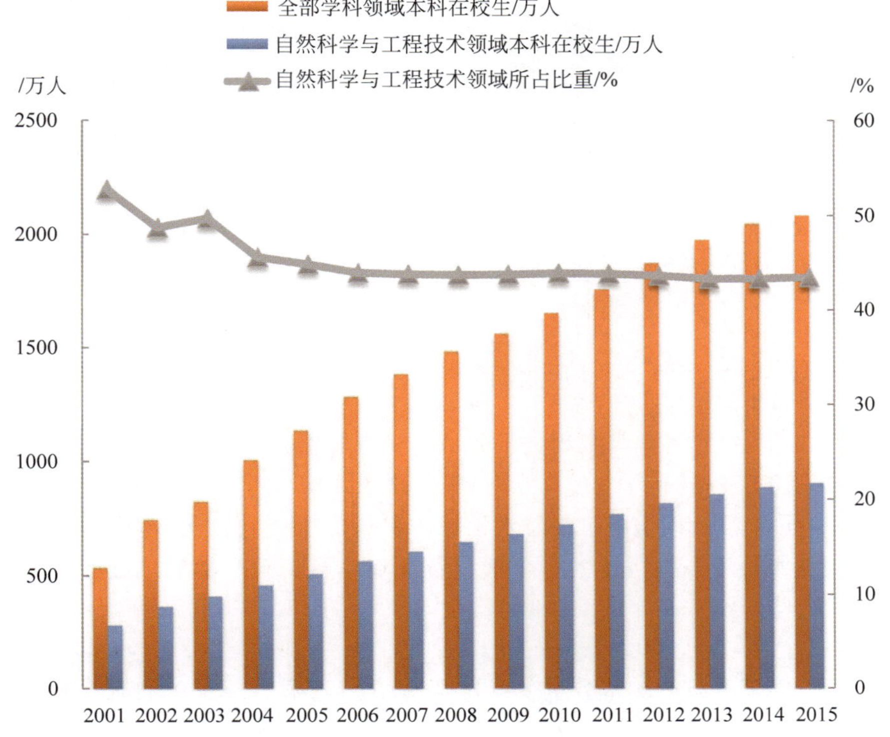

图 2-31 自然科学与工程技术领域本科在校生及占全部学科领域的比重情况(2001—2015 年)

注：数据来源于《中国教育统计年鉴 2001—2015》。数据详见附表 2-28。

从不同培养渠道本科在校生数量来看，自然科学与工程技术领域普通本科在校生数量最多，但网络本科在校生增长速度最快。2001—2015 年，自然科学与工程技术领域普通本科在校生数量由 254.2 万人增至 775.2 万人，年均增长 8.3%；网络本科由 2002 年的 10.3 万人增至 2015 年的 54.0 万人，年均增长 13.6%；成人本科由 28.2 万人增至 77.2 万人，年均增长 7.5%。从不同培养渠道本科在校生占各自渠道本科在校生总数的比重来看，三种渠道自然科学与工程技术领域本科在校生比重呈现不同的变化趋势。2001—2015 年，自然科学与工程技术领域在校生普通本科比重呈现下降趋势，由 59.9%降至 49.2%；成人本科相对稳定，在 25.0%到 31.0%之间波动，由 2001 年的 25.4%增至 2002 年的 30.8%，2015 年回落至 27.6%；网络本科在波动中呈现增长趋势，由 2002 年的 16.1%增至 2015 年的 23.5%（见图 2-32）。

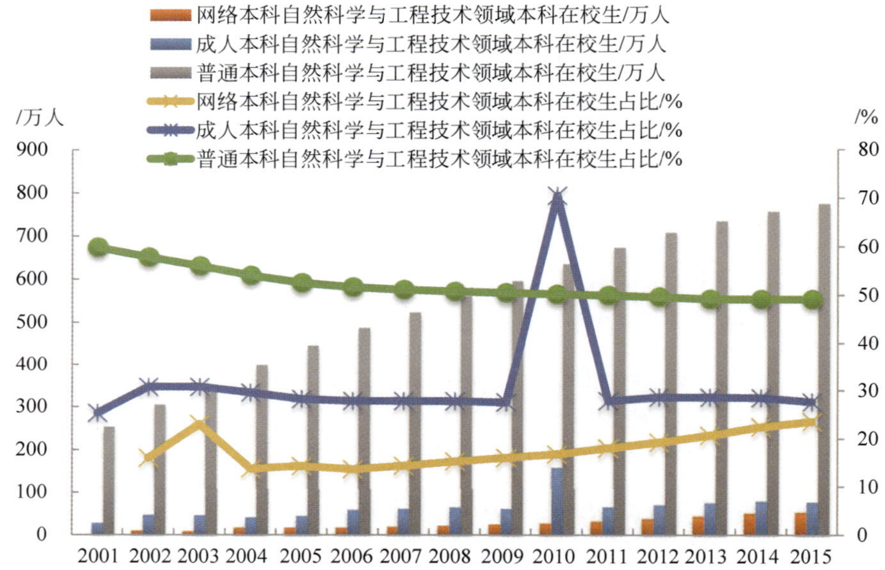

图 2-32　不同培养渠道自然科学与工程技术领域本科在校生及占全部学科领域的比重情况（2001—2015 年）

注：数据来源于《中国教育统计年鉴 2001—2015》。数据详见附表 2-29。

2.3.3　毕业生情况

2001—2015 年，自然科学与工程技术领域本科毕业生数总体呈现增长趋势，从 2001 年的 38.3 万人增长到 2015 年的 240.0 万人，年均增长 14.0%。受 1998 年高等教育扩招的影响，2002—2005 年自然科学与工程技术领域本科毕业生增长较快，年均增长 31.2%。自然科学与工程技术领域本科毕业生占全部学科领域本科毕业生数量的比重总体呈现下降后有所回升的趋势，从 2001 年的 53.8%降至 2007 年的 43.7%，2015 年回升至 46.2%（见图 2-33）。

从不同培养渠道本科毕业生数量来看，自然科学与工程技术领域普通本科毕业生数量最多，但网络本科毕业生增长速度最快。2001—2015 年，自然科学与工程技术领域普通本科毕业生数量由 34.4 万人增至 172.1 万人，年均增长 12.2%；网络本科由 2003 年的 0.02

图 2-33 自然科学与工程技术领域本科毕业生及占全部学科领域的比重情况(2001—2015 年)

注：数据来源于《中国教育统计年鉴 2001—2015》。数据详见附表 2-30。

万人增至 20.8 万人，年均增长 47.3%；成人本科由 3.9 万人增至 47.0 万人，年均增长 19.5%。从不同培养渠道本科毕业生占各自渠道本科毕业生总数的比重来看，三种渠道的自然科学与工程技术领域本科毕业生比重呈现不同的变化趋势，相对而言，自然科学与工程技术领域网络本科毕业生比重较低。2001—2015 年，自然科学与工程技术领域毕业生普通本科比重由 2001 年的 60.5%降至 2015 年的 48.0%；成人本科由 2001 年的 27.1%增至 2015 年的 48.9%；网络本科波动较多，由 2002 年的 18.3%增至 2003 年的 33.1%，2004 年降至 13.0%，2015 年增至 32.1%(见图 2-34)。

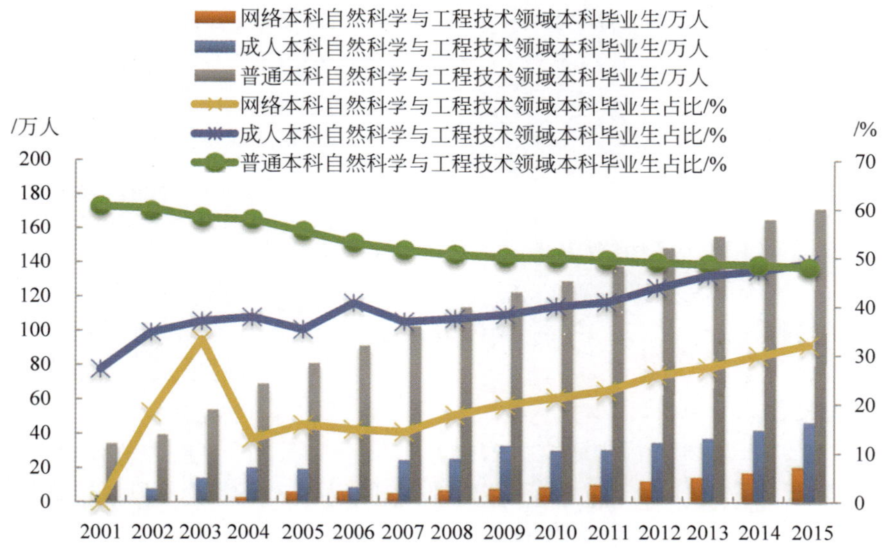

图 2-34 不同培养渠道自然科学与工程技术领域本科毕业生及占全部学科领域的比重情况(2001—2015 年)

注：数据来源于《中国教育统计年鉴 2001—2015》。数据详见附表 2-31。

2.4 研究生层次高等教育

2.4.1 招生情况

从不同研究生学历层次看，各级各类高等教育招生数（包括普通高校和研究机构，以下同）均有不同程度的增加。博士研究生由 2004 年的 5.3 万人增至 2015 年的 7.4 万人，增幅达 39.6%；硕士研究生由 2004 年的 27.3 万人攀升至 2015 年的 57.1 万人，增幅达 109.2%，增长显著。近年，博士研究生和硕士研究生招生数增长率则表现为在波动中下降；2015 年博士生招生数较上年增长幅度为近 12 年来最低水平，仅为 1.4%；2015 年硕士生招生数较上年增长比例虽高于 2014 年水平，但还不到 10 年前的一半（见图 2-35）。

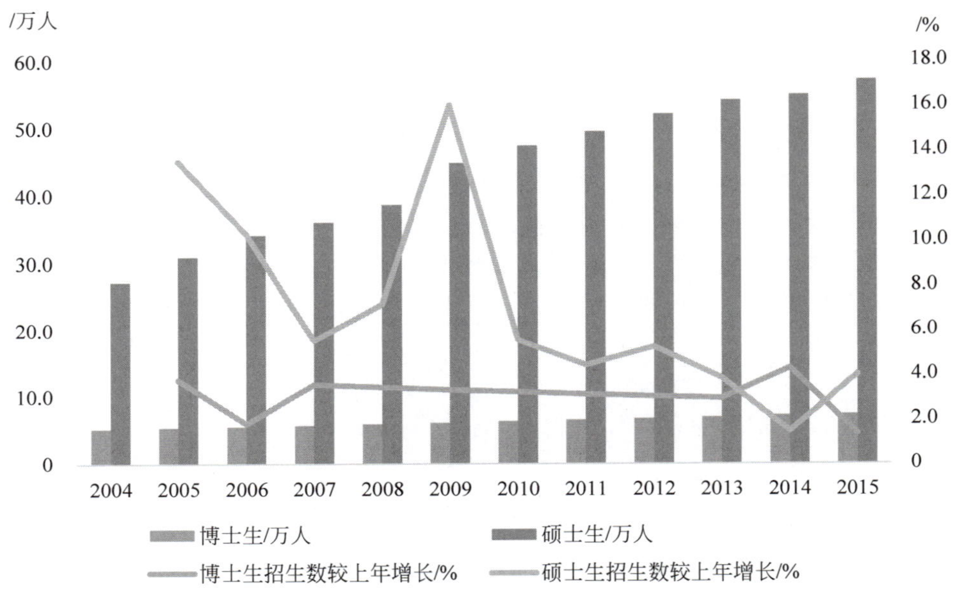

图 2-35　研究生学历层次高等教育招生数及增长率（2004—2015 年）

注：数据来源于《中国教育统计年鉴 2004—2015》。数据详见附表 2-12。

分学科看，工学研究生招生数最多。2015 年，工学招收硕士研究生 19.6 万人，博士研究生 2.8 万人。硕士研究生招生数中，相比于 2004 年，2015 年教育学、管理学、医学、文学与艺术和农学增幅最大，均超过 100%，增幅分别达到 269.8%、150.3%、144.9%、121.4% 和 105.6%（见图 2-36）。相比于 2014 年，2015 年各学科硕士研究生招生人数中，军事学、哲学和法学出现人数减少现象，减少比例分别为 18.0%、7.3% 和 0.9%。

相比于 2004 年，2015 年博士研究生招生数增长较为显著的学科类别分别是法学、理学和医学，分别增长了 73.4%、53.6% 和 51.2%（见图 2-37）。相比于 2014 年，哲学、经济学、管理学、历史学和农学出现招生数下降现象，降幅分别达 3.1%、1.9%、1.2%、0.4% 和 0.3%。

随着学历层次的上升，女性招生数占比越来越低，男性在更高学历层次上享用教育资源的机会更大。其中，2015 年博士研究生中的女性招生数占比为 39.9%，远低于硕士生

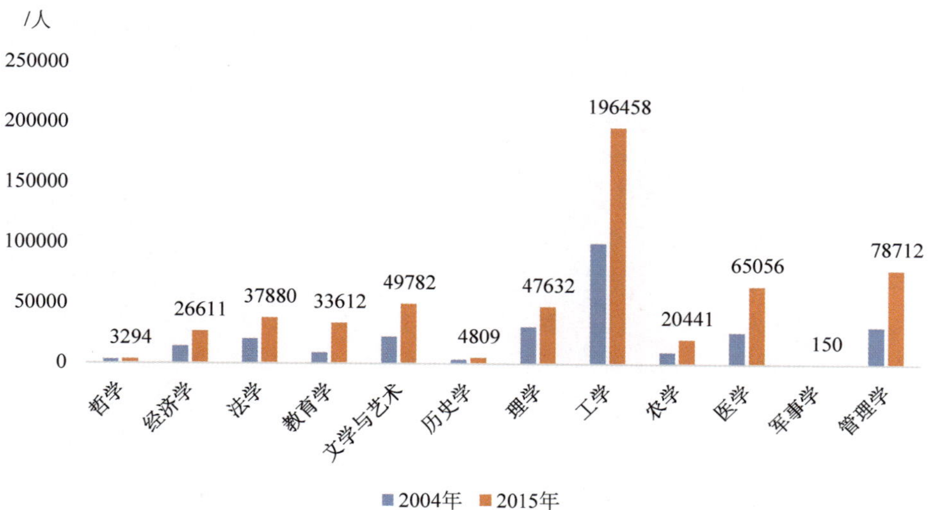

图 2-36 分学科硕士研究生招生数(2004 年和 2015 年)

注：数据来源于《中国教育统计年鉴 2004、2015》。数据详见附表 2-32。

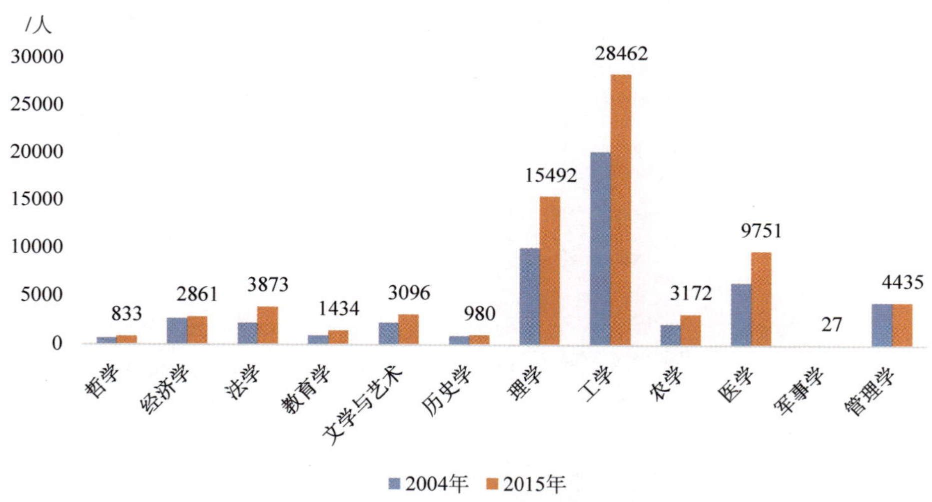

图 2-37 分学科博士研究生招生数(2004 和 2015 年)

注：数据来源于《中国教育统计年鉴 2004、2015》。数据详见附表 2-33。

(53.4%)和本科生(58.9%)。不过,2005—2015 年各学历层次的女性招生数量占比均有所提高,其中,本科生中女性招生数占比提升幅度最大,由 2005 年的 47.6%提升至 2015 年的 58.9%,提升了 11.3%,其次为硕士,提升了 6.7%,博士学历中女性招生占比提升了 3.9%(见图 2-38)。

2001—2015 年,自然科学与工程技术领域硕士招生数量(包括普通高校和研究机构)[①]不断增长,从 2001 年的 8.3 万人增长到 2015 年的 33.3 万人,年均增长 10.4%。自然科学与工程技术领域硕士招生占全部学科领域硕士招生数量的比重呈现先下降后上升的趋势,

① 由于研究机构培养的研究生数很少,故下文不再将高校与研究机构数据分开论述。

由 2001 年的 62.6%降至 2010 年的 46.7%，2015 年回升至 58.4%（见图 2-39）。

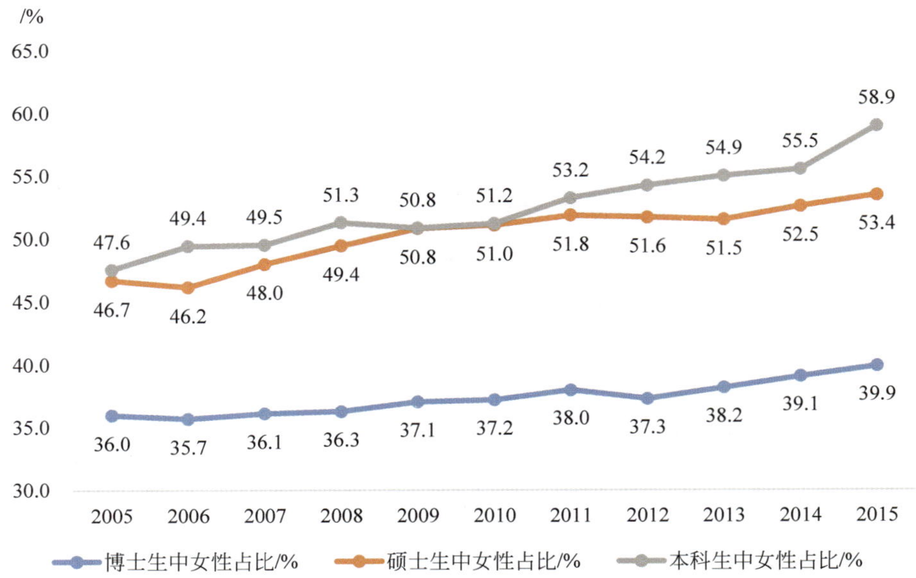

图 2-38 研究生学历层次女性招生数占比（2005—2015 年）

注：数据来源于《中国教育统计年鉴 2005—2015》。数据详见附表 2-14。

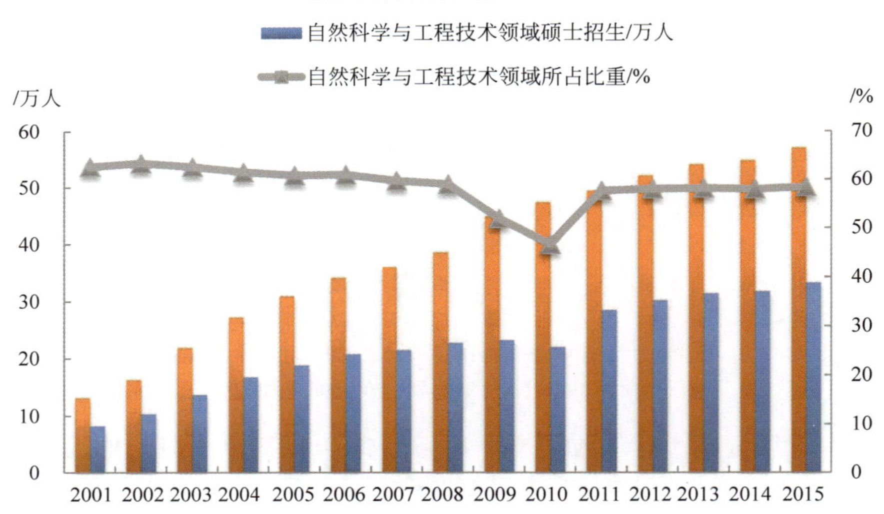

图 2-39 自然科学与工程技术领域硕士招生及占全部学科领域的比重情况（2001—2015 年）

注：数据来源于《中国教育统计年鉴 2001—2015》。数据详见附表 2-34。

2001—2015 年，自然科学与工程技术领域博士招生数量（包括普通高校和研究机构）呈现增长趋势，从 2001 年的 2.3 万人增长到 2015 年的 5.7 万人，年均增长 6.7%。自然科学与工程技术领域博士招生占全部学科领域博士招生数量的比重较高，一直保持在 70%以上，2001 年为 73.0%，2015 年为 76.4%（见图 2-40）。

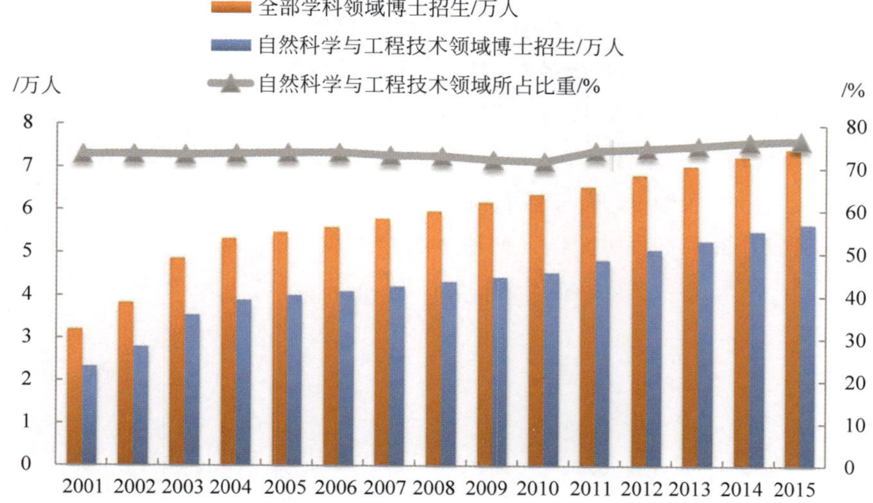

图 2-40 自然科学与工程技术领域博士招生及占全部学科领域的比重情况(2001—2015 年)

注：数据来源于《中国教育统计年鉴 2001—2015》。数据详见附表 2-35。

2.4.2 在校生情况

从不同研究生学历层次看，各级各类高等教育在校生数均有不同程度的增加。博士研究生由 2004 年的 16.6 万人增至 2015 年的 32.7 万人，增幅达到 97.0%；硕士研究生由 2004 年的 65.4 万人攀升至 2015 年的 158.5 万人，增幅达 142.4%，增长最为显著。但近年，博士研究生和硕士研究生的在校生年增长率均在下降，其中博士学历层次在校生人数增加比例从 2005 年的 15.1%降至 2015 年的 4.5%，硕士生从 2005 年的 20.3%降至 2015 年的 3.3%(见图 2-41)。

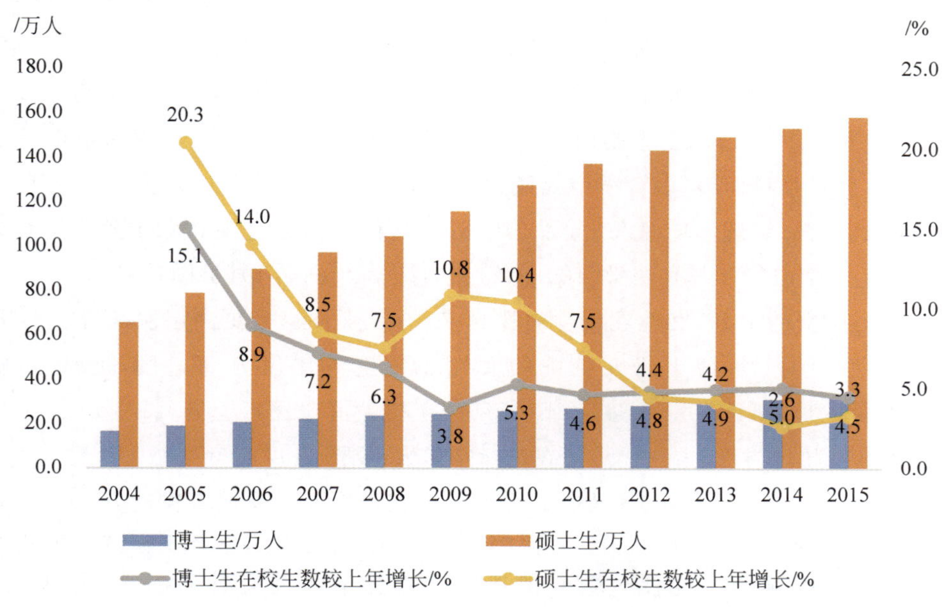

图 2-41 研究生学历层次在校生数及增长率(2004—2015 年)

注：数据来源于《中国教育统计年鉴 2004—2015》。数据详见附表 2-17。

2015 年，中国博士研究生在校生数量排名前三位的学科分别是工学、理学和医学，其中，理学在校生人数较 2004 年增长最多，从 28769 人增至 59653 人，增幅达 107.4%，医学从 2004 年的 17771 人增至 2015 年的 34715 人，增长了 95.4%，工学从 2004 年的 69315 人增至 2015 年的 134930 人，增幅达 94.7%。与 2004 年相比，2015 年招生人数增长最为显著的学科是法学、教育学、农学、文学与艺术和理学，增幅均超过 100%，分别增长了 163.5%、149.2%、121.5%、112.7%和 107.4%（见图 2-42）。

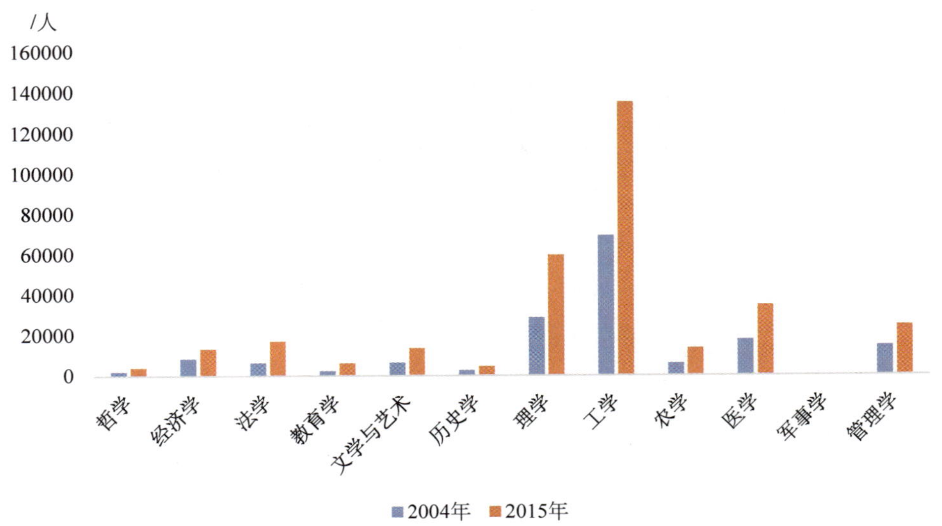

图 2-42　分学科博士研究生在校生数（2004 年和 2015 年）

注：数据来源于《中国教育统计年鉴 2004、2015》。数据详见附表 2-36。

硕士研究生在校生中，工学（554667 人）、管理学（232226 人）和医学（180517 人）是 2015 年硕士研究生在校生人数排在前三位的学科，其中，管理学增幅最大，从 2004 年的 74253 人增至 2015 年的 232226 人，增长了 212.8%，医学从 2004 年的 64088 人增至 2015 年的 180517 人，增长了 181.7%，工学则由 2004 年的 248748 人增至 2015 年的 554667 人，增长了 123.0%。就各学科而言，教育学增幅最大，从 2004 年的 20302 人增至 2015 年的 85993 人，增幅达 323.6%，管理学增幅次之，为 212.8%，其他增幅超过 100%的学科为文学与艺术（170.9%）、农学（139.6%）、法学（120.5%）和经济学（100.2%）（见图 2-43）。

随着学历层次的上升，女性在校生占比越来越低，女性享受更高层次高等教育资源的机会低于男性。2015 年博士研究生中的女性在校生占比仅为 37.9%，远低于硕士生（52.2%）和本科生（53.7%）。不过，女性研究生在校生占比逐年上升，特别是本科生和硕士生女性数量已超过男性，占比优势还在进一步扩大（见图 2-44）。

2001—2015 年，自然科学与工程技术领域硕士在校生数量呈现增长趋势，从 2001 年的 19.1 万人增长到 2015 年的 92.7 万人，年均增长 11.9%。自然科学与工程技术领域硕士在校生占全部学科领域硕士在校生数量的比重呈现先下降后回升的趋势，由 2001 年的 62.5%降至 2010 年的 51.4%，2015 年回升至 58.5%（见图 2-45）。

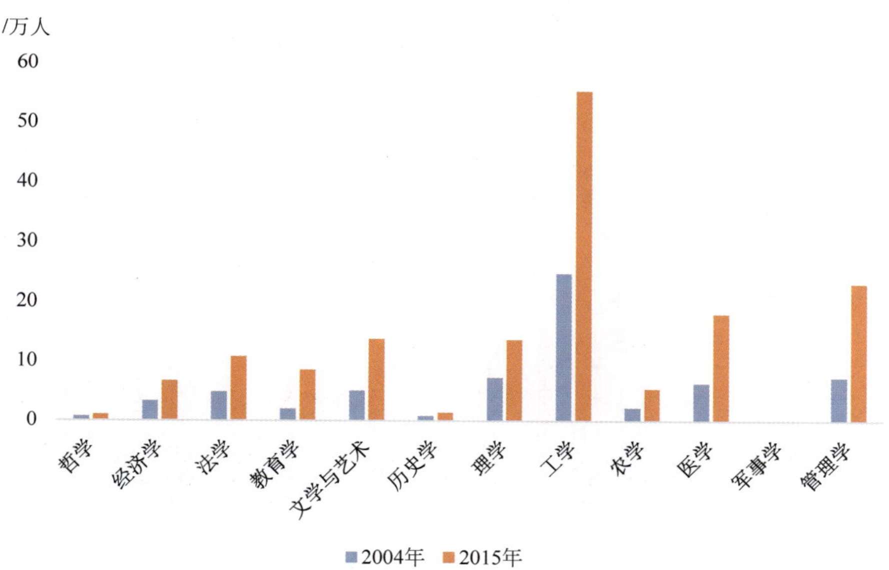

图 2-43　分学科硕士研究生在校生数(2004 和 2015 年)

注:数据来源于《中国教育统计年鉴 2004、2015》。数据详见附表 2-37。

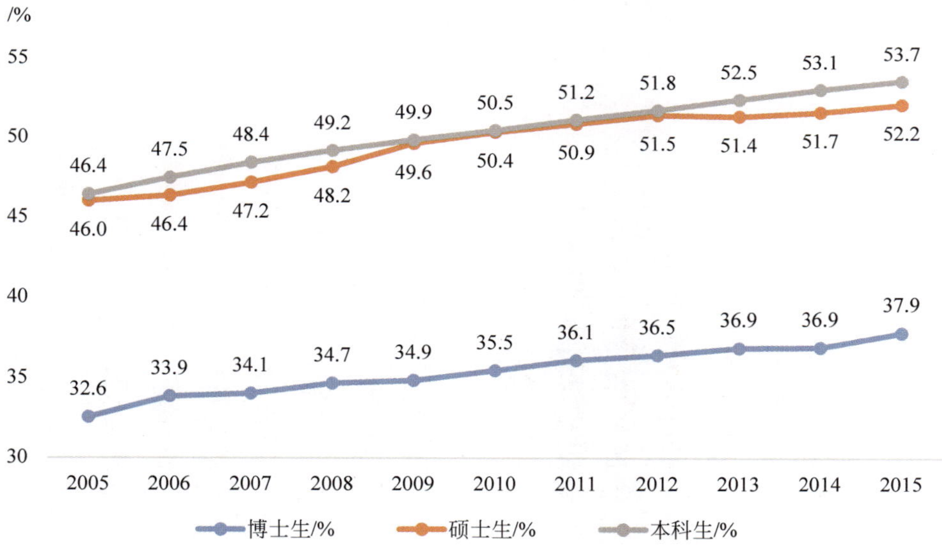

图 2-44　研究生学历层次女性在校生数所占比重(2005—2015 年)

注:数据来源于《中国教育统计年鉴 2005—2015》。数据详见附表 2-27 和附表 2-38。

2001—2015 年,自然科学与工程技术领域博士在校生数量呈现增长趋势,从 2001 年的 6.4 万人增长到 2015 年的 24.3 万人,年均增长 10.0%。自然科学与工程技术领域博士在校生占全部学科领域博士在校生数量的比重较高,一直保持在 70%以上。其中 2001 年最高,达 74.7%;2010 年最低,为 71.3%,2015 年为 74.3%(见图 2-46)。

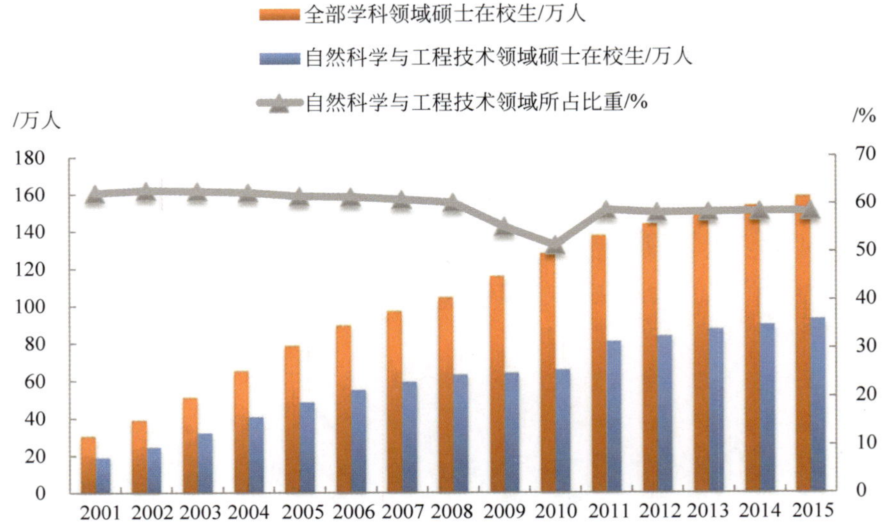

图 2-45　自然科学与工程技术领域硕士在校生及占全部学科领域的比重情况(2001—2015 年)

注：数据来源于《中国教育统计年鉴 2001—2015》。数据详见附表 2-39。

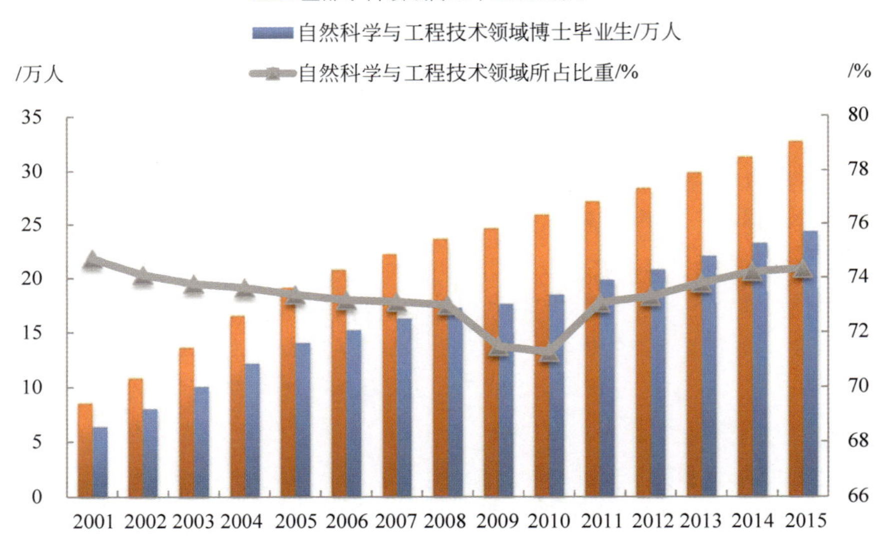

图 2-46　自然科学与工程技术领域博士在校生及占全部学科领域的比重情况(2001—2015 年)

注：数据来源于《中国教育统计年鉴 2001—2015》。数据详见附表 2-40。

2.4.3　毕业生情况

2001—2015 年，自然科学与工程技术领域硕士毕业生数呈现增长趋势，从 2001 年的 3.3 万人增长到 2015 年的 28.6 万人，年均增长 16.7%。自然科学与工程技术领域硕士毕业生占全部学科领域硕士毕业生数量的比重相对比较稳定，保持在 55.0%～62.0%，其中

2010 年最低，为 55.9%，2005 年最高，为 61.8%，2015 年则为 57.4%（见图 2-47）。

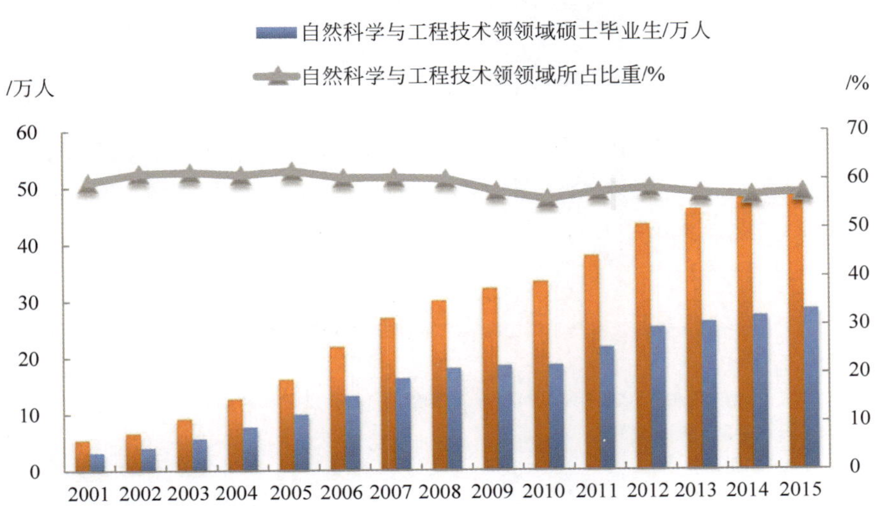

图 2-47 自然科学与工程技术领域硕士毕业生及占全部学科领域的比重情况（2001—2015 年）

注：数据来源于《中国教育统计年鉴 2001—2015》。数据详见附表 2-41。

2001—2015 年，自然科学与工程技术领域博士毕业生数量（包括普通高校和研究机构）呈现增长趋势，从 2001 年的 1.0 万人增长到 2015 年的 4.1 万人，年均增长 10.6%。自然科学与工程技术领域博士毕业生占全部学科领域博士毕业生数量的比重较高，一直保持在 70%以上。其中 2001 年最高达 77.2%，2009 年和 2010 年最低，为 71.0%，2015 年为 76.2%（见图 2-48）。

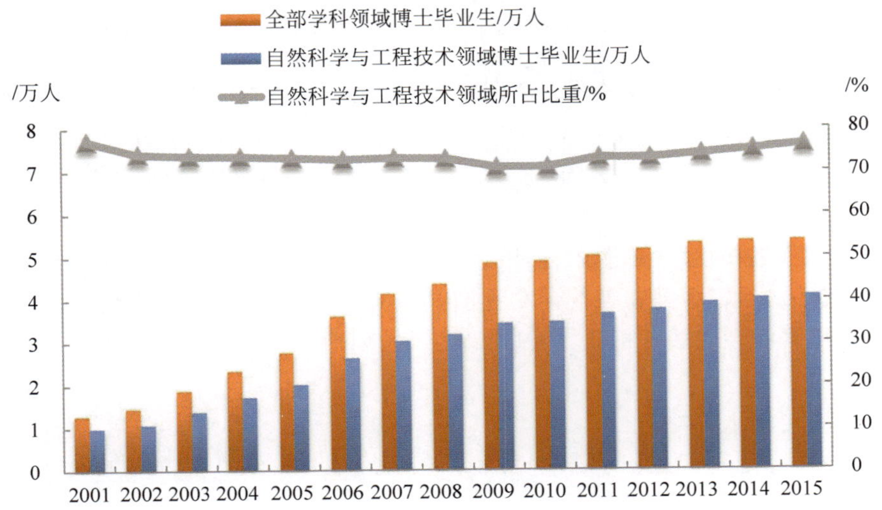

图 2-48 自然科学与工程技术领域博士毕业生及占全部学科领域的比重情况（2001—2015 年）

注：数据来源于《中国教育统计年鉴 2001—2015》。数据详见附表 2-42。

2.5 高等教育国际比较

2.5.1 招生情况

2013 年，中国高等教育招生人数达 3888.5 万人，远高于印度（2817.5 万人）和美国（1997.3 万人）。其他高等教育招生规模较大的国家分别是俄罗斯（752.8 万人）、韩国（334.2 万人）和日本（386.2 万人），英国（238.6 万人）、法国（233.8 万人）和德国（278.0 万人）紧随其后（见图 2-49）。

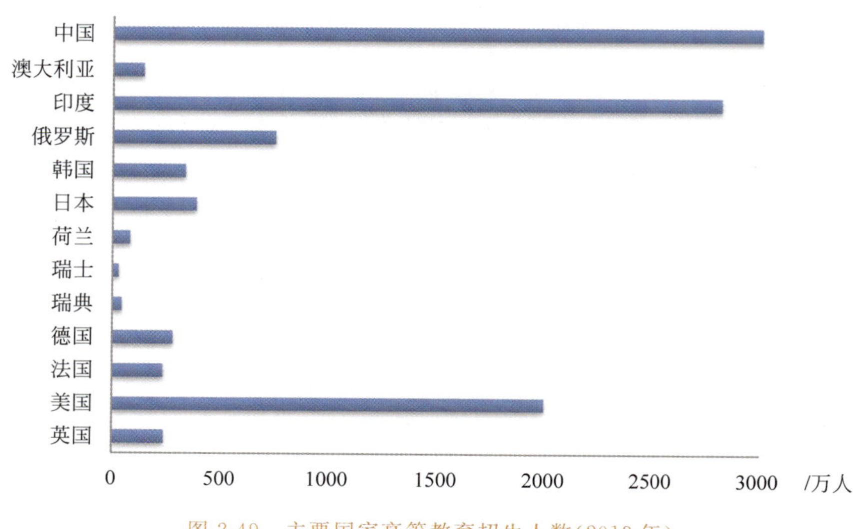

图 2-49　主要国家高等教育招生人数（2013 年）

注：数据来源于 UNESCO 数据库中心。荷兰为 2012 年数据。数据详见附表 2-43。

招生人数中的女性占比反映了一个国家女性受教育机会的程度。2013 年，中国招生人数中女性占比为 51.8%，在国际上处于中等水平。高于中国招生人数中女性占比的国家有瑞典（59.7%）、英国（55.2%）、美国（55.5%）、法国（54.6%）、俄罗斯（54.2%）和澳大利亚（56.7%），而低于中国水平的有德国（47.1%）、瑞士（49.5%）、日本（46.6%）、韩国（40.1%）和印度（45.9%）。总体而言，欧洲国家的女性受教育机会较大，亚洲国家的女性受教育机会较小。尽管中国高等教育发展起步晚，但近二十年在扩大国民受高等教育权利的号召下，在提升女性受教育机会方面取得了不小成绩（见图 2-50）。

2.5.2 留学情况

1. 全球留学生总量

随着资源全球化配置不断深入，世界各国之间往来逐渐密切，学生的跨国流动频繁，留学生总量逐年攀升。改革开放以来，中国出国留学生数量不断攀升，现已成为世界第一大留学生输出国。从 2013 年部分国家出国留学生数量可以看出，中国是世界上最大的留学生

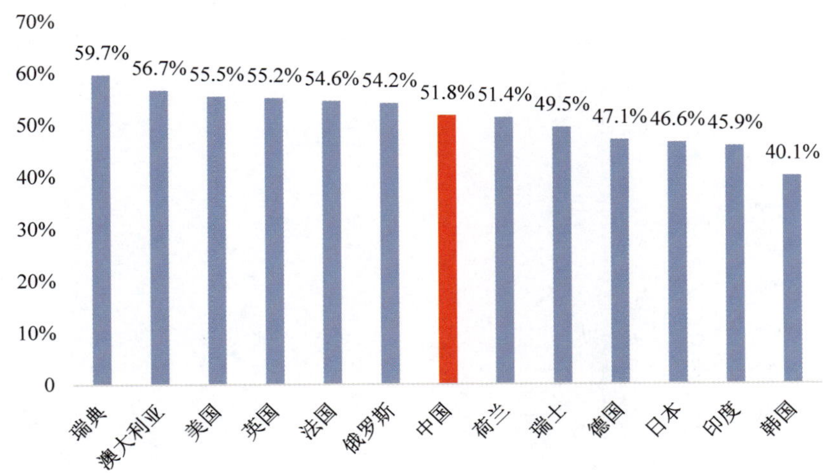

图 2-50 主要国家高等教育女性在招生人数中的占比(2013 年)

注：数据来源于 UNESCO 数据库。荷兰为 2012 年数据。数据详见附表 2-43。

输出国，2013 年达 712157 人，远远超过其他国家，比排名第二的印度高出 50 多万人。国际上，德国、韩国、法国等国也是留学生的输出大国，2013 年分别为 11.9 万人、11.7 万人和 8.4 万人(见图 2-51)。

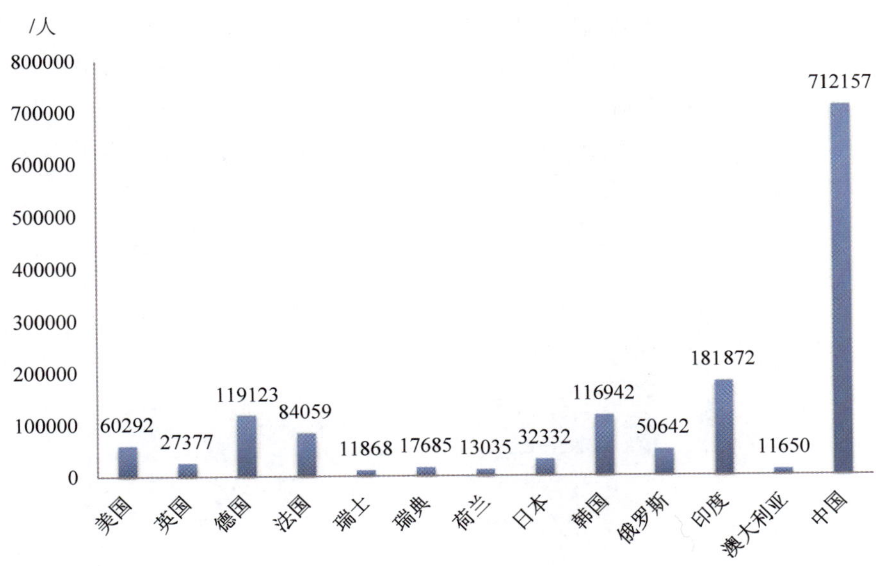

图 2-51 部分国家出国留学生数量(2013 年)

注：数据来源于联合国教科文数据库。数据详见附表 2-44。

随着经济全球化的不断深入，各国在人才方面争夺激烈，对于留学生的争夺就是一个重要方面。从 2014 年各个国家接收留学生的数量可以看出，美国、英国是接收留学生数量最多的国家，均超过了 40 万人，其中美国接收了 842384 人，英国接收了 428724 人，排在第三位的澳大利亚接收了 266048 人，法国接收了 235123 人，俄罗斯接收了 213347 人，德国接收了 210542 人。以上国家的留学生数目均远超过中国接收的 108217 人[①]，由此可见中国在接收留学生数量方面与发达国家还有较大差距(见图 2-52)。

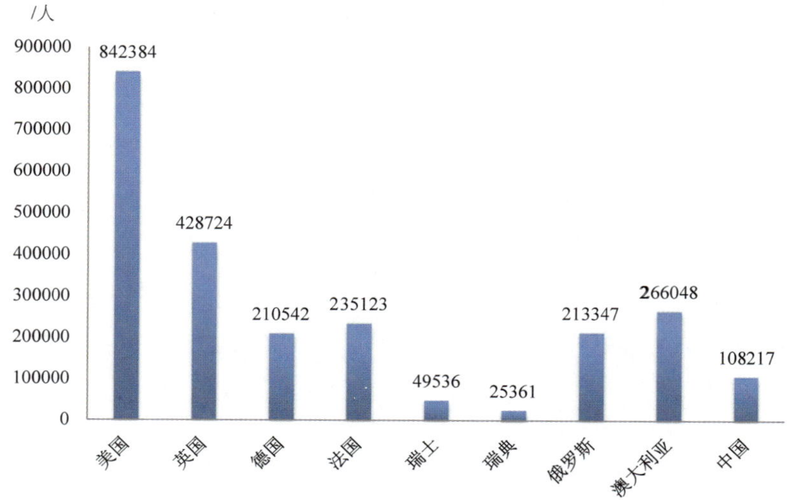

图 2-52　部分国家接收留学生数量(2014 年)

注：数据来源于联合国教科文数据库。数据详见附表 2-45。

从 2013 年各个国家净留学生数量[②]可以看出，中国与发达国家具有非常大的差距。美国、英国是净留学生数量最多的国家，其中美国达到 724135 人，英国达到 389316 人。中国的净留学生人数则高达－615748 人，即留学生流出数量多于流入数量，韩国作为留学生输出大国则面临同样的问题，净留学生人数达到－57470 人。这说明中国在教育国际化的进程中还有一段艰难的路程，需要进一步加大中国教育特别是高等教育的吸引力，加大"引进来"的发展力度(见图 2-53)。

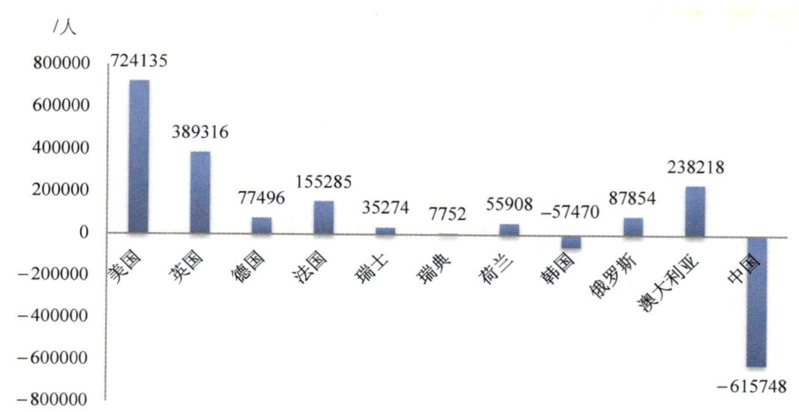

图 2-53　部分国家留学生净流量(2013 年)

注：数据来源于联合国教科文数据库。数据详见附表 2-46。

① 该数据来源于世界教科文组织数据库。

② 净留学生数量＝流入数量－流出数量。

2. 各国招收留学生的学历结构

从部分国家招收不同层次高等教育留学生中所占比例可以看出，博士和硕士留学生的比例最高。其中，瑞士招收的博士留学生比例最高，瑞士博士生中留学生的比例超过一半，达到52%，法国、英国、荷兰、美国这一比例也相对较高，分别为40%、32%、38%和32%。澳大利亚招收的硕士留学生比例最高，为38%，并且超过了该国招收的博士生比例，英国、瑞士、荷兰这一比例也较高，分别为36%、27%和17%。相比较而言，澳大利亚招收专科和本科留学生的比例相对较高，分别达到了14%和12%，其他国家这两种比例则相对较低。从中国接收留学生的情况来看，由于中国人口基数较大，本国高等教育在校生较多，接收留学生人数相对较少，所以中国各层次高等教育接收留学生的比例与发达国家相比均差距甚远（见图2-54）。

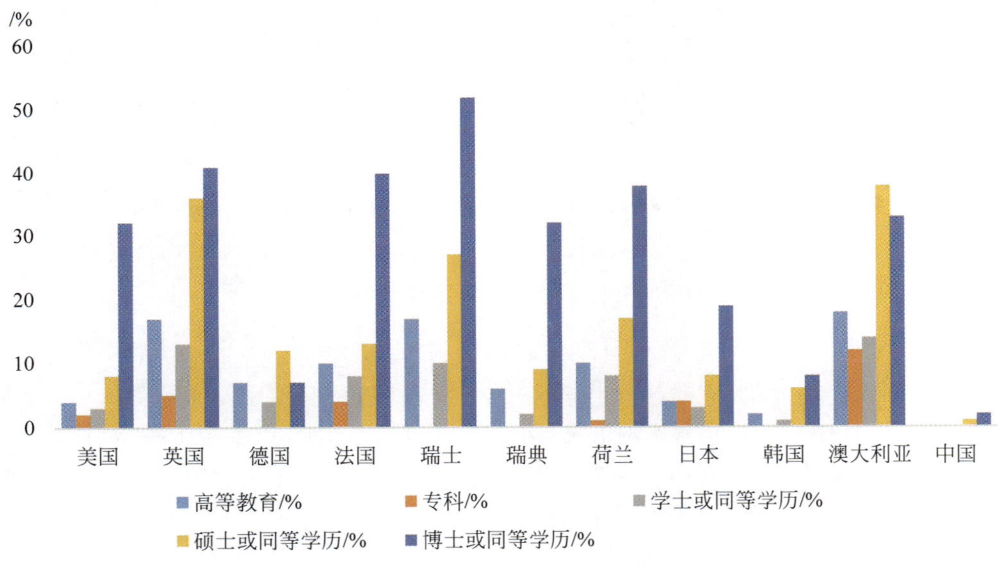

图2-54 部分国家留学生在不同层次高等教育总学生数中所占比例（2013年）

注：数据来源于OECD数据库。数据详见附表2-47。

从部分国家高等教育领域招收留学生的学科分布可以看出，科学、工程制造与建筑、健康与福利是留学生选择最多的学科领域。其中，瑞典、德国留学生选择工程制造与建筑学科的比例最高，分别为27%和25%，瑞士、美国、日本、韩国的这一比例也相对较高。除此之外，选择科学大类的比例也相对较高，瑞典的这一比例高达20%，美国、法国、瑞士的这一比例则为18%。选择健康与福利的比例也相对较高，荷兰、瑞典、澳大利亚超过10%，美国、英国、德国、法国、瑞士等国也超过了5%。相比较而言，选择农业和服务类学科的学生则相对较少，基本低于5%（见图2-55）。

3. 各国招收留学生生源地分布

从部分国家留学生的来源国分布情况来看，亚洲留学生遍布世界各地，成为发达国家留学生的主要来源地。从相关统计来看，亚洲的留学生占据了俄罗斯、韩国、美国、英国、日

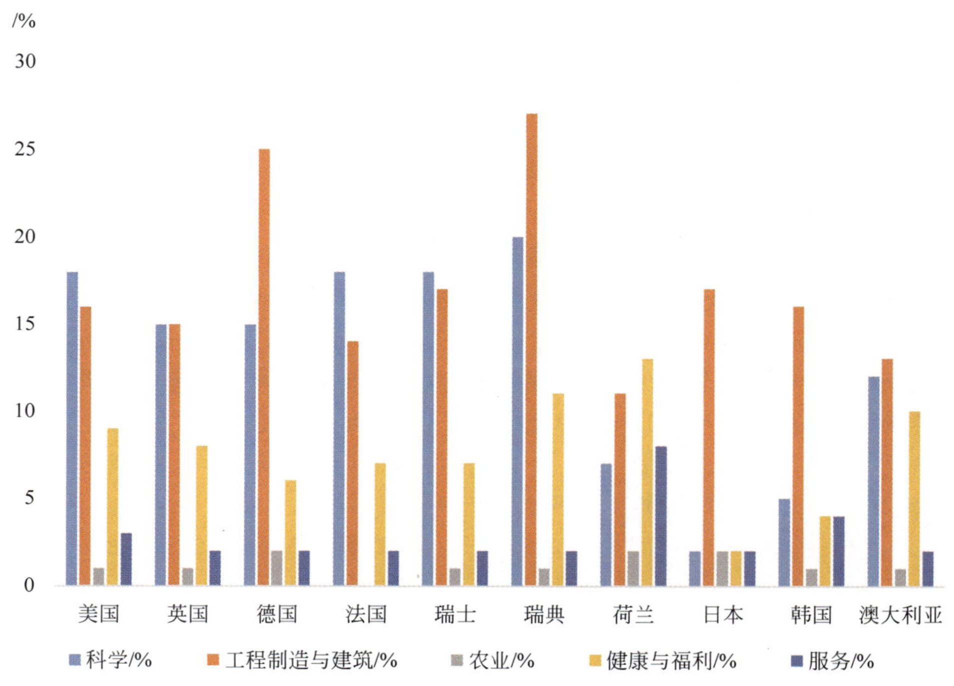

图 2-55　部分国家高等教育领域留学生学科分布比例(2013 年)

注:数据来源于 OECD 数据库。数据详见附表 2-48。

本、澳大利亚留学生的大多数,其中日本的亚洲留学生比例高达 93.5%,韩国、澳大利亚的这一比例也非常高,分别为 91.5% 和 85.2%。德国的留学生中欧洲比例最高,达到了 43.6%。法国的留学生中,非洲比例最高,达到了 40.9%。由此可见,亚洲留学生群体是全球留学生群体最重要的组成部分,成为欧美国家留学生的主要来源地区,并且亚洲留学生占全球留学生的比例呈现出逐年上升的趋势(见图 2-56)。

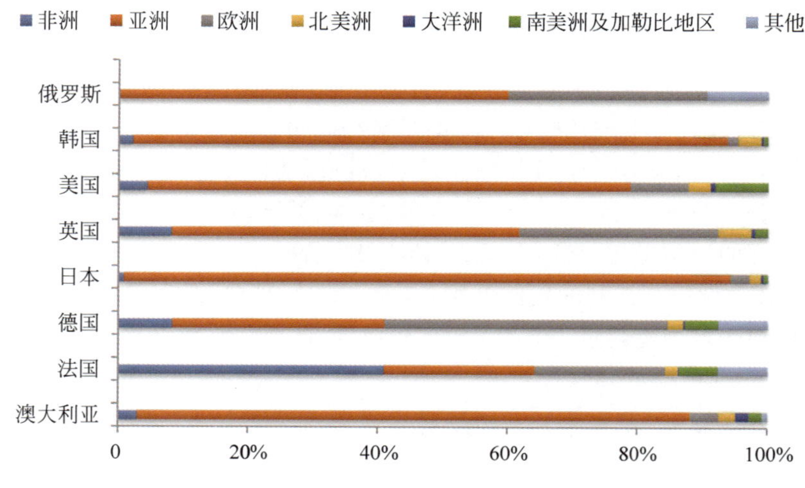

图 2-56　部分国家留学生的来源地分布(2013 年)

注:数据来源于 OECD 数据库。数据详见附表 2-49。

按高等教育领域的留学生目的国分布来看，美国、英国、德国、法国等国为主要留学目的国，其中日本、韩国留学美国的比例超过50%，印度、中国、英国、澳大利亚的这一比例也超过30%。各个国家的情况也存在一些较为明显的差异，美国留学生目的国为英国的比例最高，为22.1%；英国留学生目的国为美国的比例最高，为31.0%；德国留学生目的国为英国的比例最高，为11.8%；法国留学生目的国为英国的比例最高，为15.2%；瑞士留学生目的国为英国的比例最高，为15.2%；瑞典留学生目的国为美国的比例最高，为22.9%；荷兰留学生目的国为英国的比例最高，为23.3%；日本留学生目的国为美国的比例最高，为60.8%；韩国留学生目的国为美国的比例最高，为56.4%；俄罗斯留学生目的国为德国的比例最高，为17.0%；印度留学生目的国为美国的比例最高，为48.2%；澳大利亚留学生目的国为美国的比例最高，为32.6%；中国留学生目的国为美国的比例最高，为30.9%，其次为日本和英国，分别为12.3%和11.2%（见图2-57）。

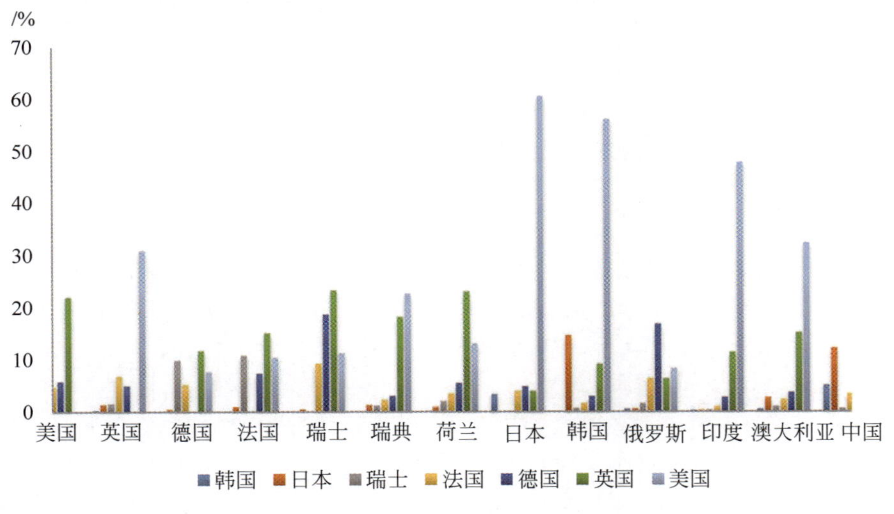

图2-57 高等教育领域留学生按目的国分布（2013年）

注：数据来源于OECD数据库。数据详见附表2-50。

4. 中国出国留学人员与学成归国人员的变化趋势

总体来看，中国出国留学人员变动趋势和学成归国留学人员的变动趋势一致，在2000年之前相对平稳，人数远低于10万人，2000—2002年出现高速增长，随后逐渐稳定，2007年后又重新出现上扬势头。值得关注的是，学成归国留学人员的数量已经逐渐接近出国留学人员的数量。从中国出国留学人员与学成归国人员的变化趋势可以看出，出国留学人数从1978年的860人增加到2014年的459800人，增加了534倍；而学成归国的留学人员也由1978年的248人增加到2014年的364800人。在学成归国的留学人员总数提高的同时，其所占比例也不断提高，2014年达到了79.3%。这说明，随着中国经济发展水平的不断提升以及经济全球化进程的不断加快，中国在国际竞争中所处地位越来越重要，为海外留学人员提供了更加广阔的发展空间，吸引了大批学成归国的留学人员（见图2-58）。

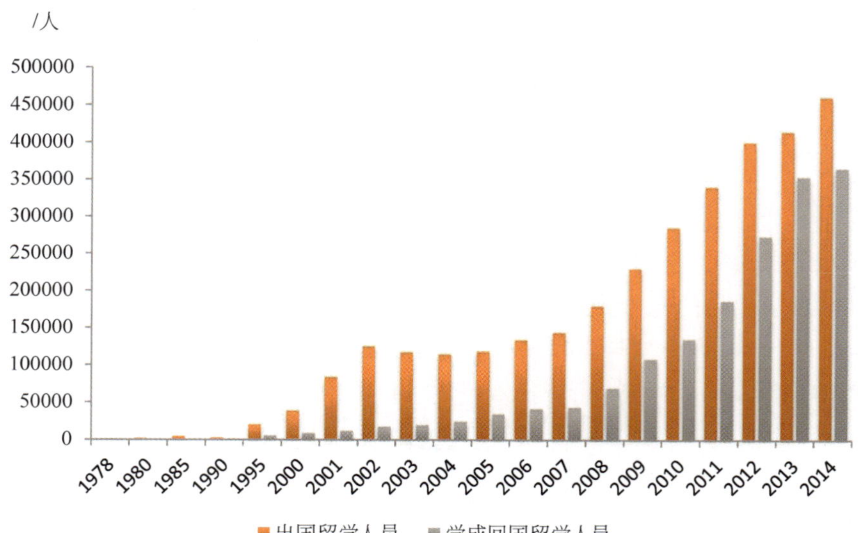

图 2-58　中国出国留学人员与学成归国人员的变化趋势

注：数据来源于教育部统计数据。数据详见附表 2-51。

5. 来华留学生情况

2014 年，来中国接受学历教育的外国留学生总计 164394 人[①]，占来华生总数的 43.60%，比 2013 年增加了 16504 人，同比增加 11.2%；硕士和博士研究生共计 47990 人，比 2013 年增加了 18.2%，其中，硕士研究生 35876 人，博士研究生 12114 人。2014 年，非学历留学生 212660 人。

从来华留学生层次可以看出，2005—2015 年，来华留学的博士、硕士、本科、专科、培训人数均处于上升趋势，只有 2012 年博士人数从 2011 年的 866 人下降至 2012 年的 393 人，硕士人数则从 2011 年的 4288 人剧增至 2012 年的 14520 人，本科人数从 2011 年的 12139 人下降至 2012 年的 5614 人，专科人数从 2011 年的人剧增至 2012 年的 1042 人，培训人数则从 2011 年的 56142 人平稳增长至 2012 年的 62044 人。从总人数上来看，2005—2015 年，博士人数从 355 人上升到 1373 人，硕士人数从 943 人上升到 7316 人，本科人数从 3327 人上升到 14571 人，专科人数从 319 人上升到 582 人，培训人数从 39393 人上升到 78403 人。从分年统计数据来看，中国各个层次招收的留学生人数都是逐年上升的，这也从一定层面上说明了中国吸引高学历层次留学生的吸引力在不断提升(见图 2-59)。

从来华留学生大洲划分图可以看出，亚洲学生仍然是中国留学生的主要来源，其次是欧洲、北美洲、非洲。2005—2015 年，亚洲、非洲、欧洲、北美洲、南美洲、大洋洲的来华留学生人数均处于上升趋势。从总人数上来看，2005—2015 年，亚洲人数从 32412 人上升到 57221 人，年均增长率为 5.8%；非洲人数从 1055 人上升到 9741 人，年均增速达 24.9%；欧洲人数从 6020 人上升到 22267 人，年均增速为 14.0%；北美洲人数从 3963 人上升到 9760 人，年均增速为 9.4%；南美洲人数从 317 人上升到 1652 人，年均增速为 17.9%；大

① 该数据来源于《中国教育统计年鉴 2014》。

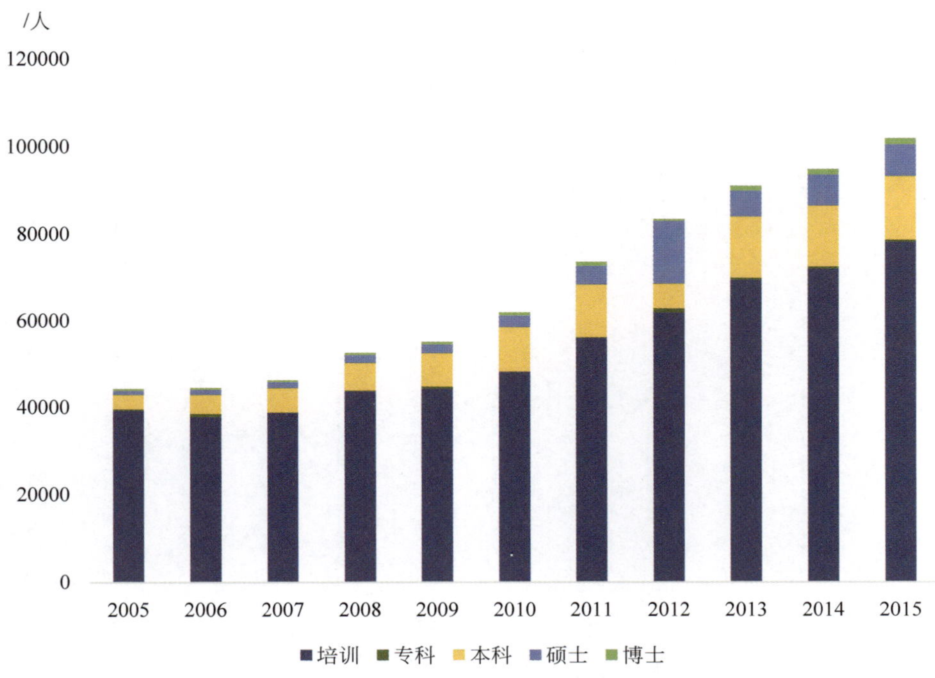

图 2-59 来华留学生各学历层次人数(2005—2015 年)

注：数据来源于《中国教育统计年鉴 2005—2015》。数据详见附表 2-52。

洋洲人数从 570 人上升到 1604 人，年均增速为 10.9%；整体上来看，南美洲和大洋洲的来华留学生人数相对较少(见图 2-60)。

从来华留学生经费来源可以看出，2005—2015 年，来华留学生经费来自国际组织资助、中国政府资助、本国政府资助、学校间交换、自费的人数均处于上升趋势。从总人数上来看，2005—2015 年，国际组织资助人数从 44 人上升到 2015 年的 424 人，年均增长率达 25.4%；中国政府资助人数从 2679 人上升到 17605 人，年均增长率为 20.7%；本国政府资助人数从 343 人上升到 1639 人，年均增长率达 16.9%；学校间交换人数从 2484 人上升到 14017 人，年均增长率达 18.9%；自费人数从 38787 人上升到 68560 人，年均增长率达 5.9%(见图 2-61)。

从来华留学生分布图可以看出，北京和上海是中国接收留学生的主要区域，特别是北京接收留学生的人数远远高于其他省份，并且逐年增长的趋势明显。总体来看，2006—2015 年，来华留学生在各省的分布平均处于上升趋势。北京、上海、江苏、浙江为 2015 年留学生分布最多的省份。2006—2015 年，北京的留学生人数从 18110 人上升到 25335 人，年均增长率为 3.8%；上海的留学生人数从 8674 人上升到 12521 人，年均增长率为 4.2%；江苏的留学生人数从 1567 人上升到 2014 年的 7041 人，2015 年人数有所下降，为 6893 人，年均增长率为 17.9%；浙江的留学生人数从 1908 人上升到 8379 人，年均增长率为 17.9%；这表明高等教育发达的省份在接收留学生方面优势明显，中国高等教育区域空间的不均衡导致了留学生区域分布的严重不均(见图 2-62)。不过，就全国而言，属于西部地区的陕西、贵州 2006—2015 年年均增长率全国最高，分别达到 48.2%和 47.4%。

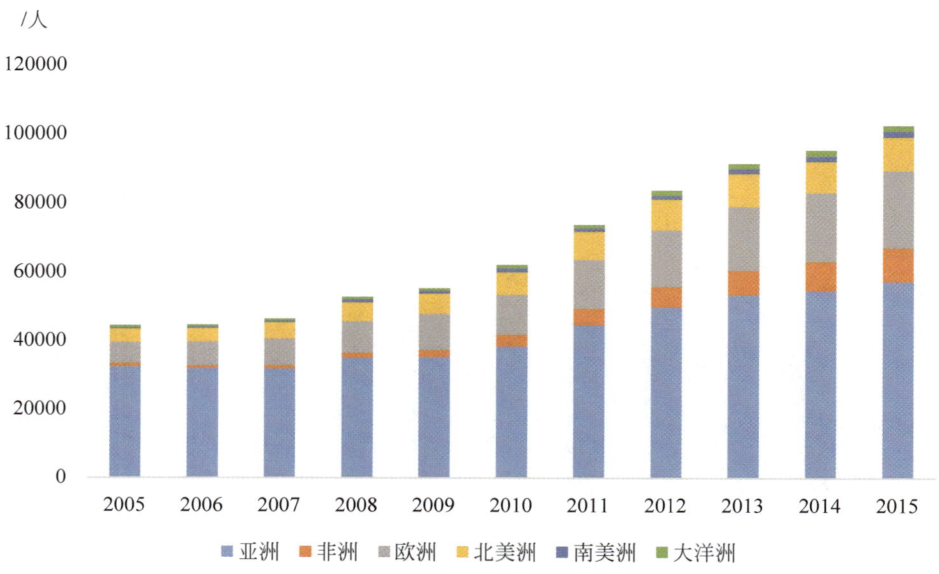

图 2-60　各大洲来华留学生人数(2005—2015 年)

注：数据来源于《中国教育统计年鉴 2005—2015》。数据详见附表 2-53。

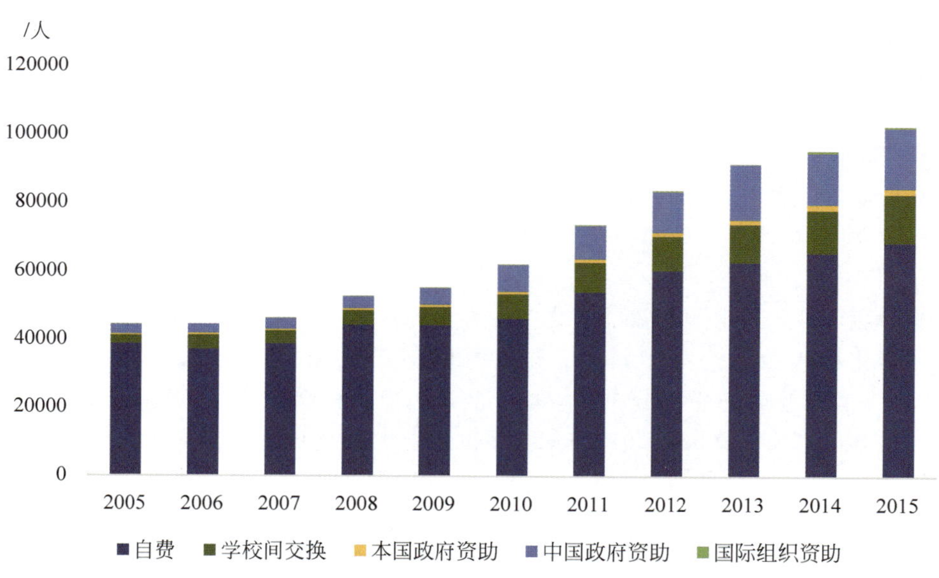

图 2-61　各经费来源的来华留学生人数(2005—2015 年)

注：数据来源于《中国教育统计年鉴 2005—2015》。数据详见附表 2-54。

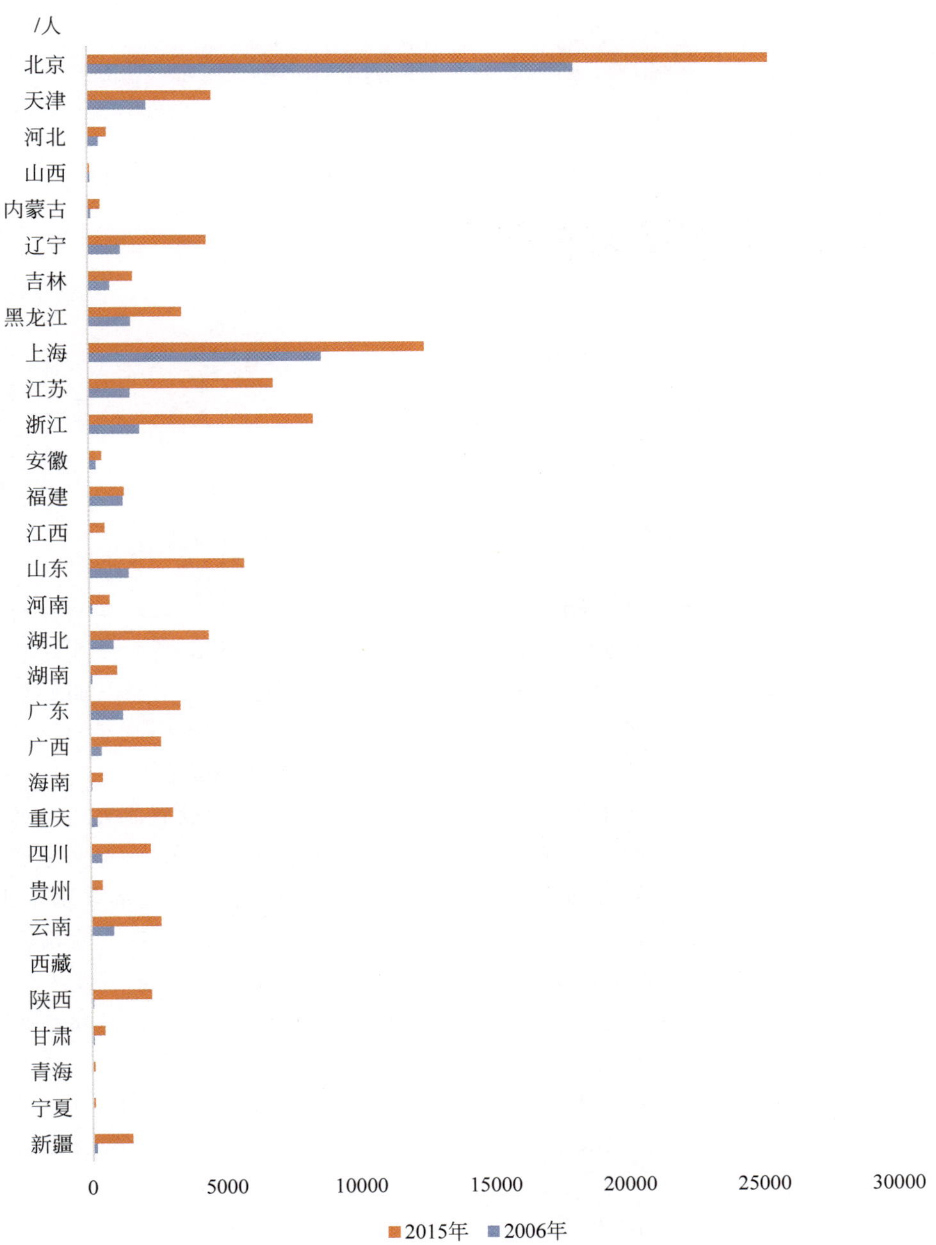

图 2-62　来华留学生省域分布图

注：数据来源于《中国教育统计年鉴 2006、2015》。数据详见附表 2-55。

第3章

CHAPTER 3

中小学数学和科学教育

本章导读

随着国际竞争的日益激烈，各国政府都高度重视基础教育质量。以科学的评价体系来监测基础教育质量，从而更好地为教育决策服务，已经成为当今世界教育改革发展的一大趋势。学生学业成就是衡量中小学教育质量的一个关键性指标，建立国家层面的学生学业成就监测和评价体系已成为许多发达国家的政府行为；数学和科学教师数量和结构与中小学教育质量关系密切，素质较高、结构合理的数学和科学教师队伍是教育质量提升的重要保证；科学教育的基础设施和条件是国家教育服务体系和国家科学教育能力建设的重要组成部分，是科学教育的重要基础；校外科学教育是正规教育的必要补充，也是充分利用教育人力和物理资源、发挥各种教育形式最佳效益的重要途径。对中国而言，从学生学业成就、数学和科学教师、科学教育基础设施和条件以及校外科学教育等方面，开展基础教育质量监测既是促进教育公平、提高教育质量的需要，也是教育转向内涵发展的需要和标志。在中国科学技术与工程指标体系中突出中小学数学和科学教育评价指标，提高指标体系国际可比性，也符合中国科技进步和教育发展的监测需求。

本章分为四个部分，第一部分是学生学业成就，分析中国中小学数学和科学的学业成就，并进行国际比较。第二部分是数学和科学教师，分析中国中小学数学和科学教师的数量、性别比例、少数民族占比和学历结构等。第三部分是科学教育的基础设施和条件，主要介绍全国中小学实验仪器达标情况、实验室生均使用面积、生均实验设备资产值和学校计算机条件等。第四部分是校外科学教育，分析了科技馆、科技竞赛中的科学教育以及科技教育出版物。

本章要点

1. 学生数学和科学学业总体水平较高，“问题解决”维度的能力仍有待提高。

2009年，中国内地义务教育三年级和八年级学生的数学课程达标率分别为86%和80%，其中“问题解决”维度的达标程度低于“知识技能、数学理解、运用规则”等维度，三、八年级分别有1/4和1/3的学生没有达到“问题解决”维度课程标准的基本要求。学生学业成绩影响因素分析的结果表明，小学生和中学生数学学业成绩差异中分别有54%和29%来自学校间的差异，其中学校人文因素、学校归属感和教学方法是影响学生数学成绩的主要因素。

2009年，科学成绩达到合格及以上水平的学生占71%。学生对于生命世界、物质世界和地球宇宙三个领域内容的掌握水平基本相当，对生命健康的关注程度和卫生常识的掌握比较理想。学生具备了一定的观察、分析和解决问题的能力，但综合运用多种技能解决较复杂的现实问题的能力仍有待提高。

上海市2009年和2012年的PISA项目成绩位列榜首，数学和科学成绩领先第二名几十分，2015年，北京、上海、江苏、广东组成的中国部分地区联合体(B-S-J-G，China)参加了PISA测试，科学平均成绩排名第十，数学平均成绩排名第六。

2. 中国小学科学教师数不到数学教师的十分之一，各学段数学和科学教师性别结构基本平衡，少数民族教师所占的比例保持稳定且略有上升，初中和小学教师的学历有待提高。

2015年中国小学数学教师为168.1万人，科学教师为18.6万人，仅为数学教师的11.1%；初中数学教师为59.3万人，科学教师为3.1万人，仅为数学教师的5.2%。

2015年，数学教师中，小学男、女教师比例为7∶10，初中男、女教师比例为11∶10，高中男、女教师比例为14∶10。科学教师中，小学男、女教师比例为13∶10，初中男、女教师比例为13∶10。

2012—2015年，小学数学和科学相关学科教师中少数民族的平均占比分别为10.6%和9.5%，各年度变化不大；初中数学和科学相关学科中少数民族教师的平均占比为8.9%，其中科学教师中少数民族仅占1.8%；高中数学和科学相关学科中少数民族教师平均占比为7.7%。

目前，中国小学数学和科学教师的学历总体以专科和本科为主，其次是高中学历，研究生学历教师虽人数较少，但增速较快。初中阶段的数学和科学相关学科仍以具有专科和本科学历的教师为主，其次是具有研究生学历的教师，高中及高中以下学历的教师人数不多。高中阶段数学和科学相关学科教师学历以本科为主，除生物教师以外，其余各学科教师中90%以上具有本科学历。

3. 中国中小学实验仪器达标率、实验室生均使用面积和生均实验设备资产值均明显上升，但仍存在一定程度的城乡差异和地区差异。

2015年，小学、初中和高中实验仪器达标率分别为69.0%，85.9%和89.8%，较2010年分别增加了11.4%、11.4%和5.2%。相同学段实验仪器达标率城乡差异明显，小学阶段差异最大，初中次之；不同学段间实验仪器达标率差距呈现明显的城乡差异。

2015年，中国小学、初中和高中阶段学校的实验室生均使用面积分别为0.21m^2、0.77m^2和1.25m^2，较2010年分别增加了50.0%、67.4%和30.2%。中国中小学实验室生均使用面积存在城乡差异和区域差异，但各差异间总体呈收敛趋势。就全国而言，上海市优势明显。

2015年，中国小学、初中和高中阶段学校的生均实验设备资产值分别229.3元、558.7元和1014.1元，较2010年分别增加了19.9%、61.2%和11.2%。中国中小学生均实验设备资产值也存在一定程度的城乡差异和区域差异，总体呈收敛趋势。上海市初中和小学生均实验设备资产值均位于全国首位，北京市普通高中生均实验设备资产值位于全国首位。

2013—2015 年，全国不同学段学校的百名学生拥有教学用计算机排名是：高中＞初中＞小学，各学段每百名学生拥有教学用计算机数的年均增速均超过 10%，小学阶段增速最大，为 15.5%，初中和普通高中分别为 14.0%和 10.9%。就全国范围而言，城乡差异显著。

4. 校外科学教育中，科技馆通过多种方式开展中小学生的科学教育，青少年科技竞赛总项数和参赛规模稳中有升且效果良好，科技教育出版物在青少年图书出版界处于领先位置。

科技馆开展科学教育的主要方式包括科普讲解、科学表演和科普讲座等多种方式。2016 年，123 家科技馆纳入免费开放试点，日均学生观众为 569 人次。其中 91 家科技馆积极开展馆校合作，参加学生达 262.78 万人次。

2015 年，由各级科协和两级学会主办的青少年科技竞赛总项数为 12577 项，参赛人数为 4362 万人次，较 2006 年分别增长了 12.8%和 37.5%

中国 2015 年共出版青少年图书 9521 册，其中科技教育类图书有 5654 册，占该年青少年图书总数的 59.4%。

3.1 学生的数学和科学学业成就

目前，中国还没有数据公开且比较成熟的全国统一标准的教育质量测评体系，学生学业成就的数据主要来自教育部和中国教育科学研究院关于全国学生学业成就分析的两项研究。学生学业表现的国际比较的数据主要来自国际学生评价项目和国际数学和科学趋势研究项目。

3.1.1 学生的数学学业成就

2009 年，教育部“建立中小学学业质量分析反馈与指导系统”项目组进行了义务教育阶段三年级和八年级学生的大规模数学学业测验，测验涉及学习内容和学习能力两个维度，以测验达标情况反映学生学业质量，并通过建立多层线性模型探讨学生学业成绩的影响因素。调查时间为 2009 年 10 月下旬，调查抽取中国 31 个省(市、自治区)140 个区县的 38312 名三年级学生和 21105 名八年级学生，2008 位小学数学教师和 1648 位初中数学教师，1184 位小学校长和 597 位初中校长。

学业质量的分析结果表明：①义务教育数学学业总体水平较高，三年级和八年级学生的课程达标率分别为 86%和 80%；②学生在不同内容领域的学业表现差异不大，在能力维度中的“问题解决”表现明显低于其他维度。如表 3-1 所示，“问题解决”维度的达标程度较低，三年级和八年级分别有 1/4 和 1/3 的学生没有达到课程标准的基本要求；③不同学生群体(东部、中部、西部，城市、县镇、农村)的学业水平存在一定程度的差异。如表 3-2 所示，西部地区三年级学生的学业水平略低于东部地区但高于中部地区，农村三年级和八年级学生的学业水平低于城市和县镇学生的水平。

表 3-1 学生在不同内容领域和能力维度的达标率

类 别	内 容 领 域			能 力 维 度			
	数与代数	空间与图形	统计与概率	知识技能	数学理解	运用规则	问题解决
三年级	88%	82%	87%	90%	89%	84%	75%
八年级	81%	79%	85%	84%	82%	76%	67%

注：数据来源于教育部的"建立中小学学业质量分析反馈与指导系统"项目。

表 3-2 不同群体学生学业表现

类 别	不 同 地 域			不 同 城 乡		
	东部	中部	西部	城市	县镇	农村
三年级	88%	82%	87%	90%	89%	84%
八年级	81%	79%	85%	84%	82%	76%

注：数据来源于教育部的"建立中小学学业质量分析反馈与指导系统"项目。

学生学业成绩影响因素分析的结果表明，学生学业成绩的差异主要体现为学校间差异。小学生和中学生的数学学业成绩差异中，分别有54%和29%来自学校间差异①，分别是：①学校的人文因素（师生关系和学习者的自信心）和学校归属感对中、小学生数学成绩均产生较大影响；②对于中学生的学业成绩而言，教学方式的影响更大。义务教育阶段的数学教育中，教师应努力改善师生关系、尊重每一位少年儿童、增进学习者的自信心；学校需要创造良好的人文环境、促进学生对学校的归属感。特别在中学阶段，应注重提高教师的专业教学水平、改进教师的教学方式。

专栏 3-1 义务教育数学课程标准

教育部于2012年1月颁布了《义务教育数学课程标准(2011年版)》，以下简称《课标(2011)》。《课标(2011)》中给出了数学的具体定义，数学是研究数量关系和空间形式的科学。作为促进学生全面发展教育的重要组成部分，数学教育既要使学生掌握现代生活和学习中所需要的数学知识与技能，更要发挥数学在培养人的思维能力和创新能力方面的不可替代的作用。义务教育阶段的数学课程是培养公民素质的基础课程，具有基础性、普及性和发展性。数学课程能使学生掌握必备的基础知识和基本技能，培养学生的抽象思维和推理能力；培养学生的创新意识和实践能力；促进学生在情感、态度与价值观等方面的发展。

课程标准将义务教育的学习时间划分为三个学段：第一学段(1～3年级)、第二学段(4～6年级)、第三学段(7～9年级)。在各学段中，安排了四个部分的课程内容："数与代数""图形与几何""统计与概率"和"综合与实践"。其中"综合与实践"内容设置的目的在于培养学生综合运用有关知识与方法解决实际问题的能力。

课程标准认为，在数学课程中，应当注重发展学生的数感、符号意识、空间观念、几何直观、数据分析观念、运算能力、推理能力和模型思想。为了适应时代发展对人才培养的需

① 刘坚，张丹，綦春霞，曹一鸣．大陆地区义务教育数学学业状况及影响因素的研究[J]．全球教育展望，2014年第12期(总第329期)：44-57.

要，数学课程还要特别注重发展学生的应用意识和创新意识。

3.1.2 学生的科学学业成就

2009年5月，中央教育科学研究所的中小学生学业成就调查研究课题组采用分层随机抽样的方法，从全国东中西部八省共31个区县中抽取了18600名小学六年级学生进行科学学科的测试①。测试的内容领域包括生命世界、物质世界、地球宇宙三个部分，能力领域包括呈现、应用和探究三个部分，学生在不同领域的得分率见表3-3。

表3-3 学生科学学科各领域的得分率 单位/%

类别	内容领域			能力领域		
	生命世界	物质世界	地球宇宙	呈现	应用	探究
得分率	69	63	68	68	71	60

注：数据来源于2009年国家重点课题“中小学生学业成就调查研究”。

对全国科学学科的学业成就分析结果表明：(1)学生的科学学科成绩合格率达到70%以上；(2)学生对于生命世界、物质世界和地球宇宙三个领域内容的掌握水平基本相当，其中对生命健康和卫生常识的关注和掌握情况比较理想；(3)学生具备了一定的观察、分析和解决问题的能力，但综合运用多种技能解决较复杂现实问题的能力仍有待提高。

专栏3-2 义务教育科学课程标准

《义务教育小学科学课程标准(2017)》中的简单内容如下：(一)课程性质：小学科学课程是一门基础性、实践性和综合性课程。(二)课程基本理念：小学科学课程应该是面向全体学生的，倡导探究式学习，同时要保护学生的好奇心和求知欲，并且要突出学生的主体地位。课程设计思路：小学科学课程的设计遵循国家教育方针，充分考虑小学生的年龄特点与认知规律，把小学六年学习时间划分为1～2年级、3～4年级、5～6年级三个学段。(四)课程目标：小学科学课程的总目标是培养学生的科学素养，并为他们继续学习、成为合格公民和终身发展奠定良好的基础。涵盖科学知识，科学探究，科学态度，科学、技术、社会与环境四个方面的目标。(五)课程内容：小学科学课程内容包含物质科学、生命科学、地球与宇宙科学、技术与工程四个领域。

《义务教育初中科学课程标准(2011年版)》中的主要内容如下：(一)课程性质：将初中科学课程界定为“以对科学本质的认识为基础、以提高学生科学素养为宗旨的综合课程”，具体指，初中科学课程以提高学生科学素养为宗旨、体现科学本质，是一门综合性的课程。(二)课程基本理念：初中科学课程的核心理念是“提高每一个学生的科学素养”。从五个方面对初中科学课程的理念作出规定：面向全体学生；立足学生发展；引导学生逐步认识科学的本质；体现科学探究的精神；反映当代科学成果。(三)课程设计思路：强调课程内容的组织要突出“整合”与“探究”两个关键词。科学课程内容的设计分为三个层次：第一个层次，在总体上将课程内容分为“科学探究”“生命科学”“物质科学”“地球和宇宙”“科学、技术、社

① 中央教育科学研究所中小学生学业成就调查研究课题组，中国小学六年级学生学业成就调查报告[J]. 教育研究，2011年第1期(总第372期)：27-38。

会、环境"五大领域；第二个层次是对五大领域下各个主题的设计；第三个层次是对主题下的各个专题的设计。(四)课程目标：课程总目标在于提高每位学生的科学素养。(五)课程内容：科学课程内容分为"科学探究""生命科学""物质科学""地球和宇宙""科学、技术、社会、环境"五个领域。

3.1.3 数学和科学表现的国际比较

学生学业成就的国际比较主要来自于统一的国际学生教育评价。目前国际上的大规模学生评价研究项目有两个，即国际学生评价项目(Programme for International Student Assessment，PISA)和国际数学和科学趋势研究项目(The Trends in International Mathematics and Science Study，TIMSS)。

1. 国际学生评价项目(PISA)

PISA是经合组织(OECD)监控教育系统效能的评估项目，主要对接近完成基础教育的15岁学生进行评估，目的是测试学生在基础教育将近结束时能否掌握参与社会所需要的知识与技能。评估主要分为3个领域：阅读素养、数学素养及科学素养，由这3项组成一个评估循环核心，在每一个评核周期里，有2/3的时间会对其中一项领域进行深入评估，其他两项则进行综合评测。PISA测试的重点是看学生全面参与社会的知识和技能，对学生阅读、数学和科学能力的考察并不限于书本知识，还包括成年人生活中需要的知识和技能。PISA评估于2000年首次举办，此后每3年举行一次。

上海于2009年第一次参加PISA测试，阅读、数学和科学均列榜首。2009年4月，根据OECD的技术标准要求，上海152所学校的5115名学生，代表全市各类中学约10万名15岁在校生参加测试，参与率和覆盖率分别达到97.8%和98.6%。测试结果显示，在全球约47万名接受测试的15岁学生中，上海学生的数学素养和科学素养得分为600分和575分，分别高出第二位38分和21分①。

2012年，上海第二次参加PISA，这次主要测试数学，共65个国家(地区)参加。上海155所学校的6374名学生代表约9万名15岁在校中学生参加测试。在2012年的PISA测试中，上海学生的数学平均成绩为613分，领先第二名新加坡40分②。

在2015年的PISA测试中，北京、上海、江苏、广东组成的中国部分地区联合体(B-S-J-G，China)位居总分排行榜第十位。中国(北、上、广、苏)15岁中学生的科学平均分数为518分，在70个参与PISA-2015测评的国家和地区中排名第十，比得分第一的新加坡(556)低38分，比排名第二的日本(538)低20分。中国(北、上、广、苏)15岁中学生数学平均分数为531分，排名第六，仅次于新加坡、台湾地区、澳门地区、香港地区和日本，比新加坡低31分。

---

① 杨岩岩，李永波，"国际学生评估项目(上海PISA)"对中国基础教育改革的启示，《商品与质量[J]》. 2012年3月：205-251。

② 张民选，黄华，自信·自省·自觉——PISA2012数学测试与上海数学教育特点，《教育研究[J]》，2016年第1期(总第432期)：35-46。

2. 国际数学和科学趋势研究 TIMSS

TIMSS 由国际教育成就评价协会(IEA)实施。IEA 曾在 20 世纪 60 年代和 80 年代初举办过两次数学和科学评测,1995 年举办了第三次国际数学和科学测评。1999 年以来,IEA 每四年对四年级和八年级的学生进行一次测试。TIMSS 的研究目标主要在于了解学生对数学和科学课程的掌握情况,对各参与国的教育做一个比较清晰的描述,使参与国明白本国教育的优势及弱点。目前,中国内地没有参加 TIMSS 项目测试,2012 年 12 月 10 日,在四年一届的 TIMSS 项目中,中国香港和台湾地区参与其中,并取得骄人成绩。

3.2 数学和科学教师

本节主要分析中国中小学数学和科学专职教师的数量、男女比例、少数民族占比和学历结构等内容,使用数据来自 2012—2015 年《中国教育统计年鉴》中的中小学数学和科学教师统计数据。

3.2.1 数学和科学相关课程教师的数量和性别结构

1. 中小学数学教师的数量和结构

2015 年,中国小学数学教师数量约为 168.1 万人,初中数学教师约为 59.3 万人,高中数学教师为 26.1 万人。与 2012 年相比,小学和初中数学教师分别减少了 1.3%和 2.5%,高中阶段数学教师增加了 5.0%。

2015 年,小学阶段男教师数量比女教师少 50.7%,相较 2012 年,男教师数减少了 11.8%,女教师数增加了 7.1%,男教师所占的比例降低了 4.7%。在初中阶段,男教师比女教师多 4.9%,相较 2012 年,男教师数量减少了 6.7%,女教师增加 2.3%,男教师占比降低了 2.3%。在高中阶段,男教师数量比女教师多约 37.3%,相较 2012 年,男教师增加了 2.1%,女教师增加了 9.2%,男教师占比降低了 1.6%(见图 3-1)。

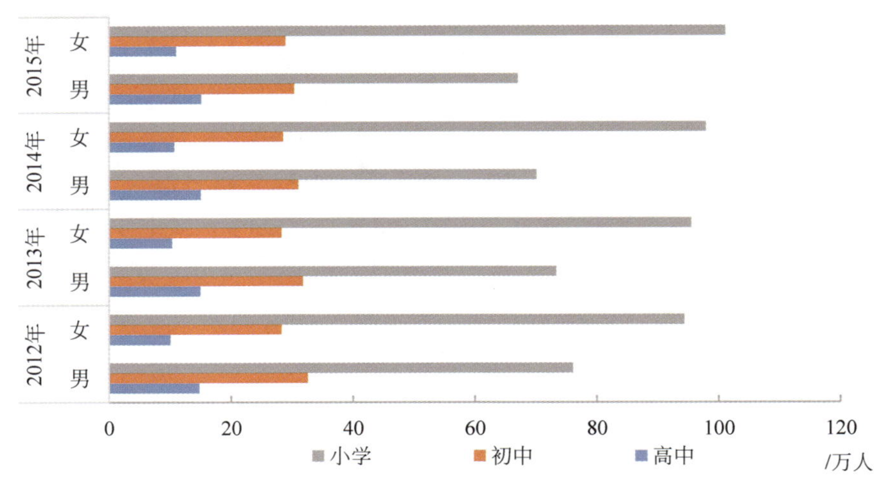

图 3-1 中小学数学教师统计

注:数据来源于《中国教育统计年鉴 2012—2015》。数据详见附表 3-1。

2. 中小学科学教师数量和结构

2015 年，中国小学科学教师数量约为 18.6 万人，初中科学教师约为 3.1 万人，相比 2012 年，小学科学教师人数增加了 5.3%，初中科学教师人数减少了 4.0%。

中小学科学教师中，男教师明显多于女教师。2015 年，小学阶段男教师数量比女教师多 32.3%，相较 2012 年，男教师的数量减少了 0.1%，女教师的数量增加了 13.4%，男教师占比下降了 3.1%。初中阶段，男教师比女教师多 31.2%，相较 2012 年，男教师的数量减少了 6.6%，女教师的数量基本没有变化，男教师占比下降了 1.6%(见图 3-2)。

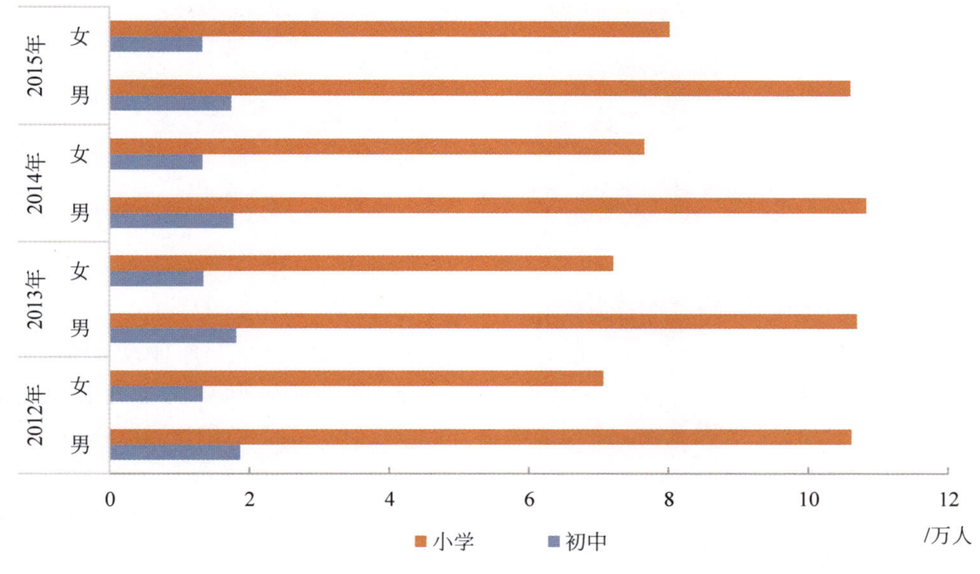

图 3-2 中小学科学教师统计

注：数据来源于《中国教育统计年鉴 2012—2015》。数据详见附表 3-2。

3. 初高中科学相关课程教师的数量和结构

2015 年中国初中科学相关课程教师总量达到 69.8 万人，其中地理教师为 13.6 万人，化学教师为 15.1 万人，生物教师为 14.3 万人，物理教师为 23.7 万人，科学教师为 3.1 万人。与 2012 年相比，科学相关课程教师总量增加了 0.3%，其中地理教师增加了 1.7%，化学教师增加了 7.8%，生物教师减少了 5.9%，物理教师减少了 0.3%，科学教师减少了 4.0%。教师性别比例基本平衡，男教师相对较多。2015 年，所有学科教师中男性占比为 55.7%，其中，科学占 56.7%、物理占 65.1%、生物占 46.4%、化学占 53.1%、地理占 51.7%，其中物理教师中男教师所占比例最高。与 2012 年相比，各科教师中男教师所占的比例仅化学有所上升，上升了 3.4%，其他均有所下降，其中科学降低了 1.6%，物理降低了 2.1%，生物降低了 10.5%，地理降低了 3.3%(见图 3-3)。

2015 年中国高中科学相关课程教师总量达到 48.8 万人，其中地理教师 9.1 万人，生物教师 10.6 万人，化学教师 14.3 万人，物理教师 14.8 万人。与 2012 年相比，科学相关课程教师总量增加了 8.1%，其中地理教师增加了 9.9%，生物教师增加了 13.1%，化学教师增

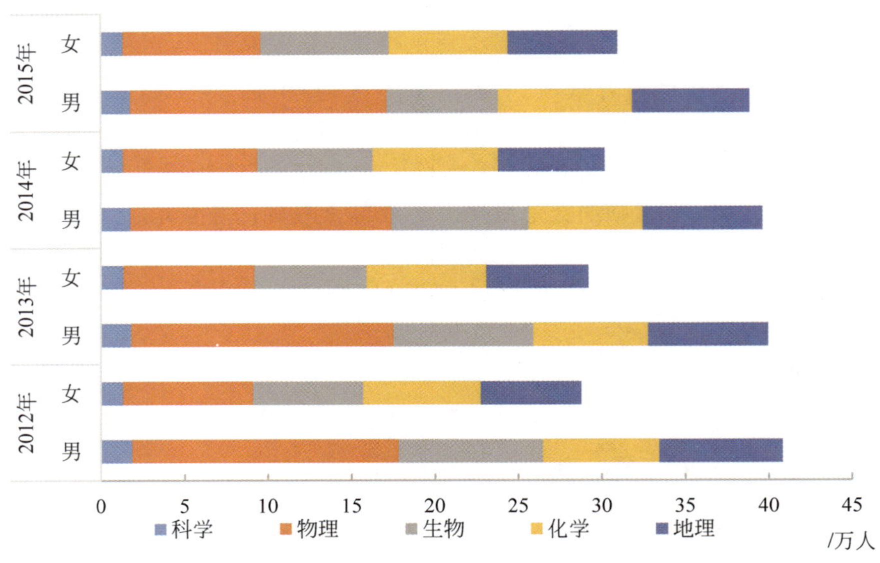

图 3-3 初中科学相关课程教师统计

注：数据来源于《中国教育统计年鉴 2012—2015》。数据详见附表 3-3 至附表 3-6。

加了 6.0%，物理教师增加了 5.6%。男女教师比例方面，物理、化学和地理教师中男教师明显多于女教师，生物教师中女性多于男性。2015 年，各学科教师中男性占比：物理占 68.1%、化学占 51.4%、生物占 43.7%、地理占 50.9%。与 2012 年相比，物理、化学、生物和地理教师中男教师占比均有所降低，其中，物理降低了 0.9%，化学降低了 2.8%，生物和地理分别降低了 4.1%和 2.9%。生物教师中的男女教师数量差距变大，化学和地理教师中男女比例逐渐趋向平衡(见图 3-4)。

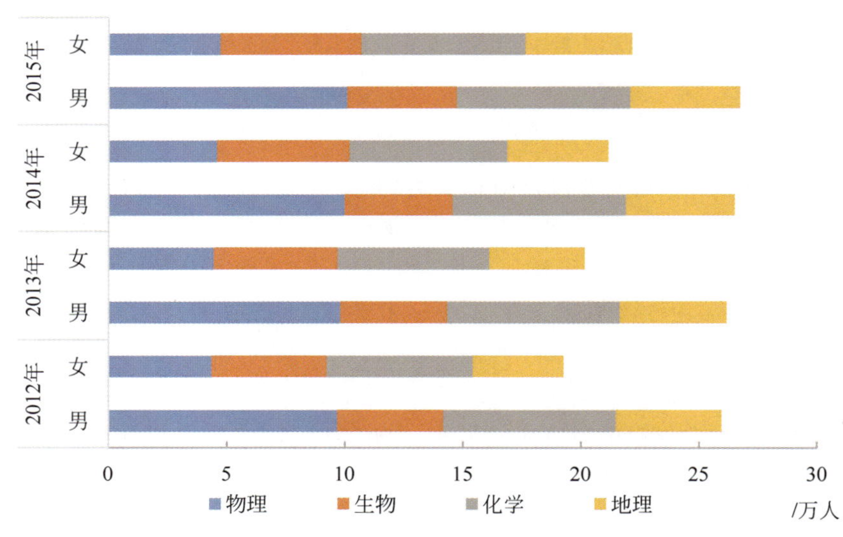

图 3-4 普通高中科学相关课程教师统计

注：数据来源于《中国教育统计年鉴 2012—2015》。数据详见附表 3-7 至附表 3-10。

3.2.2 数学和科学相关学科教师的民族结构

2012—2015 年，小学数学和科学相关学科教师中少数民族平均占比分别为 10.6%和 9.5%，各年度变化不大(见图 3-5)。2015 年，初中数学和科学相关学科中少数民族教师平均占比为 8.9%，地理 9.0%，化学 9.4%，生物 9.1%，物理 9.5%，科学 1.8%，数学 8.9%(见图 3-6)；高中数学和科学相关学科中少数民族教师平均占比为 7.7%，地理 8.3%，生物 8.1%，化学 7.8%，物理 7.7%，数学 7.4%(见图 3-7)。

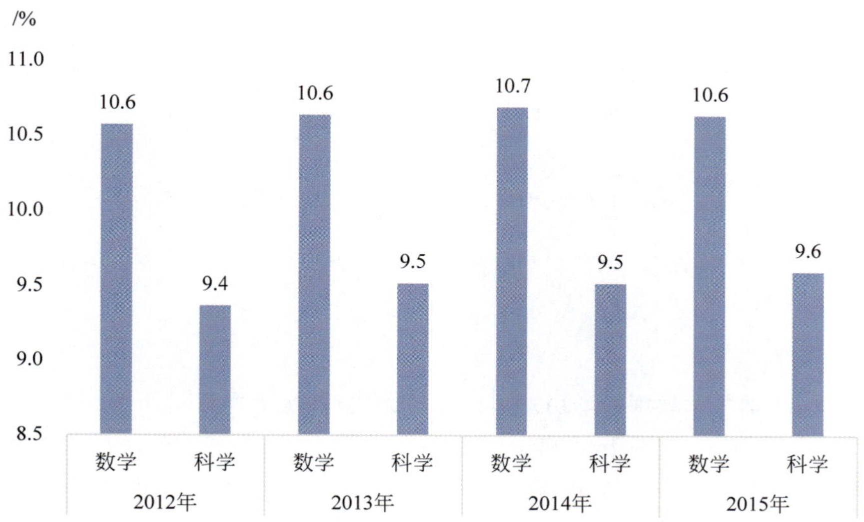

图 3-5 小学教师中少数民族所占比例(2012—2015 年)

注：数据来源于《中国教育统计年鉴 2012—2015》。数据详见附表 3-11。

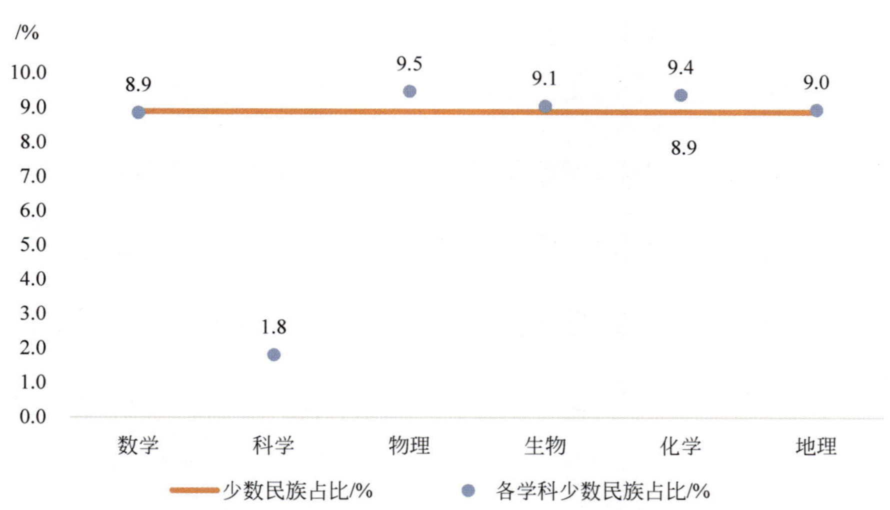

图 3-6 初中教师中少数民族所占比例(2015 年)

注：数据来源于《中国教育统计年鉴 2015》。数据详见附表 3-6。

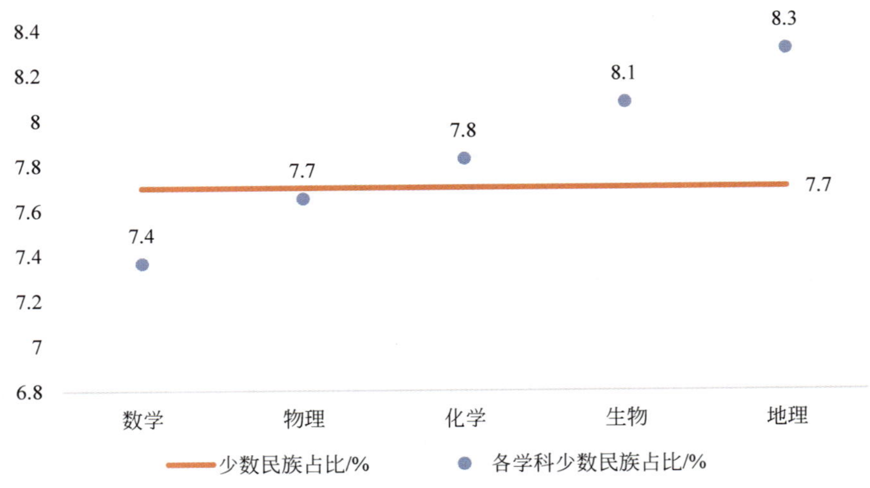

图 3-7 普通高中教师中少数民族所占比例(2015 年)

注：数据来源于《中国教育统计年鉴 2015》。数据详见附表 3-10。

3.2.3 数学和科学相关教师的学历结构

1. 小学阶段

目前，中国小学数学教师的学历总体以专科为主，其次为本科学历。2015 年，专科学历的小学数学教师占比为 48.8%，本科学历的小学数学教师占比为 42.0%，两者共占小学数学教师的学历结构的 90.8%，此外，高中学历教师占比为 8.7%，研究生和高中以下学历的教师人数较少，占比均不足 1%。2012—2015 年，中国研究生和本科学历的小学数学教师数量有所增加，专科、高中及高中以下学历层次的小学数学教师人数逐年减少；其中，研究生学历的教师由 2830 人增加到了 6528 人，增幅达 130.7%；本科学历层次小学数学教师占比增加最多，增加了 13.1%；高中毕业的小学数学教师占比降低最多，降低了 7.2%，专科及高中以下学历的教师占比分别减少了 6.0% 和 0.1%(见图 3-8)。

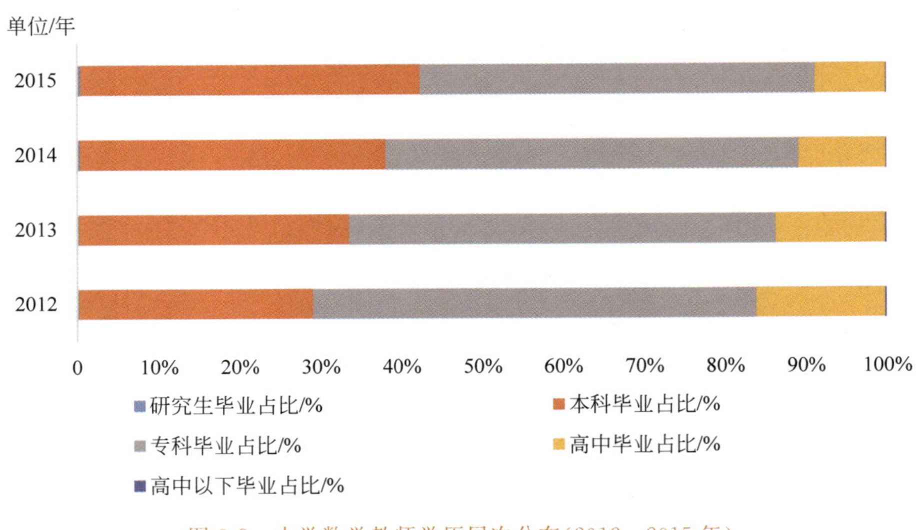

图 3-8 小学数学教师学历层次分布(2012—2015 年)

注：数据来源于《中国教育统计年鉴 2012—2015》。数据详见附表 3-11。

从小学科学教师的学历结构看，具有专科学历的教师最多，其次是具有本科学历的教师，第三是具有高中学历的教师，具有研究生学历的只占了很少部分。2015 年，专科毕业的教师占 51.6%；本科毕业的教师占 35.6%；高中阶段毕业的教师占 11.9%；研究生毕业的教师仅占 0.7%；高中阶段以下毕业的教师仍占 0.1%。2012—2015 年，研究生和本科学历的科学教师增加，其中，研究生学历的教师由 520 人增加到了 1295 人，增幅达 149.0%，本科学历小学科学教师所占比例从 2012 年的 24.2%上升到 2015 年的 35.6，提升了 11.4%；专科及以下学历的教师减少，2015 年专科毕业、高中阶段和高中阶段以下毕业的教师占比较 2012 年分别降低了 2.6%、9.2%和 0.1%（见图 3-9）。

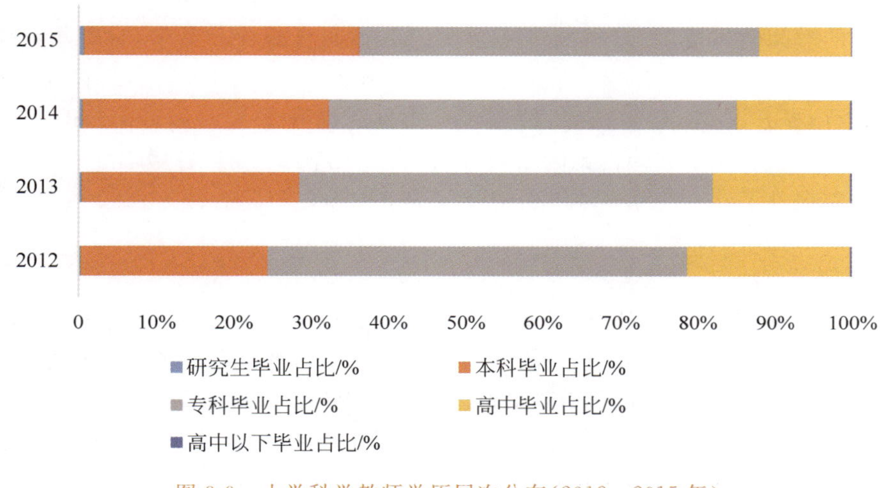

图 3-9 小学科学教师学历层次分布（2012—2015 年）

注：数据来源于《中国教育统计年鉴 2012—2015》。数据详见附表 3-11。

2. 初中阶段

2015 年，初中阶段的数学和科学相关学科的教师中具有本科学历的教师最多，其次是具有专科学历的教师，初中阶段的数学和科学相关工作仍是以具有专科和本科学历的教师为主，其次是具有研究生学历的教师，高中及高中以下学历的教师人数不多。2015 年，具有本科学历的科学相关学科的教师所占比例为 76.6%，比 2012 年高了 8.3%；本科学历数学教师的比例为 79.9%，比 2012 年高了 7.1%；分具体学科来看，具有本科学历的科学教师比例相对最高，为 82.9%，比 2012 年高出 5.6%，本科学历的地理教师比例相对最低，为 71.7%，但却比 2012 年高出 10.4%（见表 3-4 和表 3-5）。

表 3-4 初中数学和科学相关学科教师的学历结构（2012 年） 单位/%

	数学	科学	物理	生物	化学	地理
研究生毕业	0.9	1.5	0.9	1.2	1.2	0.9
本科毕业	72.8	77.3	70.7	72.3	64.3	61.3
专科毕业	25.8	20.3	27.9	26.2	33.4	36.4
高中毕业	0.5	0.9	0.5	0.4	1.1	1.3
高中以下毕业	0.01	0.02	0.00	0.00	0.02	0.02

注：数据来源于《中国教育统计年鉴 2012》。数据详见附表 3-3。

表 3-5　初中数学和科学相关学科教师的学历结构(2015 年)　　单位/%

	数学	科学	物理	生物	化学	地理
研究生毕业	1.6	2.1	1.7	2.2	2.2	1.8
本科毕业	79.9	82.9	78.4	73.8	79.5	71.7
专科毕业	18.2	14.6	19.7	23.7	18.2	26.0
高中毕业	0.2	0.4	0.2	0.4	0.1	0.4
高中以下毕业	0.00	0.01	0.01	0.01	0.00	0.02

注：数据来源于《中国教育统计年鉴 2015》。数据详见附表 3-6。

从 2012—2015 年初中数学和科学相关学科教师的学历结构变化情况来看，具有研究生和本科学历的教师明显增加，专科及以下学历的教师明显减少。其中，具有本科学历的化学教师的占比增幅最大，从 2012 年的 64.3%增加到 2015 年的 79.5%，提高了 15.2%，其次为地理学科，提升了 10.4%，物理、科学和生物分别提升了 7.7%、5.6%和 1.5%。具有研究生学历的生物和化学教师占比的增幅最大，2015 年较 2012 年各增加了 1%，地理、物理和科学则分别提升了 0.9%、0.8%和 0.6%(见表 3-4 和表 3-5)。

3. 高中阶段

2015 年，高中阶段数学和科学相关学科教师的学历以本科为主；除生物教师以外，其余各学科教师中 90%以上具有本科学历；数学和科学相关学科的教师中 6%以上具有研究生学历；专科及以下学历占比很低。分学科来看，2015 年，物理学科教师在各相关专业中具有本科学历的比例相对最高，达 91.6%，生物学科研究生教师的比例相对最高，为 10.0%(见表 3-6)。

表 3-6　高中数学和科学相关学科教师的学历(2012 年)　　单位/%

	数学	物理	化学	生物	地理
研究生毕业	4.8	4.4	5.2	7.3	4.7
本科毕业	92.5	92.4	91.8	89.9	91.5
专科毕业	2.7	3.1	3.0	2.8	3.8
高中毕业	0.02	0.02	0.02	0.03	0.02
高中以下毕业	0.00	0.00	0.00	0.00	0.00

注：数据来源于《中国教育统计年鉴 2012》。数据详见附表 3-7。

从 2012—2015 年高中数学和科学相关学科教师的学历结构变化情况看，研究生学历的教师明显增加，本科及以下学历的教师相对减少，其中，数学、物理、化学、生物和地理教师中具有研究生学历的教师所占的比例分别增加了 2.0%、1.9%、2.4%、2.8%和 2.1%；具有本科学历的教师所占的比例分别减少了 1.1%、0.8%、1.2%、1.7%和 0.5%；专科及以下学历的教师所占的比例分别减少了 0.9%、1.0%、1.1%、1.1%和 1.7%(见表 3-6 和 3-7)。

表 3-7　高中数学和科学相关学科教师的学历(2015 年)　　单位/%

	数学	物理	化学	生物	地理
研究生毕业	6.8	6.3	7.6	10.0	6.8
本科毕业	91.4	91.6	90.6	88.2	91.0
专科毕业	1.8	2.1	1.9	1.7	2.1

续表

	数学	物理	化学	生物	地理
高中毕业	0.02	0.01	0.03	0.02	0.02
高中以下毕业	0.00	0.00	0.00	0.00	0.00

注：数据来源于《中国教育统计年鉴 2015》。数据详见附表 3-10。

3.3 科学教育基础设施和条件

教育设施是指开展教育工作所必需的物质基础，主要包括：教育工作所需要的空间、环境，以及有关的教育教学设备。科学教育基础设施是指开展科学相关课程教育工作所需要的实验仪器、实验设备、实验室等各种教学资源。科学教育基础设施作为国家教育服务体系和国家科学教育能力建设的重要组成部分，是科学教育的重要基础，也是提高科学教育质量、提升公民科学素养的基本保障①。本小节主要介绍全国中小学实验仪器达标情况、实验室生均使用面积、生均实验设备资产值和学校计算机条件。其中包括城区、镇区和乡村三大区域，学校阶段包括小学、初中和高中阶段，数据主要来自于《中国教育统计年鉴》。

3.3.1 全国中小学实验仪器达标情况

实验仪器达标情况是指学校各项仪器设备是否达到各省区市规定的仪器配备标准。实验仪器达标率是实验仪器达标的学校数占全国中小学学校总数的百分比，是体现各地区学校基础教学设备配备情况的基本指标之一。

2010—2015 年，中国中小学实验仪器达标率明显上升。2015 年，小学实验仪器达标率为 69.0%，较 2010 年的 54.6%，增加了 14.4%；初中实验仪器达标率为 85.9%，较 2010 年的 74.6%，增加了 11.4%；高中实验仪器达标率为 89.8%，较 2010 年的 84.6%，增加了 5.2%。不同学段间实验仪器达标率差距均逐渐减小(见图 3-10)。

2015 年，小学实验仪器达标率为 69.0%，较 2014 年②高了 7.9%；初中实验仪器达标率为 85.9%，较 2014 年高了 4.6%；普通高中实验仪器达标率为 89.8%，较 2014 年高了 2.2%；总体而言，小学实验仪器达标比例增加明显。全国中小学实验仪器达标率呈现明显的城乡差异：(1)相同学段实验仪器达标率城乡差异明显，小学阶段差异最大，初中次之。以 2015 年为例，在小学阶段，城区学校的实验仪器达标率比镇区高 10.9%，比乡村高出 25.0%；在初中阶段，城区比镇区高 2.3%，比乡村高出 8.9%；在高中阶段，城区比镇区高 4.1%，比乡村高出 3.4%，城乡差别相对较小；(2)不同学段间实验仪器达标率差距呈现明显的城乡差异。城区的小学、初中和高中学校试验仪器达标率差别不大，高中比初中高 2.1%，比小学高 4.7%；镇区的学校实验仪器达标率，初高中阶段差距较小，为 0.3%，但小学阶段偏低，比高中低 11.5%，比初中低 11.2%；乡村的小学、初中和高中学校实验仪器达标率差别最大，其中小学实验仪器达标率为 62.2%，比高中达标率低 26.3%，比初中低 18.7%(见图 3-11)。

---

① 李正福．科学教育基础设施建设的现状与发展．《中国现代教育装备[J]》，2015 总第 230 期：2-5。

② 2014 年各阶段学校实验仪器达标率数据详见附表 3-13。

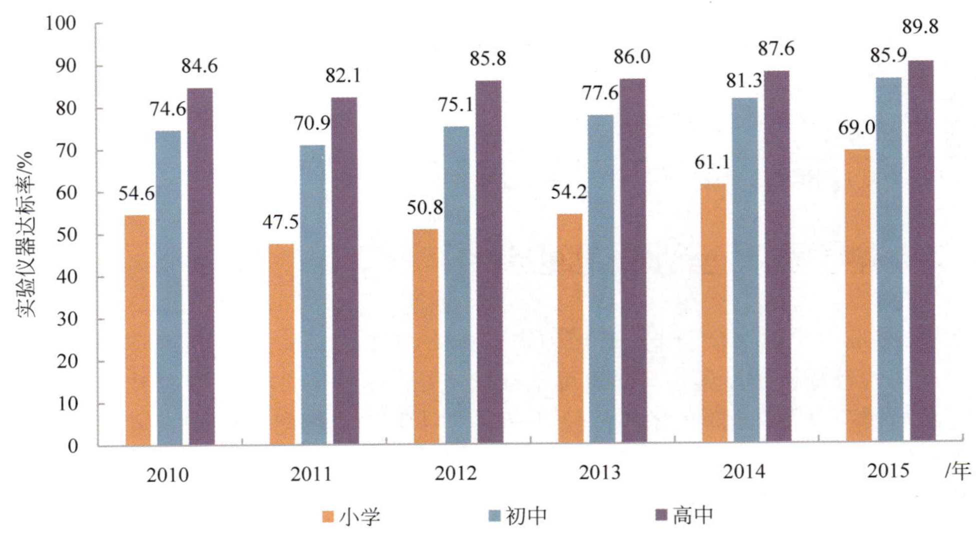

图 3-10　各阶段学校实验仪器达标率(2010—2015 年)

注：数据来源于《中国教育统计年鉴 2010—2015》。数据详见附表 3-12。

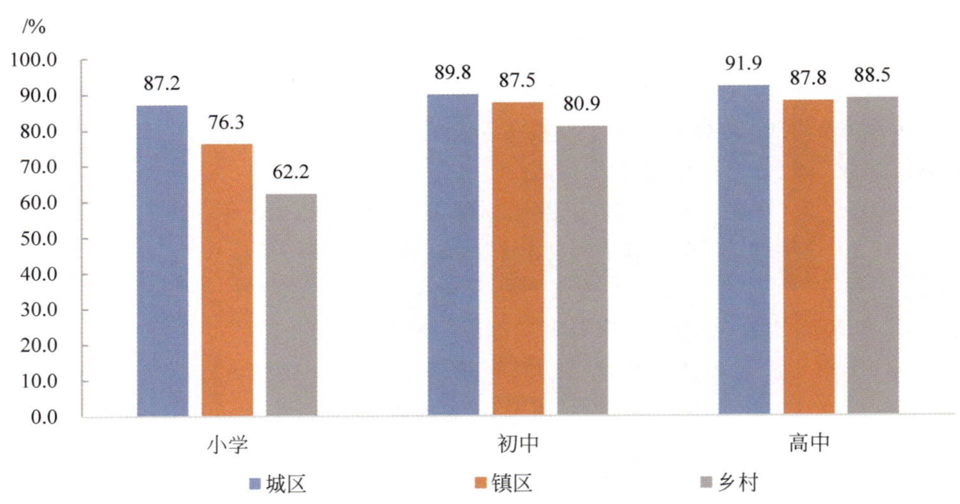

图 3-11　不同地区和学段的学校实验仪器达标率(2015 年)

注：数据来源于《中国教育统计年鉴 2015》。数据详见附表 3-14。

3.3.2　全国中小学实验室生均使用面积

生均实验室面积是指某一级教育实验室总面积与该级教育在校生总数之比。生均实验室面积越多，教师和学生可利用的实验资源就越多，越有利于教学工作的进行。

2010—2015 年间，中国小学、初中和高中阶段学校的实验室生均使用面积明显增加。2015 年，中国小学实验室生均使用面积为 0.21 平方米，较 2010 年的 0.14 平方米，增加了 50.0%；初中实验室生均使用面积为 0.77 平方米，较 2010 年的 0.46 平方米，增加了 67.4%；高中实验室生均使用面积为 1.25 平方米，较 2010 年的 0.96 平方米，增加了 30.2%。

中国中小学实验室生均使用面积存在城乡差异和区域差异，但各差异间总体呈收敛趋势。

1. 中国城乡中小学实验室生均使用面积

在小学阶段，乡村地区2015年的实验室生均使用面积最大，为0.28平方米，城区和镇区实验室生均使用面积相对较小，均为0.18平方米。相对于2010年，乡村实验室生均使用面积增加了75.0%，城区和镇区分别增加了28.6%和50.0%。在初中阶段，乡村地区实验室生均使用面积最大，为0.92平方米，城区为0.77平方米，镇区为0.73平方米。相对2010年，乡村实验室生均使用面积增加了87.8%，城区和镇区分别增加了48.1%和78.0%。在高中阶段，城区实验室生均使用面积最大，为1.42平方米，乡村和镇区分别为1.32平方米和1.09平方米。相对于2010年，乡村实验室生均使用面积增加了59.0%，城区和镇区分别增加了17.4%和32.9%(见图3-12)。

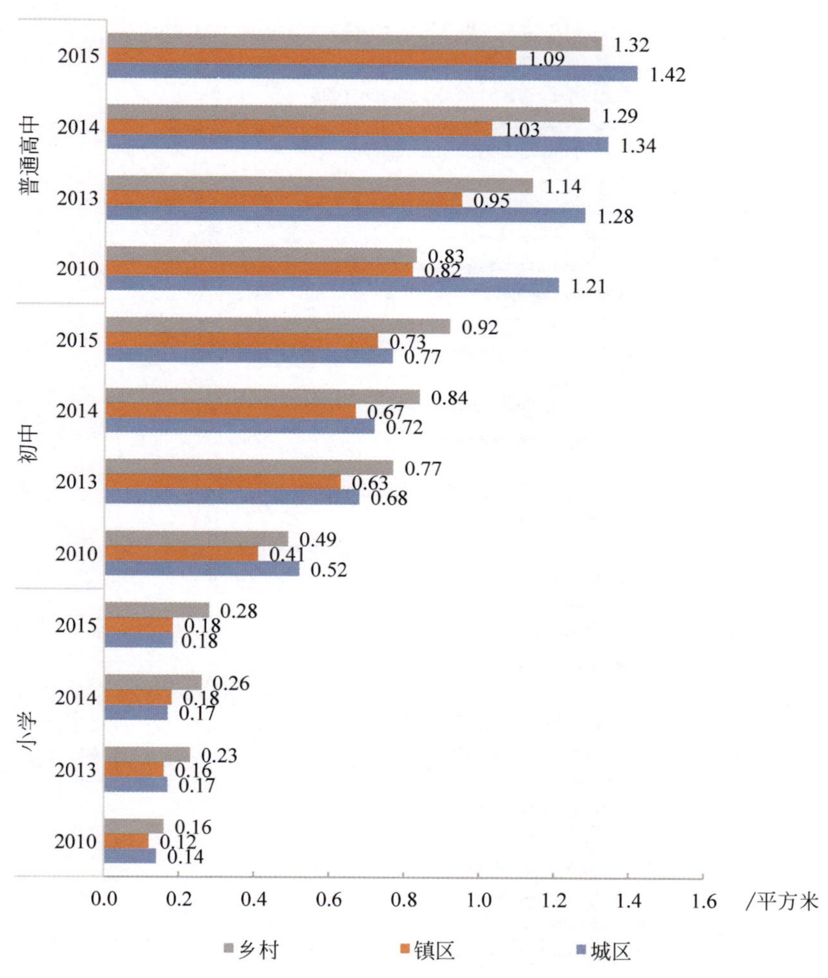

图3-12 中国中小学城乡学校实验室生均使用面积

注：数据来源于《中国教育统计年鉴2010、2013—2015》。数据详见附表3-15。

2. 中国各省市中小学实验室生均使用面积

2015年，上海市初中和小学实验室生均使用面积均位于全国首位，北京市普通高中实验室生均使用面积位于全国首位。在小学阶段，全国平均实验室生均使用面积 0.21 平方米，比 2014 年的 0.20 平方米增加 0.01 平方米；实验室生均使用面积位列前三位的是上海、湖北、陕西和江苏，分别为 0.35 平方米、0.30 平方米和 0.27 平方米；这四个省市较 2014 年，分别增加了 0.02、0.01、0.01 和 0.01 平方米。初中阶段全国实验室生均使用面积 0.77 平方米，比 2014 年(0.72 平方米)增加了 6.9%；实验室生均使用面积排在前三位的是上海、江苏和浙江，分别为 1.57 平方米、1.47 平方米和 1.12 平方米，上海学校实验室生均使用面积与全国相对最低值 0.46(贵州省)之间相差 1.11 平方米；这三个省市分别较 2014 年增加了 0.12、0.09 和 0.07 平方米。普通高中阶段学校实验室生均使用面积为 1.25 平方米，比 2014 年的 1.18 平方米，增加了 5.9%；生均使用面积位于前三位的是北京、上海和福建，分别是 3.30 平方米、3.20 平方米和 2.71 平方米，这三个省市较 2014 年分别增加 0.37、0.09 和 0.07 平方米。相比小学和初中，高中阶段各区域之间差别较大(见图 3-13～图 3-15)①。

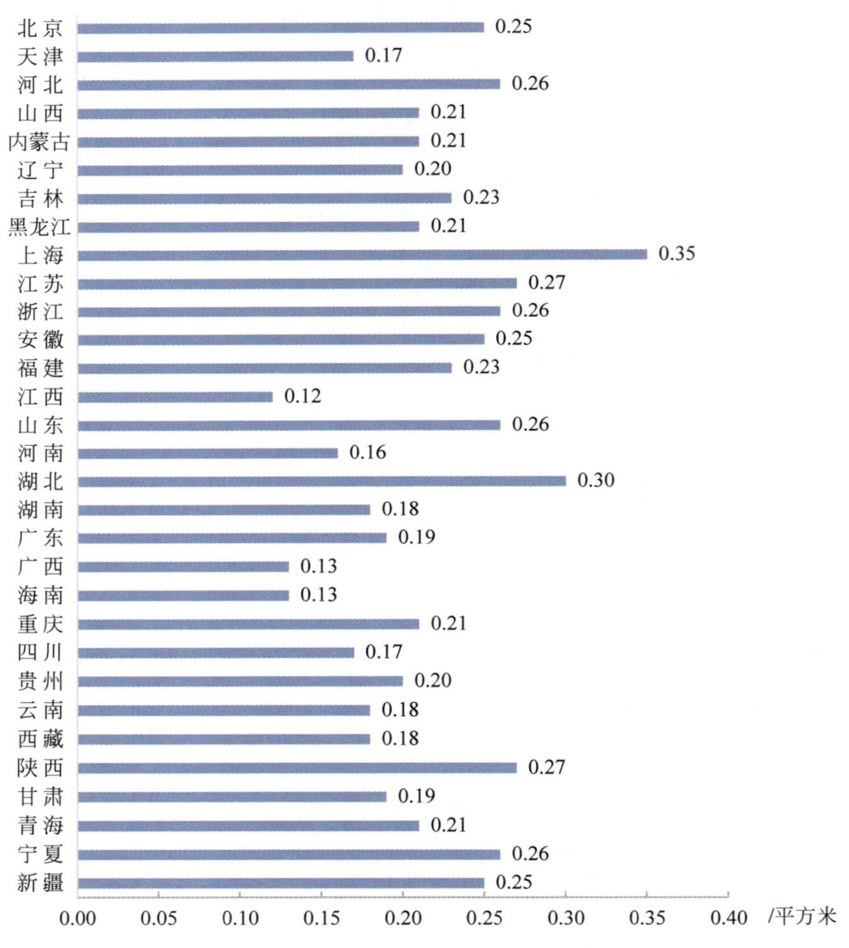

图 3-13 小学各省区市学校实验室生均使用面积(2015 年)

注：数据来源于《中国教育统计年鉴 2015》。数据详见附表 3-17。

① 2014 年数据详见附表 3-16、附表 3-18、附表 3-20。

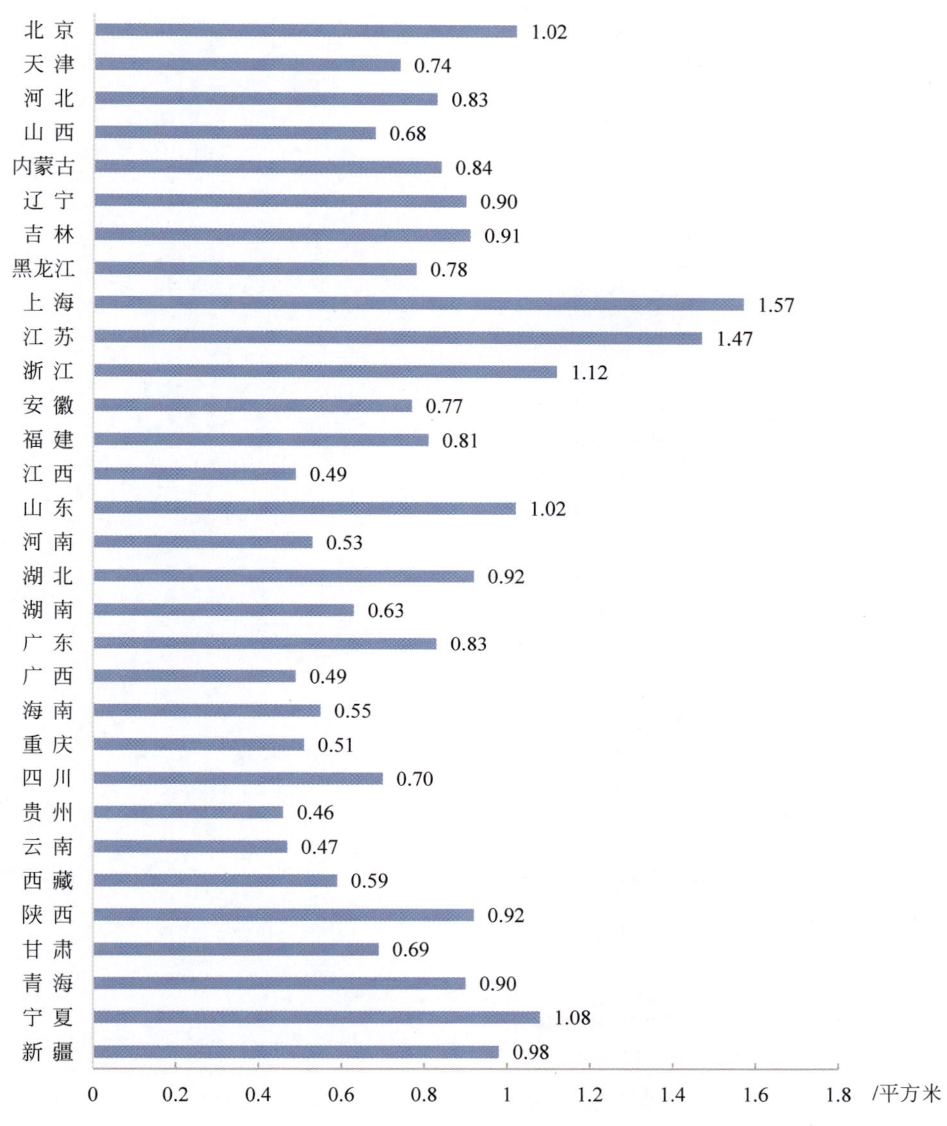

图 3-14　初中各省市学校实验室生均使用面积(2015 年)

注：数据来源于《中国教育统计年鉴 2015》。数据详见附表 3-19。

3.3.3　全国中小学生均实验设备资产值

生均实验设备资产值是指某一级教育实验设备总资产值与该级教育在校生总数之比。教学实验设备资产值是指学校固定资产中用于实验、实习、科研等仪器设备的资产值。生均实验设备资产值越高，说明学校实验设备资源越充足，而充足的实验设备有助于提高数学和科学教师的教学效率。

2010—2015 年，中国中小学生均实验设备资产值持续增加。2015 年，中国小学生均实验设备资产值为 229.3 元，较 2010 年的 191.2 元，增加了 19.9%；初中生均实验设备资产

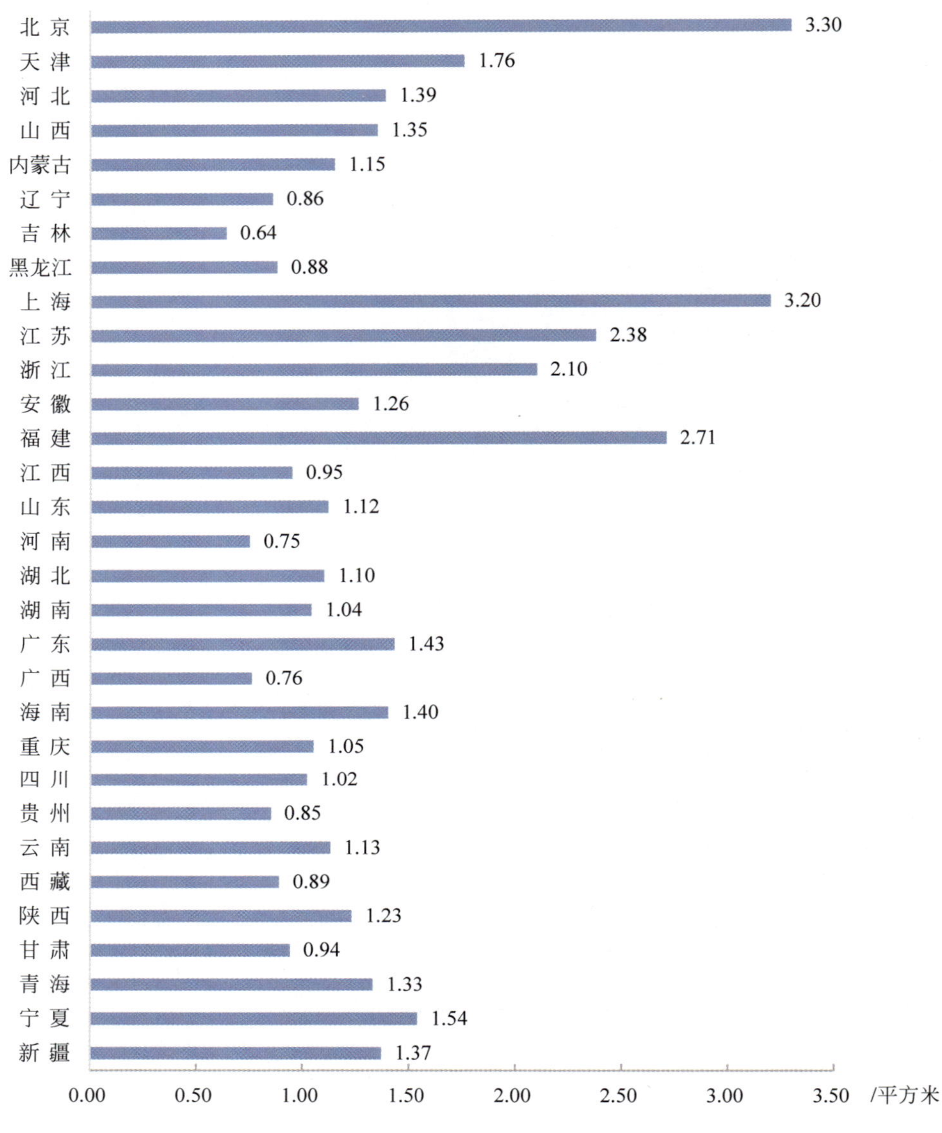

图 3-15　高中各省市学校实验室生均使用面积(2015 年)

注：数据来源于《中国教育统计年鉴 2015》。数据详见附表 3-21。

值为 558.7 元，较 2010 年的 346.6 元，增加了 61.2%；高中生均实验设备资产值为 1014.1 元，较 2010 年的 911.9 元，增加了 11.2%。

中国中小学生均实验设备资产值也存在一定程度的城乡差异和区域差异，总体呈收敛趋势。

1. 中国城乡中小学生均实验设备资产值

小学阶段，城区 2015 年的生均实验设备资产值为 245.0 元，乡村地区为 246.3 元，镇区最低，为 202.4 元。相对 2010 年，乡村地区增幅最大，为 89.2%，城区和镇区的生均实验设备资产值都有所下降，分别减少了 29.5%和 1.9%。初中阶段，2015 年乡村地区的生均实验设备资产值最高，为 673.1 元，城区为 576.3 元，镇区为 510.0 元。相对于 2010 年，乡村地区增幅最大，为 119.2%，城区和镇区分别增加了 15.3%和 65.2%。高中阶段，2015 年城区的生均实验设备资产值最高，为 1513.5 元，乡村地区为 1126.7 元，镇区为 824.0 元。相对于 2010 年，乡村地区增加了 44.8%，镇区增加了 18.5%，城区降低了 6.1%（见图 3-16）。

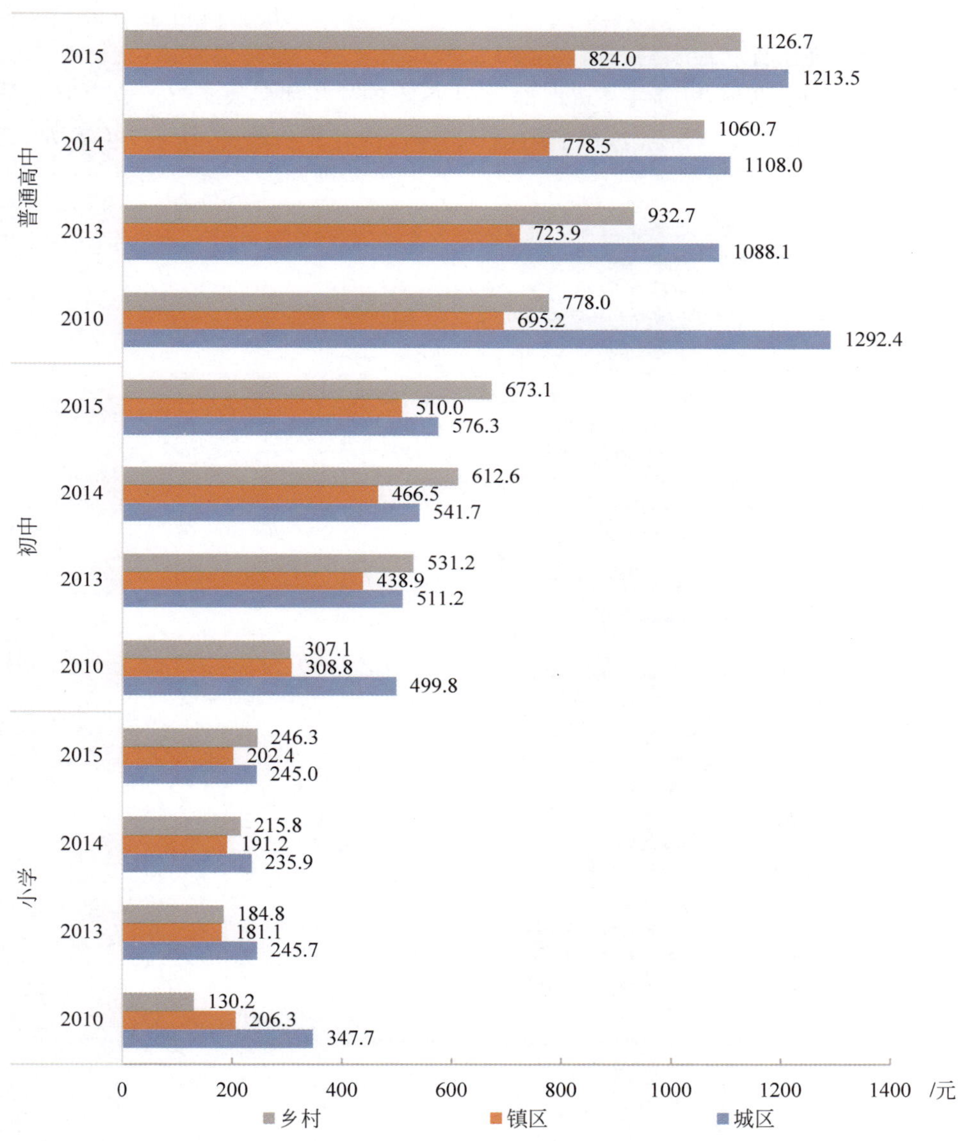

图 3-16　各级学校生均实验设备资产值

注：数据来源于《中国教育统计年鉴 2010，2013—2015》。数据详见附表 3-22。

2. 中国各省市中小学生均实验设备资产值

2015 年，上海市初中和小学生均实验设备资产值均位于全国首位，北京市普通高中生均实验设备资产值位于全国首位。在小学阶段，全国生均实验设备资产值 229.3 元，比 2014 年增加了 16.3 元；上海、北京、宁夏位列全国各地区小学的生均实验设备资产值前三位，其中，上海生均实验设备资产 532.7 元，比第二名北京多出 83.6 元，比生均实验设备资产值最低的江西省(113.2 元)多出 419.5 元。在初中阶段，2015 年全国生均实验设备资产值为 558.7 元，比 2014 年多出 42.1 元；各省区市中生均实验设备资产值高出 800 元的地区从高到低依次是上海、宁夏(917.0 元)、江苏(902.8 元)，其中上海市生均实验设备资产值为 1422.7 元，高出排名最末的云南(300.2 元)1122.5 元。在高中阶段，全国生均实验设备资产值 1014.1 元，高出 2014 年 73.4 元；各省区市的生均实验设备资产值中明显领先的是北京和上海，分别达到 5027.9 元和 4207.0 元，而河南省排名最末，仅为 466.6 元，差异较大(见图 3-17～图 3-19)[①]。

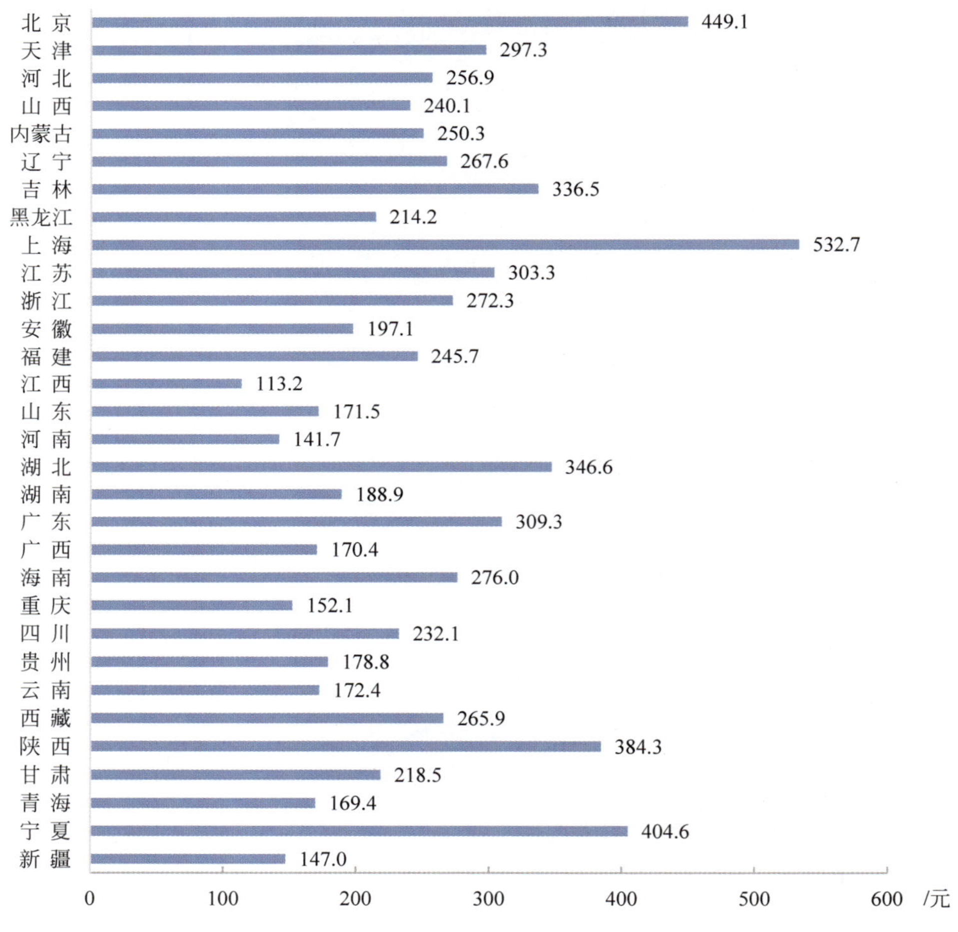

图 3-17　小学阶段各省市学校生均实验设备资产值(2015 年)

注：数据来源于《中国教育统计年鉴 2015》。数据详见附表 3-17。

① 2014 年数据详见附表 3-16、附表 3-18 和附表 3-20。

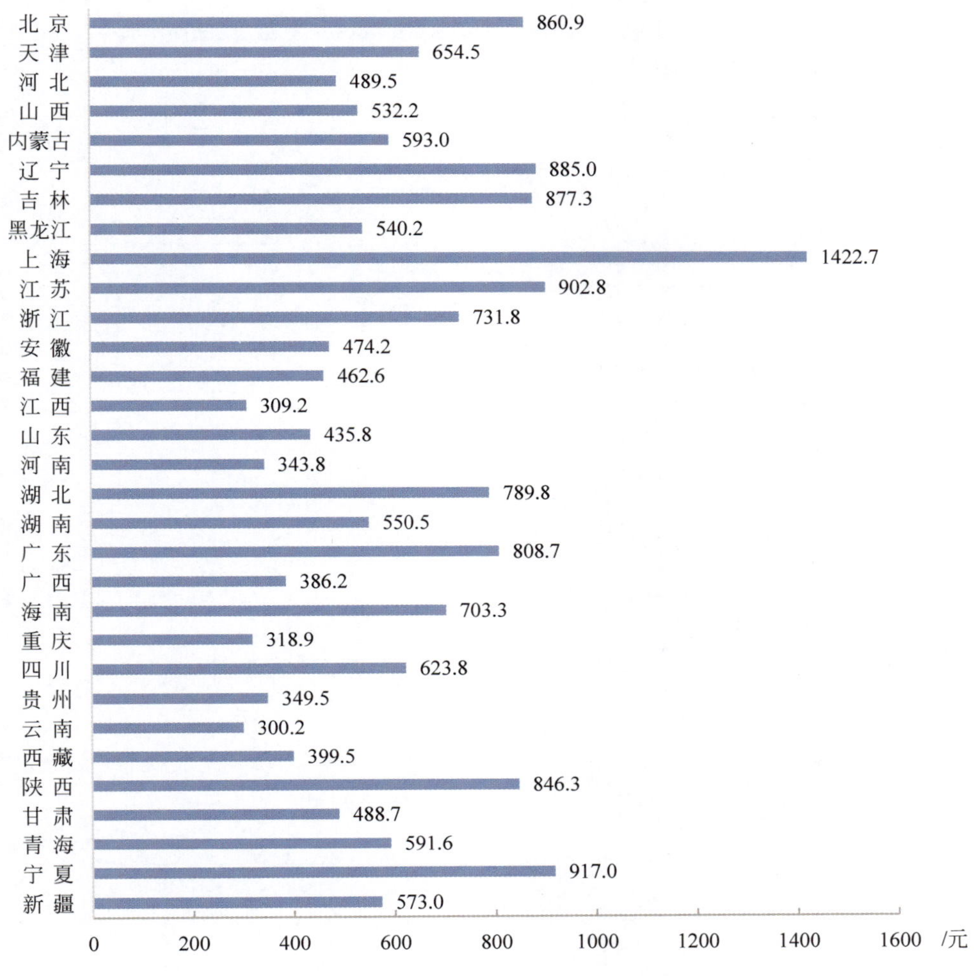

图 3-18 初中阶段各省市学校生均实验设备资产值(2015 年)

注：数据来源于《中国教育统计年鉴 2015》。数据详见附表 3-19。

3.3.4 教学用计算机

当前数字化教育发展越来越快，充足的计算机资源成为学校教育尤其是科学教育的重要基础。每百名学生拥有教学用计算机数是指某一级教育每百名学生平均拥有的教学用计算机数。它可以监测和评价全国及各地教育信息化基本设施条件，反映信息化配备水平。

2013—2015 年，全国不同学段学校的百名学生拥有教学用计算机的排名是：高中＞初中＞小学，各学段每百名学生拥有教学用计算机数的年均增速均超过 10.0%，小学阶段增速最大，为 15.5%，初中和普通高中分别为 14.0%和 10.9%。就全国范围而言，城乡差异显著。

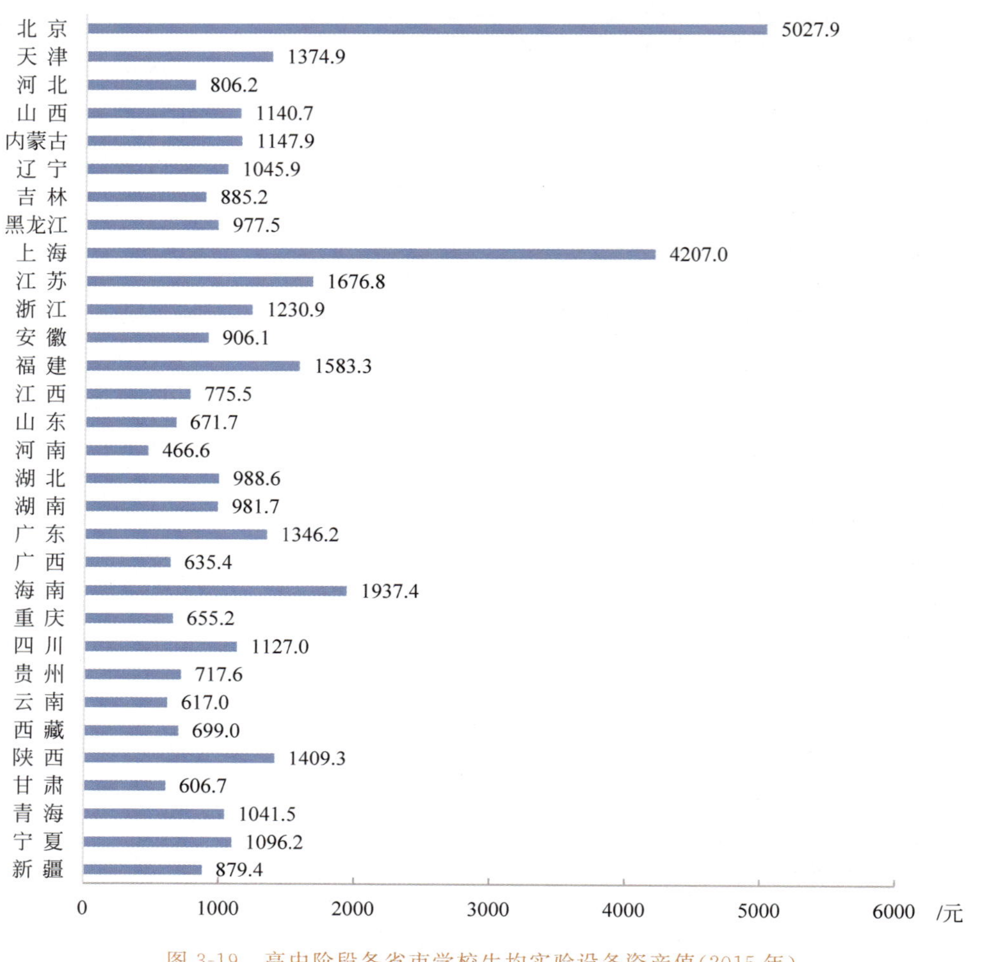

图 3-19 高中阶段各省市学校生均实验设备资产值(2015 年)

注：数据来源于《中国教育统计年鉴 2013》。数据详见附表 3-21。

在小学阶段：2015 年全国学校的每百名学生拥有教学用计算机数为 8 台，比 2013 年增加 2 台，年均增速 15.5%。其中，城区学校为 10 台，镇区为 8 台，乡村地区为 8 台，分别比 2013 年增加了 1 台、2 台和 3 台，年均增速分别为 5.4%、15.5%和 26.5%，乡村地区每百名学生拥有教学用计算机数增加速度最快。初中阶段：2015 年，全国学校的每百名学生拥有教学用计算机数为 13 台，比 2013 年增加了 3 台，年均增速 14.0%。其中，城区和乡村学校最高，均为 14 台，镇区最低，为 11 台，城区、镇区和乡村分别比 2013 年增加 3 台、2 台和 3 台，年均增速分别为 12.8%、10.6%和 12.8%，镇区每百名学生拥有教学用计算机数增加速度最慢。高中阶段：2015 年，全国学校的每百名学生拥有教学用计算机数为 16 台，与 2013 年相比增加了 3 台，年均增速为 10.9%。其中，城区学校最高，为 20 台，镇区最低，为 12 台，乡村为 17 台，城区、镇区和乡村分别比 2013 年增加了 4 台、2 台和 4 台，年均增速分别为 11.8%、9.5%和 14.3%(见图 3-20～图 3-22)。

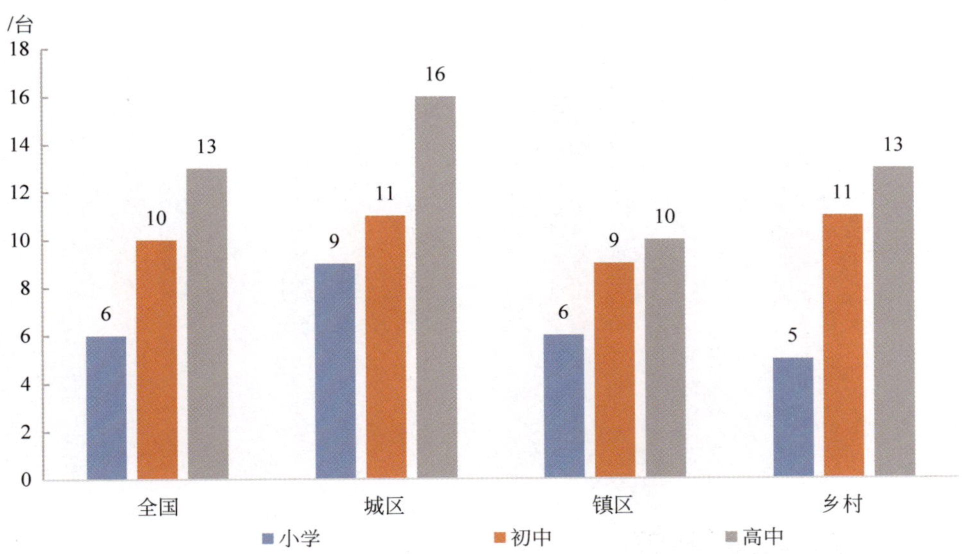

图 3-20 每百名学生拥有教学用计算机数(2013 年)

注：数据来源于《中国教育统计年鉴 2013》。数据详见附表 3-23。

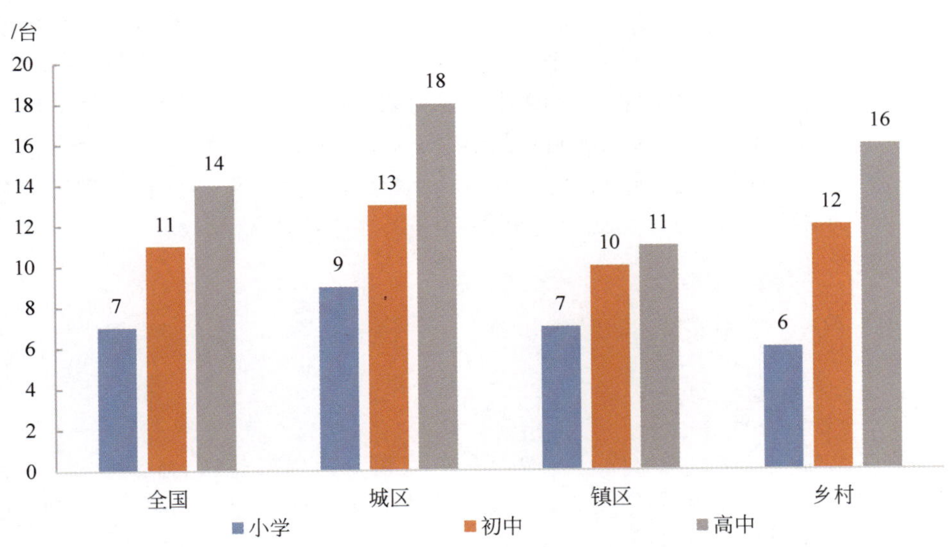

图 3-21 每百名学生拥有教学用算机数(2014 年)

注：数据来源于《中国教育统计年鉴 2014》。数据详见附表 3-24。

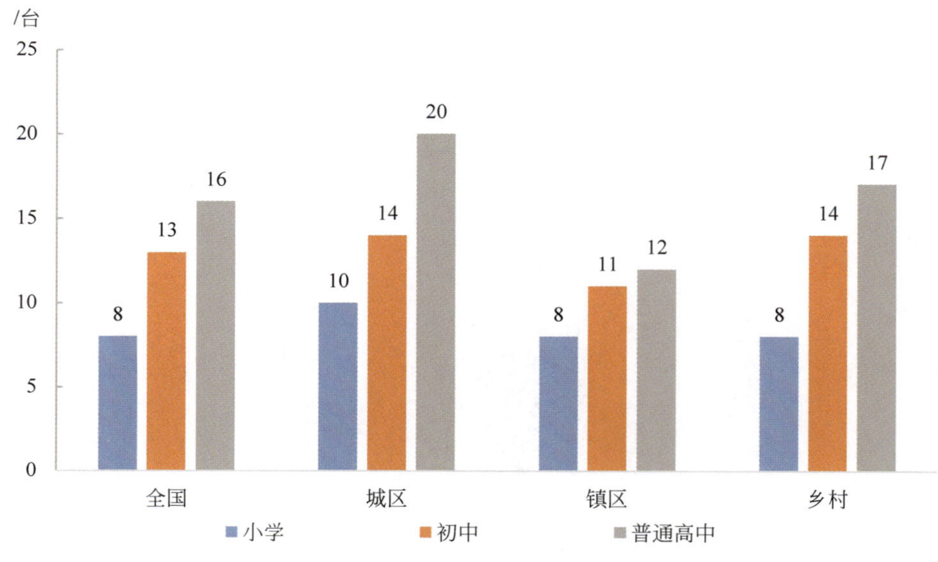

图 3-22　每百名学生拥有教学用算机数(2015 年)

注：数据来源于《中国教育统计年鉴 2015》。数据详见附表 3-25。

3.4　校外科学教育

非正式科学教育，即校外科学教育，作为一种不同于正规学校教育的形式，对在校学生和成年人科学素质的变化有重大影响：对于在校学生，其在课堂学习之外，有三分之二的时间处于非正式的学习环境中，其间所接受的科学教育是影响个人成长和发展的重要力量；对于已经远离学校的成年人来说，非正式环境下的学习是他们获取科学信息与知识的主要途径。非正式科学教育可以发生在各种公共或私人场所、通过多种媒介进行，如电视、广播、图书馆、科技馆、科学技术博物馆、动物园、植物园、水族馆、自然保护区、数字媒体和游戏、科学报刊杂志、社区和课外活动项目(见图 3-33)。非正式科学教育是青少年科学教育体系中的一种重要形式，对青少年的教育和成长起着至关重要的作用。非正式科学教育不仅是正规教育的必要补充，同时也是充分利用教育人力和物力资源、发挥各种教育形式最佳效益的重要途径。

3.4.1　科技馆中的科学教育

1. 中国科技馆开展科学教育简介

科技馆本意为科学技术博物馆，但在中国，科技馆是指以科技馆、科学中心、科学宫等命名的传播、普及科学知识的专门科普场馆，虽然其英文名称中有“Museum”，实际上等同于国外的“科学技术中心”(Science and Technology Center，简称“科学中心”)或以科学中心展示教育方式为主的科技博物馆。科技馆主要通过常设和短期展览，通过参与、体验、互动性的展品及辅助性展示手段，以激发科学兴趣、启迪科学观念为目的，对公众进行科学教育的科普场所；也可举办其他科学教育、科技传播和科学文化交流活动。

根据《中国科普统计》的数据，2004 年以来，全国科技馆建设取得了长足发展，在数量快

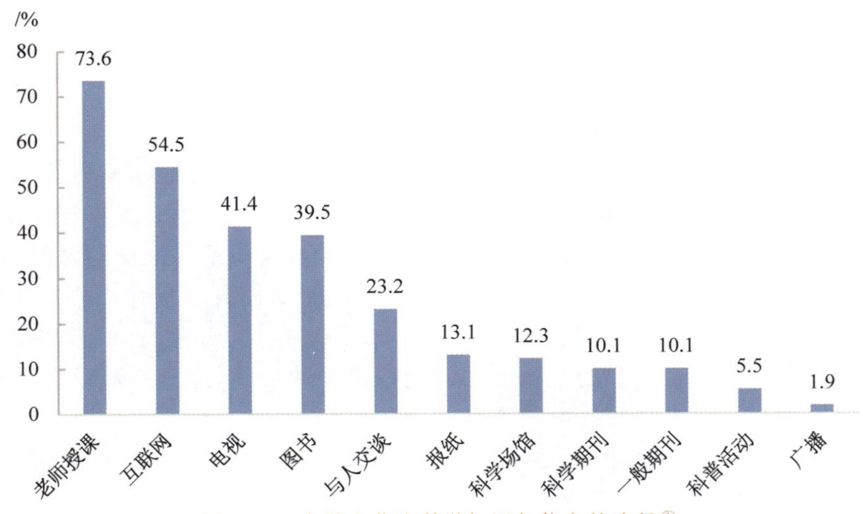

图 3-23 中学生获取科学知识与信息的途径①

速增长的同时，建筑面积、展厅面积、展品数量、讲解队伍等都有了显著提升。详见表 3-8。

表 3-8 全国科技馆数量情况

年份	全国		东部		中部		西部	
	数量	增长率/%	数量	增长率/%	数量	增长率/%	数量	增长率/%
2004	265	—	157	—	66	—	42	—
2006	280	5.7	161	2.5	68	3.0	51	21.4
2008	285	1.8	147	−8.7	95	39.7	43	−15.7
2009	309	8.4	152	3.4	109	14.7	48	11.6
2010	335	8.4	165	8.6	115	5.5	55	14.6
2011	357	6.6	179	8.5	121	5.2	57	3.6
2012	364	2.0	184	2.8	126	4.1	54	−5.3
2013	380	4.4	194	5.4	124	−1.6	62	14.8
2014	409	7.6	212	9.3	130	4.8	67	8.1
2015	444	8.6	221	4.2	123	−5.4	100	49.3

注：资料来源于历年中华人民共和国科学技术部《中国科普统计》，科学技术文献出版社，2006—2016。

科技馆是国家向公众普及科学技术知识、弘扬科学精神、传播科学思想和科学方法、宣传科学技术的成就及其作用的主要阵地。科技馆可以为青少年创造更多的自主学习空间，可以有效地对学校课堂教育进行补充，弥补应试教育在科学意识、科学精神、科学道德、科学技能、科学思维培养方面的不足，激发青少年自主探索科学的学习兴趣。

科技馆开展科学教育相对于学校教育最大的优势是其拥有大量的实物教材、科学实验场地，可以整合各种多媒体影音技术呈现生动有趣的科学现象，硬件条件决定了科技馆可以提供更多样化的教学方式激发青少年对科学的兴趣，拉近他们和科学的距离，使他们在感受科学乐趣、体验科学魅力的同时，有所思、有所悟，在玩中学、乐中思。近年来，科技馆的快速发展为开展科学教育活动提供了强有力的支持。

---

① 参考来源：王晶莹，刘青．中学生校外科学教育状况的调查研究[J]．首都师范大学学报(自然科学版)，2015(36)，2：28-32，42.

2. 科技馆开展科学教育的内容与形式

1）科技馆科学教育的内容

目前，中国正式教育的目的是传授知识技能，因此教学的内容也基本围绕教育部统一要求的大纲内容进行。科技馆科学教育属于非正式教育，其教育内容更贴近生活，以引发参观者对科学的思考为切入点，科技馆展品的展示内容不仅包括自然学科，还包括人文学科，各展品之间相互独立，科学教育的跳跃性较大，不同于学校科学教育必须有连贯性的要求。在参观过程中，学生也不再只是一位观摩者，而是在视觉、听觉、心理上都获得全方位的愉悦和满足，唤起参观者强烈的好奇心。即便是单个的展品，通常都展示多个科学原理或相关知识，并融入科学方法和科学精神等方面的内涵，这是学校科学教育中具体的某一个科学实验或某一个知识点所不能展现的。这种“动手操作、体验科学”的过程是科技馆最富特点的部分，与学校科学教育在手段、方法上都有所不同。

2）科技馆科学教育的形式

目前科技馆开展科学教育的主要形式有科普讲解、科普表演、科普电影、科普讲座、流动展览、主题夏（冬）令营、科普图书、在线学习等。科技竞赛另有专节，本节不再阐述相关内容。

（1）科技辅导员讲解是学生参观科技馆最常见的方式，也是科技馆辅助学生学习的重要手段，科普讲解能够帮助学生加深对展览的理解，掌握重点，起到增加兴趣、开阔视野的作用。目前，中国各地科技馆都可以根据中小学科学课程，结合专题展览，为中小学生提供科技辅导员讲解服务。

（2）科学表演已经成为当前国际上流行的一种全新而独特的科学传播与科学教育方式。科学表演是表演人员通过语言和肢体运动，并借助场景、材料、仪器等“道具”，向观众或与观众一起进行传播科学的演示或表演教育活动。大多数科技馆内都会设有一定规模的表演台，在表演台上可以开展一系列生动有趣的科学表演活动。目前，科学表演可分为科普剧、科学魔术、科学实验、科学相声等形式。

（3）科技馆的科普讲座一般会定期或不定期地邀请科学家、科研人员举办专题科普讲座，结合社会热点、焦点，将深奥的科学知识及原理以通俗易懂的方式表达出来，讲座现场为学生和专家提供互动平台，参与者可以与专家实现面对面的交流。通过学生参与讨论，可以让他们了解和体验每一个与科学和技术有关的社会问题，而不是道听途说或闭门造车。

（4）流动展览的主题和内容是针对不同年级的学生而设计的，部分场馆也可称为流动科技馆，流动展览由科技馆派专人送到各区县甚至边远山区的学校，在吸引学生亲自动手参与的同时，让学生在娱乐之中思考和学到知识。通常情况下，展览设置有便携式的可供学生动手体验的展品，以简单直观的互动方式来表现那些较复杂的科学原理，同时开发与流动展相配套的活动资源包，为学生提供学习单与操作手册，方便学生自助实验与学习。

（5）主题夏（冬）令营也是科技馆开展科学教育的一种常见形式，夏（冬）令营活动依照学校科学课程设置、教学计划来拟定夏（冬）令营的内容及活动时间。学生可以根据自己的兴趣爱好参加，自主地选择不同的主题活动，内容主要涉及物理、生物、化学、天文等方面。在参与活动时，学生可以独立或协作完成对主题内容的探索、研究、分析和判断，从体验中学习科学。通过开展各类主题夏（冬）令营活动，可以培养学生的实践能力，让学生了解一些书本上学不到的课外知识和经验。

(6) 科普电影是科技馆开展科学教育的重要形式。科技馆一般具有专门的科普放映厅，有的还具有较为先进的放映设备，如 IMAX 影院、4D 影院等特种影院，为学生提供极具震撼力的科普体验。

(7) 在线学习。随着计算机和网络技术的兴起和发展，网络科普已成为一种新型的重要方式，科技馆通过借助互联网将科普教育资源共享，方便学生足不出户就能体验科技馆。学生可以根据兴趣进行科学探究，并定期与专家互动交流，对展品和相关科学原理、方法进行深度学习。

(8) 科普图书。近年来，开发具有科技馆特点、生动有趣的科普图书也成为科技馆新的关注点。一些科技馆所开发的科普图书，在注重传播科学知识的同时，致力于挖掘科学背后的真实故事，带给学生更多的是科学精神，帮助他们揭开科学的神秘面纱。图书与展品相关，内容有趣，并配有大量真实的图片、数据及科普小实验，深受学生的喜爱。

3. 科技馆开展科学教育的现状与效果

科技馆作为非正式科学教育的重要平台之一，适应了现代社会不断扩大的教育需求，多样的教育形式为教育可持续发展开拓了新的发展领域，提供了新的发展空间。

受中国科协科普部委托，中国科协创新战略研究院承担"免费开放科技馆科普公共服务评估"课题。对纳入 2016 年免费开放试点的 123 家科技馆进行了问卷调查和实地调研。根据调查结果，对中国科技馆开展科学教育的现状和效果进行分析。

1) 基本条件

调查数据表明，2016 年，123 家免费开放的科技馆共有展教辅导员 1641 人，平均每家科技馆 13.3 人，展教辅导员中本科及以上学历的占 87%；84 家科技馆有展览教育与科普活动团队、37 家科技馆有展览策划与展品设计团队、20 家科技馆有科学顾问团队；共有常设展厅 761 个，展品 6508 件，馆均 52.9 件；放映科普影片 110 部；30 家科技馆设有网络科普论坛、网上课堂等，占 24.2%；34 家科技馆设有网上虚拟展厅、虚拟科学实验室等，占 27.5%。

2) 学生观众数量

观众中的学生数量为 13245363 人次，占观众总人数的 50.9%，比上年提高了 6.3%，日均学生观众 569 人次。

3) 馆校合作

根据调查结果，与中小学有合作的 91 家，合作学校 4448 家，参加学生达 2627825 人次，平均每家科技馆 28877.2 人次。其中：西部地区 38 家科技馆与学校合作的数量有 2392 所，占合作学校总数量的 62.3%；小型科技馆参加学生达 892650 人次，占 34.0%；开展面向青少年的科技夏(冬)令营、科技竞赛、科普剧等活动 9949 次，馆均 80.9 次，较上年增加了 114.7%。

馆校合作的形式有：定期来馆参观(78 家)、科技馆进学校(79 家)、在科技馆上科技活动课(52 家)、配合学校教学实践(52 家)、其他(13 家)，分别占 85.7%、86.8%、57.1%、57.1%和 14.3%。

4) 网络课堂

根据对学生观众的问卷，对科技馆展览和展品表示满意的占 97.7%；对展览讲解表示满意的占98.2%，其中非常满意的为63.0%；对科普教育、科普活动表示满意的占97.4%；表示会再次参观科技馆的占97.5%。

3.4.2 科技竞赛中的科学教育

本部分主要介绍中国青少年科技竞赛的总体概况、青少年科技竞赛中的科技教育活动以及青少年科技竞赛的科技教育效果。

1. 中国青少年科技竞赛简介

科技竞赛能够激发青少年的探究欲望，在培养青少年科技人才方面具有不可替代的作用。中国青少年科技竞赛以各级科协和学会举办的竞赛为主，虽然也有教育部、科技部等单位主办，但是鉴于科协和学会的社会性质和功能，其在中国青少年科技竞赛的举办中充当着主要角色。科协和学会主办的青少年科技竞赛活动最早始于1982年，历经30多年的不断创新和完善，已初步形成了以全国青少年科技创新大赛、“明天小小科学家”奖励活动、中国青少年机器人竞赛、全国中学生五项学科奥林匹克竞赛等为主的科技竞赛体系。

1）竞赛数量

从竞赛总体情况看，如图3-24所示，2006—2015年，由各级科协[①]和两级学会主办的青少年科技竞赛总项数稳中有升，由2006年的11145项增加到2015年的12577项。其中，各级科协主办的青少年科技竞赛总项数由2006年的10487项增加到2015年的11622项（见图3-25），各级学会主办的青少年科技竞赛项数由2006年的658项增加到2015年的947项（见图3-26）。

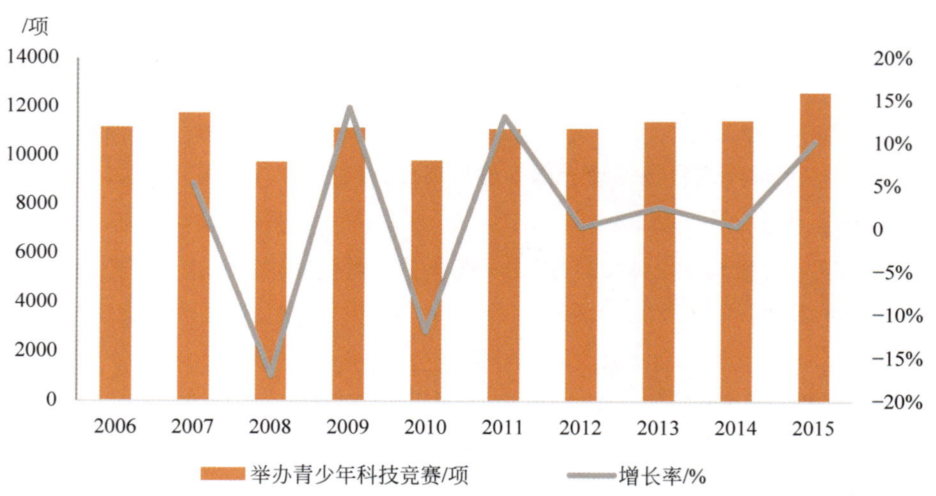

图3-24 全国各级科协和学会举办的青少年科技竞赛项数（2006—2015年）

注：数据来源于《中国科学技术协会统计年鉴（2007—2016）》。数据详见附表3-26。

① 各级科协指中国科技机关及直属单位、省级科协、副省级和省会城市科协、地级科协、县级科协；两级学会指全国学会和省级学会。

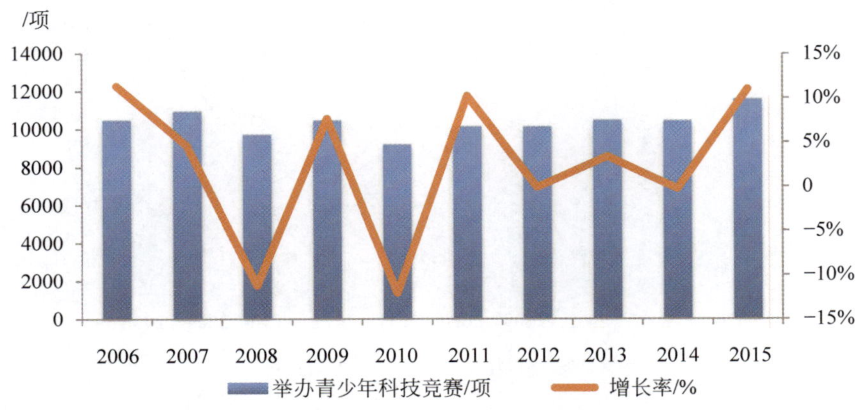

图 3-25 中国各级科协举办的青少年科技竞赛项数(2006—2015 年)

注：数据来源于《中国科学技术协会统计年鉴(2006—2016)》。数据详见附表 3-27。

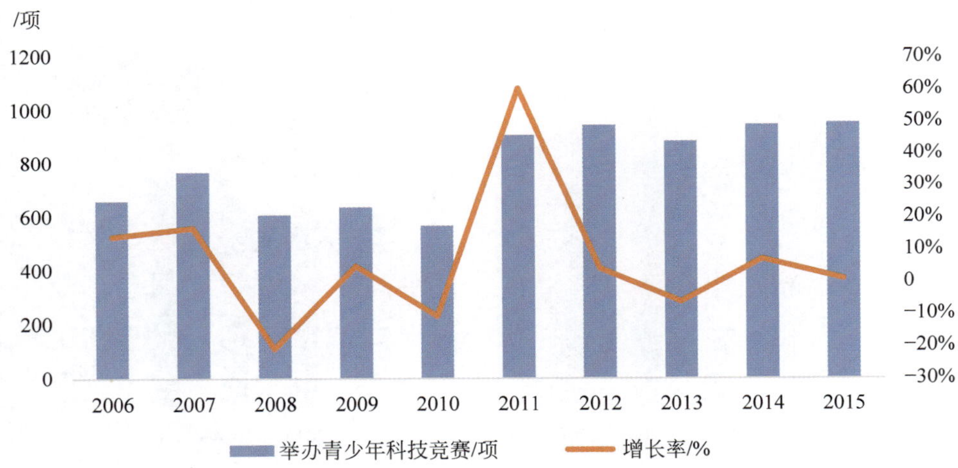

图 3-26 中国各级学会举办的青少年科技竞赛项数(2006—2015 年)

注：数据来源于《中国科学技术协会统计年鉴(2007—2016)》。数据详见附表 3-28。

2）竞赛规模

2006—2014 年，由各级科协和各级学会主办的青少年科技竞赛总参赛人数大幅增加，由 2006 年的 3171.53 万人次，增长到 2014 年 4965 万人次，2015 年稍有下降，参赛人数为 4362 万人次(见图 3-27)。其中，各级科协主办的青少年科技竞赛总参赛人数，由 2006 年的 2414 万人次增加到 2015 年的 4087 万人次(见图 3-28)。各级学会主办的青少年科技竞赛参赛人数波动较大，由 2006 年的 757.63 万人次逐渐下降到 2008 年 293 万人次，之后逐渐增加，于 2011 年达到 834 万人次，2012—2015 年，参赛人数波动上升，在 2015 年达到 869 万人次(见图 3-29)。

3）竞赛区域分布

从竞赛区域分布看，全国各省举办的青少年科技竞赛项数和参加人数差异较大，如图 3-30、图 3-31 所示。不难发现，大多数中西部省份举办的青少年科技竞赛项数和参加人数不多，特别是河北、山西、广西、甘肃、新疆等地，东部省份举办的青少年科技竞赛项数和参加人数相对较多。而重庆和四川例外，虽然举办的科技竞赛数量不多，但是参加竞赛的人数却较多。

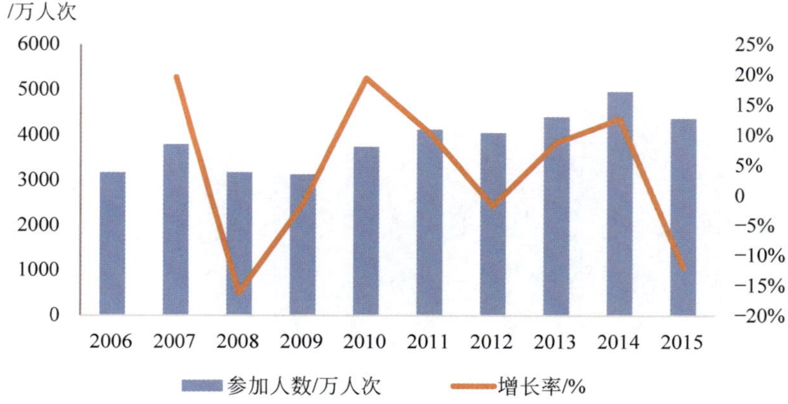

图 3-27 全国各级科协和学会主办的青少年科技竞赛参加人数(2006—2015 年)

注：数据来源于《中国科学技术协会统计年鉴(2007—2016)》。数据详见附表 3-29。

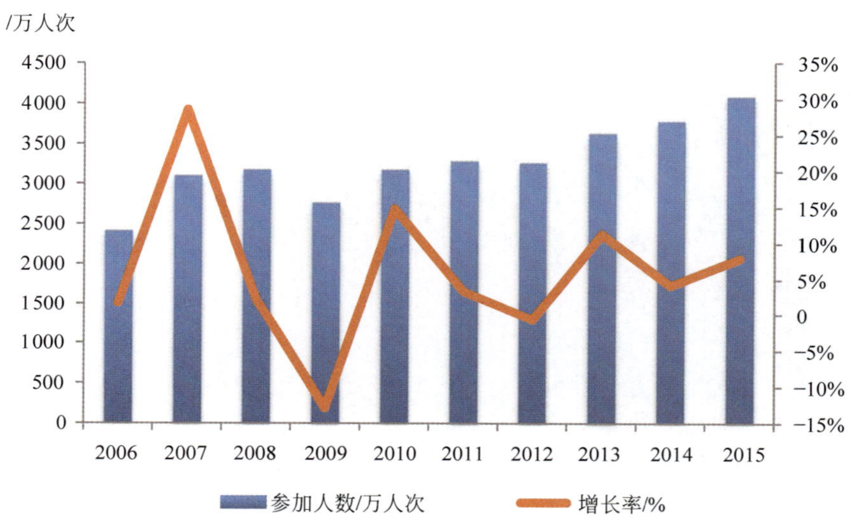

图 3-28 各级科协主办的青少年科技竞赛参加人数(2006—2015 年)

注：数据来源于《中国科学技术协会统计年鉴(2007—2016)》。数据详见附表 3-30。

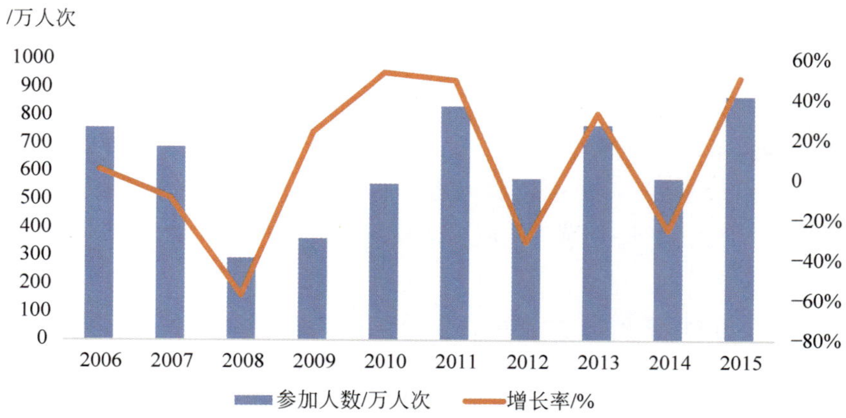

图 3-29 各级学会主办的青少年科技竞赛参加人数(2006—2015 年)

注：数据来源于《中国科学技术协会统计年鉴(2007—2016)》。数据详见附表 3-31。

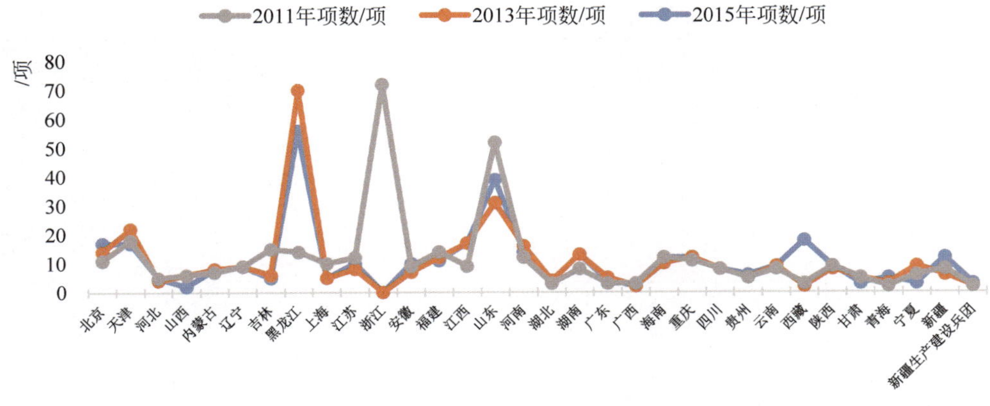

图 3-30 不同年份各省举办青少年科技竞赛总项数

注：数据来源于《中国科学技术协会统计年鉴(2012、2014、2016)》。数据详见附表 3-32。

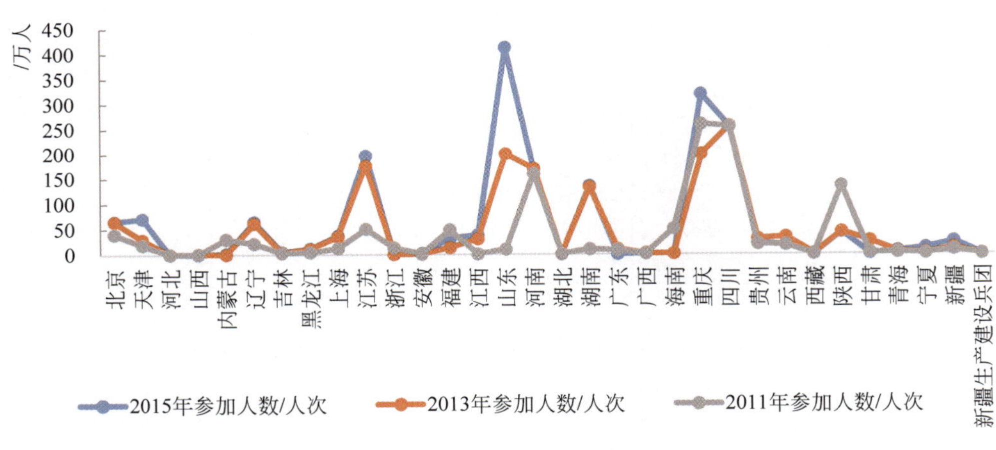

图 3-31 不同年份各省举办青少年科技竞赛参加人数

注：数据来源于《中国科学技术协会统计年鉴(2012、2014、2016)》。数据详见附表 3-33。

4) 中国青少年科技竞赛主要项目介绍

中国目前青少年科技竞赛活动主要以全国青少年科技创新大赛、“明天小小科学家”奖励活动、中国青少年机器人竞赛、全国中学生五项学科奥林匹克竞赛等四大品牌为主，已形成较为成熟的科技竞赛体系，所以这里主要介绍这四大青少年科技竞赛项目(见表 3-9)。

表 3-9 全国青少年主要科技创新大赛基本情况

大赛名称	起始时间	主办单位	活动宗旨	参加对象	参赛规模
全国青少年科技创新大赛	1982	中国科协、教育部、科技部、环境保护部、体育总局、自然科学基金委、共青团中央、全国妇联	为全国青少年和科技辅导员搭建一个科技创新活动成果展示交流的平台，强化和培养科学道德、创新精神和实践能力，提高科学素质，培养优秀科技创新型后备人才	1～12 年级的中小学生	每年参加各级别竞赛的学生和科技辅导员教师超过 1000 万人，500 多名学生进入全国竞赛

续表

大赛名称	起始时间	主办单位	活动宗旨	参加对象	参赛规模
“明天小小科学家”奖励活动	2000	中国科学技术协会、中国科学院、中国工程院、国家自然科学基金委员会和周凯旋基金会	选拔和培养具有科学潜质的青少年科技后备人才，鼓励他们立志投身于科学技术事业	高二、高三的学生	从申报项目中挑选 100 名学生参加决赛
中国青少年机器人竞赛	2001	中国科学技术协会和承办省（自治区、直辖市）人民政府	通过富有挑战性的项目，将学生在课堂中的多学科知识和技能融入竞赛过程中，激发学生对工程技术的学习兴趣，培养学生的创新意识、动手能力和团队精神	1～12 年级的中小学生	—
全国中学生五项学科奥林匹克竞赛	1985	中国科学技术协会所属的中国数学会、中国物理学会、中国化学会、中国计算机学会、中国动物学会和中国植物学会等六个学会	向中学生普及科学知识，激发他们学习科学的兴趣和积极性，为他们提供相互交流和学习的机会；促进大、中学校教学改革；通过竞赛和相关的活动培养和选拔优秀学生，为参加国际学科竞赛选拔参赛选手	面向全国中学生的竞赛活动	—

2. 青少年科技竞赛中的科学教育活动

1）科学教育活动中的科技竞赛

青少年科技竞赛是一项引导青少年学习科学知识、探索科学知识、掌握新技能的活动，在青少年课外科学教育中发挥着积极的作用。青少年通过科技竞赛这一过程训练，有助于增加对科学、工程、技术和数学（STEM）相关领域的兴趣，提高相关科学课程的成绩，促进对科学、工程和技术过程的理解，拓展科学知识，培养新技能。以全国青少年机器人竞赛中的机器人创意比赛为例，学生首先会接收到机器人创意主题（例如第 16 届的创意主题是“我身边的机器人”），然后会花费大约 6 个月的时间在课题导师或教练员的指导下，在充分理解创新主题的基础上确定比赛课题，提出解决问题的新鲜方案，并以制作的机器人模型验证方案的可行性，最后参加全国机器人大赛。竞赛最终会通过笔试、作品展示、评审小组成员现场答辩三个环节评审出一、二、三等奖。其中，竞赛规则要求现场正式布展和评审阶段场馆均封闭，仅允许学生队员在场，并提倡参赛作品中一定程度地采用学生自制器材，且机器人的创意、设计、搭建、编程均应由学生独立或集体亲自实践和完成，同时要求作品最好与自己学习、生活相关、体现科学性和一定的研究制作工作量、学生参与的主体性等。不难发现，青少年参加机器人创意大赛的过程是一个科学知识学习、创新思维训练的过程，有助于培养学生学习与综合运用机器人技术、电子信息技术、工程技术，激发创新思维潜能，提高综合设计和制作能力。

2）科技竞赛中科学教育活动

青少年科技竞赛过程中，学生除参加竞赛，也会有机会参与一些科学教育活动，如表3-10所示，其科学活动的类型主要有专家讲座、参观、互动交流、课程学习、科技电影欣赏等。这些形式多样的科技教育活动有助于拓展青少年的知识面、开拓科学视野、激发对STEM相关领域的兴趣，树立良好的科学态度和价值观。

表3-10 青少年科技竞赛中的科技教育活动

活动类型	内容	实例
讲坛/讲座	邀请国内外著名专家，如诺贝尔奖获得者、中国著名院士及学者，以讲座、报告等形式进行科学知识普及	"明天小小科学家"奖励活动中的诺奖科学家讲座、院士讲坛；中国青少年机器人竞赛中的科普讲座；全国青少年科技创新大赛中的STEM教育论坛
参观	参观高校及科研院所的国家重点实验室、博物馆、科技馆、科技创新企业等，增加学生对科学技术的认识	"明天小小科学家"奖励活动中的走进大学实验室、参观科技创新企业
互动交流	邀请往届获奖学生或国际知名竞赛获奖学生，与参赛选手交流、讨论，进行经验交流，为本届参赛选手建立互动交流的机会	"明天小小科学家"奖励活动中的学长说、青年科学沙龙；全国青少年科技创新大赛中的ISEF获奖学生交流
课程学习	以实验课程等形式，增加选手间的交流，增强其科学知识和兴趣	"明天小小科学家"奖励活动中的创新实践课
欣赏	组织学生观看科技类电影等，增加参赛学生对科学的兴趣	"明天小小科学家"奖励活动中的电影与科学

3. 青少年科技竞赛的科学教育效果

青少年科技竞赛取得了积极的科学教育效果。从对参加2016年科技竞赛学生的调查结果中可以发现，青少年参加科技竞赛取得了显著的科学教育效果（见表3-11），其中，平均59.3%的学生认为提高了自主学习能力，43.2%的学生认为提高了自己的学习成绩，90.7%的学生认为开拓了自己的视野，84.1%的学生认为增强了自己对科学的兴趣，85.9%的学生认为扩展了自己的科学知识。

表3-11 科学竞赛活动对参赛学生的影响

竞赛类型	提高自主学习能力	提高学习成绩	开拓视野	增强科学兴趣	扩展科学知识
"明天小小科学家"奖励活动	64.3%	23.2%	—	78.6%	—
全国青少年科技创新大赛	66.8%	33.6%	83.6%	76.5%	74.5%
中国青少年机器人竞赛	46.7%	72.8%	97.8%	97.2%	97.2%
平均	59.3%	43.2%	90.7%	84.1%	85.9%

注：数据来源于第31届全国青少年创新大赛参赛评估报告；第16届"明天小小科学家"奖励活动学生问卷数据分析报告；第十六届中国青少年机器人竞赛数据分析报告。

3.4.3 科技教育出版物

科技教育出版物是中小学科学普及的主要形式，随着中国对科普的日益重视，科技教育出版事业日渐繁荣，相关出版物的出版数量大幅增加，平均每年都有大量新出版物出版，出版物的质量也有大幅提升。本部分主要分析 2015 年中小学科技教育类图书的出版情况，数据来源是中国国家图书馆（以下简称国图）的书目综合数据库。

1. 概念界定与统计方法

顾名思义，中小学科技教育类图书主要是指以中小学生为对象的科普图书，主要包括含有自然科学内容的青年读物、少年读物、少儿读物、儿童读物、青少年读物及部分普及读物等。本部分采用关键词组合提取法的方式从国图的书目综合数据库中提取相关数据。先以青年读物、少年读物、少儿读物、儿童读物、青少年读物、普及读物等为关键词，从数据库中将以中小学生为读者对象的所有图书提取出来。随后参照国图的中图分类法，将自然科学类图书筛选出来，余下人文社会科学类图书及综合类图书则以“科学”“自然”“武器”“地理”等明显具有自然科学倾向的词语进行组合式筛选。

2. 科技教育类图书在少儿图书中所占比例

统计结果显示，中国 2015 年共出版青少年图书 9521 册，其中科技教育类图书 5654 册，占该年青少年图书总数的 59.4%（见图 3-32）。科普类图书是目前青少年图书出版界的宠儿，与其他类图书相比在数量上占有领先优势。

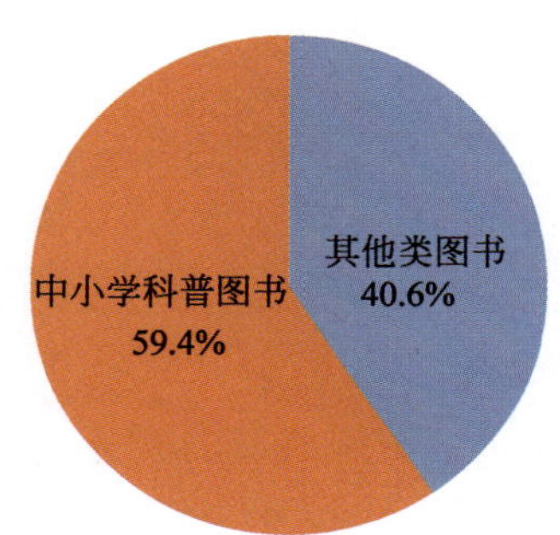

图 3-32 中小学图书中科普类图书所占比例

3. 科技教育类图书中各学科的分布情况

国家图书馆使用的中图分类法将所有门类的图书按 A～Z 进行分类，其中 A～K 为哲学及社会科学类，N～X 为自然科学类，Z 为综合图书类。这与中小学数学、物理、化学、天文、地理、生物等的学科划分方法不同。因此，主要遵循中小学数、理、化、天、地、生等的学科划分方法，并对照图书在中图分类法中的分布进行统计。如图 3-33 和图 3-34 所示，生物类科普图书在科技教育类图书中的所占比重较大，约为 29%，数学、物理、化学和天文等学科所占比重差别不太大，分布相对均衡。

4. 科技教育类图书的读者分类情况

中小学学生的年龄跨度一般是 6～18 岁，横跨儿童、少年、青年几个阶段。国图书目综合数据库中图书的相关标注信息为儿童读物、少儿读物、少年读物、青少年读物、青年读物、普及读物等。由于青年已接近成年人，因此许多普及读物也可归入青年读物里。如图 3-35 和图 3-36 的统计结果所示，2015 年出版的以儿童、少年、青年为对象的科技教育类图书，呈现出了图书数量随年龄增长而减少的趋势。

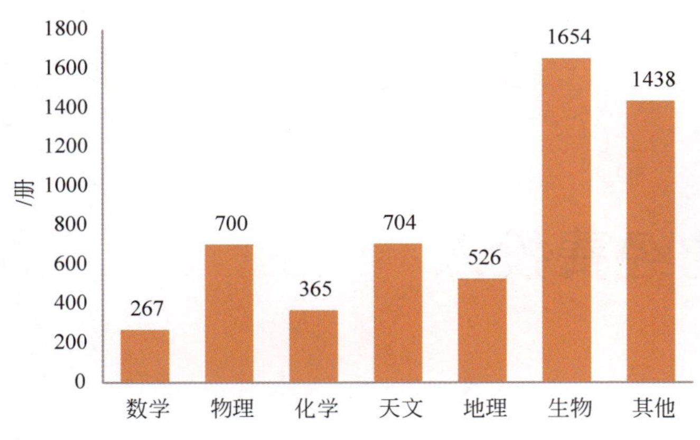

图 3-33 各学科科技教育类图书数量

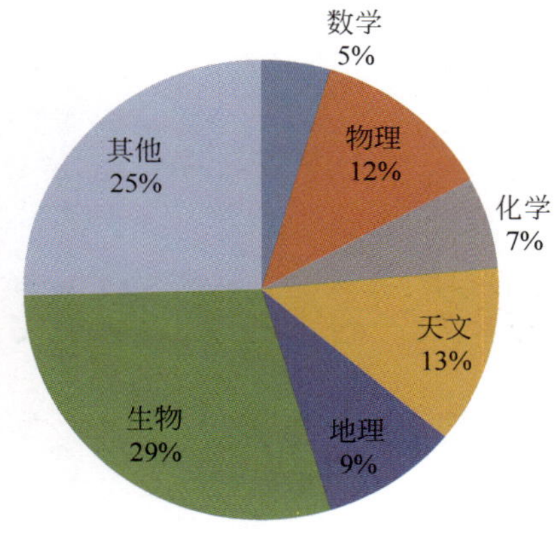

图 3-34 各学科科技教育类图书所占比例

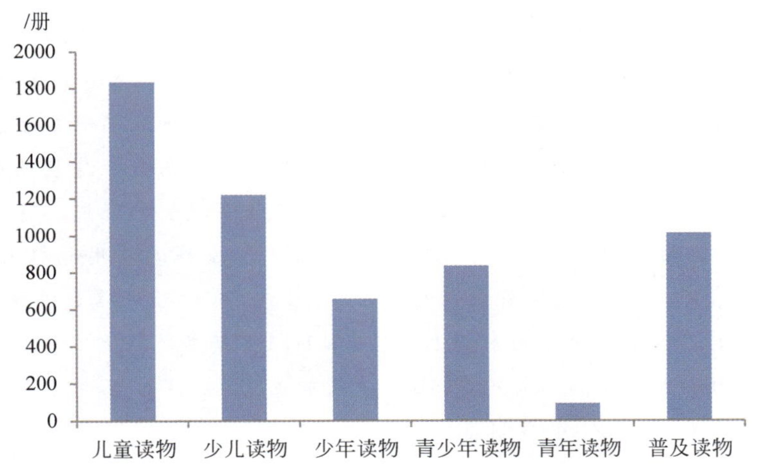

图 3-35 科普教育图书的读者分类情况

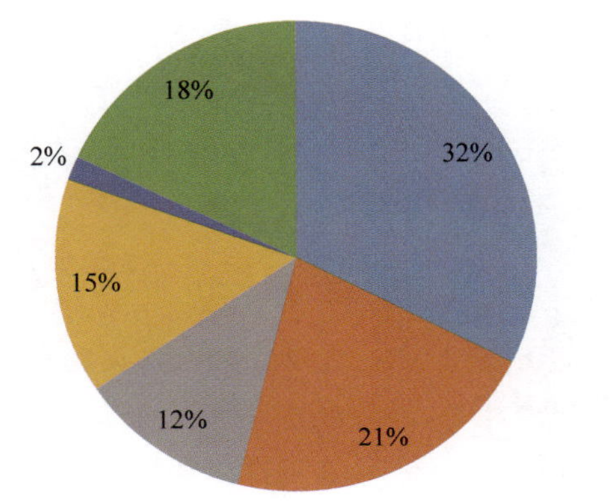

图 3-36 科普教育图书各读者分类所占比例

第4章

CHAPTER 4

研究与试验发展的经费投入

本章导读

研究与试验发展经费(以下简称 R&D 经费)指统计年度内全社会实际用于基础研究、应用研究和试验发展的经费支出总和,包括实际用于研发活动的人员劳务费、原材料费、固定资产购建费、管理费及其他费用支出。研发活动是技术创新与产业发展的来源和必要环节,是科技发展的重要组成和绝对力量,也是推动国家经济增长的源泉。随着国家经济发展对科技实力的依赖日益加深,研发活动对经济持续增长发挥的作用也越来越重要,但是社会发展理论也表明,经济发展是阶段性的,因此国家的 R&D 经费、R&D 经费投入强度及结构来源等也应与其经济发展阶段相适应。《全国科技经费投入统计公报》显示,2015 年,中国 R&D 经费为 14169.9 亿元人民币,比上年增加了 1154.3 亿元,增长了 8.9%;R&D 经费投入强度为 2.07%,比上年提高了 0.05%。

R&D 经费投入是综合国力与国家科技实力的体现,尽管中国已经跻身世界科技大国行列,但在部分类型的 R&D 经费投入及投入强度方面与部分发达国家相比仍然存在差距,研究中国与其他国家 R&D 经费投入的差异具有重要的现实意义。本章分析中国 2001—2015 年 R&D 经费的情况,并和美、欧、日、韩等经济体进行比较,分析不同类型、不同来源的 R&D 经费和 R&D 活动的特征和经费流向等方面的主要指标的变化情况,通过国际比较,描绘全球研发能力和活动分布变化的图景。

本章要点

1. 中国 R&D 经费投入持续增加,R&D 经费投入强度稳步提高。

2015 年,全国研究与试验发展(R&D)经费支出 14169.9 亿元,比上年增加了 1154.3 亿元,增长率为 14.8%。2001—2015 年,中国 R&D 经费年均增长率为 19.0%。

2013 年,中国 R&D 经费投入强度首次超过 2.0%,2015 年达到 2.07%。2001—2015 年,中国平均 R&D 经费投入强度为 1.54%。

2. 中国R&D经费投入总量世界第二、增长率世界第一,R&D经费投入强度有待进一步提高。

按2010年美元购买力平价折算,2015年中国R&D经费支出为3768.6亿美元,超过日本的1558.1亿美元和欧盟28国的3444.9亿美元,成为继美国之后的世界第二大R&D经费执行国。中国R&D经费以19.0%的年均增长率位列世界首位。

2015年中国R&D经费投入强度为2.07%,在世界各国排名中处于中游位置,与美国、日本和韩国等发达国家差距较大,其中韩国最高,为4.2%。中国R&D经费投入强度在未来科技发展过程中有待提高。

3. 在三类R&D经费投入中,中国基础研究经费快速增长,但与发达国家的差距较大,试验发展研发经费已居世界首位。

2015年,中国三类R&D经费中,基础研究经费为716.1亿元,占全部R&D经费的5.1%;应用研究经费为1528.7亿元,占全部R&D经费的10.8%;试验发展经费为11925.1亿元,占84.2%。与2001年相比,基础研究经费增长了近12倍,应用研究经费增长了7倍多,试验发展经费增长了近14倍。

2014年,中国R&D经费投入中基础研究经费为162.5亿美元,是美国的19.5%,是日本的83.2%;应用研究经费为370.4亿美元,是美国的39.5%,是日本的1.2倍;试验发展经费为2914.0亿美元,是美国的99.2%,是日本的2.9倍。

4. 中国R&D经费中,来自企业的资金占比逐年提高,来自政府的资金占比逐渐下降,来自企业的R&D经费和来自政府的R&D经费均居世界前列。

2015年,中国的R&D经费中,来自政府的资金为3013.2亿元,占经费总额的21.3%,占比较2004年降低了5.3%;企业资金为10588.6亿元,占经费总额的74.7%,占比较2004年提高了8.7%。

2013年各国的企业来源R&D经费,中国为2359.7亿美元、美国为2632.5亿美元,日本为1166.3亿美元,中国位居第二位;当年各国的政府来源R&D经费,中国为667.6亿美元、美国为1200.34亿美元、日本为267.3亿美元,中国排名第二。

中国的国外R&D经费相对较少。2013年中国国外研发资金投入为28.3亿美元,美国为192.6亿美元,德国为49.3亿美元、英国为73.8亿美元、法国为43.2亿美元,中国与美国、德国、英国和法国的差距较大。

5. 企业是中国R&D经费的主要执行机构,高等学校执行R&D经费投入增长较快,但经费总量有待增加。

中国R&D经费的主要执行部门为企业、政府和高等学校,2015年企业执行10881.4亿元,占经费总额的76.8%;研究与开发机构执行2136.5亿元,占总额的15.1%;高等学校执行998.6亿元,占7.0%;其他方面执行153.46亿元,占1.1%。

与2001年相比,企业执行R&D经费增长了16.3倍,研究与开发机构执行R&D经费增长了6.4倍,高等学校执行R&D经费增长了8.8倍。

2013 年，中国高等学校执行的研发经费不到美国的 50%，高校执行研发经费占经费总额的比重是美国的 51.1%。

6. 中国企业 R&D 经费流向高等学校的比例较高，高等学校执行 R&D 经费中政府资金占比相对较低。

从国际比较上看，各国企业 R&D 经费流向高等学校的占比差异较大，俄罗斯的该比例远高于其他国家，中国和德国的该比例接近，高于美国和日本。

政府研发资金流向高等学校的比例，英法两国处于领先位置，比例均超过 50%。中国相对较低，仅有 20%左右。另外，高等教育执行研发经费中来自政府资金的比例反映了高等学校 R&D 经费投入对政府的依赖程度。韩国、法国和德国均超过 80%，美国、英国及俄罗斯超过了 60%，中国未达到 60%，仅超过日本。

4.1 R&D 经费投入总量

4.1.1 中国 R&D 经费投入

一个经济体的 R&D 经费投入总量(GERD)是测度经济体研发活动规模、评价经济体科技实力和创新能力的重要指标。

1. R&D 经费投入总量

2015 年，中国 R&D 经费投入 14169.9 亿元，研发人员(全时当量)人均 R&D 经费支出为 37.7 万元[①]。

2001—2015 年，中国 R&D 经费投入快速增长，按可比价格计算(下同)，R&D 经费投入年均增长率为 19.0%。其中，2001—2009 年 R&D 经费投入增速较高，接近或超过 20%，并于 2009 年达到最高值 32.9%，之后几年增长率小幅下降，但仍保持 15%左右的高速增长(见图 4-1)。

2. R&D 经费投入强度

R&D 经费投入强度是 R&D 经费与国内生产总值(GDP)的比值，是测度一个国家 R&D 活动和科技实力的重要指标，也是评价一个国家经济增长方式的重要指标。

2013 年，中国 R&D 经费投入强度首次超过 2.0%，达到当年国内生产总值的 2.01%。2015 年，中国 R&D 经费投入进一步增加，科技实力不断增强，R&D 经费投入强度达到 2.07%，较 2001 年的 0.95%，提高了 1.12%(见图 4-2)。

---

① 资料来源：国家统计局《2015 年全国科技经费投入统计公报》。

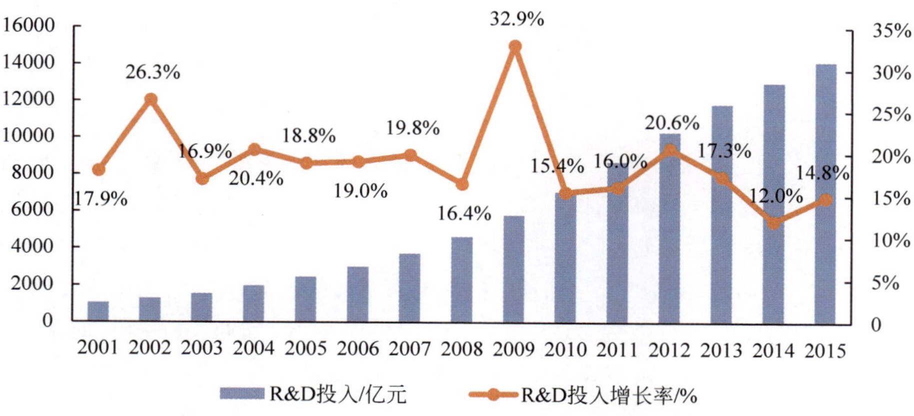

图 4-1　2001—2015 年中国 R&D 经费投入总量及增长率

注：图中数据为以 2001 年为基期的可比价 R&D 经费的投入额和增长率，平减指数采用以 2001 年为基期的工业生产者出厂价格指数①，原始数据来自《2015 中国科技统计年鉴》和《2016 年中国统计年鉴》。数据详见附表 4-1。

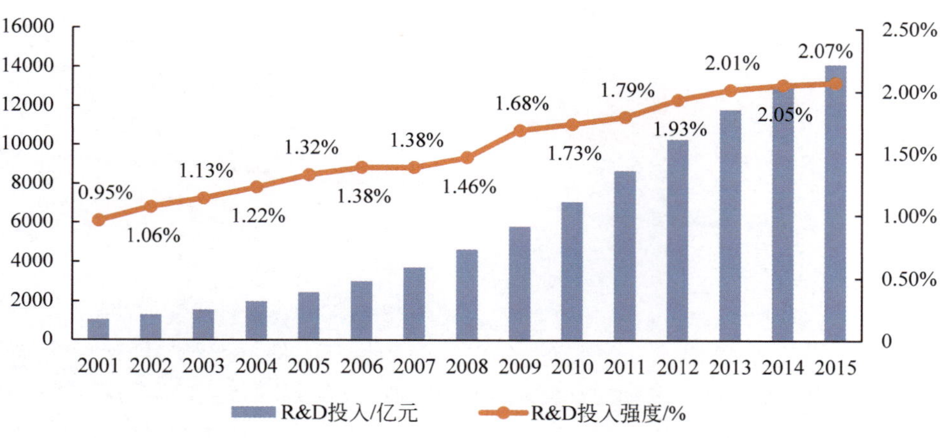

图 4-2　2001—2015 年中国 R&D 经费投入与投入强度

注：图中 R&D 经费投入强度为 R&D 经费与国内生产总值之比，R&D 经费和国内生产总值均为当年价，原始数据来自《2015 年中国科技统计年鉴》和《2016 年中国统计年鉴》，数据详见附表 4-2。

① R&D 经费在时间序列上的比较，需要剔除价格变化因素的影响。由于目前还没有专门服务于研发核算的价格指数体系，大多数研究采用相关价格指数进行替代。李小胜(2009)和魏和清(2012)的研究认为，R&D 经费的价格平减需从 R&D 经费的构成角度入手。根据《中国科技统计年鉴》的指标解释，R&D 经费支出按用途可以分日常性支出和资产性支出，日常性支出包括为开展 R&D 活动而发生的人员劳务费，基期各项管理费用和购买非资产性的材料、物资费用等；资产性支出指建造、购置、安装、改建、扩建固定资产，以及进行设备技术改造和大修理等实际支出的费用。2009—2015 年，R&D 经费中平均有 25.7%用于劳务费用支付，其余均为物质资料的购进，且物质资料大多为工业产出品，因此，本研究采用工业生产者出厂价格指数代替 R&D 经费的价值指数，进行价格平减。

4.1.2 R&D 经费投入的国际比较

1. 全球 R&D 经费投入的分布

全球 R&D 经费主要集中在三个地理区域：北美地区、欧洲和东亚地区。根据美国国家科学基金会公布的《科学与工程指标(2016)》报告，美国仍然是全球科学与工程支出最多的国家，占全球 R&D 经费总数的 27%；其次是中国，占全球 R&D 经费总额的 20%；日本的 R&D 经费占 10%，德国占 6%。韩国、法国、俄罗斯、英国与印度的 R&D 经费投入相对较少，各占全球 R&D 经费总数的 2%～4%。中国台湾地区、巴西、意大利、加拿大、澳大利亚与西班牙 R&D 经费各占全球 R&D 经费投入的 1%～2%。上述 15 个国家或地区的 R&D 经费占全球总计的 87%。

在 2015 年 R&D 经费投入规模排名前九的国家和经济体中，美国的 R&D 经费为 4627.7 亿美元，中国为 3768.6 亿美元，欧盟 28 国①合计 3444.9 亿美元。日本 R&D 经费为 1558.1 亿美元，德国为 998.6 亿美元，韩国为 737.2 亿美元，法国为 547.7 亿美元，英国为 421.2 亿美元，俄罗斯为 374.7 亿美元(见图 4-3)。

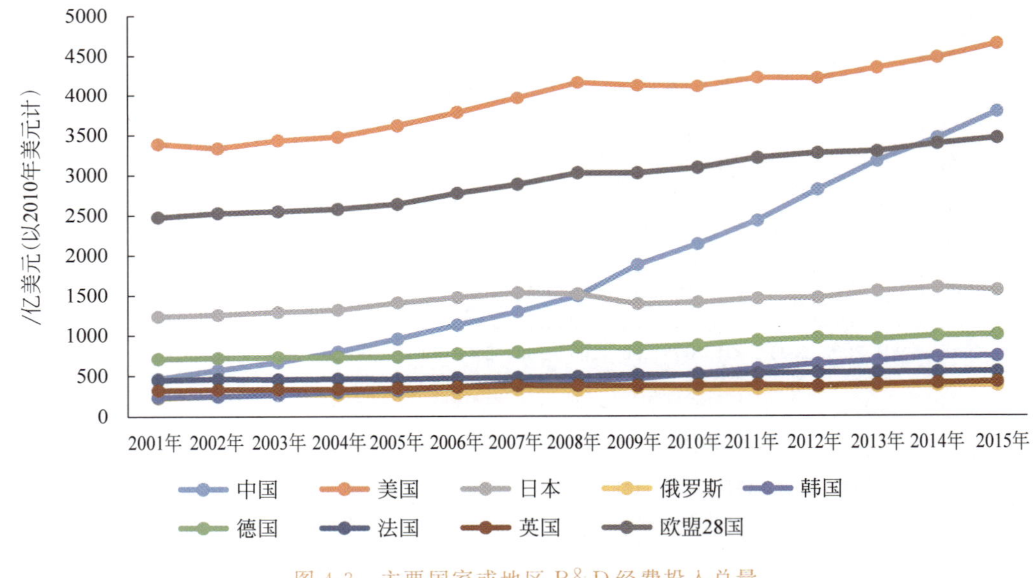

图 4-3 主要国家或地区 R&D 经费投入总量

注：数据来自 OECD 数据库，http://stats.oecd.org/。

① 欧盟 28 国包括法国、德国、意大利、比利时、荷兰、卢森堡、英国、爱尔兰、丹麦、希腊、西班牙、葡萄牙、瑞典、芬兰、奥地利、塞浦路斯、捷克、爱沙尼亚、匈牙利、拉脱维亚、立陶宛、马耳他、波兰、斯洛伐克、斯洛文尼亚、罗马尼亚、保加利亚和克罗地亚。

2001—2015 年，中国 R&D 经费投入增速远高于其他 R&D 经费投入大国。如图 4-4 所示，2001 年中国 R&D 经费投入位居世界第五位，2009 年 R&D 经费投入达到 1875.4 亿美元，超过同年日本的 R&D 经费投入(1386.3 亿美元)，位列美国和欧盟 28 国之后，居于世界第三位。2015 年，全球 R&D 经费投入最多的三个国家为美国(4627.7 亿美元)、中国和欧盟 28 国(3444.9 亿美元)。中国 R&D 经费投入为 3768.5 亿美元，成为世界第二大 R&D 经费投入国。

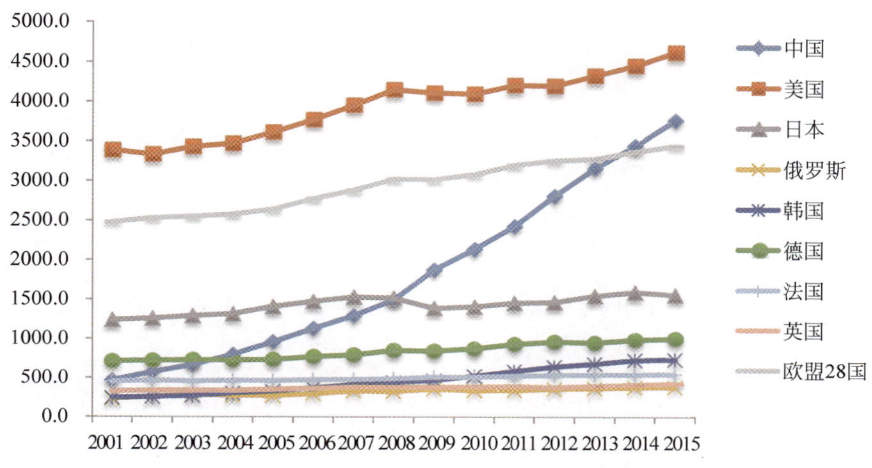

图 4-4 各国 2001—2015 年 R&D 经费投入总量/亿美元

注：图中数据来自 OECD 数据库，https://data.oecd.org/rd/gross-domestic-spending-on-r-d.htm，均为 2010 年美元价格为基础的可比价数据。数据详见附表 4-3。

从相对比例上看，2001 年中国 R&D 经费投入(466.3 亿美元)是美国 R&D 经费投入(3386.9 亿美元)的 13.8%，2015 年中国 R&D 经费投入(3768.6 亿美元)是美国(4627.7 亿美元)的 81.4%，提高了约 67.6%；同样，2001 年中国 R&D 经费投入不及日本、德国、法国及英国，截至 2015 年，中国 R&D 经费投入是日本的 2.4 倍，是德国的 3.8 倍，是法国的 6.9 倍，是英国的 8.9 倍。2001 年中国 R&D 经费投入占欧盟 28 国 R&D 经费投入的 17.1%，2013 年达到 96.4%，2014 年中国 R&D 经费投入 3446.5 亿美元，超过欧盟国家投入总和(3375.0 亿美元)的 2.1%，2015 年超过 9.4%。

2. R&D 经费投入增长率的国际比较

2001—2015 年，从各国 R&D 经费投入的增长率上看，中国和韩国始终保持着 R&D 经费投入的正增长，中国年均增长率为 16.0%，居于全球首位，其次是韩国，年均增长率为 8.6%(见图 4-5)。

美国在 2002 年和 2009 年出现了两次 R&D 经费投入的较大负增长，分别下降了 1.6% 和 1.0%。从 2008 年到 2013 年，美国 R&D 经费投入的年均增长率为 0.8%，低于同期美国 GDP 年均增长率 1.2%。日本于 2009 年和 2015 年两次出现 R&D 经费投入的负增长，分别降低为 8.5%和 2.1%。俄罗斯则在 2004 年、2005 年、2008 年及 2010 年出现了 R&D

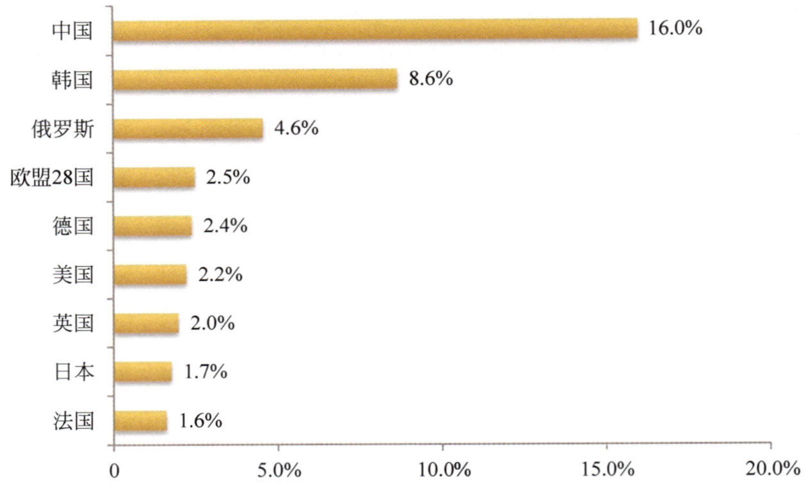

图 4-5　2001—2015 年各国 R&D 经费投入年均增长率

注：图中数据来自 OECD 数据库 Research and Development Statistics，根据各国 2010 年美元价格为基础的可比价数据计算，详见附表 4-4。

经费投入超过 1%的负增长，分别降低了 4.1%、1.3%、1.5%以及 5.7%。德国 R&D 经费投入在 2012 年下降了 1.2%，法国在 2003 年下降了 1.7%，英国在 2012 年下降了 2.9%。欧盟 28 国的 R&D 经费投入总量在历年变化上相对平稳，基本保持正增长的态势，但增长幅度相对较小。

将 2001—2015 年划分为两个阶段，第一阶段是 2001—2007 年，第二阶段是 2008—2015 年。中国、美国、日本、俄罗斯、韩国和英国以及欧盟 28 国的第二阶段年均增长率均低于第一阶段，只有德国和法国在第二阶段的年均增长率要高于第一阶段（见图 4-6）。

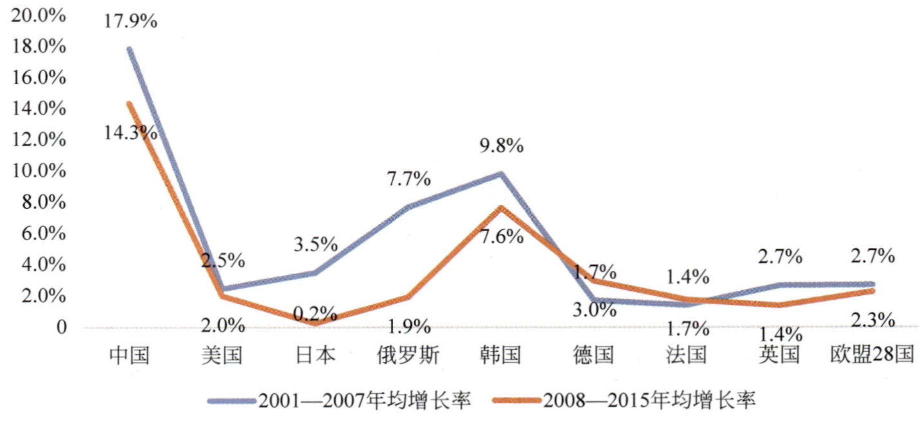

图 4-6　各国 2008 年前后年均增长率比较

注：图中各国增长率均根据各国 2010 年美元价格为基础的可比价数据计算，原始数据来自 OECD 数据库 Research and Development Statistics，详见附表 4-4。

3. R&D经费投入强度的国际比较

2015 年各国 R&D 经费投入强度如图 4-7 所示，最高的是韩国为 4.23%，其次是日本为 3.49%，第三是德国为 2.88%，中国为 2.07%排在所选国家中的第六位。

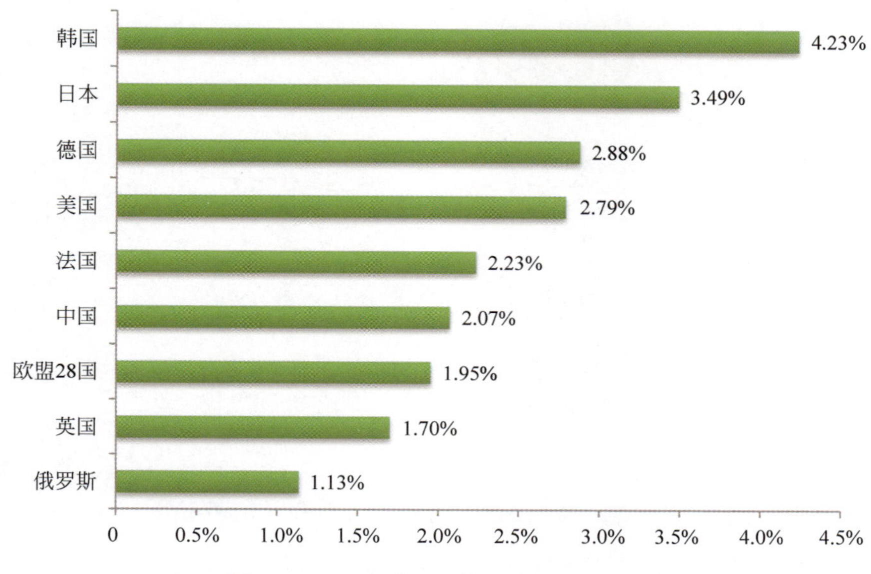

图 4-7 2015 年各国 R&D 经费投入强度

注：图中数据来自 OECD 数据库 Research and Development Statistics，详见附表 4-5。

2001—2015 年，各国 R&D 经费投入强度如图 4-8 所示。韩国、日本、德国和美国始终保持着相对较高的 R&D 经费投入强度，韩国 R&D 经费投入强度增速最快。其中，韩国在 2004 年 R&D 经费投入强度为 2.53%，2007 年 R&D 经费投入强度达到 3.0%，随后 2015 年的投入强度增长至 4.23%。日本在 2000 年 R&D 经费投入强度达到 3.0%，并在随后的十几年始终保持 3%以上的水平，与韩国一样在 2014 年达到 R&D 经费投入强度的最大值 3.59%。尽管美国 2009 年 R&D 经费投入总量出现了负增长(−1.0%)，但当年美国的 R&D 经费投入强度却是历年中的最大值，达到 2.82%。德国从 2008 年开始 R&D 经费投入强度超过 2.5%以后，R&D 经费投入强度始终处于攀升状态，同样是在 2014 年达到峰值 2.89%。

2001—2015 年，主要国家平均 R&D 经费投入强度的比较如图 4-9 所示。日本和韩国的 R&D 经费投入强度均超过了 3%，分别为 3.33%和 3.22%，美国和德国均超过了 2.5%，分别为 2.67%和 2.62%。中国为 1.53%，仅超过俄罗斯的 1.08%。

2014 年，世界各国 R&D 经费投入强度的平均值为 1.69%，中国超过世界平均水平 0.36%。2014 年 R&D 经费投入强度超过 1%的国家排名如图 4-10 所示。韩国(4.29%)、以色列(4.11%)、日本(3.59%)排名前三位。日本的研发经费投入强度在 1991—2014 年领先于大多数国家，位居前三名，这与日本对科技发展的重视度相关。相比于其他国家，中国

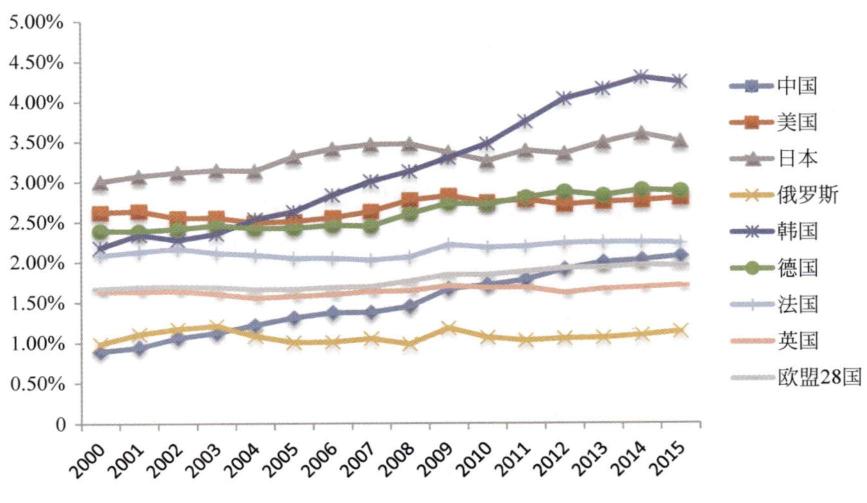

图 4-8　2001—2015 年各国 R&D 经费投入强度

注：图中数据来自 OECD 数据库 Research and Development Statistics，详见附表 4-5。

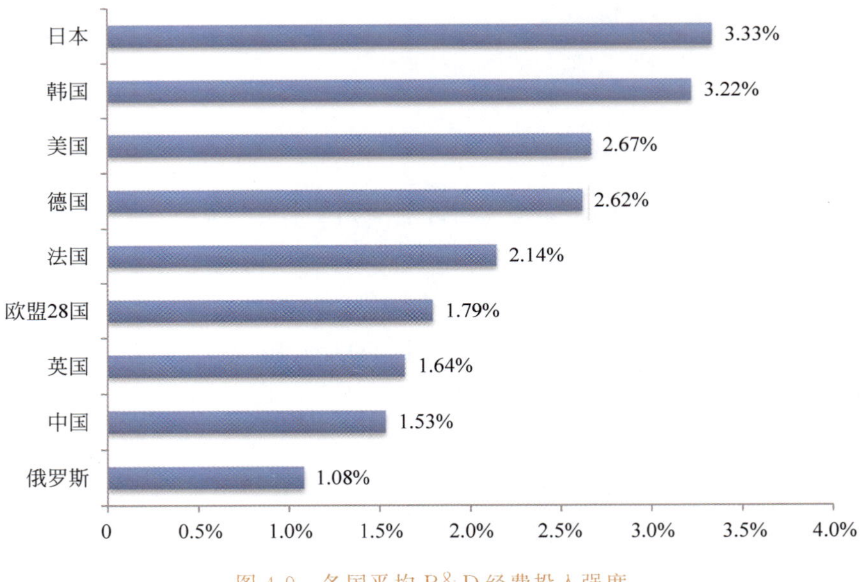

图 4-9　各国平均 R&D 经费投入强度

注：图中数据来自 OECD 数据库 Research and Development Statistics。

R&D 经费投入强度相对较低，在 2001 年及之前年份一直未达到 1%，1991 年至 2001 年增长了 23.3%，2002 至 2012 年中国 R&D 经费投入强度增幅较之前十年有了大幅度的提升，达到 80%的增长幅度。2014 年，中国排在 14 位（2.05%），与澳大利亚、荷兰 R&D 经费投入强度接近（见图 4-10 和图 4-11）。

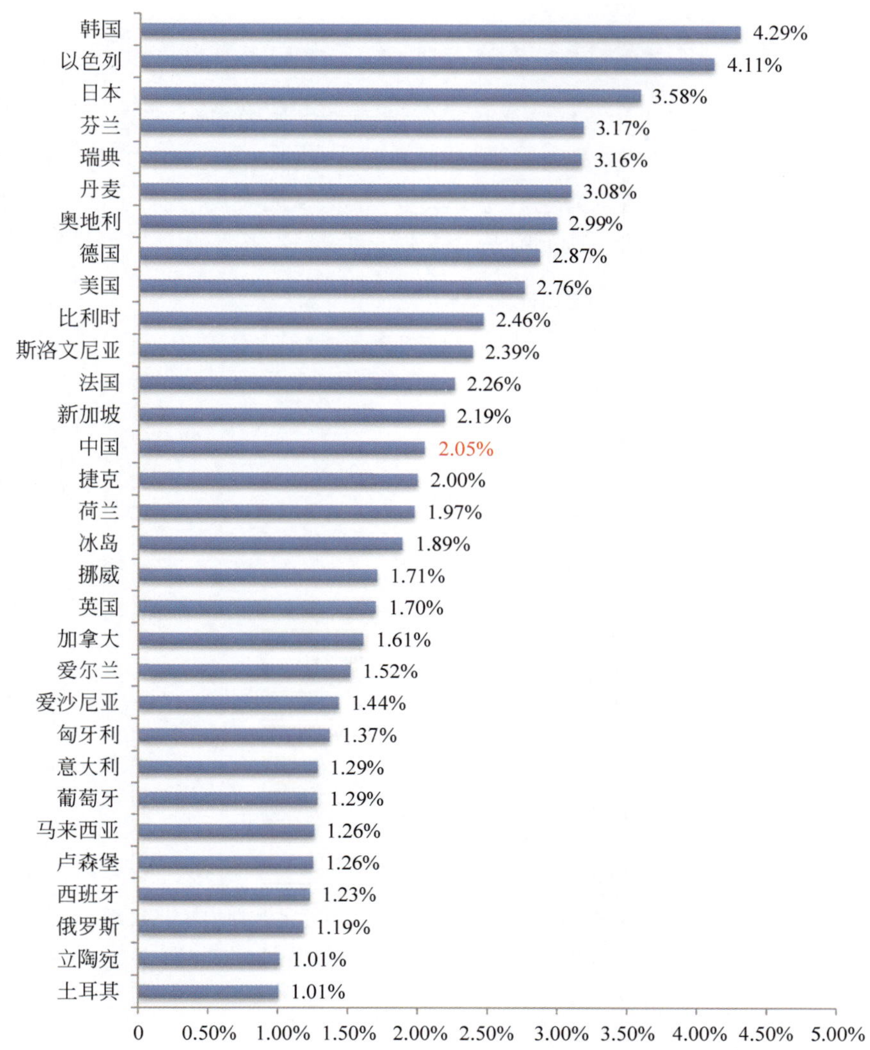

图 4-10 2014 年全球 R&D 经费投入强度超过 1%的国家

注：图中数据来自 OECD 数据库 Research and Development Statistics，详见附表 4-6。

4.2 三类 R&D 经费投入

按最广泛的应用进行分类 R&D 活动，可以分为基础研究、应用研究以及试验发展三类。其中，基础研究是一种探究性和理论上的工作，主要是为了探索新知识在观察到的事实基础上的背后原因和本质，不考虑任何特定的应用程序；应用研究也是一种为了获得新知识的传统型探究，但是应用研究有其实际的目的和目标；试验发展是利用现有知识，通过可应用的实际研究或实验，获得新知识的系统工作，目的包括生产新材料、产品和设备，引入新程序、系统和服务，或者修正已经生产和引进的上述内容。R&D 经费内部支出也相应分成基础研究经费、应用研究经费及试验发展三类经费。该分类方式由 OECD 的《弗拉斯卡蒂手册》定义，世界各国均以此为依据对本国 R&D 经费投入进行划分。

4.2.1 中国三类 R&D 经费投入分析

2001—2015 年，中国三类 R&D 经费投入高速增长。如图 4-11 所示，2001 年，基础研究经费为 55.6 亿元、应用研究经费为 184.9 亿元、试验发展经费为 802.0 亿元；2015 年，基础研究经费为 716.1 亿元、应用研究经费为 1528.7 亿元、试验发展经费为 11925.1 亿元。其中，试验发展经费增长了近 14 倍。基础研究经费增长了近 12 倍，应用研究经费增长 7 倍多。

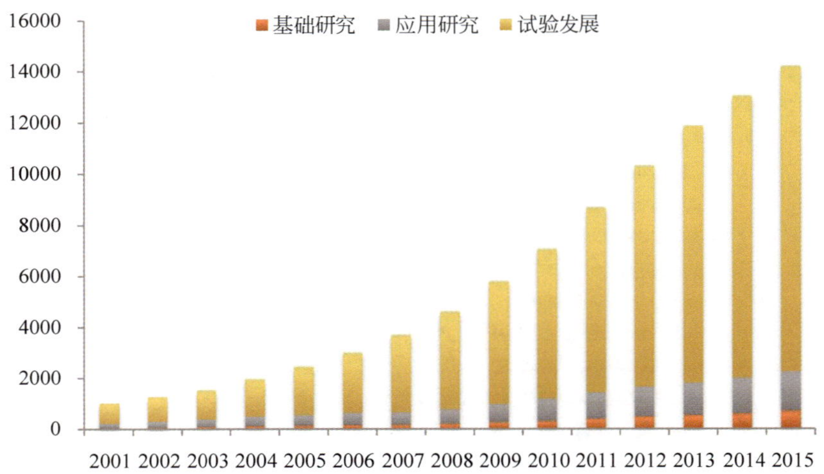

图 4-11 2001—2015 年中国三类 R&D 经费投入变化/亿元

注：图中数据来自历年《中国科技统计年鉴》，详见附表 4-7。

2001—2015 年，中国的 R&D 经费投入中基础研究经费和应用研究经费所占比重均有所下降，试验发展经费占比相对提升。2001 年，基础研究经费、应用研究经费和试验发展经费的占比分别为 5.3%、17.7%和 76.9%；2015 年，占比分别为 5.1%、10.8%和 84.2%（见图 4-12）。

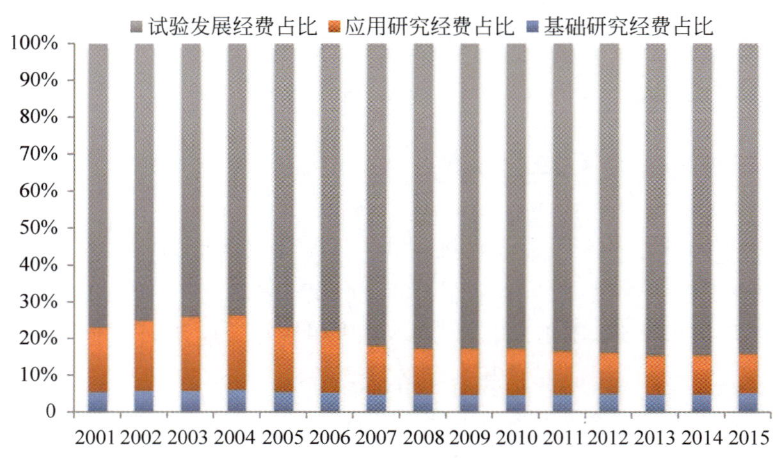

图 4-12 2001—2015 年中国三类 R&D 经费投入占比

注：图中数据来自 OECD 数据库 Research and Development Statistics，详见附表 4-7。

4.2.2 三类 R&D 经费投入的国际比较

大多数国家基本都按照《弗拉斯卡蒂手册》介绍的定义计算本国的经费数据，但不同国家在分类表达上略有不同。根据 OECD 官网公布的数据，中、美、日、韩、英等国在 R&D 经费投入分类按照基础研究、应用研究、试验发展而划分。其中，日本的三类 R&D 经费投入覆盖范围只是自然科学和工程学，不是 R&D 经费投入总额。俄、韩等国除了三类经费分类以外还包括一部分未分类的经费。还有部分国家，例如德国，在 OECD 官网上没有公开发布的具体数据，考虑到数据的统一性和可比性，在国际比较上将不考虑未公布数据的国家或数据较少的国家。

1. 基础研究投入比较

2001—2014 年，中国的基础研究投入虽快速增长，但与发达国家仍有较大差距。如图 4-13 所示，美国的基础研究投入一直保持在 600 亿美元以上，处于绝对领先，其次是日本。2001 年，中国 R&D 经费投入中基础研究经费是美国的 4.3%，是日本的 16.6%。2012 年，中国的基础研究经费投入达到 136.2 亿美元，超过法国，但距离日本和美国仍存在差距。2014 年，中国 R&D 经费投入中基础研究经费为 162.5 亿美元，是美国的 19.5%(2013 年)，是日本的 83.2%①。

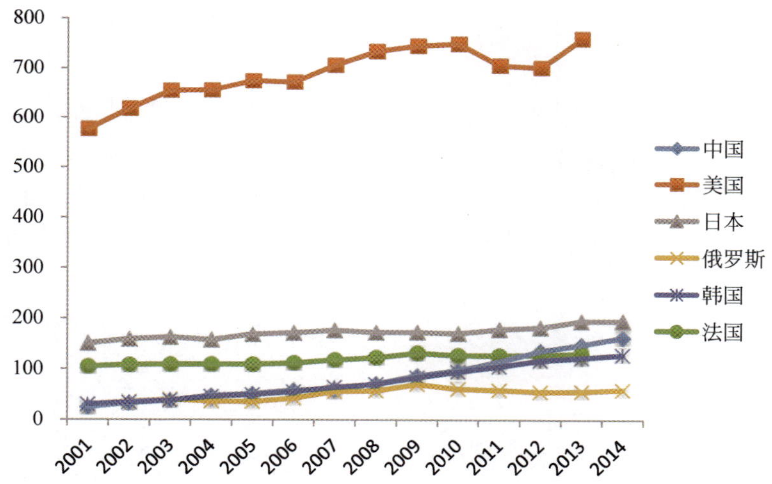

图 4-13 2001—2014 年部分国家基础研究经费比较/亿美元

注：图中为 2010 年美元价格为基础的可比价数据，来自 OECD 数据库 Research and Development Statistics，详见附表 4-8。

2. 应用研究投入比较

2001—2015 年，中国应用研究经费投入快速增长，于 2012 年超过日本排在美国之后。如图 4-14 所示，2001 年中国应用研究经费是美国的 10.7%，是日本的 31.5%，是法国的 54.9%。

① 美国、俄罗斯、英国三个国家的三类研发投入以当年价计算，因此三类研发投入总和略小于研发投入总额。英国的研发经费数据从 2007 年开始公布，美国的研发经费数据只公布到 2013 年。

2012 年中国的应用研究经费达到 370.4 亿美元，超过日本的 303.7 亿美元，排在美国之后。2014 年，中国应用研究经费为 370.4 亿美元，是美国的 39.5%(2013 年)，是日本的 1.2 倍。

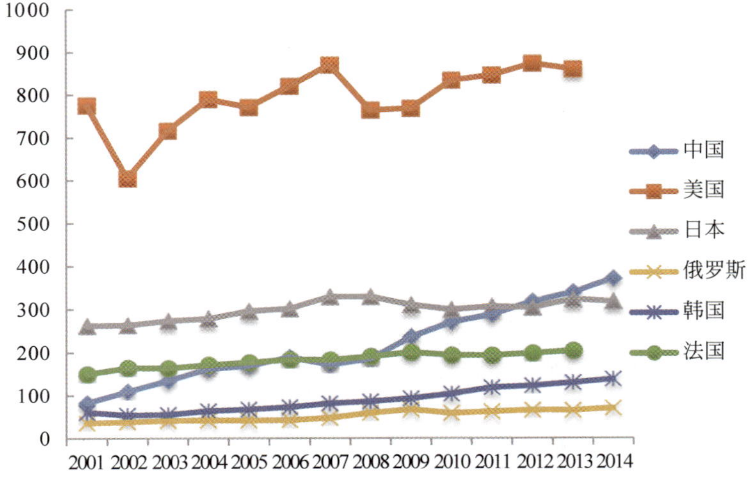

图 4-14　各国应用研究经费比较/亿美元

注：图中为以 2010 年美元价格为基础的可比价数据，来自 OECD 数据库 Research and Development Statistics，详见附表 4-9。

3. 试验发展投入比较

2001—2014 年，中国试验发展经费高速增长，已接近或超过美国试验发展投入水平。如图 4-15 所示，2001 年，中国试验发占经费是美国的 17.7%，是日本的 48.4%。2007 年，中国试验发展经费超过日本。2013 年，中国试验发展经费是美国的 99.2%，是日本的 2.8 倍。2014 年，中国试验发展经费达到 2914.0 亿美元，是美国的 99.2%(2013 年)，是日本的 2.9 倍。

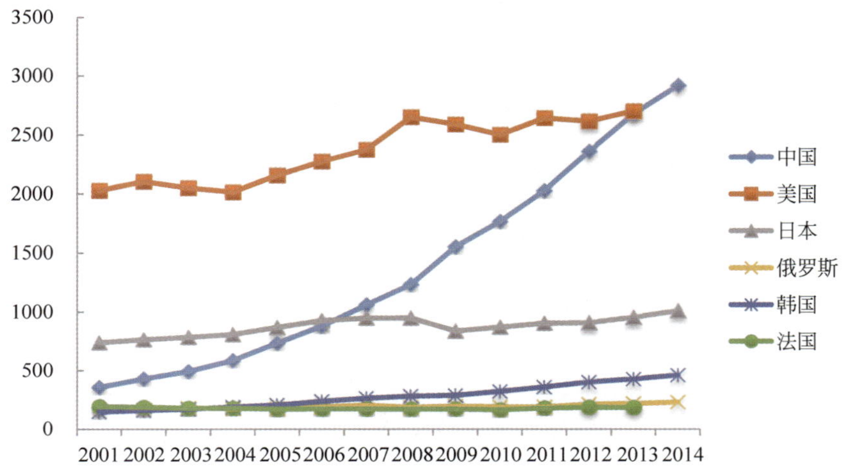

图 4-15　各国试验发展经费比较/亿美元

注：图中为 2010 年美元价格为基础的可比价数据，来自 OECD 数据库 Research and Development Statistics，详见附表 4-10。

4. 三类研发经费比例的国际比较

根据三类 R&D 经费投入占 R&D 经费投入总额的比例，比较各国在 2001—2015 年研发经费的结构，如图 4-16 所示。

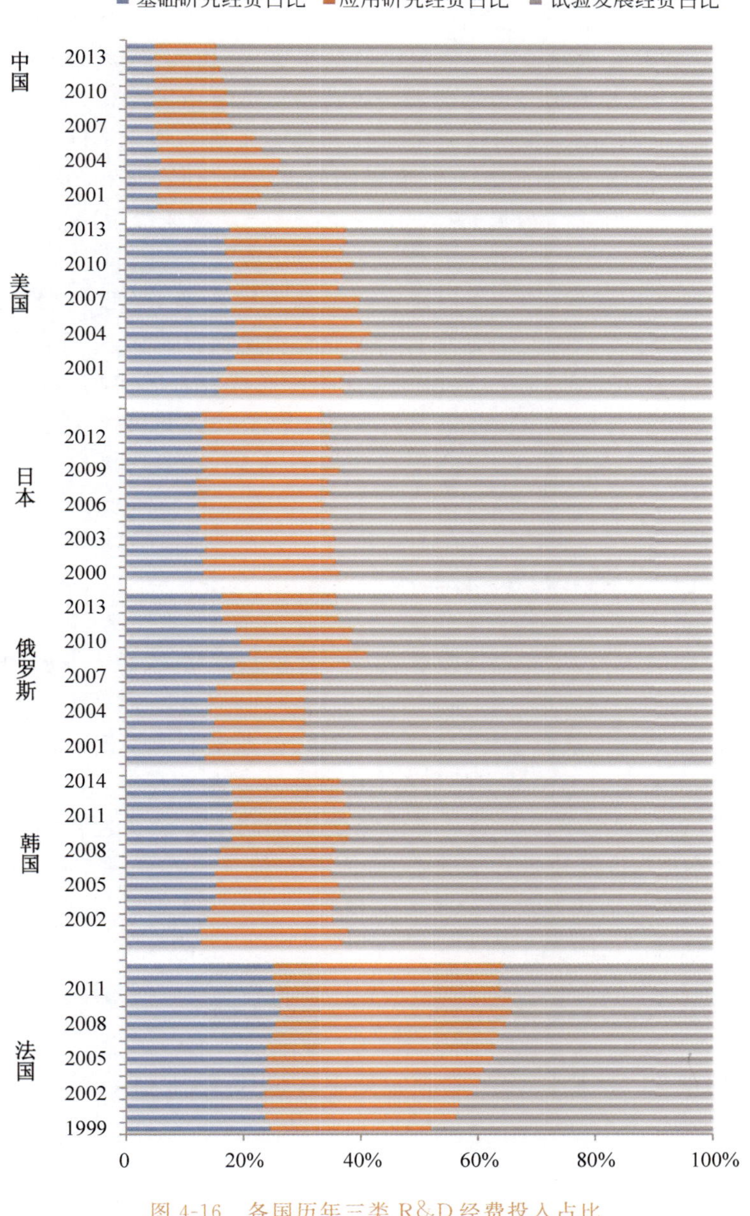

图 4-16 各国历年三类 R&D 经费投入占比

注：图中数据来自 OECD 数据库 Research and Development Statistics，详见附表 4-11。

2001—2015 年，中国基础研究、应用研究和试验发展三类研发经费平均比例约为 1∶3∶16。与其他国家相比，中国基础研究经费占比明显偏低。2001—2015 年中国基础研究经费的平均占比为5.1%,且基本保持在5±0.5%的水平;应用研究经费平均占比为14.6%,于2003年和2004年超过20%;试验发展研究经费占比相对较高,平均达到80.4%,且保持逐年增长态势。

2001—2013年,美国基础研究、应用研究和试验发展三类研发经费平均比例约为18∶21∶61。与中国相比,基础研究和应用研究的占比均较高。日本和美国经费结构比较相似,基础研究、应用研究和试验发展三类R&D经费投入的平均比例分别为12.2%、21.1%和61.8%。日本的基础研究经费占比虽低于美国,但明显高于中国,应用研究经费占比高于中国和美国,试验发展经费占比和美国持平但低于中国。

2001—2014年,俄罗斯基础研究、应用研究和试验发展三类R&D经费投入各年平均的比例分别为16.6%、17.7%和65.7%。基础研究占比波动较大,2009年时基础研究经费占比最高,达到21.0%,2001年最低,只有13.9%;试验发展经费占比呈先减后增的趋势,2009年最低,为58.9%。

2001—2014年,韩国基础研究、应用研究和试验发展三类R&D经费投入各年平均比例分别为16.2%、20.5%和63.3%,其中基础研究经费比例自2001年开始提升,应用R&D经费比例相对下降。2007—2013年,英国三类R&D经费投入的年均占比分别为15.8%、46.2%和38.0%。2001—2013年,法国三类R&D经费投入的年均占比分别为24.3%、37.5%和37.0%,基础研究经费于2009年达到最高值26.1%,而试验发展经费占比相对下降。

4.3 R&D经费的来源与执行情况

各国R&D经费的来源,主要包括政府、企业、高校及研究院、私人非营利机构、国外等,同时还包含小部分其他资金来源。因各国体制机制不同,研发经费来源的统计方式有较大差异。中国R&D经费投入来源主要包括政府资金、企业资金、国外资金和其他来源渠道。美国R&D经费投入来源中不包括国外资金,但却囊括了大学及学院经费。另外国家的研发经费来源还包括非营利组织等分类。科研经费中相同来源经费包含的具体项目也存在较大差异,例如日本R&D经费投入来源中,政府部分包含地方政府经费,同时也包括公立大学经费,而英国则不包括地方政府及高等院校。主要国家R&D经费投入来源的各项内容以及包含的具体项目,见附表4-19①。

4.3.1 中国R&D经费来源

2015年,中国R&D经费中,来自政府的资金为3013.20亿元,占全部经费的21.3%;企业资金为10588.58亿元,占74.7%;国外资金为105.17亿元,占0.7%;其他资金为462.95亿元,占3.3%(见图4-17)。

2004—2015年,各类来源的中国R&D经费均经历了快速增长,企业资金增幅最大。2015年,来自政府的R&D经费,相较2004年的523.60亿元增长了4.8倍;来自企业的

---

① 该表选自《2013年日本科学与技术指标》,其中的研究部门分类借鉴OECD的《弗拉斯卡蒂手册》。表中列出了各部分经费来源的解释说明以及具体包含的项目,项目名称与OECD数据指标相对应。

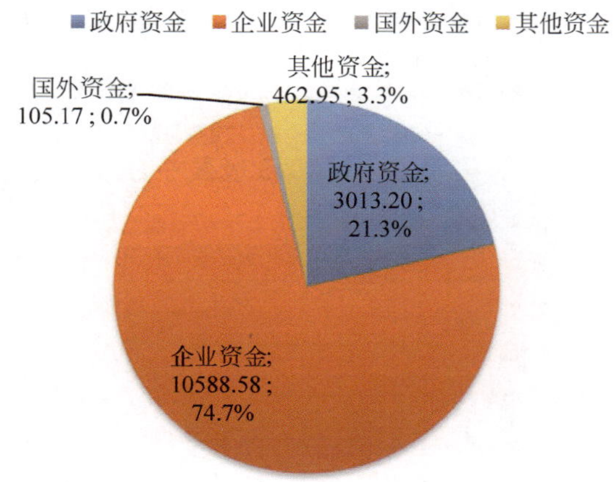

图 4-17 2015 年中国 R&D 经费投入来源分布/亿元

注：图中数据来自《2016 年中国科技统计年鉴》，详见附表 4-12。

R&D 经费，相较 2004 年的 1291.30 亿元增长了 7.2 倍；来自国外的 R&D 经费，相较 2004 年的 25.30 亿元增长了 3.2 倍；其他资金较 2004 年的 126.20 亿元，增长了 2.7 倍（见图 4-18）。

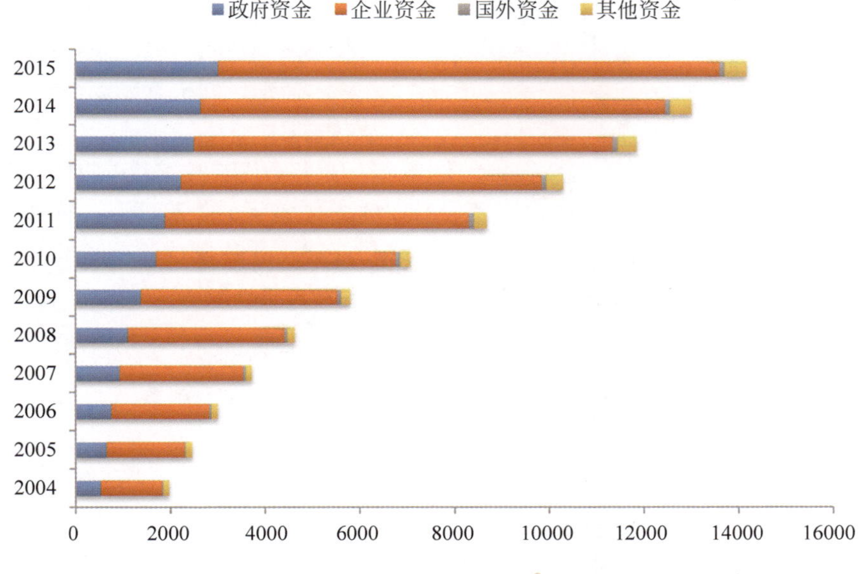

图 4-18 2004—2015 年中国各类来源的 R&D 经费投入变化/亿元

注：图中数据来自《2016 年中国科技统计年鉴》，详见附表 4-12。

2004—2015 年，中国 R&D 经费投入经费中，政府资金占比相对下降，企业资金占比逐年提高。如图 4-19 所示，政府资金占比由 2004 年的 26.6%，下降至 2014 年的最低水平 20.3%，2015 年略有提高达到 21.3%；企业资金由 2004 年的 65.7%提高到 2014 年最大值 75.4%，2015 年略有下降至 74.7%；国外资金占比在波动中整体趋势下降，2006 年所占比例最大为 1.6%，2015 年仅为 0.7%。

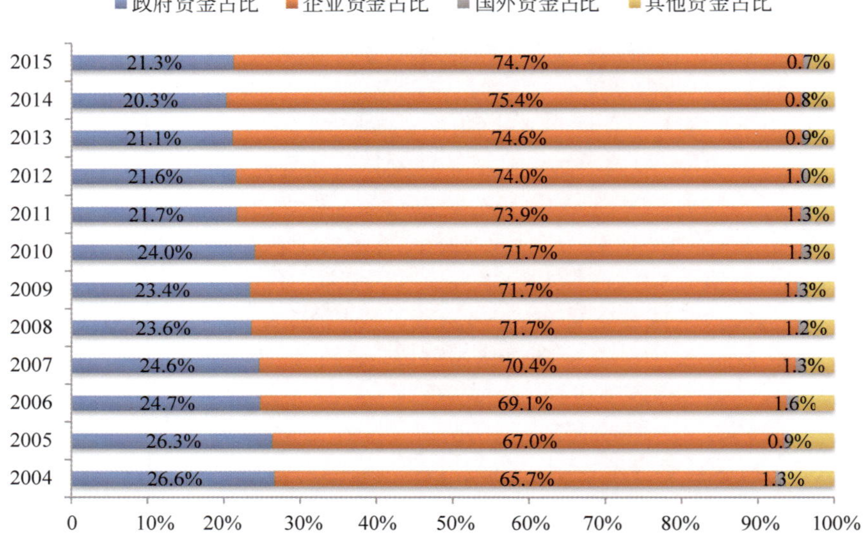

图 4-19　2004—2015 年中国各类来源的研发经费占比

注：图中数据来自《2016 年中国科技统计年鉴》，详见附表 4-13。

4.3.2　R&D 经费投入来源的国际比较

1. 政府资金

中国 R&D 经费中的政府资金远低于美国。2013 年，中国研发经费中的政府资金为 667.6 亿美元，仅为美国研发经费中政府资金(1200.3 亿美元)的 55.6%。同年，日本研发经费中的政府资金为 267.3 亿美元，俄罗斯为 245.2 亿美元，德国为 278.3 亿美元，英国为 115.1 亿美元，法国为 189.8 亿美元，韩国为 155.6 亿美元(见图 4-20)。

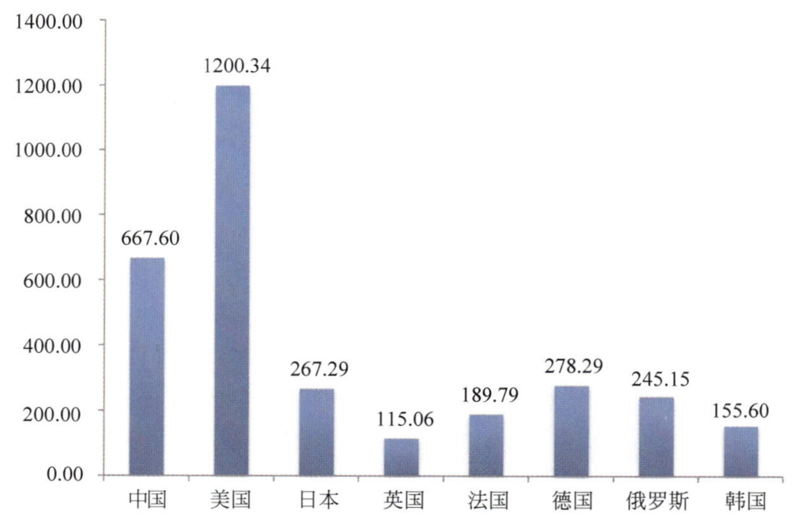

图 4-20　2013 年各国研发经费中来自政府资金/亿美元

注：图中数据来自 OECD R&D Statistics，详见附表 4-14。

2005—2013 年，除英国之外，各国研发经费中的政府资金均有不同程度的增长。中国年均增长率为 13.0%，韩国为 9.7%，俄罗斯为 5.3%，德国为 3.6%，美国和日本均为 1.0%，法国为 0.8%，英国为−0.3%。

2. 企业资金

中国 R&D 经费中的企业资金与美国差距不大。2013 年，中国 R&D 经费中的企业资金为 2359.70 亿美元，达到美国企业资金（2632.46 亿美元）的 89.64%。日本 R&D 经费中的企业资金为 1166.27 亿美元，俄罗斯为 102.05 亿美元，德国为 625.91 亿美元，英国为 182.55 亿美元，法国为 296.55 亿美元，韩国为 515.76 亿美元。中国来自企业的 R&D 经费是这 8 个国家平均值（985.16 亿美元）的 2.40 倍（图 4-21）。

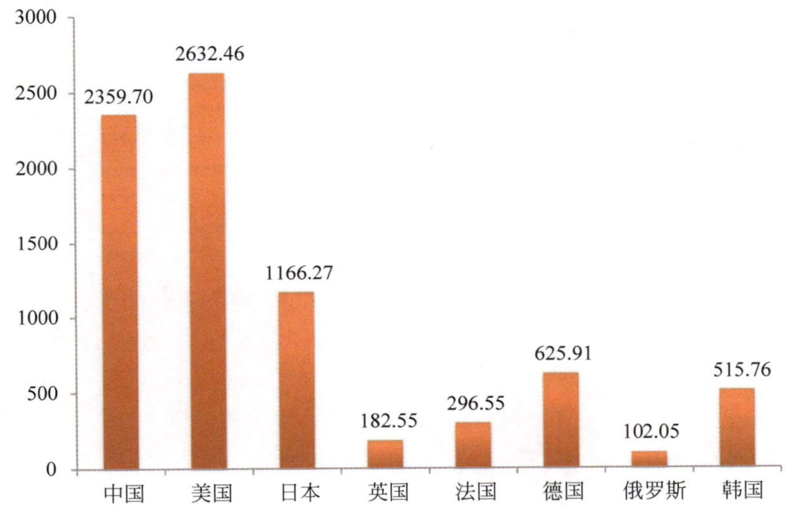

图 4-21　2013 年各国研发经费中来自企业资金（单位/亿美元）

注：图中数据来自 OECD R&D Statistics，详见附表 4-14。

2005—2013 年，各国研发经费中的企业资金呈不同程度增长。中国研发经费中的企业资金年均增长率为 17.7%，韩国为 9.9%，俄罗斯为 3.3%，德国为 2.9%，法国为 2.8%，英国为 2.4%，美国为 1.9%，日本为 1.1%。

3. 国外资金

中国 R&D 经费中的国外资金与其他国家差异明显。2013 年，中国 R&D 经费中的国外资金为 28.30 亿美元，美国为 192.56 亿美元，日本为 8.09 亿美元，俄罗斯为 10.99 亿美元，德国为 49.30 亿美元，英国为 73.78 亿美元，法国为 43.23 亿美元，韩国为 2.07 亿美元。中国 R&D 经费中的国外资金，较美国、英国、德国和法国相对偏少（见图 4-22）。

2005—2013 年，除俄罗斯和韩国之外，各国 R&D 经费中的国外资金呈不同程度增长。中国 R&D 经费中的国外资金年均增长率为 15.6%，德国为 7.5%，日本为 6.5%，美国为 6.4%[①]，法国为 2.8%，英国为 0.8%，韩国为−1.3%，俄罗斯为−7.2%。

① 美国研发经费中的国外资金增速仅为 2009—2013 年的平均值。

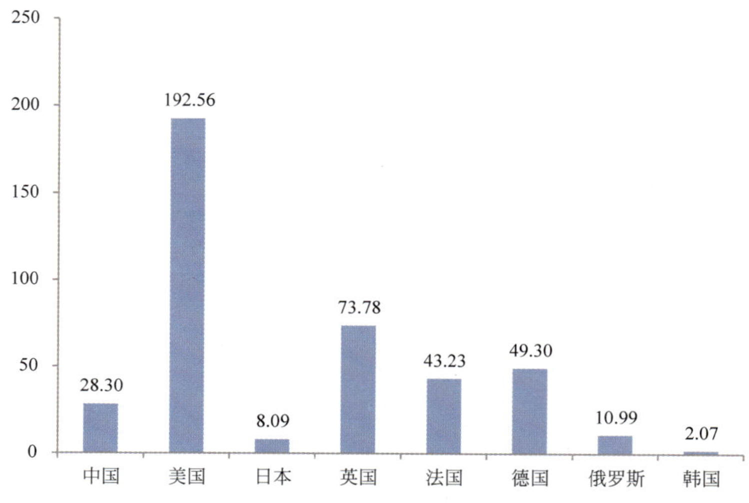

图 4-22　2013 年各国 R&D 经费中来自国外资金(单位/亿美元)

注：图中数据来自 OECD R&D Statistics，详见附表 4-14。

4. R&D 经费中各类资金来源占比

各国家的各类资金来源占比情况，如图 4-23 所示。(1)除英国和俄罗斯外，各国 R&D 经费中的企业资金均占 50%以上。中国、日本和韩国的企业资金占比水平相近，分别是 74.60%、75.48%和 75.68%；德国、美国和法国的占比相似，分别为 65.44%、60.85%和 55.02%；英国和俄罗斯的占比相对较低，分别为 46.21%和 28.16%。(2)除俄罗斯外，各国 R&D 经费中的政府资金占比均为 20%～30%。中国的 R&D 经费投入中，政府资金占

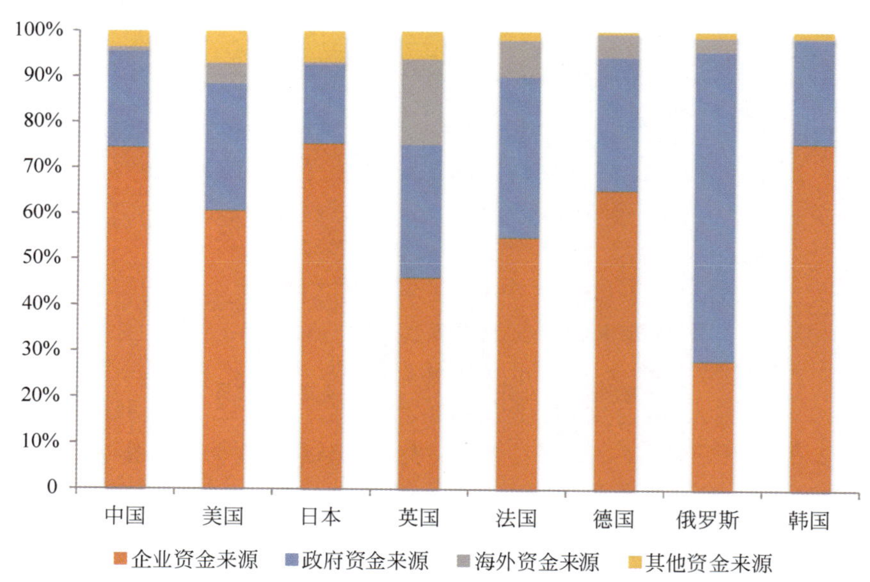

图 4-23　2013 年各国 R&D 经费投入来源占比

注：图中数据来自 OECD R&D Statistics，详见附表 4-15。

比为 21.11%，韩国为 22.83%，日本为 17.30%，美、英、德、法分别为 27.75%、29.12%、29.10%和 35.22%。俄罗斯的 R&D 经费投入中，政府资金占比超过 50%，达到 67.64%。(3)英国 R&D 经费中，国外资金占比明显高于其他国家，为 18.68%，其他国家均不超过 10%，中国、韩国和日本未超过 1%。

4.3.3　中国 R&D 经费执行

2015 年，中国 R&D 经费执行部门分布如图 4-24 所示。企业执行 10881.35 亿元，占经费总额的 76.8%；研究与开发机构执行 2136.49 亿元，占总额的 15.1%；高等学校执行 998.59 亿元，占 7.0%；其他方面执行 153.46 亿元，占 1.1%(见图 4-24)。

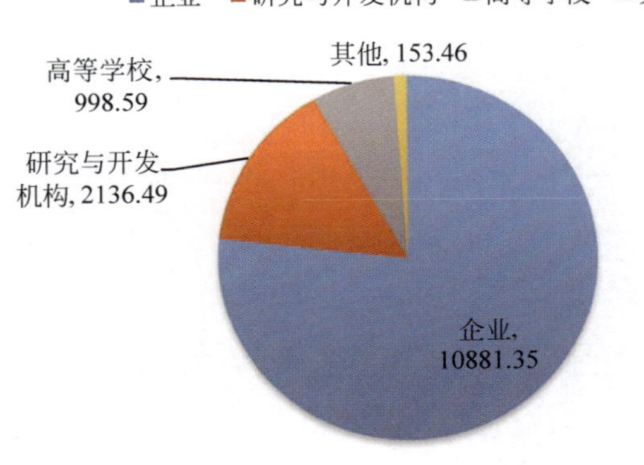

图 4-24　2015 年中国 R&D 经费执行分布(单位/亿元)

注：图中数据来自《2016 年中国科技统计年鉴》，详见附表 4-16。

2001—2015 年，各部门执行 R&D 经费快速增长。其中，企业 R&D 经费支出较 2001 年的 630.00 亿元，增长了 16.3 倍；研究与开发机构的 R&D 经费支出较 2001 年的 288.47 亿元，增长了 6.4 倍；高等学校的 R&D 经费支出较 2001 年的 102.40 亿元，增长了 8.8 倍；其他部门较 2001 年的 21.63 亿元，增长了 6.1 倍(见图 4-25)。

2001—2015 年，企业是 R&D 经费的主要执行部门，且各年支出份额稳定提高。2014 年，企业执行的 R&D 经费占 R&D 经费支出总额的 77.3%，2015 年占比略有下降至 76.8%，较 2001 年的占比(60.4%)提高了近 20%。

研究与开发机构执行的 R&D 经费占比逐年下降。2001 年，研究与开发机构执行的 R&D 经费占比为 27.7%，2014 年减少到 14.8%，2015 年略有上升到 15.1%。高等学校执行 R&D 经费份额基本为 7%～10%(见图 4-26)。

4.3.4　R&D 经费执行的国际比较

OECD 数据库对 R&D 经费执行部门的划分与中国科技统计口径有所差异。OECD 数据库将 R&D 经费的执行部门划分为企业、政府、高等学校和私人非营利机构，中国科技统计将经费的执行部门划分为企业、高等学校、科研机构和其他。本节国际比较分析以 OECD 数据库的部门划分为依据。

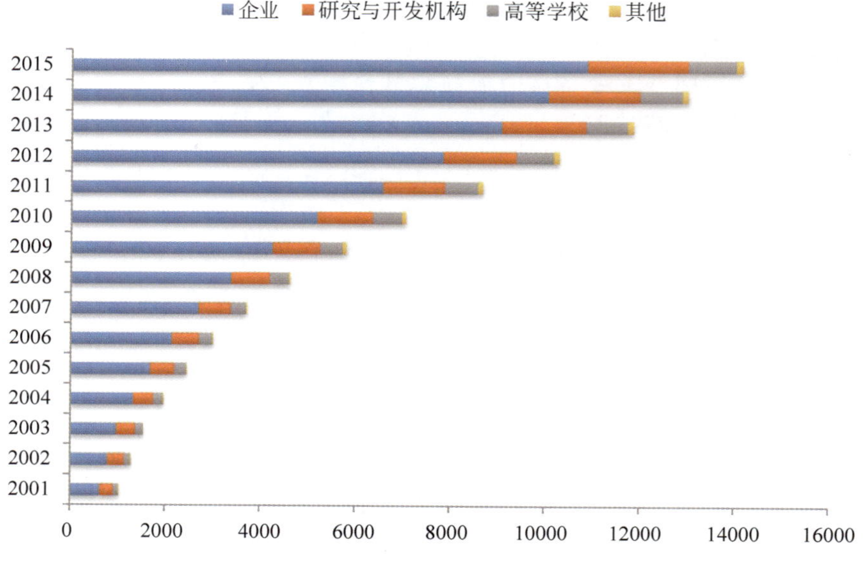

图 4-25　2001—2015 年中国 R&D 经费投入执行分布(单位/亿元)

注：图中数据来自 2002—2016 年《中国科技统计年鉴》，详见附表 4-16。

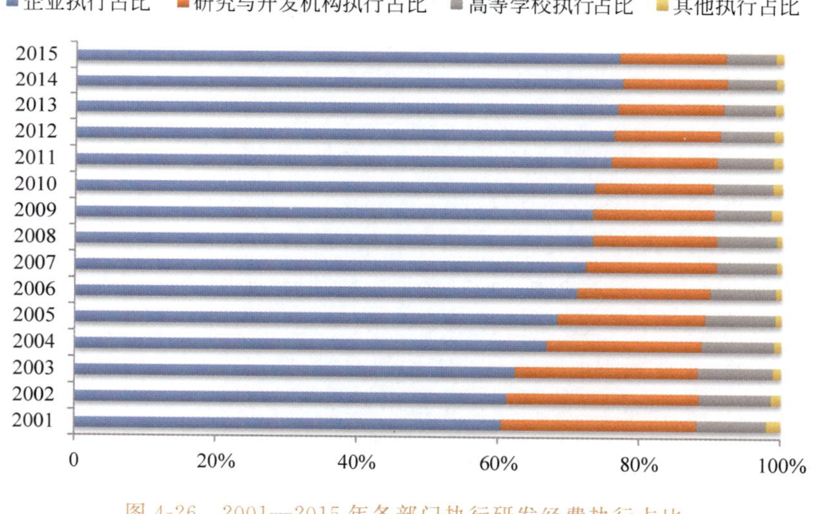

图 4-26　2001—2015 年各部门执行研发经费执行占比

注：图中数据来自各年度《中国科技统计年鉴》，详见附表 4-16。

1. 政府

2013 年，中国政府执行的 R&D 经费为 511.05 亿美元，超过美国(482.98 亿美元)。德国和日本的政府 R&D 经费支出相近，均在 140 亿美元左右。英国相对较少，仅为 31.21 亿美元(见图 4-27)。

2005—2013 年，除英国和法国外，各国政府执行的 R&D 经费呈不同程度的增长。中国的年均增长率为 11.9%，韩国为 8.6%，俄罗斯为 6.1%，德国为 4.0%，日本为 2.5%，美国为 1.0%，法国为－1.9%，英国为－2.4%。

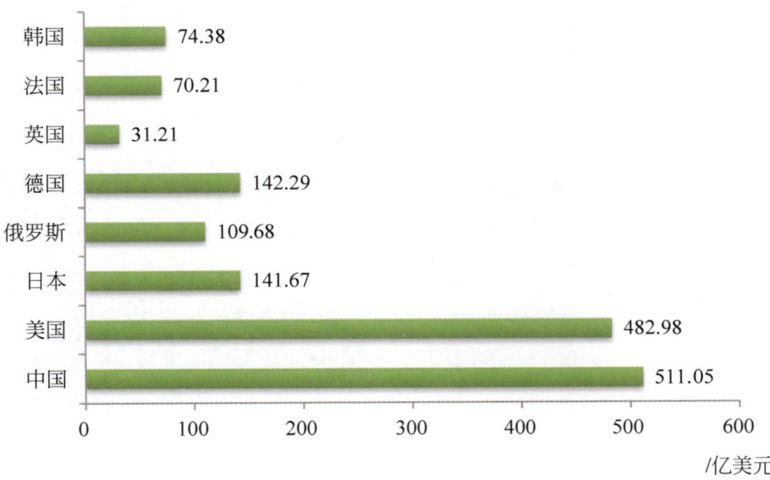

图 4-27 2013 年各国政府执行 R&D 经费投入

注：图中数据来自 OECD R&D Statistics，详见附表 4-17。

2. 企业

中国的企业 R&D 经费支出少于美国，排名第二。2013 年，中国的企业 R&D 支出为 2423.24 亿美元，少于美国企业研发支出的 3053.11 亿美元，但远高于其他五个国家。日本的企业 R&D 支出为 1175.71 亿美元，德国为 642.59 亿美元，韩国为 535.07 亿美元。英国和俄罗斯相对较少，分别为 252.4 亿美元和 219.64 亿美元(见图 4-28)。

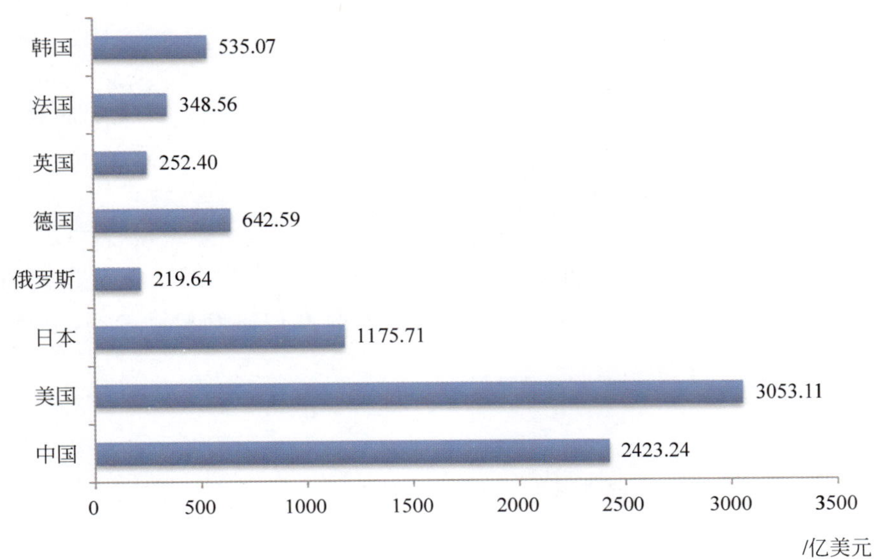

图 4-28 2013 年各国企业执行 R&D 经费

注：图中数据来自 OECD R&D Statistics，详见附表 4-17。

2005—2014 年，各国企业 R&D 支出均稳步增长。中国增长了 3.08 倍，韩国增长了约 129%，俄罗斯增长了约 28%，英国增长了约 21%，日本增长了约 15%。2004—2013 年，美国增长了约 29%，德国增长了约 26%，而法国增长了约 20%。

3. 高等学校

中国的高等学校和科研院所的 R&D 经费支出与日本差距不大，远低于美国。2013 年，中国的高等学校和科研院所 R&D 支出为 228.74 亿美元，与日本高等学校和科研院所支出的 R&D 经费 208.07 亿美元基本持平，但较美国支出的 612.27 亿美元低 62.64%。另外，德国的高校和科研机构的 R&D 经费支出为 171.57 亿美元，法国为 112.25 亿美元，英国为 104.37 亿美元，韩国为 62.98 亿美元，俄罗斯为 32.64 亿美元（见图 4-29）。

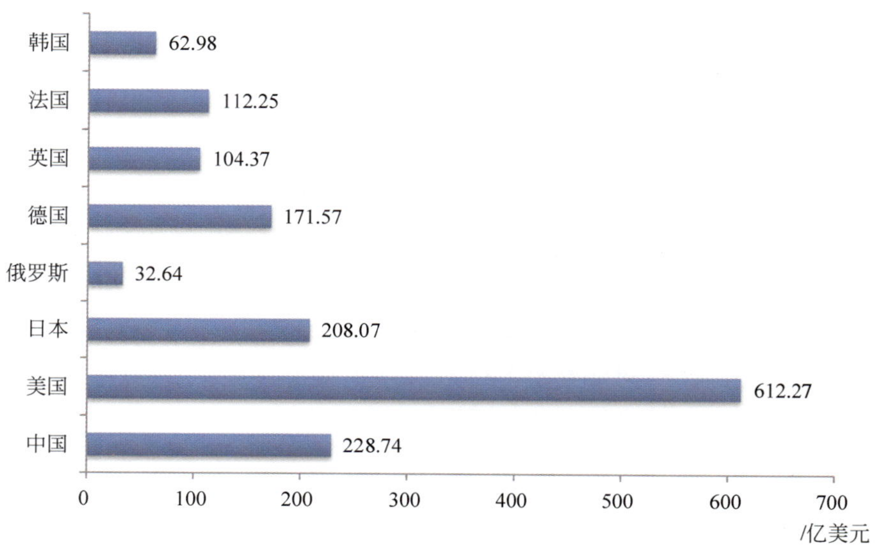

图 4-29　2013 年各国高等学校执行研发经费

注：图中数据来自 OECD R&D Statistics，详见附表 4-17。

2005—2013 年，中国、俄罗斯和韩国的高等学校和科研院所的 R&D 支出大幅增长，增幅分别为 152%、146% 和 105%。美国、英国和日本的增长幅度相对较小，分别为 20%、17% 和 6%。

4. 私人非营利机构

由于中国和德国的 R&D 经费执行部门不统计私人非营利机构，因此本部分的比较和分析不包括中国和德国。

2013 年，美国的私人非营利机构支出 R&D 经费 177.46 亿美元，处于绝对领先地位。日本支出不到 20 亿美元，其他国家则不到 10 亿美元（见图 4-30）。

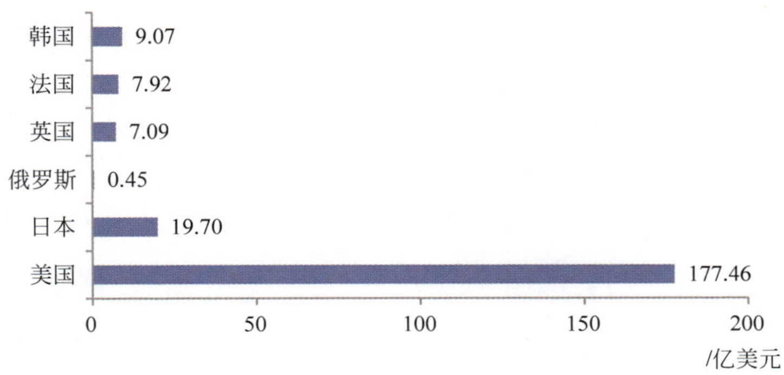

图 4-30　2013 年各国私人非营利机构执行研发经费

注：图中数据来自 OECD R&D Statistics，详见附表 4-17。

4.3.5　R&D 经费流向的国际比较

1. 中美日三国经费的流向比较

1）中国

交叉对比中国 R&D 经费的资金来源部门和执行部门，得到 R&D 经费的流向，如表 4-1 所示。

表 4-1　2014 年中国 R&D 经费流向　　/亿美元

来　源	执　行			
	企　业	政　府	高等学校	总　计
企业	2497.02	22.42	80.16	2599.60
政府	111.82	444.19	142.07	698.08
国外	24.52	2.50	1.45	28.48
其他	30.88	75.59	14.16	120.62
总计	2664.25	544.69	237.85	3446.78

注：数据来源于 OECD 数据库。

①企业既是 R&D 活动的投资主体，也是执行主体。2014 年，R&D 经费中的企业资金为 2599.60 亿美元，其中流向企业自身的 R&D 经费占 96.1%，流向高等学校的经费占 3.1%，流向政府的占 8.6‰。②R&D 经费中的国外资金主要流向企业，其次是高等教育。2014 年，国外资金为 28.48 亿美元，其中流向企业的占 86.1%，流向政府的占 8.8%，流向高等教育的仅占 5.1%。③政府资金是高等学校 R&D 经费的主要来源。2014 年，中国高校执行的 R&D 经费为 237.85 亿美元，其中政府资金为 142.07 亿美元，占高校 R&D 经费总额的 59.73%；企业资金为 80.16 亿美元，占高校 R&D 经费总额的 33.70%。

2）美国

与中国的统计口径不同，美国 R&D 经费的来源与执行均包括私人非营利机构，且资金来源中还包括高等教育。

（1）与中国类似，美国的企业也是 R&D 活动的投资主体和执行主体。2013 年，美国 R&D 经费中的企业资金为 2632.46 亿美元，其中流向企业自身的占 98.3%，流向政府的占

0.65‰，流向高等教育的占1.1%，比中国略低，还有5.2‰流向私人非营利机构。

(2) 美国政府R&D资金流向企业的比例远大于中国。2014年，R&D经费中的政府资金为1200.34亿美元，流向企业的占23.3%，高于中国的16.0%，流向政府的占40.0%，流向高等教育的占31.9%，还有4.8%流向私人非营利机构。

(3) 美国R&D经费中的国外资金主要流向企业。R&D经费中的国外资金为192.56亿美元，其中95.1%流向企业，其余4.9%流向高等教育。

(4) 美国高校的R&D经费也主要来自政府资金。2013年，美国高等学校执行R&D经费612.27亿美元，其中政府资金383.01亿美元，占高校R&D经费的62.56%。

(5) 私人非营利机构的R&D资金主要流向自身。美国R&D经费中来自私人非营利机构的经费为156.20亿美元，1.6%流向企业，1.1%流向政府，29.6%流向高等教育，流向私人非营利机构的占比最多，达67.7%(见表4-2)。

表4-2　2013年美国R&D经费投入流向　　单位/亿美元

来　源	执　行				
	企　业	政　府	高等学校	私人非营利机构	总　计
企业	2587.71	1.70	29.38	13.66	2632.46
政府	279.78	479.57	383.01	57.98	1200.34
高等学校	0.00	0.00	144.26	0	144.27
国外资金	183.14	0.00	9.42	0	192.56
私人非营利机构	2.48	1.71	46.20	105.81	156.20
总计	3053.11	482.98	612.27	177.46	4325.83

注：数据来源于OECD数据库。

3) 日本

日本的R&D经费流向情况，如表4-3所示。①日本的企业也是R&D活动的投资主体和执行主体。2014年，日本R&D经费中的企业资金有98.97%流向企业自身进行研发活动，这一比例高于美国和中国。②与中国和美国相比，日本政府的R&D资金中流向高等学校的比例更大。2014年，日本政府的R&D资金中有41.5%流向高等学校，中国和美国的这一比例分别为20.35%和31.91%。③日本高等学校的R&D经费虽然也主要来自政府资金，但政府资金在高等学校执行R&D经费中的占比与中国和美国相比较少。2014年，日本高等学校执行的R&D经费中，有52.89%来自政府资金，而中国和美国的这一比例均接近或超过60%。

表4-3　2014年日本R&D经费投入流向　　单位/亿美元

来　源	执　行				
	企　业	政　府	高等学校	私人非营利机构	总　计
企业	1217.57	2.55	5.12	4.96	1230.20
政府	11.83	128.93	105.93	8.30	255.00
高等学校	0.52	0.41	87.25	0.08	88.26
私人非营利机构	1.57	0.46	1.82	7.84	11.68
国外资金	6.55	0.21	0.15	0.14	7.05
总计	1238.04	132.56	200.27	21.33	1592.20

注：数据来源于OECD数据库。

2. 经费流向主要指标的国际比较

受数据可获得性的限制，中国、日本、俄罗斯、英国和韩国的 R&D 经费流动数据为 2014 年，美国、法国和德国的数据为 2013 年。

1）企业 R&D 经费流向政府科研机构的比例

各国 R&D 经费中，企业资金流向政府科研机构的比例差异较大。如图 4-31 所示，俄罗斯的企业 R&D 资金中有 12.9%流向政府科研机构，为八国这一比例中的最高值，其次是德国、英国和法国，为 2%左右。中国的企业 R&D 资金中，有 0.86%流向政府科研机构，略高于韩国、日本和美国。

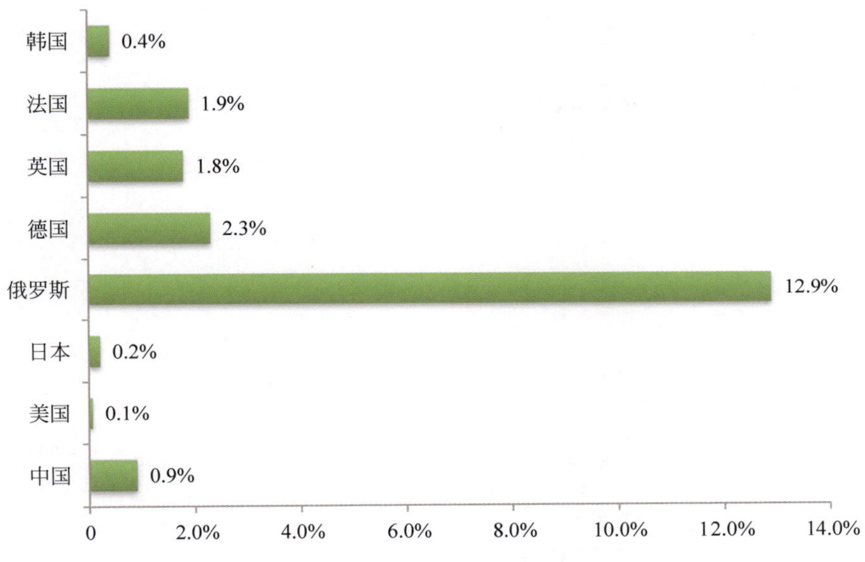

图 4-31 各国企业研发资金流向政府科研机构的占比

注：图中数据来自 OECD R&D Statistics，详见附表 4-18。

2）企业 R&D 经费流向高等学校的比例

各国 R&D 经费中，企业资金流向高等学校的比例如图 4-32 所示。俄罗斯的企业 R&D 资金中有 9.8%流向了高等学校，仍为八国这一比例中的最高值。中国和德国的水平接近，企业 R&D 资金中有 3%左右流向高等学校。日本和美国的这一比例相对较低，约为 1%左右。

3）政府 R&D 经费流向企业的比例

政府 R&D 资金向企业 R&D 活动的流动，在某种意义上体现了政府对企业 R&D 活动的重视程度。如图 4-33 所示，俄罗斯的政府 R&D 资金中有 54%流向了企业的 R&D 活动，在八国的这一比例中为最高值。其次为英国和美国，政府 R&D 资金中有超过 20%流向了企业。韩国、法国和中国的水平相近，约为 15%，德国和日本的该比例均不足 10%。

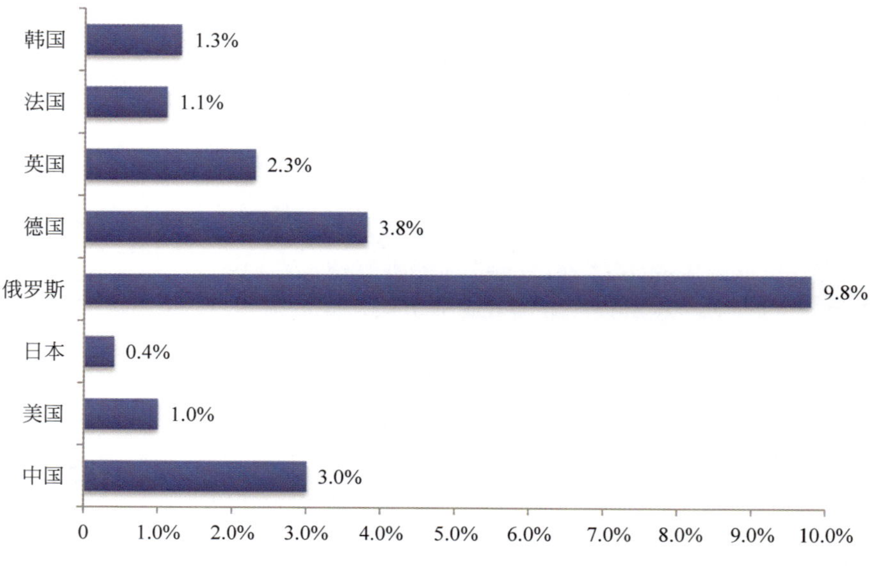

图 4-32　各国企业研发资金流向高等学校的占比

注：图中数据来自 OECD R&D Statistics，详见附表 4-18。

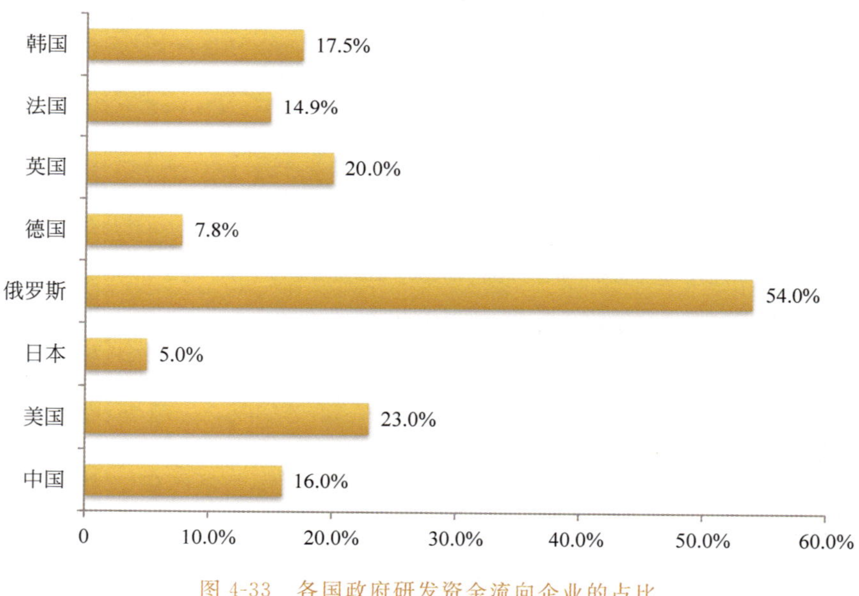

图 4-33　各国政府研发资金流向企业的占比

注：图中数据来自 OECD R&D Statistics，详见附表 4-18。

4）政府 R&D 经费流向高等学校的比例

各国 R&D 经费中，政府资金流向高等学校的比例如图 4-34 所示。英国和法国的政府 R&D 资金中有超过 50%流向高等学校，处于这八国中的领先水平。其次是德国、日本、韩国和美国，有 30%～45%的政府 R&D 资金流向高等学校。中国的这一比例相对较低，为 20%，仅略高于俄罗斯(8.6%)。

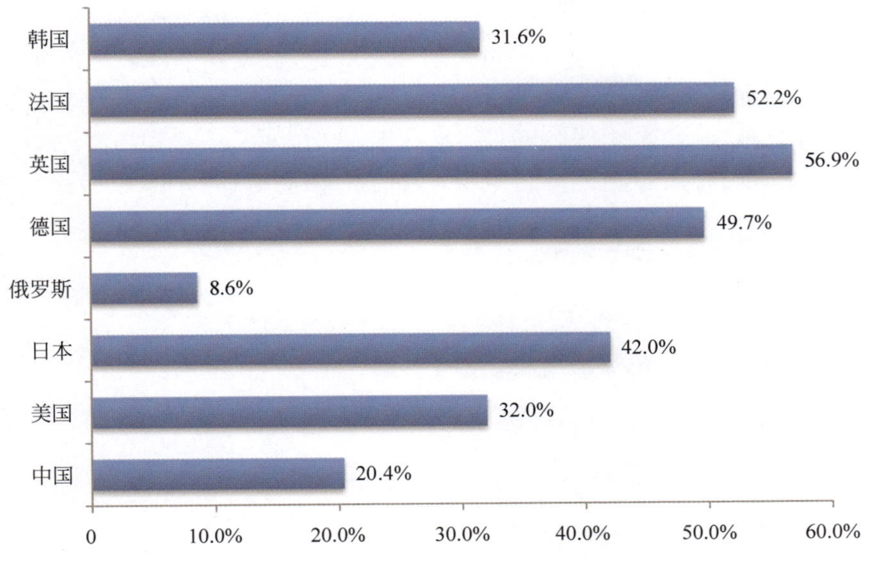

图 4-34　各国政府研发资金中流向高等学校的比例

注：图中数据来自 OECD R&D Statistics，详见附表 4-18。

5）企业执行 R&D 经费中来自政府资金的比例

企业执行的 R&D 经费投入中来自政府资金的比例，反映了企业 R&D 活动对政府资金的依赖程度。如图 4-35 所示，俄罗斯企业执行的 R&D 经费中，来自政府资金的比例达到 62.7%，远高于其他国家。美国、英国和法国的该比例相近，为 8%～9%。中国企业的 R&D 经费中有 4.2%来自政府资金，与韩国水平相近，为美国、英国和法国的一半左右。

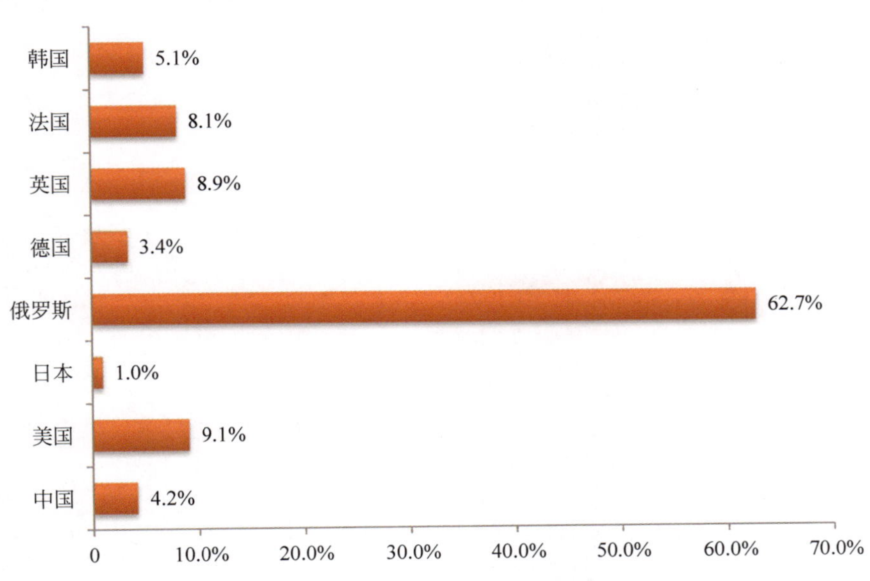

图 4-35　各国企业执行研发经费中来自政府资金的比例

注：图中数据来自 OECD R&D Statistics，详见附表 4-18。

6）高等院校执行 R&D 经费中来自政府资金的比例

各国高等学校执行 R&D 经费中来自政府资金的比例，反映了各国高等学校 R&D 活动对政府资金投入的依赖程度。如图 4-36 所示，法国、德国和韩国的高等学校 R&D 经费超过 80%来自政府资金。英国、美国和俄罗斯达到或超过 60%。中国的高等学校 R&D 经费中有 59.7%来自政府资金，在这八国中相对较低，仅略高于日本(52.9%)。

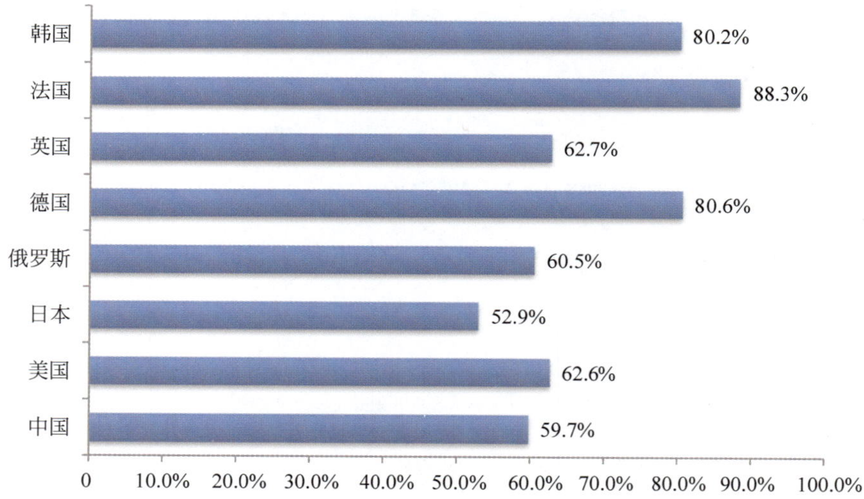

图 4-36　各国高等教育执行经费中政府来源占比

注：图中数据来自 OECD R&D Statistics，详见附表 4-18。

第5章

CHAPTER 5

科研产出和影响力

本章导读

科研产出指科学研究和技术创新活动所产生的各种形式的成果，主要形式包括科技论文和专利。其中，科技论文主要作为衡量学术研究产出的指标，体现知识创造方面的成果；专利通常作为测度技术创新产出的指标，反映技术发明的成果。在这两种科技活动直接产出成果的基础上，还加入了两个间接影响的评价维度，分别是学术影响力和经济效应。其中，学术影响力评价国内外学术界对中国学者学术水平的评价和认可度；经济效应是评价科学研究和技术创新活动对经济社会发展的促进作用，具体表现为全社会技术进步对经济增长的贡献程度和中国的自主创新能力等。

本章包含五个部分的内容，第一部分是科技与工程学科的中国论文，分析中国国内科技论文总量、变化趋势、学科分布和机构分布情况。第二部分是科技与工程学科的国际论文，分析国际主流数据库收录的中国科技论文数量、国际论文合作和论文引用等，并通过与发达国家比较，识别中国科学研究在国际的相对水平。第三部分是中国专利数量的趋势演变和国际比较，中国专利部分分析中国专利申请和授权量、不同技术领域的专利分布、职务发明占比和有效专利等；国际比较部分，比较中国和主要发达国家在PCT国际专利和三方专利等方面的差异。第四部分是从中国学者获得国际科技奖项和在国际科技组织中任职情况两方面，反映中国学者在国内外的学术影响力。第五部分是科研产出的经济效应，从以对外技术依存度为代表的中国自主创新能力和以全要素生产率为代表的中国科技进步贡献率两方面分析中国科技活动对经济社会的影响。

本章要点

1. 2006—2015年，中国国内科技论文数量总体呈增长趋势，但2015年有所下降。

2015年，中国国内科技论文数达到159.4万篇，较2006年增长了28.9%，年均增长3.1%。

2014 年，中国国内科技论文总数为 65.7 万篇，是近十年来的最高值，2015 年稍有下降。

2. 国内科技论文中，医药卫生类科技论文所占比例最大，基础科学类论文所占比重不断减少。

2006—2015 年，医药卫生类论文平均占科技论文总数的 42.4%，在各学科中占比最大；

基础科学类论文占比有所减少，从 2006 年的 14.1%降至 2014 年的 8.6%，但 2015 年小幅提升至 11.6%。

10 年间论文数量最多的三个一级学科分别是临床医学，计算技术以及电子、通信与自动控制。

3. 中国国内科技论文的机构分布继续保持以高等院校和医疗机构为主。

2015 年，高等院校发表论文 38.3 万篇，占论文总数的 64.5%；

2015 年，医疗机构发表论文 7.8 万篇，占论文总数的 13.2%。

4. 2005—2014 年，SCI 收录的中国国际论文在发表和引用规模上已经进入全球前列，但论文影响力表现不佳。

中国国际论文数量为 157.85 万篇，占全球总量的 13.56%，仅次于欧盟、美国排名全球第三位。

中国国际论文被引总频次为 0.14 亿次，占全球引用总量的 9.82%，居欧盟、美国、英国、德国之后，排名全球第五位。

引文影响力(篇均被引频次)为 9.05 次/篇，低于全球平均水平，排名全球第 130 位。

高被引论文方面，美国以 58457 篇居于全球首位，中国居美国、欧盟、英国之后有 15543 篇，中国高被引论文百分比低于 1%。

热点论文方面，美国以 1254 篇居于全球首位，中国居美国、欧盟之后有 473 篇，占中国论文总量的 0.03%。

中国近十年国际论文数量年均增长率在 15%以上，处于高速发展阶段；相比之下，欧美等传统科技强国论文数量年均增长率为 2%～4%，处于缓慢增长阶段；日本论文数量甚至呈现下降趋势，年均负增长 2%。

中国论文引文份额持续提升，由 2006 年的 5.86%提升到 2015 年的 20.21%；同时美国论文引文份额持续下降，从 2006 年的 43.43%下降到 2015 年的 34.69%。

5. 不同学科之间 SCI 收录国际论文表现存在差异，化学、材料科学和工程学科具有相对优势。

从论文发表数量上，化学学科发表论文数量最多，为 32.72 万篇，占所有学科领域论文总量的 20.73%；农业科学发表论文数量最少，为 3.52 万篇，占所有学科领域的 2.24%。

从论文被引频次上，材料科学表现最为突出，占全球引用总量的 23.78%；其次为化学和工程，分别占全球引用总量的 18.91%和 18.06%；相比之下，基础医学学科、临床医学学科表现较差。

6. 国际合作论文数量和合作国家范围呈增长趋势，美国是与中国合作论文最多的国家。

中国的国际合作论文从 2006 年的 1.61 万篇增长到 2015 年的 6.55 万篇，国际合作论文数占比由 20.31%增加到 24.01%。

中美国际合作论文呈快速增长趋势，从 2006 年的 6135 篇增长至 2015 年的 31589 篇，十年间中美合作论文数量总计达到163402篇。

与中国合作论文数较多的亚洲国家或地区主要包括日本、韩国、新加坡、中国台湾地区。

7. 中国的专利申请量和授权量均呈现逐年增长的趋势，特别是近5年专利申请量大幅增长。

2012年中国专利申请量超过200万件，授权量超过100万件。

8. 2014年中国发明专利中申请最活跃的三个技术领域是医学、兽医学、卫生学领域，计算、推算、计数技术领域和测量、测试领域。

医学、兽医学、卫生学技术领域申请的发明专利量最多，达5.64万件；

其次是计算、推算、计数技术技术领域，申请量达4.8万件；

测量、测试技术领域排在第三位，申请量达4.72万件。

9. 2014年，发明专利申请授权量居前十的中国企业主要涉及通信、互联网以及石油化工领域。

发明专利申请量排名前三位的公司为国家电网公司、华为技术有限公司、中国石油化工股份有限公司。

发明专利授权量排名前三位的公司为华为技术有限公司、中兴通信股份有限公司、中国石油化工股份有限公司。

10. 中国PCT专利申请呈现稳步增长的趋势，2014年中国PCT专利申请量排名全球第三位。

2014年，中国PCT专利申请量为25539件，居美国、日本之后排名全球第三位。

11. 2006—2015年，中国获国际科技奖项人数较少，但在物理学领域相对具有优势。

国际上共有473人获得国际科技奖项，美国获奖202人次遥遥领先，欧盟139人次位居第二位，中国10人次排名第八位。

12. 中国学者在国际标准制定方面表现活跃，在国际标准的制定中发挥着重要的影响力。

国际标准化组织中，中国学者共在35个技术委员会秘书处任职，排名全球第二位。主要分布在机械工程领域，信息处理、图形、摄影和服务领域，非金属材料领域，特殊技术领域和矿石与金属领域。

中国是212个技术委员会的成员国，占技术委员会总数的87.97%，位居第一位。

5.1 科技与工程学科的国内论文

国内科技论文是指中国科技工作者在国内科技期刊上发表的论文，本文所用的数据来源于中国科学技术信息研究所建立的中国科技论文统计源期刊为基础的《中国科技论文与引文数据库》[①]。《中国科技论文与引文数据库》选择的期刊称为中国科技论文统计源期刊。

① 科技部自1987年开始支持《中国科技论文与引文数据库》建设，并由中国科学技术信息研究所每年发布基于中国学术期刊的科技论文统计数据。结合国际权威的科技论文检索系统和《中国科技论文与引文数据库》，可以更全面、客观地了解中国论文产出情况。

统计源期刊是经过严格的同行评议和定量评价选取出的各学科领域中较重要的、能反映本学科发展水平的科技期刊，每年调整一次。2015 年，中国科技论文统计源期刊共收录 1915 种中文期刊和 70 种英文期刊。

5.1.1 国内科技论文的总量及变化趋势

2006—2015 年，国内科技论文数量不断增长，但随着基数越来越大，增长率呈下降的趋势。虽然 2011 年和 2013 年国内科技论文的数量较上一年有所减少，但从 2009 年以来论文的总数量基本处于相对平稳的状态。2014 年，中国国内科技论文总数 65.7 万篇，达到近十年来最高值，且增长率 13.3％为近十年最高，2015 年国内科技论文总数大幅下降，总量为 59.4 万篇，比 2014 年降低了 9.6％（见图 5-1）。

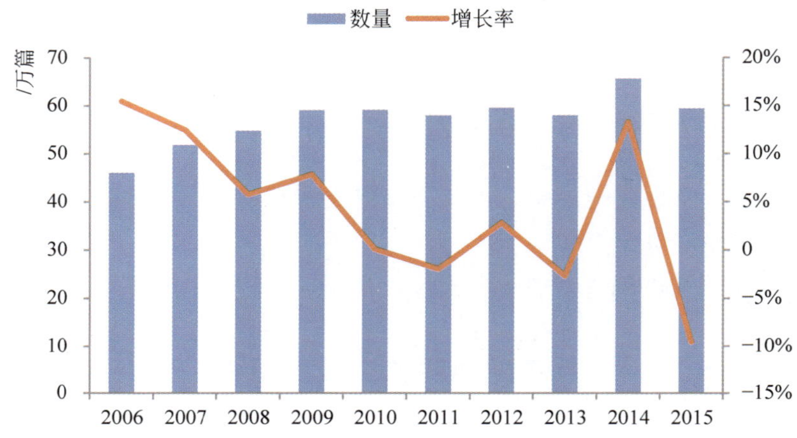

图 5-1 国内科技论文的数量和年增长率（2005—2015 年）

注：数据来源于中国科技论文与引文数据库。数据详见附表 5-1。

5.1.2 国内科技论文的学科分布

2006—2015 年，大部分学科的国内论文数量都有不同程度的增长，而在论文总量中所占比重则有不同程度的变化。农林牧渔部类的科技论文数量所占比重在 2006—2008 年有所增加，之后逐渐减少，保持在 5％～7％的水平，并一直保持平稳；工业技术部类所占比重在 2006—2012 年有所减少后又出现了上升，2012 年占比 35.6％，但在 2013—2015 年又持续小幅下降；医药卫生部类自 2006 年以来所占比重呈增加趋势，到 2011 年达到了 45.7％，随后呈下降趋势，到了 2014 年减少到 36.3％，2015 年又小幅增加到 41.0％。基础科学所占的比重在不断减少，2014 年占比 8.6％，2015 年增加到 11.6％（见图 5-2）。

从中国 2006—2015 年论文数量居前十位的一级学科论文增长情况来看，2006—2010 年十个学科中除了电子、通信与自动控制和生物学学科外，其他学科的论文总数呈增长的趋势（见表 5-1）。其中，2011—2015 年十个学科中除了电子、通信与自动控制学科，其他学科的论文总数呈负增长的趋势。十年间论文数量最多的三个学科是：临床医学、计算技术和电子、通信与自动控制。临床医学的论文数最多，占论文总数的比重在 2006—2010 年和

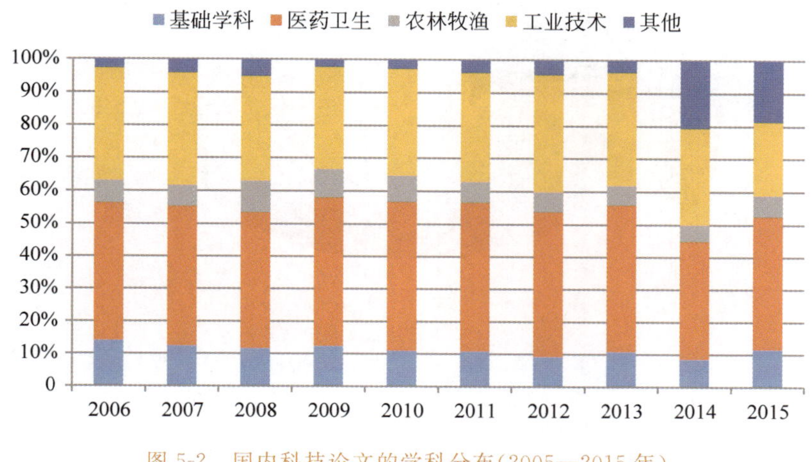

图 5-2 国内科技论文的学科分布(2005—2015 年)

注：数据来源于中国科技论文与引文数据库。数据详见附表 5-1。

2011—2015 年分别是 29.3%和 30.4%，远远高于其他学科。

表 5-1 国内科技论文累积量排名前十位的一级学科论文增长情况(2006—2015 年)

学科分类	2006—2010 年			2011—2015 年			总数/篇
	论文数/篇	比重/%	年平均增长率/%	论文数/篇	比重/%	年平均增长率/%	
临床医学	748404	29.28%	4.1%	820582	30.35%	−2.9%	1568986
计算技术	147544	5.77%	8.1%	164526	6.09%	−3.0%	312070
电子、通信与自动控制	136898	5.36%	−4.5%	143887	5.32%	8.1%	280785
农学	156459	6.12%	9.3%	110906	4.10%	−1.2%	267365
中医学	105302	4.12%	25.3%	128782	4.76%	−6.3%	234084
基础医学	103393	4.05%	8.6%	100144	3.70%	−2.8%	203537
药学	95468	3.74%	10.5%	78084	2.89%	−4.9%	173552
预防医学与卫生学	87177	3.41%	8.9%	103938	3.84%	−4.5%	191115
生物学	77760	3.04%	−2.0%	73824	2.73%	−3.1%	151584
化工	71864	2.81%	5.6%	70857	2.62%	−1.8%	142721

注：数据来源于中国科技论文与引文数据库。数据详见附表 5-2。

5.1.3 国内科技论文的机构分布

国内科技论文的机构分布继续保持以高校和医疗机构为主。2015 年，高等学校发表论文 38.3 万篇，占论文总数的 64.5%；科研机构发表论文 6.2 万篇，占 10.4%；医疗机构发表论文 7.8 万篇，占 13.2%；企业发表论文 2.2 万篇，占 3.8%(见图 5-3)。

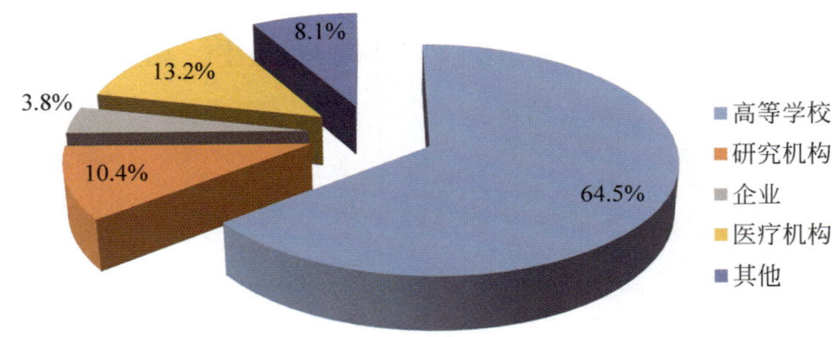

图 5-3　2015 年国内科技论文的机构分布

注：数据来源于中国科技论文与引文数据库。

5.2　科技与工程学科的国际论文

5.2.1　中国科技与工程学科的国际论文

1. 概况

根据 2016 年 6 月 InCites 最新统计数据显示，中国近十年内(2006 年 1 月 1 日至 2015 年 12 月 31 日)共有 1578535 篇科技与工程学科领域论文被 SCI 收录，占全球科技与工程学科论文总量的 13.56%，仅次于欧盟、美国，居世界第 3 位。

专栏 5-1　InCites 数据库

InCites 数据库基于科睿唯安(原汤森路透)Web of Science 核心合集近 30 年来七大索引数据库的数据进行出版物计数和指标计算。七大索引数据库合集涵盖了超过 12000 种期刊、超过 160000 种会议录，以及 53000 本学术典籍。本报告根据 ESI 学科的分类模式，将除去社会科学、经济与商业、多学科以外的 19 个学科的总和定义为科技与工程学科。

专栏 5-2　ESI 数据库

基本科学指标数据库(Essential Science Indicators，ESI)是由科睿唯安(原汤森路透)推出的衡量科学研究绩效、跟踪科学发展趋势的基本分析评价工具，ESI 对全球所有高校及科研机构的SCIE、SSCI 库中十年的论文数据进行统计，按被引频次的高低确定出衡量研究绩效的阈值，分别排出居世界前 1%的研究机构、科学家、研究论文，居世界前 50%的国家或地区和居前 0.1%的热点论文。

在十年统计期间，中国科技与工程学科论文被引总频次为 0.14 亿次，占全球引用总量的 9.82%，居欧盟、美国、英国、德国之后，排名全球第 5 位。

相比论文数量和引用规模指标，中国科技与工程学科领域的论文影响力表现不佳。其中，引文影响力指标即论文篇均被引频次为 9.05 次，排名全球第 130 位，低于美国、英国等欧美科技强国和日本等亚洲国家，也低于全球平均水平。中国科技与工程学科论文被引百分比为 76.51%，低于全球平均水平。

论文合作方面，中国科技与工程学科共有 360892 篇国际合作论文和 12470 篇横向合作论文[①]，分别占中国发表 SCI 论文数量的 22.86%和 0.79%。

中国在顶级论文上表现良好。中国科技与工程学科共有高被引论文[②] 15543 篇，占全球高被引论文总量的 13.42%。2016 年 6 月的 InCites 数据显示，中国当期共有科技与工程学科热点论文 473 篇，占全球热点论文总量的 20.32%。

从论文国家分布和排名情况看，全球科技与工程论文数量较多、质量较高的国家主要分布在北美、欧洲和亚太地区。美国、德国、英国、法国、加拿大、意大利、西班牙等欧美国家在论文总被引频次和论文数量均进入了全球前十，亚太地区中国、日本在论文总被引频次和论文数量上均进入全球前十，澳大利亚、印度分别在总被引频次和论文数量上进入全球前十。日本、中国、印度、俄罗斯的引文影响力明显低于欧美等科技发达国家，虽然四国在科技与工程学科的研究规模上已经与欧美等科技强国不相上下，但在论文质量上还有一定差距。

详细概览数据和分布情况见表 5-2 和图 5-4。

表 5-2 中国科技与工程学科国际论文概况

项 目	数 据	项 目	数 据
Web of Science 论文数	1578535	论文数量百分比	13.56
被引频次	14282590	被引频次百分比	9.82
引文影响力	9.05	论文被引百分比	76.51
国际合作论文	360892	国际合作论文百分比	22.86
横向合作论文	12470	横向合作论文百分比	0.79
高被引论文	15543	高被引论文百分比	13.42
热门论文	473	热门论文百分比	20.32

注：数据来源于 InCites 数据库。

2. 国际科技论文的学科分布

从中国被 SCI 收录论文数量的学科分布来看，化学学科发表的论文最多为 327228 篇，占所有学科领域的 20.73%；农业科学发表的论文最少，为 35287 篇，占所有学科领域的 2.24%（见图 5-5）。

3. 中国的国际论文合作情况

2006—2015 年，中国科技与工程学科国际合作论文数量和百分比[③]呈逐步上升趋势，从 2006 年的 16108 篇（20.31%）增长到 2015 年的 65566 篇（24.01%）。中国科技与工程学科横向合作论文数量逐年增长，于 2015 年达到 2157 篇，但横向合作论文百分比呈波动趋势，2012 年和 2013 年横向合作论文占比最高为 0.83%，2015 年横向合作论文百分比下降到

① 横向合作论文是指包含了一位或多位组织机构类型标记为“企业”的作者的出版物。

② 高被引论文是按领域和出版年统计的引文数排名前 1%的论文。

③ 中国科技与工程学科国际合作论文百分比，指国际合作论文占收录在 SCI 的科技与工程学科论文总数的比例。

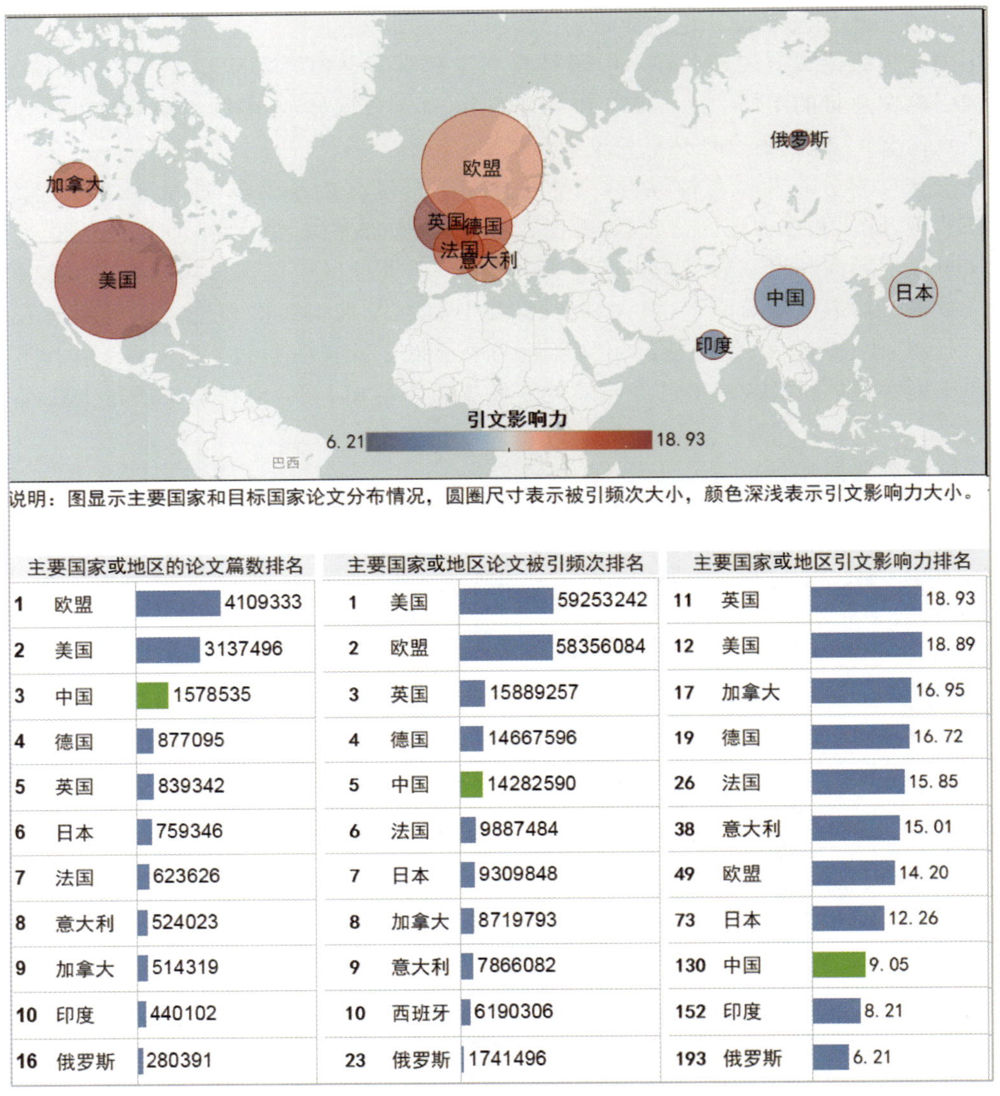

说明：图显示主要国家和目标国家论文分布情况，圆圈尺寸表示被引频次大小，颜色深浅表示引文影响力大小。

主要国家或地区的论文篇数排名

排名	国家或地区	论文篇数
1	欧盟	4109333
2	美国	3137496
3	中国	1578535
4	德国	877095
5	英国	839342
6	日本	759346
7	法国	623626
8	意大利	524023
9	加拿大	514319
10	印度	440102
16	俄罗斯	280391

主要国家或地区论文被引频次排名

排名	国家或地区	被引频次
1	美国	59253242
2	欧盟	58356084
3	英国	15889257
4	德国	14667596
5	中国	14282590
6	法国	9887484
7	日本	9309848
8	加拿大	8719793
9	意大利	7866082
10	西班牙	6190306
23	俄罗斯	1741496

主要国家或地区引文影响力排名

排名	国家或地区	引文影响力
11	英国	18.93
12	美国	18.89
17	加拿大	16.95
19	德国	16.72
26	法国	15.85
38	意大利	15.01
49	欧盟	14.20
73	日本	12.26
130	中国	9.05
152	印度	8.21
193	俄罗斯	6.21

图 5-4　主要国家或地区论文分布地图及排名情况

注：数据来源于 InCites 数据库，时间范围为 2006—2015 年。

0.79%（见图 5-6）。

美国是与中国合作论文数量最多的国家，两国合作论文数量达到 163402 篇，并且合作论文呈快速增长趋势，从 2006 年的 6135 篇增长到 2015 年的 31589 篇。与中国合作的亚洲国家或地区主要包括日本、韩国、新加坡及中国台湾地区（见图 5-7）。

4. 中国的高被引论文表现

中国科学院是中国科技与工程学科发表高被引论文篇数最多的机构，武汉理工是高被引论文篇均被引频次最高的机构。2006—2015 年，以第一作者统计的中国高被引论文中，

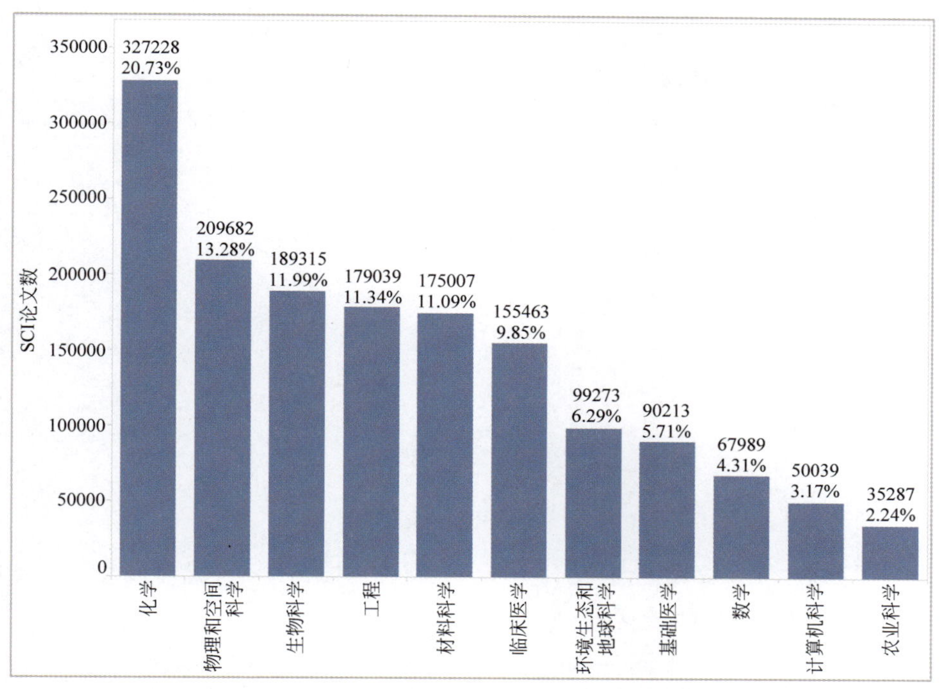

图 5-5 中国 SCI 收录论文的学科分布情况

注：数据来源于 InCites 数据库。

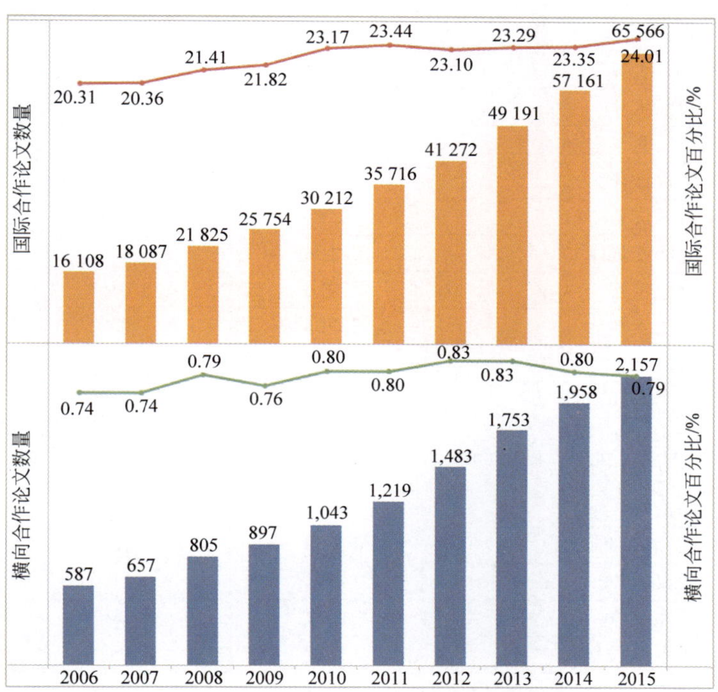

图 5-6 中国国际合作论文与横向合作论文数量和百分比/%

注：数据来源于 InCites 数据库。

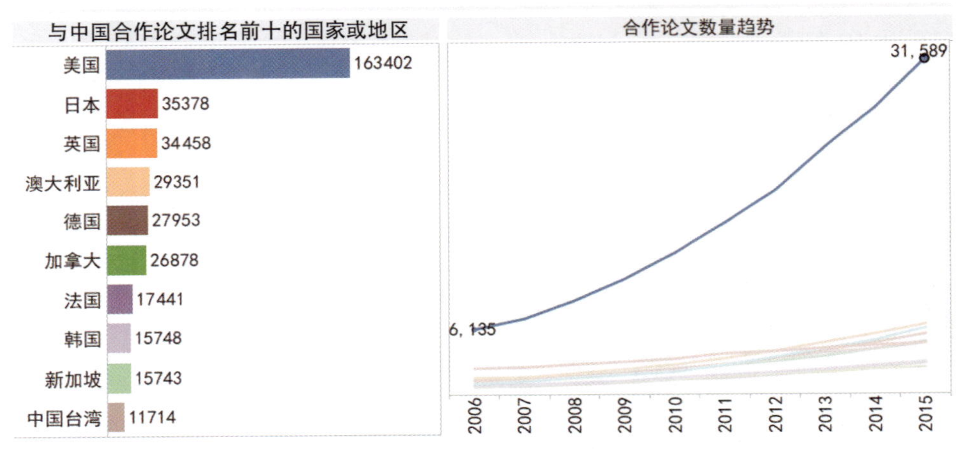

图 5-7 中国科技与工程学科主要合作国家或地区和发展趋势

注：数据来源于 InCites 数据库。

中国科学院共发表 2092 篇，居全国发表高被引论文机构的首位；武汉理工大学发表的高被引论文，篇均被引频次达 168.9 次，居全国首位(见表 5-3)。

表 5-3 按第一作者统计中国发表高被引论文被引频次排名前 20 的机构

序号	机构	被引频次	论文数	篇均被引频次
1	中国科学院	274916	2092	131.41
2	清华大学	69608	469	148.42
3	北京大学	48106	380	126.59
4	复旦大学	47284	335	141.15
5	浙江大学	40383	393	102.76
6	中国科学技术大学	32510	277	117.36
7	南京大学	30638	228	134.38
8	南开大学	25647	214	119.85
9	上海交通大学	25134	252	99.74
10	哈尔滨工业大学	22036	228	96.65
11	中山大学	20993	172	122.05
12	厦门大学	19858	146	136.01
13	武汉理工大学	19084	113	168.88
14	华东理工大学	17190	149	115.37
15	大连理工大学	15421	131	117.72
16	华南理工大学	14815	147	100.78
17	福州大学	14729	121	121.73
18	武汉大学	14581	170	85.77
19	苏州大学	14531	130	111.78
20	华中科技大学	13757	183	75.17

注：数据来源于 InCites 数据库，表中数据为 2006—2015 年第一作者为中国的高被引论文，按照被引频次排名前 20 的机构。

中国的高被引论文主要发表在以 *Journal of the American Chemical Society* 等为代表的外文期刊。其中，在期刊 *Journal of the American Chemical Society* 中发表的高被引论文为 683 篇，论文被引频次达 107885 次，居各来源期刊的首位。另外，发表中国高被引论文的外文期刊 *Journal of Physical Chemistry C* 的期刊规范化引文影响力最高，*New England Journal of Medicine* 的期刊影响因子最高。中国高被引论文按被引频次排名前 20 的期刊如表 5-4 所示。

表 5-4　中国高被引论文按被引频次排名前 20 的期刊

	期　　刊	被引频次	论文数	期刊规范化的引文影响力	期刊影响因子
1	JOURNAL OF THE AMERICAN CHEMICAL SOCIETY	107885 •	683 •	3.78	13.04
2	ADVANCE MATERIALS	72055	462	3.26	18.96
3	ANGEWANDTE CHEMIE-INTERNATIONAL EDITION	65008	489	4.06	11.71
4	NATURE	64058	245	1.99	38.14
5	ACS NANO	49743	289	4.09	13.33
6	SCIENCE	47892	194	2.14	34.66
7	CHEMICAL COMMUNICATIONS	39717	326	5.58	6.57
8	NANO LETTERS	36710	244	3.45	13.78
9	PHYSICAL REVIEW LETTERS	35280	219	5.25	7.65
10	JOURNAL OF PHYSICAL CHEMISTRY C	34667	218	6.64 •	4.51
11	ADVANCED FUNCTIONAL MATERIALS	28045	192	4.09	11.38
12	JOURNAL OF MATERIALS CHEMISTRY	27402	179	5.19	
13	NEW ENGLAND JOURNAL OF MEDICINE	25680	66	1.94	59.56 •
14	LANCET	24547	84	2.36	44.00
15	JOURNAL OF POWER SOURCES	23450	488	3.49	6.33
16	PROCEEDINGS OF THE NATIONAL ACADEMY OF SCIENCES OF THE UNITED STATES	21802	178	3.35	9.42
17	CHEMICAL REVIEWS	19796	36	4.72	37.37
18	BIOMATERIALS	18995	140	3.99	8.39
19	ENERGY & ENVIRONMENTAL SCIENCE	18983	162	2.47	25.43
20	ANALYTICAL CHEMISTRY	18241	133	5.91	5.89

注：数据来源于 InCites 数据库，表中数据为科技与工程学科中，中国高被引论文按照被引频次排名前 20 的来源期刊。

5.2.2　目标国家及地区的科技与工程学科论文

为了与国际科研产出进行对比，本节统计分析了中国及美国、英国、德国、加拿大、法国、意大利、日本、俄罗斯、欧盟 10 个目标国家或地区在 2006—2015 年间，科技与工程学科 SCI 论文的数量、引用和影响力等情况。

1. 论文数量比较

2006—2015 年目标国家或地区科技与工程学科论文数量整体处于增长趋势。欧盟、美国和中国分别位于目标国家或地区中论文数量的前 3 位。中国论文数量从 2006 年的 79316 篇增长到 2015 年的 273043 篇，逐渐缩小了与美国的差距（见图 5-8）。

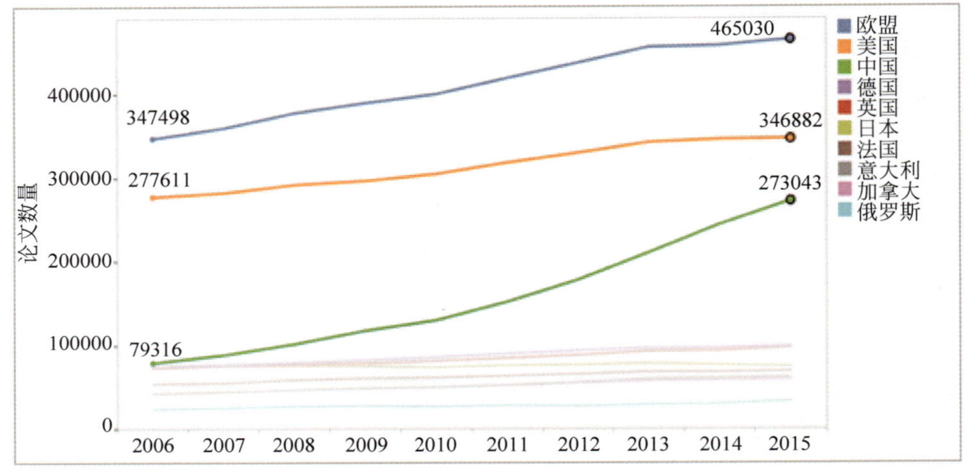

图 5-8　中国与目标国家或地区发论文数量发展趋势

注：数据来源于 InCites 数据库。

2010—2015 年，目标国家或地区的科技与工程学科论文数量增长率差异较大。中国处于高速发展阶段，年均增长率在 15%以上，增长速度明显高于其他国家或地区；美国、英国、德国、加拿大、法国、意大利、欧盟论文数量年均增长率在 2%～4%左右，属于缓慢增长阶段；日本论文数量呈现下降趋势，年均负增长 2%；俄罗斯论文数量波动较大，年均增长率 4%左右，但 2010 年和 2012 年出现负增长，2015 年年均增长率达到 11%，仅次于中国（见图 5-9）。

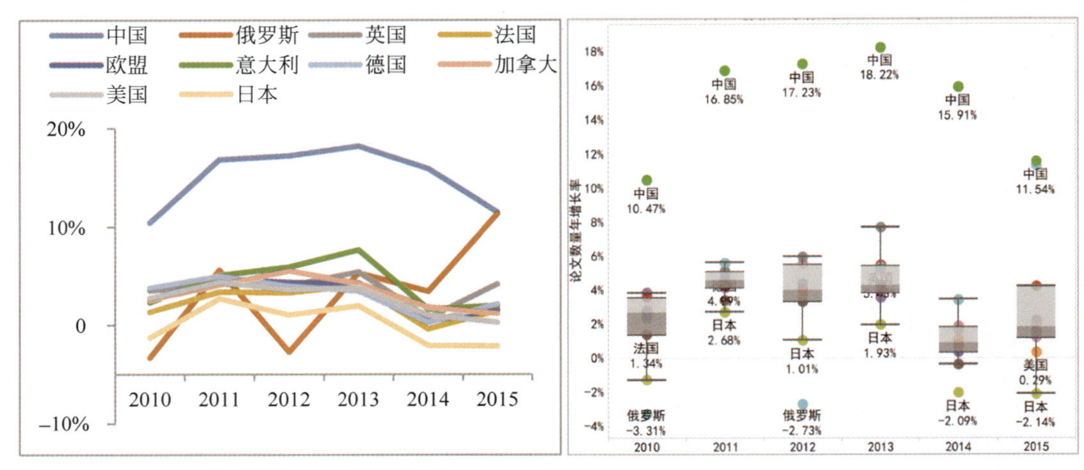

图 5-9　论文数量年增长率（2010—2015 年）

注：数据来源于 InCites 数据库。

2. 论文引用份额比较

2006—2015年欧盟论文引用份额基本保持稳定，而美国则出现持续下降，从2006年的43.43%下降到2015年的34.69%。日本、英国、德国、法国等其他七国论文引用份额也呈现下降趋势。与之相反，中国论文引文份额持续提升，由2006年的5.86%提升到2015年的20.21%(见图5-10)。

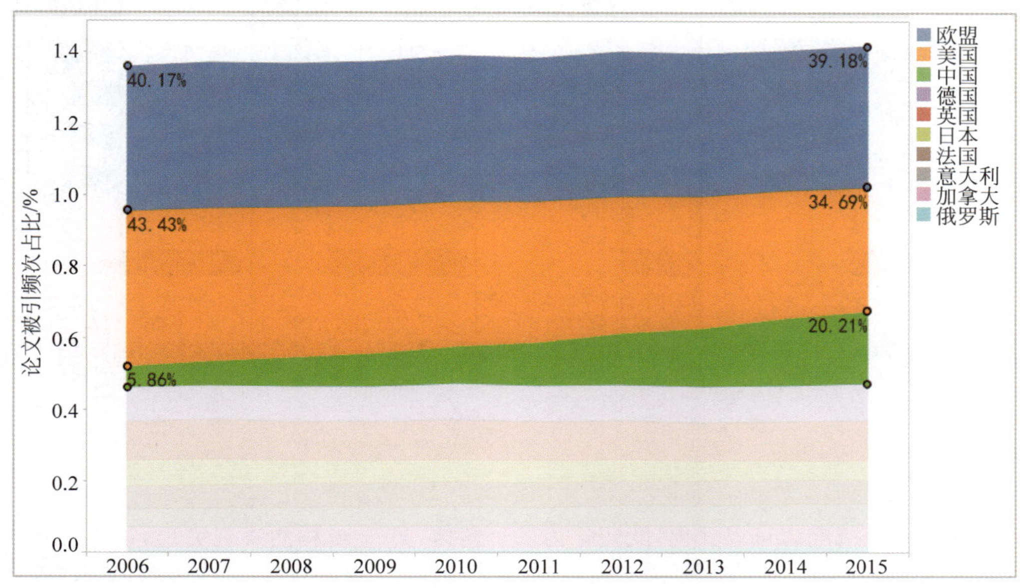

图5-10 论文引用份额发展趋势

注：数据来源于InCites数据库。

3. 论文影响力比较

国家或地区的论文影响力，表现为引文影响力、相对于全球平均水平的影响力、论文被引百分比①和平均百分位四个方面。

2014年，欧盟、美国、英国、德国、加拿大和意大利的四个影响力指标均高于全球平均水平，表明这些经济体的论文质量表现良好，其中英国和美国明显高于全球平均水平。与之相反，日本和俄罗斯的四个影响力指标均低于全球平均水平，表明这两个国家的论文质量表现不佳，特别是俄罗斯的论文质量明显低于全球平均水平。中国在引文影响力、相对于全球平均水平的影响力和平均百分位三个指标上略高于全球平均水平，但在论文被引百分比指标上略低于全球平均水平，表明中国的论文质量接近或略高于全球平均水平(见图5-11)。

4. 细分学科论文比较

学科中某一经济体的论文引用量占全球该学科论文引用总量的份额，可以代表国家间

① 论文被引百分比，指被引用至少一次的出版物百分比。

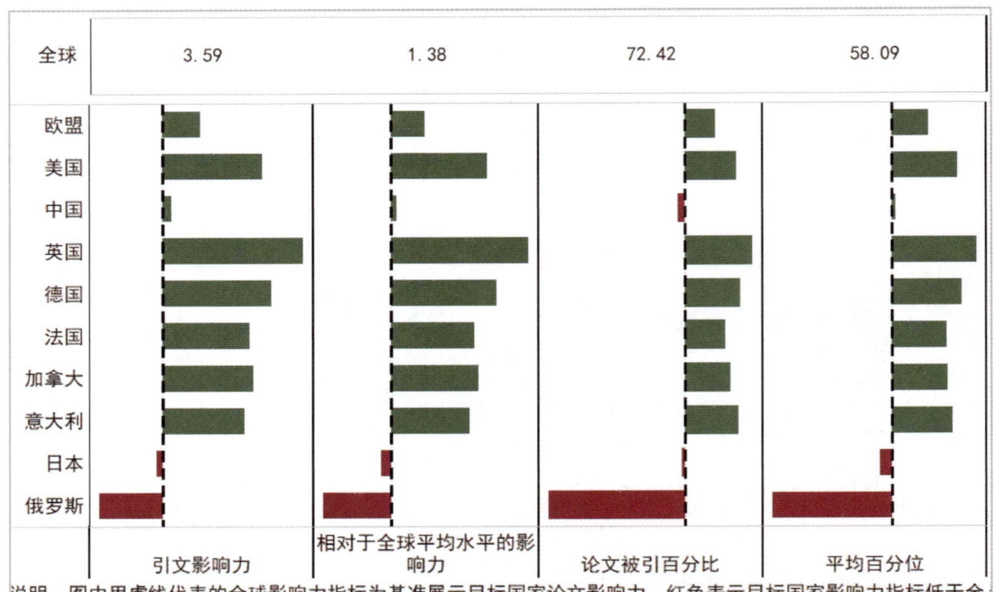

图 5-11 中国与目标国家或地区论文影响力指标(2014 年)

注：数据来源于 InCites 数据库。

学科发展的差异情况。可以看出，欧盟作为一个整体，11 个学科均表现突出，论文引用份额均占全球的 30%以上，其中物理和空间科学、环境科学与地球科学、临床医学学科、农业科学、数学、生物学、基础医学学科 7 个学科表现最为突出，论文引用份额占 40%以上。美国 11 个学科均表现良好，其中生物学、临床医学、基础医学 3 个学科表现尤为突出，论文引用份额超过欧盟，位居全球首位。中国学科表现欠均衡，其中材料科学表现最为突出，引用份额占全球总量的 23.8%，其次为化学和工程，引用份额分别占全球总量的 18.9% 和 18.1%，而基础医学学科、临床医学学科表现相对较差。其他国家中，德国的物理和空间科学，英国的生物学、环境科学与地球科学、基础医学和临床医学的表现较突出(见图 5-12)。

5. 发展态势矩阵分析

为更清晰直观地综合展现和比较中国与目标国家之间的发展态势，基于 2010 年和 2014 年两个年度的论文数量年增长率和被引频次份额两个指标构建的矩阵图，对目标国家或地区所处的竞争态势进行定性分析。如图 5-13 所示，矩阵图中被引频次份额的区间分隔线取经验值 20%，论文数量年增长率的区间分隔线取参照国家平均增长率。不同颜色代表国家，线条由细变粗表示从 2010 年到 2014 年间各国位置的变化情况。矩阵图中第一象限的特征是被引频次份额和论文数量年增长率均较高，处于优势竞争地位，第二象限的特征是论文数量年增长率较高而被引频次份额较低，具有发展潜力和机会，可能进入第一象限，但也有可能跌入第三象限；第三象限的特征是论文数量年增长率和被引频次份额均较低，代表细分领域的竞争者；第四象限的特征是论文数量年增长率较低而被引频次份额较高，代表处于稳定成熟发展阶段，但面临被竞争者超越或自身竞争实力衰退的威胁。

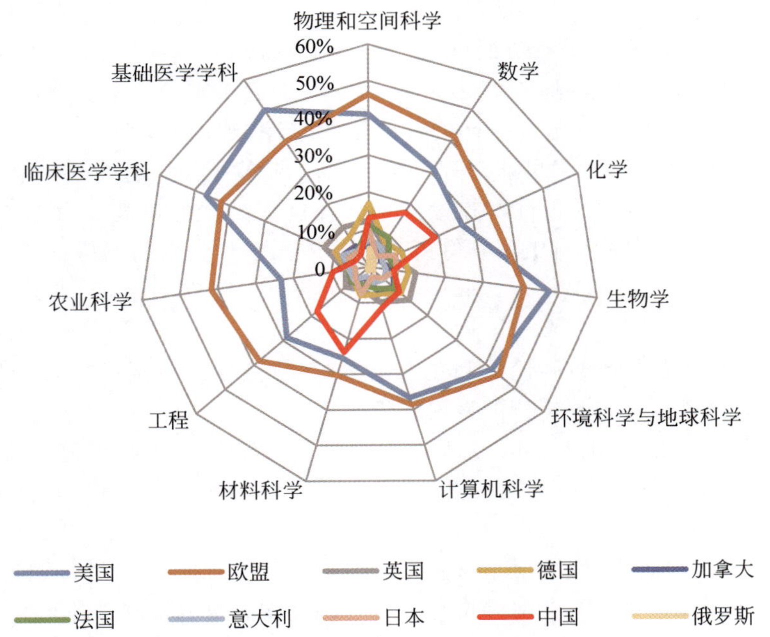

图 5-12 中国与目标国家或地区论文影响力指标(2014 年)

注：数据来源于 InCites 数据库。

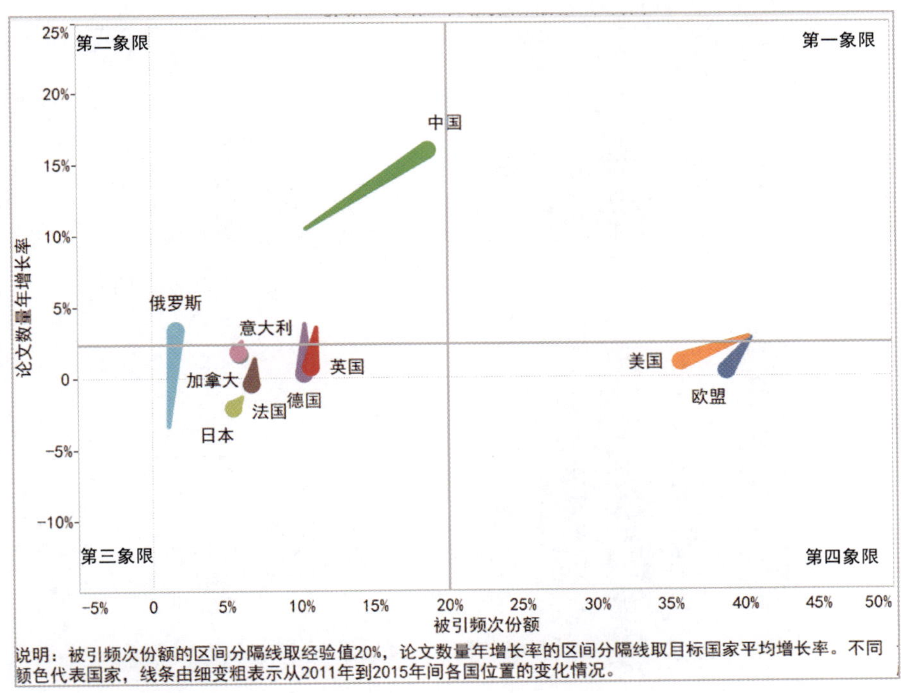

图 5-13 "论文数量年增长率-被引频次份额"矩阵图

注：数据来源于 InCites 数据库。

可以看出，中国从2010年处于第二象限中心到2014年接近第一象限边界，表示中国科技与工程学科近年来依靠论文数量的高速增长，引用份额不断提升，有望在短期内进入领先国家行列。美国、欧盟处于第一象限，表示尽管由于近年来论文数量增长缓慢导致引用份额逐渐下降，但依然处于领先者的行列。处于第二象限的俄罗斯具有一定的发展潜力，如能保持较高的增长速度，未来可能对处于第三象限的国家等发起挑战。第三象限中的德国、英国、加拿大、意大利、法国、日本在论文增长速度上处于低速甚至负增长状态，对领先者难以构成威胁，更多面临来自俄罗斯等新兴经济体国家和内部的竞争。

6. 顶级论文比较

一国的顶级论文包括高被引论文和热点论文，其数量和占该国科技与工程学科论文的百分比反映了国家科技与工程学科的发展前沿水平。

高被引论文①方面，美国以58457篇居于目标国家的首位，中国在美国、欧盟、英国之后有15543篇高被引论文。英国高被引论文百分比最高，占英国科技与工程学科论文的2.08%。美国、英国、德国、法国、加拿大和意大利高被引论文百分比均超过1%的期望值，而中国、日本和俄罗斯则低于1%的期望值。热点论文②方面，美国以1254篇居于目标国家的首位，中国在美国、欧盟之后有473篇，占中国科技与工程学科论文总量的0.03%(见图5-14)。

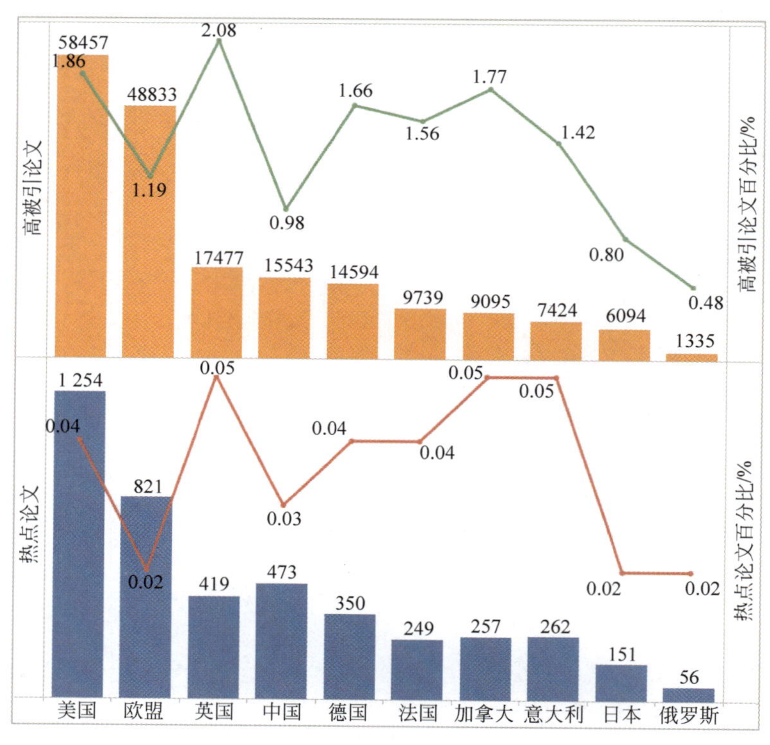

图5-14 目标国家顶级论文数量和百分比

注：数据来源于InCites数据库。

① 高被引论文指按领域和出版年统计的引文数排名前1%的论文。

② 热点论文指按领域和出版年统计的引文数排名前0.1%的论文。

7. 高影响力机构比较

在科技与工程学科，被引频次排名全球前1%的机构进入全球ESI排名（见专栏5-2），被认为是科技与工程领域影响力最高的机构。

全球科技与工程学科进入ESI的机构共有4978家。其中，美国的机构数量最多，高达1394个，中国以219家机构位于美国之后。就机构类型而言，科技与工程学科进入ESI的机构大多集中在学术组织和健康医疗机构，除此以外，还涵盖研究院所、公司企业、政府及非营利性组织等机构类型。中国科技与工程技术学科进入ESI的219家机构中，包括179家学术组织、28家研究院所、6家健康医疗机构、4家政府及非营利性组织和2家公司企业（见图5-15）。

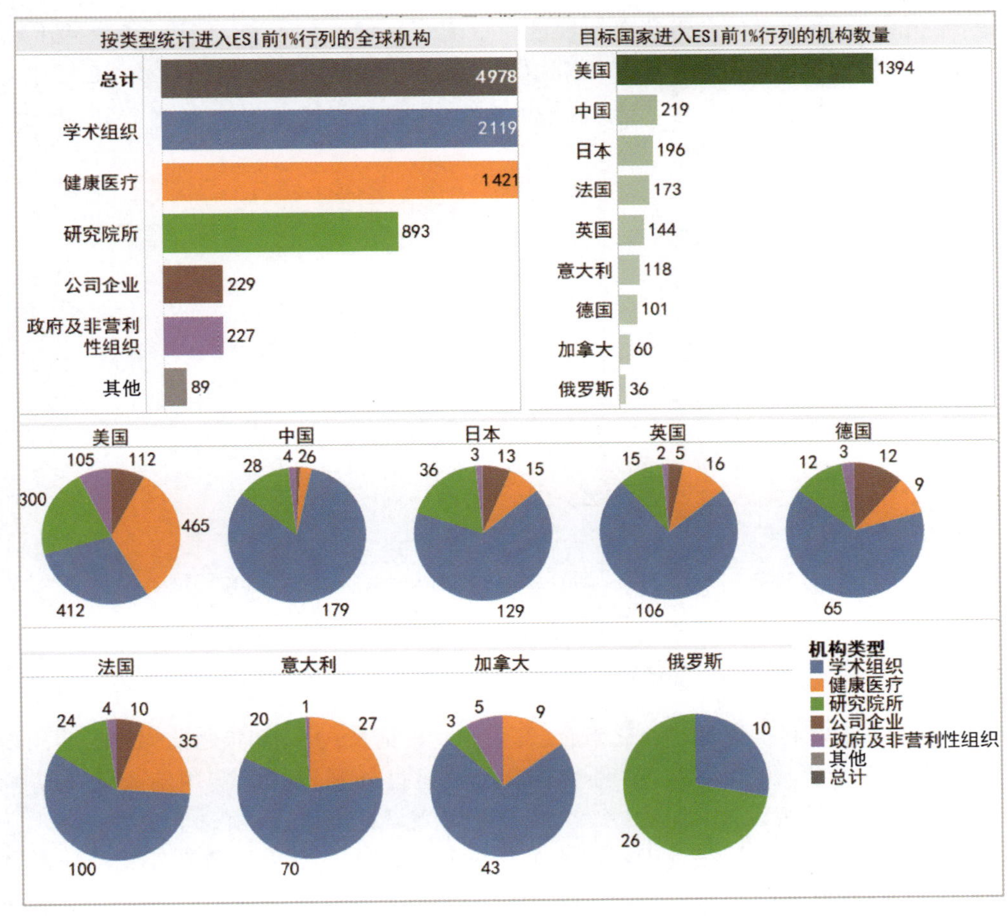

图5-15 ESI全球前1%机构

注：数据来源于InCites数据库。

5.3 专利

5.3.1 中国专利情况

中国专利数据来自国家知识产权局统计年报中公开的数据[①],本节选择统计年报中2005—2014年的数据进行相应的统计分析。中国专利分为发明专利、实用新型专利和外观设计专利3种。发明是指对产品、方法或者其改进所提出的新技术方案;实用新型是指针对产品的形状、构造或者其结合所提出的适于实用的新技术方案;外观设计是指对产品的形状、图案、色彩或者其结合所做出的富有美感并适于工业应用的新设计。

1. 专利申请受理量与授权量

2005—2014年,中国专利申请和授权量均呈现逐年增长的趋势,且从2010年开始,专利申请量增长幅度扩大。到2014年,专利申请量和授权量呈现小幅度的减少。2005—2014年,国家知识产权局共受理专利申请13192929件,其中已授权的专利申请7473924件(见图5-16)。

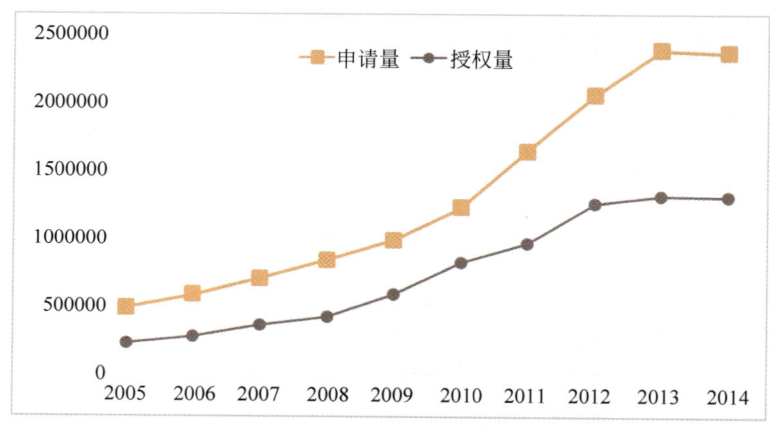

图5-16 2005—2014年专利申请量和授权量变化

注:数据来源于中国国家知识产权局统计年报。

从中国各类型专利申请量的变化来看,发明专利申请量在2012年之前均低于实用新型和外观设计的申请量,2012年后,发明专利申请量超过外观设计。实用新型的申请量在2010年之前也低于外观设计,而在2010年后超过外观设计申请量,领先于发明和外观设计的申请量。发明专利申请量在近十年一直处于增长的趋势。实用新型和外观设计申请量在2014年稍有降低(见图5-17)。

从中国各类型专利授权量的变化来看,发明专利授权量在近十年一直是三种类型专利中授权量最低的;实用新型专利的授权量一直处于快速增长的趋势;外观设计专利的

① http://www.sipo.gov.cn/tjxx/

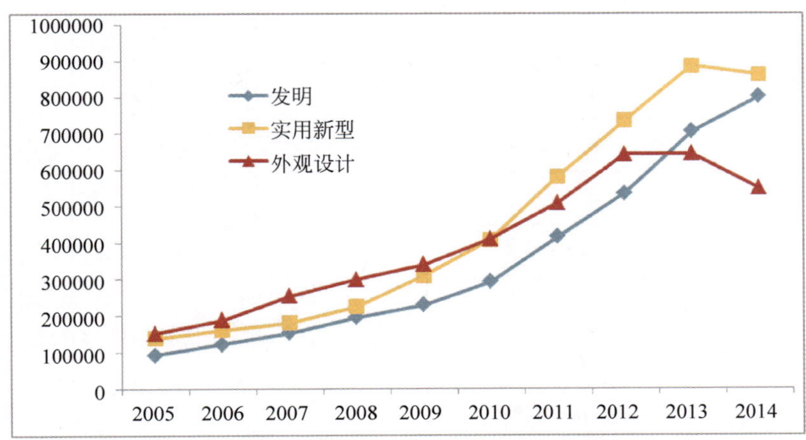

图 5-17 2005—2014 年中国专利申请量按专利类型随年度变化趋势

注：数据来源于中国国家知识产权局统计年报。

授权量在 2012 年之前一直处于增长的趋势，而自 2013 年开始，授权量开始下滑（见图 5-18）。

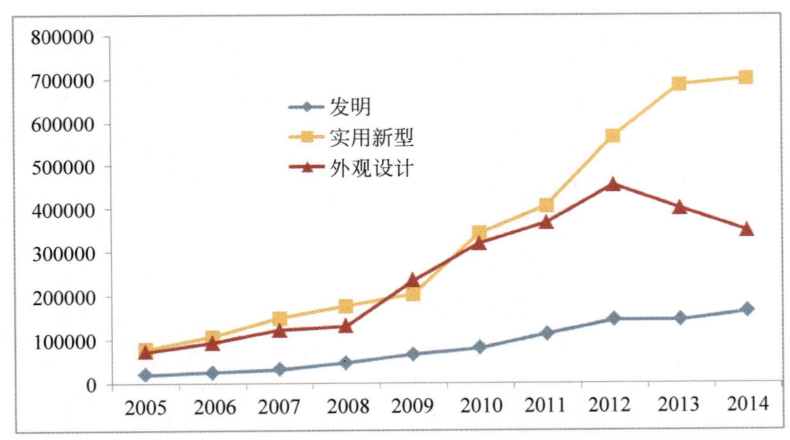

图 5-18 2005—2014 年中国专利授权量按专利类型随年度变化趋势

注：数据来源于中国国家知识产权局统计年报。

2. 发明专利申请的技术领域分布

按 IPC 大类对专利的技术领域进行分类，2014 年发明专利中国申请量和国外申请量前十的技术领域如图 5-19 和图 5-20 所示。可以看出，发明专利中国申请的技术领域中，医学、兽医学、卫生学领域申请的发明专利量最多，达 56400 件；其次是计算、推算、计数技术领域，申请量达 48061 件；申请量排在第三的为测量、测试技术领域，申请量达 47206 件。发明专利国外申请的技术领域中，基本电器元件领域申请的专利最多，达 12361 件；其次是电信技术领域领域，申请量达 12020 件，排在第三的为计算、推算、计数技术领域，申请量达 9599 件。

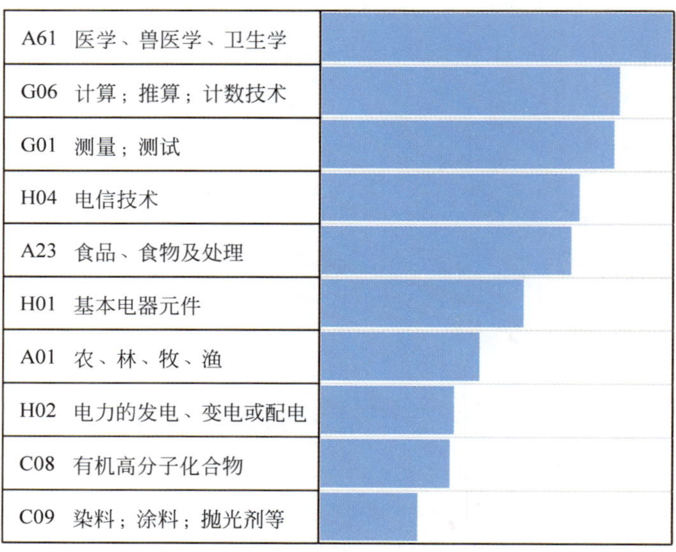

图 5-19　发明专利中国申请量前十的技术领域(IPC 大类)

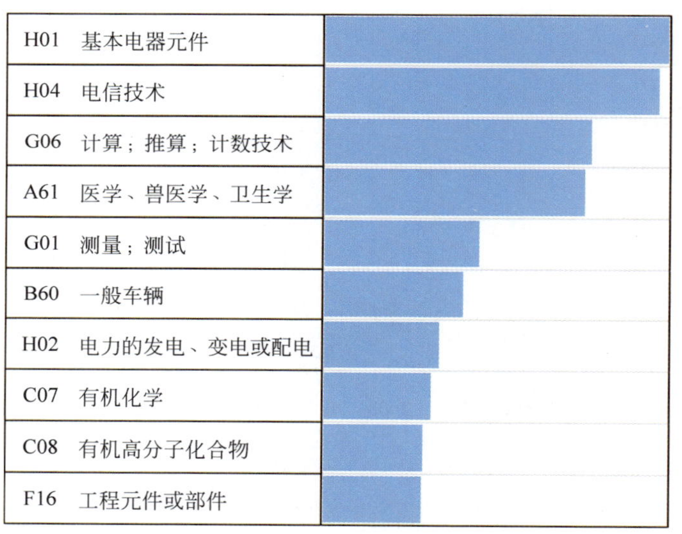

图 5-20　发明专利国外申请量前十的技术领域(IPC 大类)

注：数据来源于中国国家知识产权局统计年报。

3. 职务发明专利①申请和授权的机构分布

1）发明专利申请受理量居前十的国内外企业

2014 年，中国发明专利申请量居前十的中国企业如图 5-21 所示。国家电网公司发明

① 中国《专利法》第六条规定："执行本单位的任务或者主要是利用本单位的物质技术条件所完成的发明创造为职务发明创造。职务发明创造申请专利的权利属于该单位；申请被批准后，该单位为专利权人。"

专利申请量以绝对领先的优势排名第一，发明申请量达到10091件；其次是华为技术有限公司，申请量为4119件；排在第三的为中国石油化工股份有限公司，申请量为4073件。排名前十的中国企业主要涉及通信、互联网以及石油化工领域。

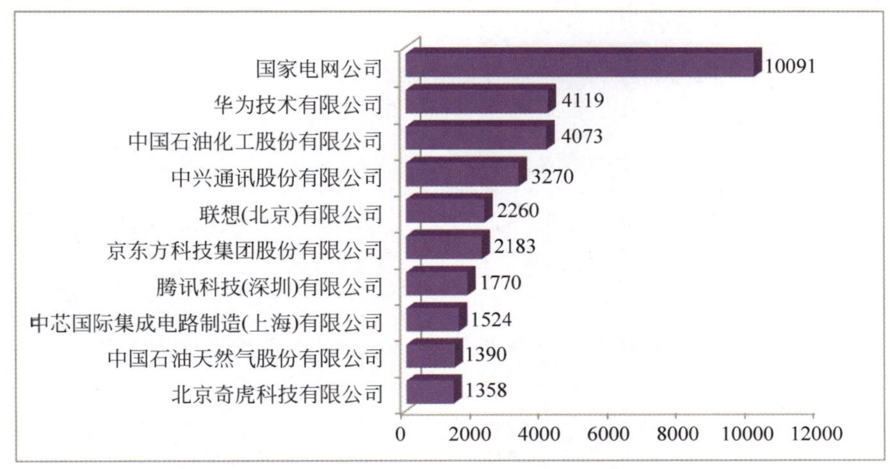

图5-21　2014年发明专利申请量居前十的中国企业

2014年，发明专利申请量居前十的国外企业如图5-22所示。国外企业的申请量呈现比较均匀的阶梯分布。罗伯特·博世有限公司发明专利申请量在2014年排名第一，达到1726件。发明申请量排在第二的为高通股份有限公司，达1665件，与排在第一位的罗伯特·博世有限公司差距不大。同时，这些国外企业主要涉及电子通信、汽车制造等领域。

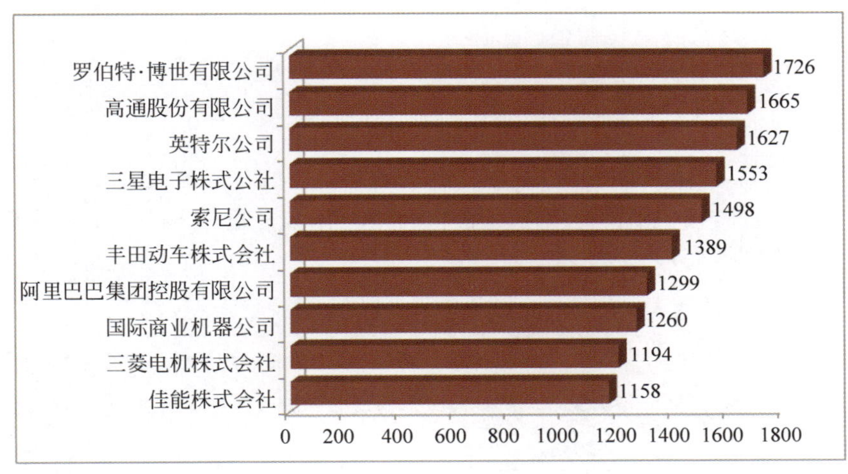

图5-22　2014年发明专利申请量居前十的国外企业

2）发明专利授权量居前十的国内外企业

2014年，发明专利授权量居前十的中国企业排名如图5-23所示。2014年中国授权的专利中，来自中国的华为技术有限公司、中兴通讯股份有限公司、中国石油化工股份有限公司的专利授权量排名前三位，远超过排名第四位的企业。

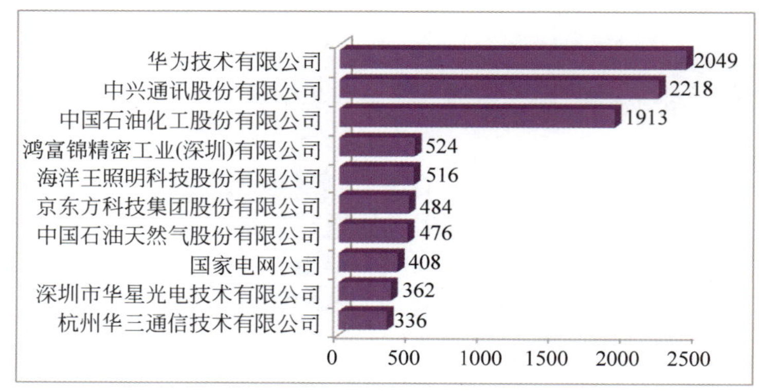

图 5-23　2014 年发明专利授权量居前十的中国企业

2014 年，发明专利授权量居前十的国外企业排名如图 5-24 所示。

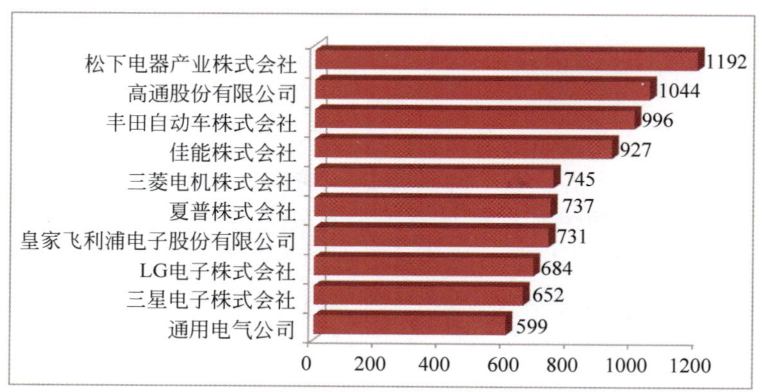

图 5-24　2014 年发明专利授权量居前十的国外企业

4. 有效专利

截至 2014 年底，中国有效专利[①]总累计情况如表 5-5 所示。截至 2014 年底，中国有效专利共计 4642506 件，其中中国有效专利量 4032362 件，占总量的 86.9%；国外有效专利量 610144 件，占总量的 13.1%。

表 5-5　2014 年国内外三种专利有效状况总累计表

按国内外分组	合　计		发　明		实用新型		外观设计	
	有效量	构成	有效量	构成	有效量	构成	有效量	构成
合计	4642506	100.0%	1196497	100.0%	2291326	100.0%	1154683	100.0%
国内	4032362	86.9%	708690	59.2%	2265224	98.9%	1058448	91.7%
国外	610144	13.1%	487807	40.8%	26102	1.1%	96235	8.3%

注：数据来源于中国国家知识产权局统计年报。

① 有效专利是指截至报告期末专利权处于维持有效状态的专利数量。

5.3.2 世界专利情况

本节以世界知识产权局(WIPO)①、OECD② 的专利为数据源,Thomson Innovation 和 INNOGRAPHY 为辅助统计分析工具,对 2005—2014 年世界专利进行总体趋势分析,并对美国、英国、德国、法国、日本、意大利、加拿大、俄罗斯、中国和欧盟 10 个目标国家或地区专利产出的基本情况进行比较分析。

1. 世界专利申请和授权数量

2005—2014 年,世界专利申请总量呈波动上升态势,除 2009 年因金融危机等原因增长率为−3.5%外,其余年份均为正增长。继 2011 年突破两百万后,世界专利申请总量一直保持快速上升阶段,2014 年世界专利申请共计 2680900 件,比 2013 年同比上涨 4.5%,这主要得益于中国和美国专利申请量强劲增长的推动(见图 5-25)。

图 5-25 2005—2014 年世界专利申请趋势

注:数据来源于世界知识产权局和 OECD 数据库。

---

① 世界知识产权组织(World Intellectual Property Organization,WIPO)是联合国专门机构之一,成立于 1967 年,总部位于瑞士日内瓦,主要职责为促进使用和保护人类智力作品,具体包括协调各国知识产权的立法和程序,交流知识产权信息等。数据来源网址:http://www.wipo.int/ipstats/en#publications.

② 经济合作与发展组织(Organization for Economic Co-operation and Development),简称经合组织(OECD),是由 35 个市场经济国家组成的政府间国际经济组织,旨在共同应对全球化带来的经济、社会和政府治理等方面的挑战,并把握全球化带来的机遇。成立于 1961 年,目前成员国总数 35 个,总部设在巴黎。数据来源网址:https://data.oecd.org/rd/triadic-patent-families.htm.

在专利授权方面，2005—2014 年，世界专利授权量整体呈阶段性上升趋势。2006 年之前为快速增长阶段，年增长率高达 19.2%，2007—2009 年增长缓慢，2010—2012 年回归快速上涨区间，增长率分别为 12.4%，9.6% 和 13.6%，2013 年、2014 年的年增长率降为 3.2%，0.3%，部分原因是中国授权量的增长放缓和日本的授权量下降(见图 5-26)。

图 5-26　2005—2014 年世界专利授权趋势

注：数据来源于世界知识产权局和 OECD 数据库。

2005—2009 年与 2010—2014 年相比，各国常住居民专利授权量五年增长率为 54.9%，非常住居民专利授权量五年增长率为 32.5%(见表 5-6)。

表 5-6　世界常住居民和非常住居民申请和授权专利情况

时间区间	专利申请量		专利授权量	
	常住居民/件次	非常住居民/件次	常住居民/件次	非常住居民/件次
2005—2009 年	5256845	3757789	2117256	1591652
2010—2014 年	7612580	4097420	3280584	2109016
五年增长率	44.8%	9.04%	54.9%	32.5%

注：数据来源于世界知识产权局和 OECD 数据库。

2. 主要经济体专利申请和授权数量

1) 目标经济体在本国与国外申请专利对比

在本国申请专利层面，2005—2014 年，专利申请总量超过一百万件的国家或地区有中国、日本、美国和欧盟四个，申请量分别为 3542817 件、3076307 件、2458934 件和 1719004 件(见图 5-27)。

在申请国外专利层面，2005—2014 年，欧盟、美国、日本和德国是申请国外专利数量最多的四个国家，分别为 2703902 件、1950724 件、1825889 件和 972204 件，紧随其后的是法国

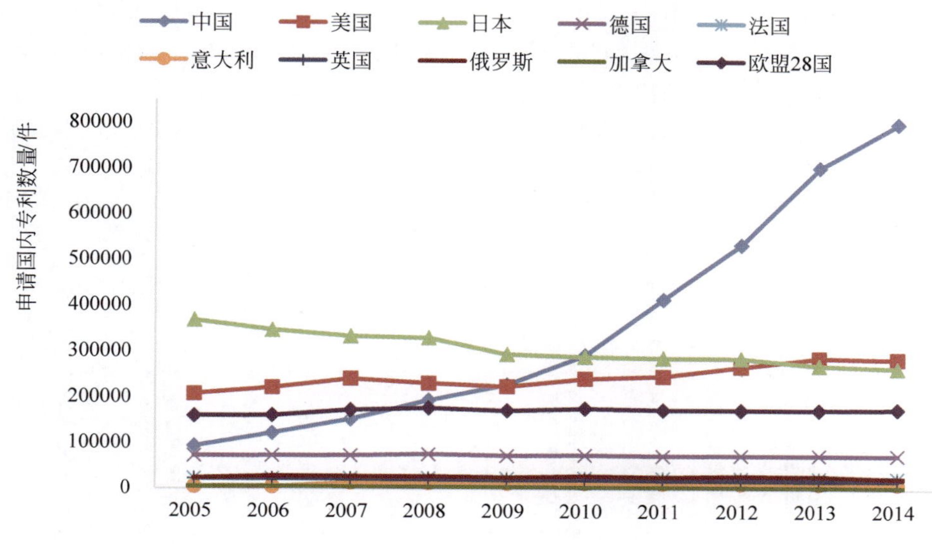

图 5-27 2005—2014 年目标国家常住居民申请国内专利趋势图

注：数据来源于世界知识产权局和 OECD 数据库。

(399886 件)、英国(291951 件)和加拿大(188178 件)，中国(169248 件)，与其他国家相比差距较大，在目标国家中仅稍强于意大利(152099 件)和俄罗斯(36318 件)(见图 5-28)。

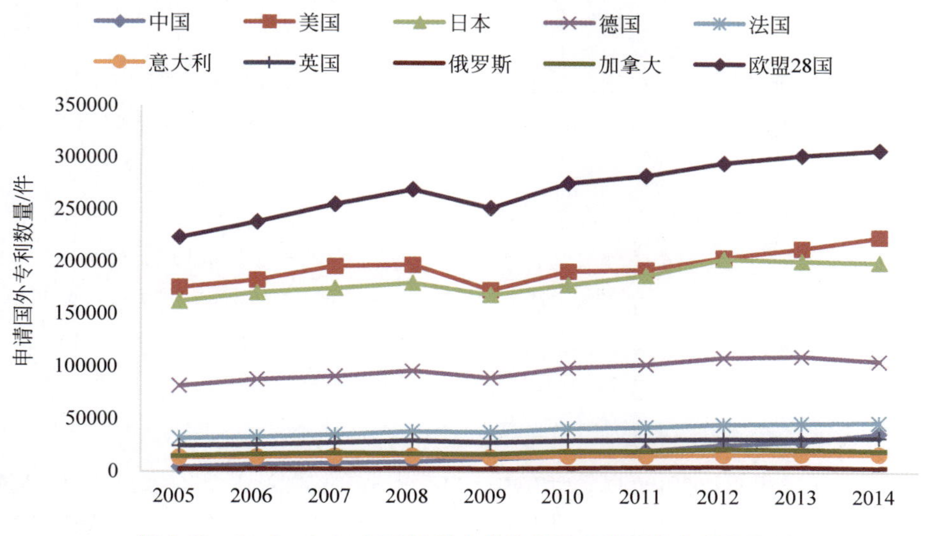

图 5-28 2005—2014 年目标国家常住居民申请国外专利趋势图

注：数据来源于世界知识产权局和 OECD 数据库。

2）主要国家拥有专利数量比较

2005—2014 年，世界各国的国内专利授权量占专利申请量比例，总体平均水平为 41.9%。其中，意大利(80.6%)、俄罗斯(79.4%)、法国(59.8%)、日本(55.7%)和加拿大(43.2%)的本国专利授权量占申请量比例超过世界总体水平，美国(41.5%)和欧盟(40.6%)接近世界总体水平，德国(32.7%)、中国(23.5%)和英国(21.9%)相对较低(见图 5-29)。

2005—2014年，世界各国的国外专利授权量占专利申请量比例，总体平均水平为47.1%。日本（54.8%）、法国（50.5%）、意大利（50.4%）、德国（49.3%）和俄罗斯（48.5%）的国外专利授权量与申请量的比例，均超过了世界总体水平，欧盟（47.1%），美国（44.1%）和加拿大（41.5%）接近世界总体水平，中国（31.3%）与世界总体水平相差较多（见图5-29）。

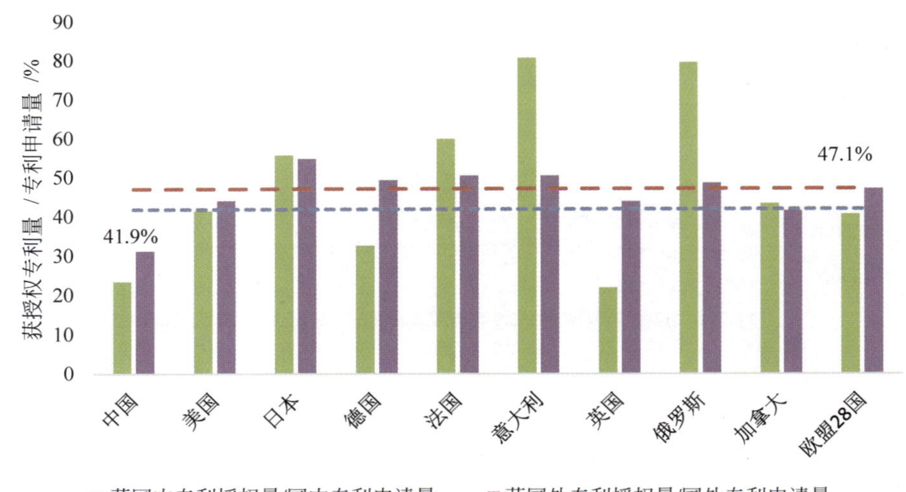

图5-29　目标国家国内外授权专利和申请专利数量比例图

注：数据来源于世界知识产权局和OECD数据库。

意大利、俄罗斯和加拿大在国外的授权量比例低于国内获授权的比例，日本二者比例基本一致，其余目标国家的国外专利授权比例均高于国内专利授权比例，特别是德国和英国。

3）主要国家PCT[①] 国际申请数量和趋势

根据世界知识产权组织公布的PCT专利申请情况进行统计，可以得到中国、八大工业国、欧盟等主要经济体的PCT申请量。2005—2014年，美国、日本的PCT申请总量一直领先。中国的PCT申请在近十年也呈现稳步增长的趋势，且在2013年达到21514件，超过德国的17913件，成为全球PCT申请量排名第三的国家（见图5-30）。

4）主要国家三方专利[②]申请

根据OECD公开的数据，可以统计中国、八大工业国、欧盟主要国家三方专利的数量。美国、日本的三方专利量在八大工业国中处于较为明显的优势，排在第三的为欧洲的德国。在八大工业国中，俄罗斯申请的三方专利数量最少。中国在近几年申请的三方专利数量处于逐年递增的趋势，但绝对数量不具优势（见图5-31）。

---

① PCT指专利合作条约，该条约规定，一项国际专利申请在申请文件中指定的每个签字国都具有与本国申请同等的效力。国际申请通过世界知识产权组织（WIPO）集中办理，然后由欧洲专利局或授权的国家专利局进行审查。PCT体系高于国家和欧洲专利体系。

② 经济合作与发展组织（OECD）将在欧洲专利局和日本专利局都提出了申请并已在美国专利商标局获得发明专利权的同一项发明专利定义为“三方专利”。

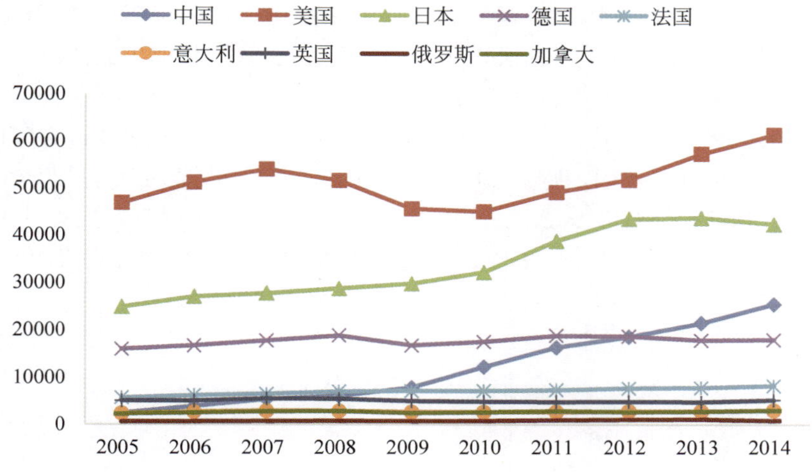

图 5-30 2005—2014 年目标国家 PCT 国际申请量变化趋势图

注：数据来源于世界知识产权局和 OECD 数据库。

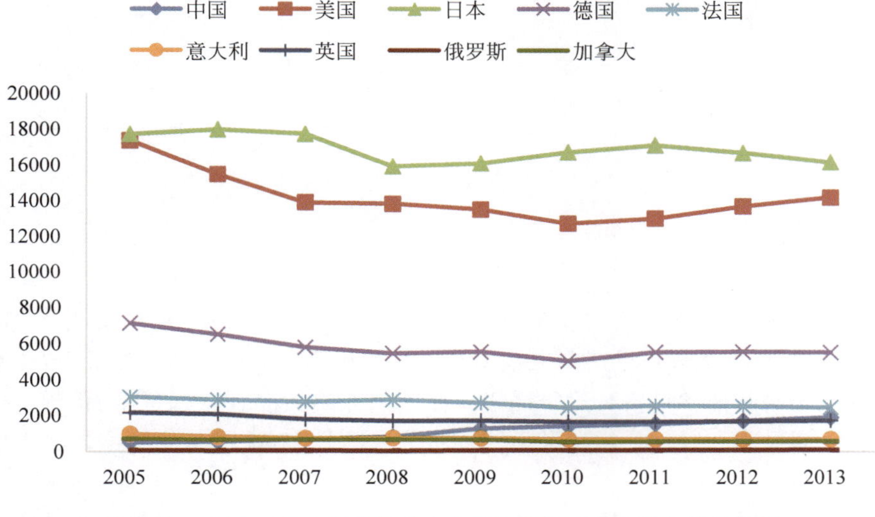

图 5-31 2005—2013 年中国及八大工业国的三方专利申请趋势图

注：数据来源于世界知识产权局和 OECD 数据库。

5.4 学术影响力

5.4.1 获国际科技奖项能力的综合比较

著名的国际科技奖励是对科学家杰出科技成就的肯定和褒扬，代表了国际科学共同体的认同，也折射出科学家所在国家对世界科技的影响力与国际科技竞争力。本节遴选了数学、物理学、化学、生物学、医学和地球科学六大自然科学领域共 33 个著名的国际科技奖项（见附表 5-3），对获奖科学家所在国家的获奖概况，以及各领域获奖状况进行了综合统计比较分析，统计时间为 2006—2015 年（见附表 5-4）。

从获奖人次的领域来看，国际上医学领域获奖人次最多(164 人次)，其次为物理学(96 人次)、生物学(72 人次)、数学(71 人次)、化学(42 人次)、地球科学(28 人次)。这在一定程度上反映出人类越来越关注人类自身的科学与健康问题。

从主要国家获奖总数及其占获奖总人次的份额来看，如图 5-32 所示，美国以 202 人次的获奖数遥遥领先于世界各国，获奖人次占世界的 42.71%。欧盟位居第二位(139 人次，占 29.39%)，英国位居第三位(61 人次，占 12.90%)，日本位居第四位(29 人次，占 6.13%)，其余进入前十强的国家依次为德国、法国、加拿大、中国、澳大利亚、意大利、以色列、印度、俄罗斯、阿根廷。中国排名第 8 位(10 人次)，印度排名第 10 位(7 人次)。

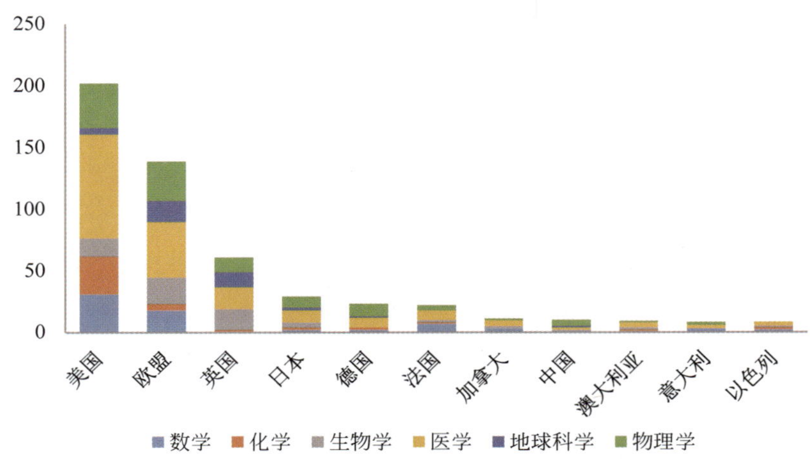

图 5-32　2006—2015 年国际六大奖项获奖人次前十国家

注：数据详见附表 5-4。

国家在不同领域获奖人次的多少可以反映出获奖国的优势研究领域，中国在物理学、生物学、医学、地理学、数学 5 个领域均有获奖，其中物理学领域获奖人次最多，体现出中国在物理学领域相对其他学科具有竞争优势。除中国外的美国、英国、日本、德国、法国、加拿大、澳大利亚、意大利和以色列均在医学领域获奖人次最多，说明其他国家均在医学领域有较大的竞争优势。

对同一领域不同国家进行比较发现，美国、英国、德国、日本、中国等 5 个国家在物理学领域获奖人次较多，英国和美国在生物学领域获奖人次较多，美国、法国、俄罗斯在数学领域获奖人次较多，美国、英国、日本在医学领域获奖人次较多，英国在地球科学获奖人次较多，美国在化学领域获奖人次较多。

5.4.2　各国在国际标准化组织中的任职状况和作用

1. 总体任职状况与作用

国际标准化组织(International Organization for Standardization，ISO)是一个独立的、非政府的国际组织，拥有 162 个国家标准机构会员。ISO 的技术委员会及其下属的分技术委员会在国际标准的制定中占有重要位置。ISO 主席负责制定所属领域的国际标准发展战略的政策声明，把握相关国际标准的发展方向，提出国际标准修订计划建议并推动其实施；

秘书处机构协助主席完成技术委员会的工作，负责技术委员会的日常工作，具有参与决策和管理的权力；成员国在技术委员会决策过程有投票权。由于ISO官网上没有注明主席的国别，鉴于在大多数情况下，主席和秘书处机构来自于同一个国家，因此本报告从秘书处机构、成员国和观察国三个方面分析了各国在技术委员会及分技术委员的任职状况，这可以在一定程度上体现该国在国际标准制定中的作用和影响力。

1）各国在技术委员会的任职状况及作用

（1）各国在技术委员会秘书处的任职状况

ISO共有241个技术委员会，设有257个秘书处，由31个国家承担，见附表5-5。德国、中国和美国共担任109个秘书处，占秘书处总数的42.42%，发挥着重要的作用。担任秘书处的31个国家中，大部分为发达国家，目前发达国家仍然主导着国际标准的制定。具体排名上，德国、中国、美国、法国、英国、日本分别担任42、35、32、23、22、17个秘书处，排名前6位；加拿大、意大利、俄罗斯分别担任8、4、1个秘书处，排名分别位于并列第8位、并列第13位、并列第23位。ISO技术委员会秘书处的国别分布如图5-33所示。

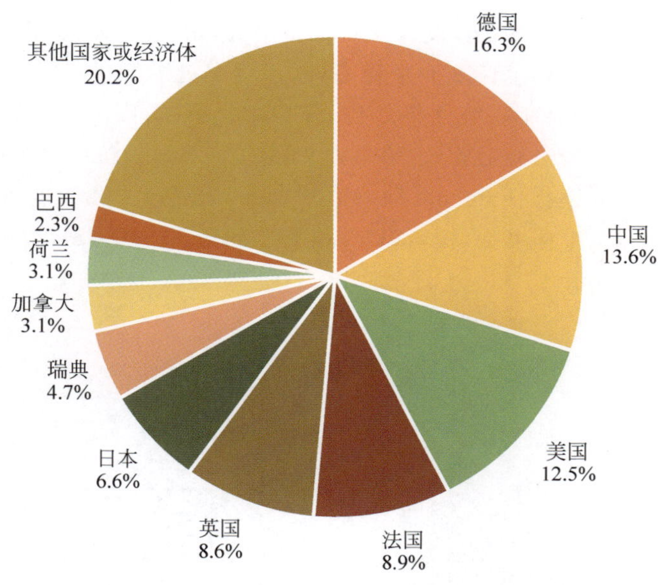

图5-33 ISO技术委员会秘书处国别分布状况

注：数据详见附表5-5。其他国家或经济体包括澳大利亚、挪威、比利时、伊朗、意大利、南非、西班牙、丹麦、韩国、瑞士、印度、马来西亚、奥地利、芬兰、牙买加、肯尼亚、波兰、葡萄牙、俄罗斯、突尼斯、乌克兰；以上各国家或经济体所占比例均小于2.0%。

（2）各国在技术委员会成员国的任职状况

ISO下属的241个技术委员会，共有4803个成员国席位，分布于130个国家，任职数量最多的前20个国家见附表5-6。中国是212个技术委员会的成员国，占技术委员会总数的87.97%，位居第1位，这说明中国在国际标准制定活动中表现积极活跃，在国际标准的制定中发挥着重要的影响力；德国和英国分别是209个和208个技术委员会的成员国，位居第2位和第3位，在国际标准的制定中也具有重要的影响力；任职数量最多的前20个国家中，大部分为发达国家，G8国家中除加拿大以外，全部排名在前8位，如图5-34所示。

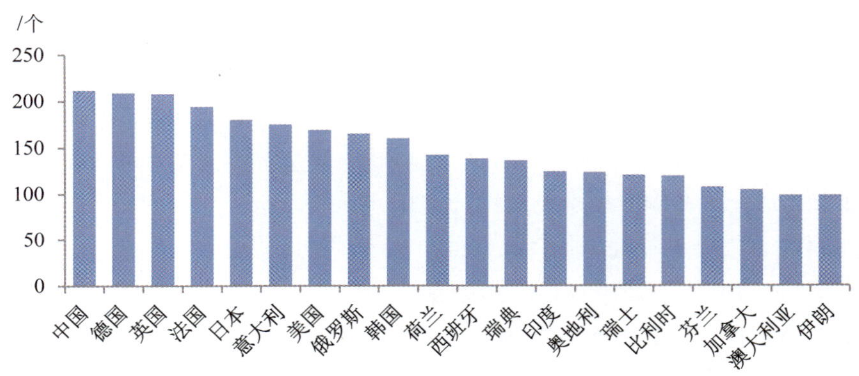

图 5-34 ISO 技术委员会成员国任职数量最多的前 20 个国家

注：数据详见附表 5-6。

2）各国在分技术委员会的任职状况及作用

（1）各国在分技术委员会秘书处的任职状况

ISO 共有 520 个分技术委员会，设有 534 个秘书处，由 31 个国家担任，见附表 5-7。其中，德国、美国、日本和法国共担任 296 个秘书处，占秘书处总数的 55.43%，说明这 4 个国家在整个 ISO 分技术委员会中占有主导地位，发挥着重要的作用。具体排名上，德国遥遥领先于其他国家，担任 103 个秘书处，占秘书处总数的 19.29%，位居第 1 位；美国、日本、法国、英国、中国、意大利分别担任 84、58、51、48、34、20 个秘书处，位于第 2～7 位；加拿大和俄罗斯分别担任 10 和 7 个秘书处，排名第 13 位和并列第 14 位。ISO 分技术委员会秘书处的国别分布如图 5-35 所示。

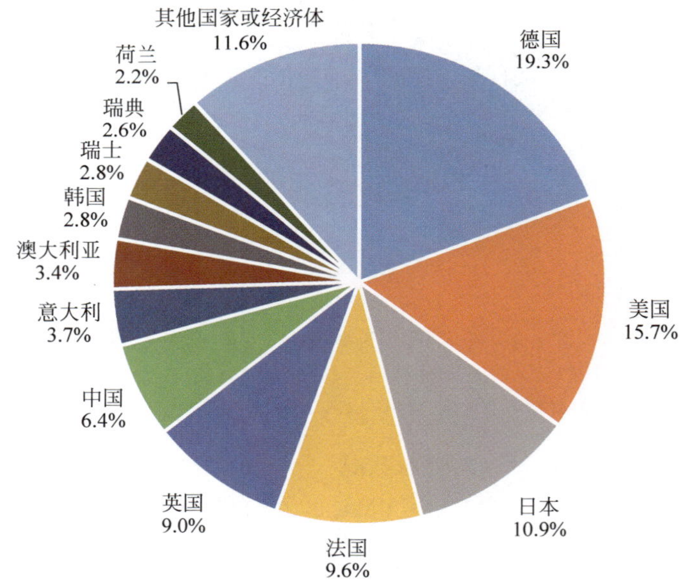

图 5-35 ISO 分技术委员会秘书处国别分布状况

注：数据详见附表 5-7。其他国家或经济体包括加拿大、挪威、俄罗斯、南非、印度、巴西、奥地利、丹麦、芬兰、以色列、马来西亚、土耳其、阿根廷、哥伦比亚、加纳、伊朗、墨西哥、波兰、西班牙；以上各国家或经济体所占比例均小于 2.0%。

（2）各国在分技术委员会成员国的任职状况

ISO下属的520个技术委员会，共有9463个成员国，分布于125个国家，任职数量最多的前20个国家见附表5-8。英国、德国和中国具有很大的影响力，分别是492、489和470个分技术委员会的成员国，位居前3位；任职数量最多的前20个国家中，大部分为发达国家，G8国家中除加拿大以外，全部排名在前8位，如图5-36所示。

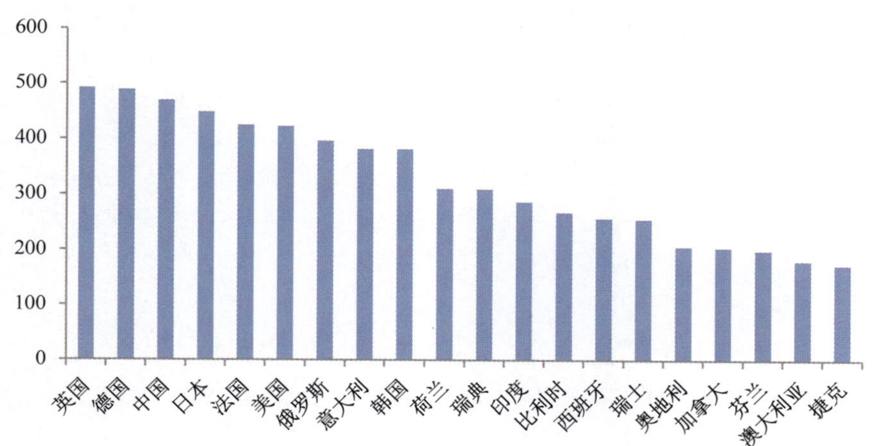

图5-36　ISO分技术委员会成员国任职数量最多的前20个国家

注：数据详见附表5-8。

2. 各领域技术委员会秘书处和成员国状况与作用

1）农业领域任职状况

农业领域有8个技术委员会，设有9个秘书处职位，由巴西、加拿大、法国、德国、伊朗、牙买加、葡萄牙、西班牙和英国9个国家担任，分布很分散，尚无一个国家建立起主导权优势。G8国家中，美国、日本、意大利和俄罗斯在该领域没有担任秘书处职位；中国在该领域也没有担任秘书处职位，说明中国在农业领域各种技术标准制定中还没有把握主导权。

农业领域技术委员会成员国分布在88个国家中，任职数量最多的前20个国家见附表5-9。其中，法国和德国具有很大的影响力，是6个技术委员会的成员国，并列第1位；中国、加拿大、意大利、俄罗斯、英国在5个技术委员会担任成员国，并列第3位，具有一定的影响力。

2）基础化学领域任职状况

基础化学领域共设有14个秘书处职位，由11个国家担任，其中荷兰拥有较大的主导权，担任4个秘书处职位；中国、法国、德国、日本和英国各担任1个秘书处职位；G8国家中，美国、加拿大、意大利和俄罗斯没有担任秘书处职位，缺乏主导权。

该领域成员国分布在56个国家中，任职数量最多的前20个国家见附表5-10。中国是全部12个技术委员会的成员国，名列第1位；德国、韩国和英国是11个技术委员会的成员国，并列第2位；荷兰是10个技术委员会的成员国，列于第5位。前11位国家中，有7个国家来自欧洲，有4个国家来自亚洲，欧洲在基础化学领域的国际技术标准制定中占有举足轻重的作用，而亚洲在该领域的影响力也不容小觑。

3）基础学科领域任职状况

基础学科领域共设有25个秘书处职位，由11个国家担任。其中，英国担任5个秘书处职位，位居第1位，在该领域具有巨大的主导权和影响力；法国和美国担任4个秘书处职位，并列第2位，也具有较大的主导权和影响力；中国担任2个秘书处职位，与德国并列第5位，中国和德国在相关技术的国际标准制定中占有一定的主导权；G8国家中，加拿大和意大利分别担任1个秘书处职位，而日本和俄罗斯在该领域则没有担任秘书处职位。

基础学科领域技术委员会成员国分布在120个国家中，任职数量最多的前20个国家见附表5-11。其中，中国、法国、德国、英国是22个技术委员会的成员国，并列第1位，这说明这几个国家积极参与该领域国际标准的制定，具有较大的影响力；意大利是18个技术委员会的成员国，并列第6位；美国是17个技术委员会的成员国，并列第8位，加拿大、日本、俄罗斯是15个技术委员会的成员国，并列第11位。

4）建筑领域任职状况

建筑领域共设有25个秘书处职位，由14个国家担任，分布较为分散，没有一个国家占有非常明显的优势。英国相对来说拥有较大的主导权，担任5个秘书处职位，位居第1位；比利时、德国和美国担任3个秘书处职位，并列第2位；中国担任2个秘书处职位，与挪威并列第5位，中国在与之相关的技术标准制定中占有主导权；G8国家中，加拿大、法国、意大利、日本担任1个秘书处职位，而俄罗斯在该领域没有担任秘书处。

建筑领域25个技术委员会成员国分布在78个国家中，任职数量最多的前20个国家见附表5-12。其中，中国和德国是全部25个技术委员会的成员国，并列第1位；法国是24个技术委员会的成员国，名列第3位。

5）环境领域任职状况

环境领域共设有20个秘书处职位，由10个国家担任。其中，德国在该领域技术标准的制定中占有较大主导权，共担任6个技术委员会的秘书处职位，位居第1位；法国和巴西担任3个技术委员会的秘书处职位，并列第2位，也有一定的主导权；中国担任2个技术委员会的秘书处职位，位居第4位；加拿大、日本和美国各自担任1个技术委员会的秘书处职位；G8国家中，英国、意大利和俄罗斯在该领域没有担任秘书处职位。

环境领域15个技术委员会的成员国分布在107个国家中，任职数量最多的前20个国家见附表5-13。其中，中国是13个技术委员会的成员国，名列第1位，这说明中国在环境领域技术标准的制定中发挥着非常积极的作用，具有较大的影响力；奥地利、加拿大、法国、德国、英国是12个技术委员会的成员国，并列第2位。其他G8国家中，日本是11个技术委员会的成员国，排名并列第7位；美国是10个技术委员会的成员国，排名并列第11位；意大利是9个技术委员会的成员国，排名并列第15位；俄罗斯是6个技术委员会的成员国，并列第26位。

6）健康和医药领域任职状况

健康和医药领域有21个秘书处职位，由10个国家担任。其中，德国占有较大优势，在该领域的国际标准制定中占有较大的主导权，担任7个技术委员会的秘书处职位，占总数的三分之一，位居第1位；美国担任4个技术委员会的秘书处职位，名列第2位；澳大利亚和丹麦各自担任 2 个技术委员会的秘书处职位，并列第 3 位；中国、英国、加拿大与其他三个国家各自担任 1 个技术委员会的秘书处职位，并列第 5 位。

健康和医药领域 21 个技术委员会的成员国分布在 88 个国家中，任职数量最多的前 20 个国家见附表 5-14。其中，德国在该领域的影响力最大，是全部 21 个技术委员会的成员国，名列第 1 位；中国、英国和美国也有很大的影响力，是 20 个技术委员会的成员国，并列第 2 位。其他 G8 国家中，日本是 19 个技术委员会的成员国，排名并列第五位；法国、意大利是 18 个技术委员会的成员国，排名并列第 10 位；加拿大在 14 个技术委员会中担任成员国，排名第 18 位；俄罗斯在该领域中没有担任成员国。

7）信息处理、图形、摄影和服务领域任职状况

信息处理、图形、摄影和服务领域有 23 个秘书处职位，由 11 个国家担任。其中，美国占有较大优势和主导权，担任 7 个技术委员会的秘书处职位，位居第 1 位；中国在该领域也有一定的主导权，担任 4 个技术委员会的秘书处职位，名列第 2 位；法国担任 3 个技术委员会的秘书处职位，位居第 3 位；德国担任 2 个秘书处职位，排名并列第 4 位；G8 国家中，英国、日本、意大利、加拿大和俄罗斯在该领域没有担任秘书处职位，不占有主导权。

该领域技术委员会的成员国分布在 100 个国家中，任职数量最多的前 20 个国家见附表 5-15。其中，中国、俄罗斯和英国是超过 20 个技术委员会的成员国，在该领域具有较大影响力。中国是 22 个技术委员会的成员国，名列第 1 位；俄罗斯、英国是 20 个技术委员会的成员国，并列第 2 位；德国是 19 个技术委员会的成员国，排在第 4 位；加拿大、法国和日本是 18 个技术委员会的成员国，排在并列第 5 位；美国是 17 个技术委员会的成员国，排在并列第 8 位；意大利是 15 个技术委员会的成员国，排在并列第 12 位。

8）机械工程领域任职状况

机械工程领域共设有 56 个秘书处职位，由 11 个国家担任。其中，德国担任 12 个技术委员会的秘书处职位，排名第 1 位；美国担任 10 个技术委员会的秘书处职位，排名第 2 位；中国担任 9 个技术委员会的秘书处职位，排名第 3 位。这三个国家在超过一半的技术委员会担任秘书处职位，占有较大的主导权。

该领域技术委员会成员国分布在 79 个国家中，任职数量最多的前 20 个国家见附表 5-16。其中，法国、德国、英国是 54 个技术委员会的成员国，并列第 1 位，在该领域国际标准制定中的影响力很大；中国是 51 个技术委员会的成员国，排名第 4 位，影响力也较大；意大利是 49 个技术委员会的成员国，排名第 5 位；日本、美国是 47 个技术委员会的成员国，排名并列第 6 位；俄罗斯是 42 个技术委员会的成员国，排名第 8 位；加拿大是 21 个技术委员会的成员国，并列排名第 18 位。

9）非金属材料领域任职状况

非金属材料领域共设有 8 个秘书处职位，由 6 个国家担任。中国担任 3 个秘书处职位，排名第 1 位，在主导权上具有相对的优势；日本担任 2 个秘书处职位，排名第 2 位；加拿大、马来西亚、印度、西班牙各自担任 1 个秘书处职位，排名并列第 3 位。G8 国家中，美国、英国、法国、德国、意大利和俄罗斯在该领域没有担任秘书处职位。

非金属材料领域 8 个技术委员会的成员国分布在 50 个国家中，任职数量最多的前 20 个国家见附表 5-17。中国、德国和英国影响力较大，是全部 8 个技术委员会的成员国，并列

第 1 位；法国、意大利是 7 个技术委员会的成员国，排名并列第 4 位；日本、俄罗斯和美国是 5 个技术委员会的成员国，排名并列第 10 位；加拿大是 1 个技术委员会的成员国，排名并列第 41 位。

10）矿石与金属领域任职状况

矿石与金属领域共设有 13 个秘书处职位，由 8 个国家担任。中国和日本分别担任 3 个秘书处职位，并列排名第 1 位；法国担任 2 个秘书处职位，排名第 3 位；英国担任 1 个秘书处职位，并列排名第 4 位。美国、德国、意大利、加拿大和俄罗斯在该领域没有担任秘书处职位，没有把握主导权。

该领域技术委员会的成员国分布在 45 个国家中，任职数量最多的前 20 个国家见附表 5-18。其中，中国和日本在该领域技术标准制定中表现非常活跃，是全部 13 个技术委员会的成员国，排名并列第 1 位，具有巨大的影响力；英国是 11 个技术委员会的成员国，排名第 3 位；德国、意大利和俄罗斯是 10 个技术委员会的成员国，并列排名第 4 位；法国和美国是 8 个技术委员会的成员国，和其他两个国家并列排名第 7 位；加拿大是 3 个技术委员会的成员国，和其他 5 个国家并列排名第 23 位。

11）包装和货物配送领域任职状况

包装和货物配送领域共设有 7 个秘书处职位，由 6 个国家担任，分布较为分散，没有一个国家占有明显的主导权优势。其中，英国担任 2 个秘书处职位，排名第 1 位；中国、德国、美国、日本和伊朗各自担任 1 个秘书处职位，并列排名第 2 位；法国、意大利、加拿大、俄罗斯在该领域的技术委员会中没有担任秘书处职位。

该领域技术委员会成员国分布在 47 个国家中，任职数量最多的前 20 个国家见附表 5-19。其中，中国、法国、德国、西班牙、英国是全部 6 个技术委员会的成员国，排名并列第 1 位，说明这 5 个国家在该领域国际标准制定中表现非常积极，具有很大的影响力；俄罗斯是 5 个技术委员会的成员国，排名第 6 位；意大利是 4 个技术委员会、日本和美国是 3 个技术委员会的成员国中担任成员国，分别排名并列第 7 位和并列第 12 位；加拿大不是该领域技术委员会的成员国。

12）特殊技术领域任职状况

特殊技术领域共设有 32 个秘书处职位，由 13 个国家担任。中国和德国分别担任 7 个秘书处职位，共占总数的 43.75%，并列排名第 1 位，说明中国和德国在特殊技术领域的国际标准制定中，占有主导权优势；日本担任 3 个秘书处职位，排名第 3 位；加拿大、法国、英国、美国和南非担任 2 个秘书处职位，并列排名第 4 位；意大利和俄罗斯在该领域的技术委员会中没有担任秘书处职位。

特殊技术领域 28 个技术委员会的成员国分布在 66 个国家中，任职数量最多的前 20 个国家见附表 5-20。其中，中国、英国、德国和日本是该领域超过 90% 的技术委员会的成员国，在该领域技术标准制定中表现积极，影响力很大。中国和英国是全部 28 个技术委员会的成员国，排名并列第 1 位；德国、日本和法国分别是 27 个、25 个和 23 个技术委员会的成员国，排名分别列第 3 位、第 4 位和并列第 5 位；意大利和俄罗斯是 21 个技术委员会的成员国，排名第 7 位；美国和加拿大分别是 18 个和 9 个技术委员会的成员国，排名第 9 位和并列第 19 位。

3. 各领域分技术委员会秘书处和成员国任职状况

1）农业领域任职状况

农业领域设有21个秘书处职位，由12个国家承担。法国和中国分别担任4个秘书处职位，并列排名第1位，在该领域有一定的主导权优势；荷兰、土耳其和英国分别担任2个秘书处职位，并列排名第3位；美国担任1个秘书处职位，排名并列第6位；G8国家中，德国、意大利、日本、加拿大和俄罗斯没有担任秘书处职位，不占主导权。

农业领域分技术委员会成员国分布在85个国家中，见附表5-21。中国、印度和英国是16个分技术委员会的成员国，并列排名第1位，具有很大的影响力；德国和俄罗斯是14个分技术委员会的成员国，排名并列第6名；法国、美国、加拿大、意大利和日本分别是13个、11个、9个、8个和5个分技术委员会的成员国，分别排名并列第10位、并列第13位、并列第19位、并列第25位和并列第29位。

2）基础化学领域任职状况

基础化学领域共设有15个分技术委员会，由9个国家担任秘书处职位，分布相对来说比较分散，没有一个国家建立起明显的比较优势。英国担任3个秘书处职位，排名第1位；澳大利亚、德国、荷兰和南非分别担任2个秘书处职位，巴西、中国、法国和日本担任1个秘书处职位；G8国家中，美国、加拿大、意大利和俄罗斯没有担任该领域的秘书处职位，不占有主导权。

基础化学领域分技术委员会成员国分布在50个国家中，任职数量最多的前20个国家见附表5-22。其中，中国、韩国和荷兰在基础化学领域具有很大的影响力，是全部15个分技术委员会的成员国，并列排名第1位；英国和美国是14个分技术委员会的成员国，并列排名第4位；德国、意大利是12个分技术委员会的成员国，并列排名第6位，日本是11个分技术委员会的成员国，排名第10位；法国和俄罗斯是10个分技术委员会的成员国，并列排名第11位；加拿大是6个分技术委员会的成员国，与其他两个国家并列排名第20位。

3）基础学科领域任职状况

基础学科领域共设有24个分技术委员会，有1个分技术委员会的秘书处职位空缺，其余23个分技术委员会共设有26个秘书处职位，由10个国家承担。其中，德国的主导权优势较为明显，担任6个秘书处职位，排名第1位；中国、英国和美国也具有较大的主导权，担任4个秘书处职位，并列排名第2位；加拿大和日本担任2个秘书处职位，并列排名第5位；G8国家中，法国、意大利和俄罗斯在该领域中没有担任秘书处职位。

基础学科领域24个分技术委员会成员国分布在86个国家中，任职数量最多的前20个国家见附表5-23。英国是全部24个分技术委员会的成员国，排名第1位；德国、俄罗斯是23个分技术委员会的成员国，并列排名第2位；意大利和日本是21个分技术委员会的成员国，并列第4位；美国是20个分技术委员会的成员国，排名第6位；中国是19个分技术委员会的成员国，排名第7位；法国是18个分技术委员会的成员国，排名第8位；加拿大是8个分技术委员会的成员国，与其他5个国家并列排名第21位。

4）建筑领域任职状况

建筑领域共设有46个分技术委员会，有1个分技术委员会的秘书处职位空缺，其余45

个分技术委员会的秘书处职位分布较为集中，由 15 个国家担任。澳大利亚和英国担任 6 个秘书处职位，并列排名第 1 位；日本、挪威和美国分别担任 5 个秘书处职位，并列排名第 3 位；中国、法国和德国分别担任 3 个秘书处职位，并列排名第 6 位；加拿大担任 2 个秘书处职位，并列排名第 9 位；G8 国家中，意大利和俄罗斯在该领域没有担任秘书处职位。

建筑领域 46 个分技术委员会成员国分布在 68 个国家中，任职数量最多的前 20 个国家见附表 5-24。英国、日本和中国在该领域的国际标准制定活动中参与度较高，影响力较大，分别是 45 个、42 个、41 个分技术委员会的成员国，位列前三名；德国、法国、美国、加拿大、俄罗斯，意大利分别是 37 个、35 个、34 个、29 个、28 个、24 个分技术委员会的成员国，分别排名第 4 位、第 5 位、第 7 位、第 8 位、并列第 9 位和第 15 位。

5）环境领域任职状况

环境领域共设有 30 个分技术委员会，32 个秘书处职位，由 10 个国家担任，分布较为集中。其中，德国占有绝对优势，担任 10 个秘书处职位，排名第 1 位；法国、荷兰和美国分别担任 4 个秘书处职位，并列排名第 2 位；中国担任 2 个秘书处职位，排名第 5 位；英国和日本担任 2 个秘书处职位，并列排名第 6 位；加拿大担任 1 个秘书处职位，排名并列第 8 位；G8 国家中，意大利和俄罗斯在该领域里没有担任秘书处职位。

环境领域 30 个分技术委员会的成员国分布在 88 个国家中，任职数量最多的前 20 个国家见附表 5-25。德国和日本是 30 个分技术委员会的成员国，并列排名第 1 位，具有很大的影响力；法国、英国是 29 个分技术委员会的成员国，并列排名第 3 位；意大利和中国分别是 26 个和 24 个分技术委员会的成员国，排名并列第 6 位和并列第 9 位；加拿大和俄罗斯是 23 个分技术委员会的成员国，并列排名第 11 位；美国是 22 个分技术委员会的成员国，并列排名第 13 位。

6）健康和医药领域任职状况

健康和医药领域共设有 41 个分技术委员会，由 12 个国家承担秘书处职位，分布较为集中；美国和德国在该领域实力较强，占有主导权，共在 17 个分技术委员会担任秘书处职位，占该领域总数的 41.46%。美国、德国、日本、英国和法国分别担任 9 个、8 个、6 个、5 个和 2 个秘书处职位，排名前 5 位；意大利、加拿大、俄罗斯和中国没有担任秘书处职位，不占有主导权。

健康和医药领域 41 个分技术委员会的成员国分布在 49 个国家中，任职数量最多的前 20 个国家见附表 5-26。其中，德国、英国、瑞典、比利时和日本在 90%以上的分技术委员会担任秘书处职位，说明这些国家在该领域国际标准制定中积极参与，具有很大的影响力。具体排名上，德国和英国是全部 41 个分技术委员会的成员国，并列排名第 1 位；日本、中国、意大利、美国分别是 37 个、36 个、35 个、34 个分技术委员会的成员国，分别排名第 5 位、并列第 6 位、第 8 位、第 9 位；加拿大和法国是 30 个分技术委员会的成员国，排名并列第 11 位；俄罗斯是 29 个分技术委员会的成员国，排名并列第 14 位。

7）信息处理、图形、摄影和服务领域任职状况

信息处理、图形、摄影和服务领域共设有 34 个分技术委员会，由 10 个国家担任秘书处职位。美国具有绝对优势，担任 12 个秘书处职位，排名第 1 位，占有明显的主导权；德国和日本分别担任 5 个秘书处职位，排名并列第 2 位；英国担任 4 个秘书处职位，排名第 4 位；

加拿大和法国分别担任 1 个秘书处职位，排名并列第 7 位；意大利、俄罗斯和中国没有担任秘书处职位，不具备主导权。

该领域的成员国分布在 78 个国家中，任职数量最多的前 20 个国家见附表 5-27。其中，中国、日本、英国和美国在该领域的分技术委员会中具有很大的影响力，是 33 个分技术委员会的成员国，排名并列第 1 位；俄罗斯、德国、法国、意大利、加拿大分别是 32 个、31 个、29 个、26 个、25 个分技术委员会的成员国，分别排名并列第 5 位、第 7 位、第 8 位、第 9 位、并列第 10 位。

8）机械工程领域任职状况

在国际标准化组织中，机械工程领域拥有的分技术委员会最多，高达 189 个，共设有 193 个秘书处职位，由 19 个国家担任，集中度较高。德国占据明显优势，在该领域国际标准制定中占有主导权，共担任 54 个秘书处职位，排名第 1 位；美国和法国也有比较大的优势，分别担任 34 个和 24 个秘书处职位，排名第 2 位和第 3 位；意大利、日本、英国、中国、俄罗斯、加拿大分别担任 18 个、14 个、11 个、7 个、6 个、1 个秘书处职位，排名第 4 位、第 5 位、第 6 位、第 7 位、并列第 8 位、并列第 13 位。

该领域的成员国分布在 68 个国家中，任职数量最多的前 20 个国家见附表 5-28。德国、英国和中国分别是 185 个、178 个和 172 个分技术委员会的成员国，排名前 3 位，具有很大的影响力；法国、美国、日本、意大利和俄罗斯分别是 169 个、159 个、158 个、151 个和 134 个分技术委员会的成员国，排名第 4～8 位；加拿大是 56 个分技术委员会的成员国，并列排名第 18 位。

9）非金属材料领域任职状况

非金属材料领域有 23 个分技术委员会，共设有 27 个秘书处职位，由 12 个国家承担，分布比较分散，没有一个国家占据非常明显的优势，但与其他领域不同的是，亚洲国家表现比较突出，排在前四位的均是亚洲国家，共担任 15 个秘书处职位，占总数的 55.56%。日本、中国、印度和韩国分别担任 5 个、4 个、3 个、3 个秘书处职位，排名前 4 位；法国、德国和马来西亚分别担任 2 个秘书处职位，并列排名第 5 位；加拿大担任 1 个秘书处职位，并列排名第 8 位；G8 国家中，美国、意大利和俄罗斯没有担任该领域分技术委员会的秘书处职位。

该领域的成员国分布在 46 个国家中，任职数量最多的前 20 个国家见附表 5-29。德国、印度和意大利的影响力最大，是全部 23 个分技术委员会的成员国，并列第 1 位；英国和美国是 22 个分技术委员会的成员国，并列排名第 4 位；中国、法国和日本是 20 个分技术委员会的成员国，并列排名第 9 位；俄罗斯、加拿大分别是 19 个和 5 个分技术委员会的成员国，排名并列第 12 位和并列第 30 位。

10）矿石与金属领域任职状况

矿石与金属领域共设有 36 个分技术委员会，由 12 个国家担任秘书处职位。日本优势较大，担任 8 个秘书处职位，排名第 1 位；法国、德国和美国分别担任 5 个秘书处职位，并列排名第 2 位；中国担任 4 个秘书处职位，排名第 5 位；意大利和英国分别担任 1 个秘书处职位，并列排名第 8 位；加拿大和俄罗斯没有担任秘书处职位。

该领域的成员国分布在 41 个国家中，任职数量最多的前 20 个国家见附表 5-30。其中，中国、德国和日本是90%以上的分技术委员会的成员国，在该领域分技术委员会国际标准制定活动中的影响力很大。中国、德国、日本和英国分别是36个、34个、33个和32个分技术委员会的成员国，排名前4位；意大利和俄罗斯是29个分技术委员会的成员国，并列排名第5位；法国、美国和加拿大分别是28个、22个和4个分技术委员会的成员国，排名第8位、第10位和并列第27位。

11）包装和货物配送领域任职状况

包装和货物配送领域共设有6个分技术委员会，有1个分技术委员的秘书处职位为空缺，其余5个分技术委员会共设有6个秘书处职位，由5个国家担任，分布较为分散，没有一个国家占有明显优势。英国担任2个分秘书处职位，排名第1位；法国、德国、中国和瑞典分别担任1个秘书处职位，并列排名第2位；美国、日本、意大利、加拿大和俄罗斯在该领域的中没有担任秘书处职位。

该领域的成员国分布在35个国家中，任职数量最多的前20个国家见附表5-31。其中，法国、德国、荷兰、南非、西班牙和英国是全部6个分技术委员会的成员国，排名并列第1位，具有很大的影响力；中国、日本和美国是5个分技术委员会的成员国，并列排名第7位；俄罗斯、意大利分别是4个和3个分技术委员会的成员国，排名并列第11位和并列第15位；加拿大不是该领域的分技术委员会的成员国。

12）特殊技术领域任职状况

特殊技术领域共设有58个秘书处职位，由15个国家担任。日本和美国具有比较明显的优势，占有主导权，分别担任10个秘书处职位，排名并列第1位；瑞士、德国、英国、法国、中国分别担任8个、7个、6个、4个、3个秘书处职位，排名第3～7位；加拿大、意大利和俄罗斯分别担任1个秘书处职位，并列排名第10位。

该领域成员国分布在54个国家中，任职数量最多的前20个国家见附表5-32。日本具有很大的影响力，是54个分技术委员会的成员国，排名第1位；中国和德国是53个分技术委员会的成员国，排名并列第2位；俄罗斯和英国是52个分技术委员会的成员国，排名并列第4位；美国、法国、意大利、加拿大分别是47个、38个、24个、10个分技术委员会的成员国，排名并列第6位、并列第8位、第11位和并列第25位。

5.4.3 中国学者在国际民间科技组织的任职情况

1. 中国学者在国际科技类组织中的任职情况

国际科技类学术组织是展示各国国际科技影响力和地位的重要舞台，也是科学家参与国际事务的重要平台。通过分析中国学者在国际科技类学术组织的任职情况，可以反映中国科学家参与国际学术活动的情况。

专栏5-3 国际科技学术组织

国际科技学术组织需同时满足三个条件：一是成员构成具有国际化或区域化特征；二是在全球或一定区域内开展常规化活动；三是在全球或区域内组织发表科技宣言、制定科技标准、促进科技合作、组织高质量学术会议、出版高水平科技文献、培训高素质科技人才等方面发挥作用。“任职”是指在国际科技类学术组织中承担管理职能，如担任主席、副主席、秘书长、理事，各类执行委员会委员等职位，不包括会员、院士等，统计范畴涵盖国际科技类学术组织的二级和分支机构。

本次调查，课题组在自然科学和工程领域主要的259个学科(不包括人文社会科学)领域中检索了410个主要的国际科技类学术组织。本部分的主要发现均基于这次检索结果。

总体上看，中国学者在国际科技类学术组织的任职已具备一定的覆盖面。截止到2016年，在410个主要的国际科技类学术组织中，有275个组织有中国学者任职，占67.1%。从领域看，在涉及自然科学和工程领域的259个学科中，有289名中国学者任职，领域覆盖24个学科大类，259个二级学科小类，其中医学是中国学者任职的主要学科领域。任职人数排名前三的分别是医学类(58人，占18.4%)、地球与行星科学类(31人，占9.8%)、环境科学类(28人，占8.9%)。数学、物理、化学、材料、能源、工程、计算机等学科任职学者比率低于4%。中科院学者在全部任职人数中占比最高，为24.8%。

中国学者在主要学术组织担任核心关键职位的比例较低。例如，中国学者在国际科技类学术组织担任主席①级别职位的学者共30人，在所有任职主席级别岗位学者中占8.3%，同期美国学者占29.1%，英国学者占10.0%，日本学者占6.9%，德国学者占3.6%，印度学者占1.9%；担任副主席级别职位的学者共43人，占9.2%，同期美国学者占29.2%，英国学者占8.6%，日本学者占6.4%，德国学者占4.5%，印度学者占2.1%；担任秘书长级别职位的学者共17人，占7.0%，同期美国学者占30.2%，英国学者占6.6%，日本学者占4.1%，德国学者占3.7%，印度学者占2.1%；担任执委会主任级别职位的学者共8人，占5.0%，同期美国学者占32.9%，英国学者占9.3%，日本学者占6.8%，德国学者占2.5%，印度学者占1.2%。总体而言，中国学者在上述四类核心岗位任职的人数还偏少，尽管与英、德、日三国相比略占优势，与印度相比有显著优势，但和美国仍有明显差距。

中国学者在基础性和前沿性学科领域的学术组织中担任核心关键岗位的比例较低。基础学科领域中，诸如数学领域组织中任职人数为3人，占3.1%；物理和天文学领域任职人数为1人，仅占1.0%；化学领域则没有学者担任关键职位职务。若干与尖端科技密切关联的学科领域中，诸如计算机领域组织任职人数为3人，占3.1%；材料和能源学科领域均为各1人任职，仅占1.0%；工程学科、经济类和商业会计类也没有中国学者在关键职位任职。总体而言，中国学者在国际科技类学术组织中任职核心职位的主要学科领域是：地球与行星科学(14人，在所有核心职位任职中国学者中占14.3%)、环境科学(12人，占12.2%)和农业和生物科学(11人，占11.2%)等。

2. 全国学会在国际民间科技组织任职情况

截至2016年，中国科协所属全国学会共207家，约占中国科技类社会组织的70%以上。根据2016年对中国科协所属的207家全国学会在所加入的国际民间科技组织中任

① “核心关键职位”主要统计各类学术组织的一级机构，主要包括主席、副主席、秘书长、执委会主任等核心关键职位任职人员。

职的调查[①]，207 家全国学会加入了 290 个核心和重要的国际民间科技组织[②]，全国学会在已加入的核心或重要国际民间科技组织中的地位越来越重要，并且在某些领域位居前列。

调查数据显示，全国学会共计有 26 名学者在国际民间科技组织中担任主席职务（见附表 5-33），全国学会共计有 170 人次在国际民间科技组织中任职（见附表 5-34）。

按照全国学会理科、工科、农科、医科、交叉学科五大领域来划分，对全国学会在国际民间科技组织任职的学科领域进行了分析，从学科领域的分布情况来看，任职学者人次最多的是医学（58 人，占 34%）和工科领域（56 人，占 33%），其次是理科领域（37 人，占 22%），农科领域（14 人，占 8%）和交叉学科领域（5 人，占 3%）任职人次相对较少（见表 5-7）。

表 5-7　全国学会在国际民间科技组织任职的学科领域分析

（按照全国学会的学科领域划分）

序　　号	学 科 领 域	人　　次
1	理科	37
2	工科	56
3	农科	14
4	医科	58
5	交叉学科	5

5.5　科研产出的经济效应

科研产出的经济效应分析，是从促进经济社会发展的角度衡量科研产出的影响。2005 年国务院发布的《国家中长期科学和技术发展规划纲要（2006—2020 年）》提出，到 2020 年中国对外技术依存度降低到 30%，科技进步贡献率达到 60%以上，将技术对外依存度和科技进步贡献率作为反映中国科研产出经济效应的主要评价指标。本节将分别分析 2000—2015 年中国技术对外依存度和科技进步贡献率的变动情况。

5.5.1　对外技术依存度

在技术市场中，国家的对外技术依存度反映一国对技术引进的依赖程度。中国中长期科技发展规划战略研究中，计算中国对外技术依存度的公式为

技术依存度（%）＝技术引进经费/（R&D 经费＋技术引进经费）[③]　　(1)

一般而言，一国的对外技术依存度较高，表明该国对国外技术的依赖程度较高；反之，技术依存度较低，则表明该国对技术引进的依赖程度较低。结合 R&D 强度等指标，可以判

① 调查统计数据时间截至 2016 年 9 月 1 日。

② 本次调研的国际民间科技组织范围是全国学会确定的在其学科领域内核心级别和重要级别的国际组织，一般性的国际民间科技组织不在研究之列。

③ 原始的公式为：技术依存度（%）＝技术引进经费/（R&D 经费＋技术引进经费－技术出口经费），由于目前中国没有技术出口经费的统计数据，且在中国的技术出口量很少，所以在规划的测度公式中将技术出口经费忽略为零。随着国际技术收支统计的逐步完善，计算公式中应当考虑技术出口的影响。

断国家的自主创新能力：对外技术依存度低且研发强度高，表明该国具有较高的自主创新能力；对外技术依存度高且研发强度高，表明该国在大量引进技术的同时进行了高强度研发，技术学习的能力较强；对外技术依存度低研发强度低，表明该国研发能力低，同时无法获得国外的现金技术；对外技术依存度高而研发强度低，表明该国的自主创新能力较低，对国外技术具有高度依赖性(见表 5-8)。

表 5-8 自主创新能力分析表

技术自主率	研发强度高	研发强度低
技术自主率高(对外技术依存度低)	自主创新能力强	自主研发能力低，引进技术少
技术自主率低(对外技术依存度高)	技术学习能力提升	自主研发能力低，主要依靠引进国外技术

注：资料来源于高昌林，如何理解对外技术依存度指标[J]，《科技管理研究》，2008，9：85-86.

依据公式(1)，本节测算了 2001—2015 年中国的对外技术依存度，其中技术引进经费使用国外技术引进合同金额中的技术费①，R&D 经费使用全国 R&D 经费内部支出额。由图 5-37 可以看出：①2001—2015 年，中国对外技术依存度快速下降。2002 年，中国对外技术依存度高达 48%，2004 年逐步下降为 29%，提前完成《规划纲要》提出的"2020 年技术依存度低于 30%"的目标。2009 年中国对外技术依存度进一步下降为低于 20%，并于 2015 年达到 11%。②中国对外技术依存度的快速下降，伴随着 R&D 支出强度的不断提升，自主创新能力不断增强。2001 年，中国的 R&D 支出强度为 0.94%，R&D 经费支出占 GDP 的比重不足 1%。随着中国研发经费投入的不断增加，R&D 支出强度逐年上升，并于 2014 年首次超过 2%，达到 2.02%。2015 年，中国 R&D 支出强度为 2.07%。中国对外依存度

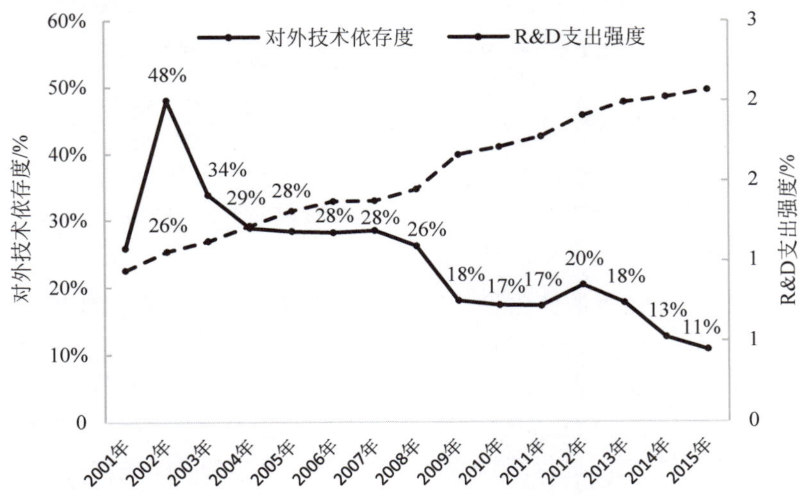

图 5-37 中国对外技术依存度与 R&D 支出强度变化(2001—2015 年)

注：资料来源于作者根据公式(1)测算，原始数据来自各年度《中国科技统计年鉴》。

① OECD 公布的国际技术贸易额数据，为国家间进行的具有独立形态、可以单独进行转移的技术贸易活动金额，例如专利权的转让、使用、技术许可和相关的技术服务等(Main Science and Technology Indicators，OECD，2015)。为在国际比较过程中与 OECD 数据的口径一致，本节使用技术引进合同金额中的技术费作为中国的技术引进经费，暂不包括技术引进合同中的设备费。

和 R&D 支出强度的反向变动趋势反映出，中国自主创新能力不断提升。2008 年以前，中国研发强度不足 1.5%，尚处于较低水平。经济快速发展阶段需要大量引进技术，对外依存度处于接近 30%的较高水平。之后，中国科技发展进入跃升期，研发强度快速提高，对外技术依存度逐步下降，技术学习能力大幅度提升，自主创新能力不断增强。

比较 2000—2015 年，中国和美国、日本、韩国、德国、英国、俄罗斯、加拿大七国的对外技术依存度变动（见图 5-38），可以看出：①除中国外，各国对外技术依存度均相对稳定。其中，英国和德国的对外技术依存度相对较高，大致为 30%左右。其次是韩国和美国，基本保持在 10%～15%的水平，美国在近五年有小幅上升。日本、俄罗斯和加拿大的对外技术依存度相对较低，大致为 5%左右。②近十五年，中国对外技术依存度的变化体现为不同层级的跃迁。2003 年以前，中国的对外技术依存度明显高于 30%，与发达国家差距较大。2004 年下降到 30%以下，与英国和德国的对外技术依存水平相当。2009 年，中国对外技术依存度进一步下降到 20%以下，接近美国和韩国的对外技术依存水平。目前，中国对外技术依存度仍有进一步下降的趋势。

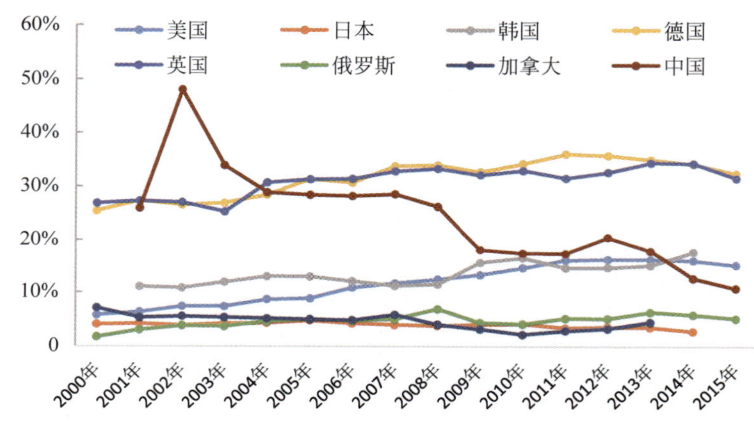

图 5-38　部分国家对外技术依存度变化（2001—2015 年）

注：资料来源于作者根据公式（1）的测算，原始数据来自 OECD 数据库“主要科技指标”（Main Science and Technology Indicators）。

结合各国 R&D 支出强度的变化（见图 5-39），可以看出：①日本、美国和韩国的自主创新能力相对较高，其 R&D 支出强度均为 3%左右，处于较高水平，而对外技术依存度基本为 10%以下，对国外引进技术的依存度较低。②德国属于比较明显的技术学习能力较强国家，其对外技术依存度一致保持在 30%左右，同时 R&D 支出强度与美国基本一致，反映出德国不断引进国外技术并同时进行高强度自主研发的特征。③与上述自主创新强国相比，中国的自主创新能力在近十五年实现了明显提升，但仍有较大的进步空间。

5.5.2　科技进步贡献率

经济增长的来源大致分为两种，一是生产要素投入量的增长，二是生产过程中投入品转化为产出品的效率提高。科技进步对经济增长的贡献率，就是从产出增长中扣除劳动力和资金投入数量增长的份额后，生产率提高对经济增长的贡献水平。与依靠生产要素投入驱动经济的“外延式”增长相对，依靠科技进步驱动的经济增长，为“内含式”的经济增长方

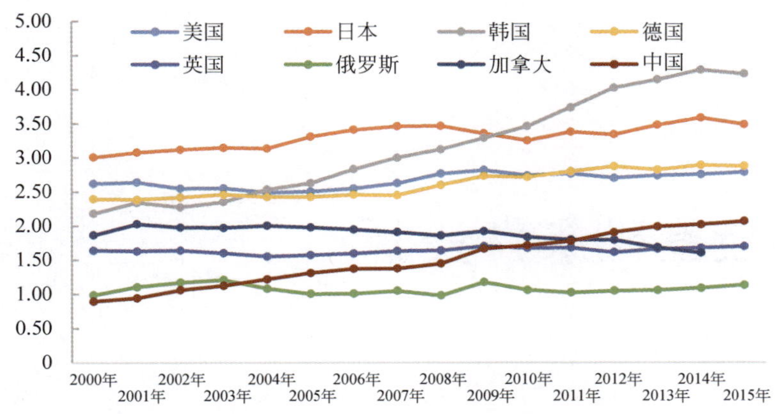

图 5-39 部分国家 R&D 支出强度变化(2001—2015 年)

注：资料来源于 OECD 数据库“主要科技指标”(Main Science and Technology Indicators)。

式。科技进步贡献率是沟通科技事业发展和经济增长的桥梁，是反映中国经济增长质量提高和发展方式转变的重要指标。

1999—2015 年，中国科技进步贡献率逐年提高，接近《规划纲要》提出的 2020 年贡献率达到 60%的目标。如图 5-40 所示，1999—2004 年，中国科技进步贡献率为 42.2%，2005—2010 年该贡献率达到 50.9%，经济增长中有 50%来自科技进步。2010—2015 年，中国科技进步对经济增长的贡献率进一步提高，达到 55.3%。

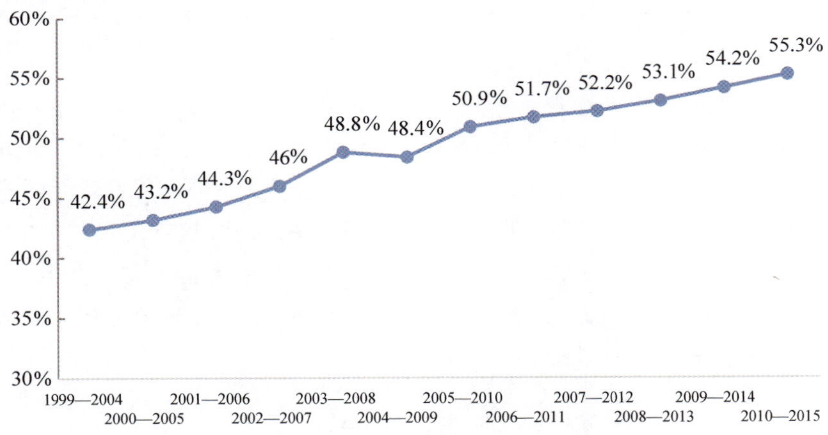

图 5-40 中国科技进步贡献率(2001—2015 年)

注：资料来源于 2016 年《中国科技统计年鉴》。

第6章

CHAPTER 6

国家科技基础条件资源

本章导读

科技基础条件是支撑科技进步和创新的重要基础，是抢占科技制高点、提高国家科技竞争力的关键因素之一。中国科技基础条件资源是指在科技活动中能提供的物质、人才、资金、政策、环境等的总称，主要包括科学仪器与设施、生物种质与实验材料，科技信息资源主要包括科学数据和科技文献等。拥有相当规模、高质量的科技基础条件资源，并通过科学高效的管理手段实现与科技人才、资金的合理匹配，是开展高水平科技创新活动、产生原创性科技成果的必要条件。

本章依据科技基础条件资源调查和重大科研基础设施专项调查数据，系统分析了中国近年来科技基础条件资源的建设和发展状况。本章共分为三个部分，第一部分主要介绍大型科研仪器的建设与利用情况，从仪器数量、分布区域、资金来源、自主创新等角度介绍大型科研仪器的发展情况，以及大型科研仪器开放共享的政策、机制和成效；第二部分主要介绍中国重大科研基础设施的发展状况和开放成效；第三部分主要介绍科学数据发展情况，从战略部署、数据规模、数据内容、数据质量、数据中心建设、数据科学发展以及数据资源整合服务能力等方面展示中国科学数据资源发展的全景图。

本章要点

1. 中国大型科研仪器建设投入持续增加。

截至2014年底，中国高校和科研院所原值50万元及以上大型科研仪器总量为61251台/套，原值合计868.8亿元。

2008—2014年，大型科研仪器数量年均增长率为16.4%。

2. 重点高校大型科研仪器快速发展。

截至2014年底，985、211高校原值50万元及以上大型科研仪器总量达1.5万台/套和2.3万台/套，原值分别超过211亿元和308亿元，在国内高校中整体优势明显，大型科研仪器数量分别占到全国高校的42.3%和64.7%，原值总额分别占到46.5%和67.8%。

中国14所高校拥有光刻机、扫描显微镜、蚀刻仪等大型科研仪器总计675台/套，美国14所高校超过1100台/套，中美两国在纳米领域大型科研仪器数量上基本处于同一量级。

3. 中国科学院在科学仪器的建设方面一直保持着国内最高水平。

2014年，中国科学院下属117家科研机构所拥有的原值50万元及以上的大型科研仪器总量为10777台/套，占科研院所大型仪器总量的38.7%；原值总额为196.0亿元，占科研院所大型仪器原值总额的44.1%。

4. 大型科研仪器是国家重点实验室技术水平的重要标志。

近年来，在国家科技计划经费和重点实验室专项经费的支持下，实验室科研仪器建设得到了快速发展。2014年，重点实验室专项经费30.45亿元，其中仪器设备购置和升级改造经费8.58亿元。

在专项经费的支持下，中国的国家重点实验室已成为集聚高水平科研人才团队和优质科技创新资源的聚集地，使得中国成为具有国际先进水平创新平台的主要国家之一。

5. 科研仪器自主创新取得显著成效。

航空航天领域的大型科研仪器的国产化比例由2010年的36.4%提升至2014年的43.6%。

以高铁技术为代表的现代交通领域，国产科研仪器比重由2010年的38.9%提升至2014年的47.9%。

海洋领域的科研仪器的国产化比例由2010年的26.7%提高至2014年的43.5%。

6. 大型科研以及开放率不断提高。

2008—2014年，实现开放共享的大型科研仪器的数量由1.8万台/套增加到5.2万台/套，大型科研仪器开放率由76.9%提高至85.7%。

截至2014年底，实现对外开放共享的大型科研仪器数量已达3.2万台/套，对外开放率为52.0%。

7. 跨省域开放共享逐渐发展。

2010—2014年，中国大型科研仪器实现跨省域开放共享的比例逐年增加，从2010年的8.1%增加到了2014年的13.7%。

8. 为企业服务仍有较大提升空间。

高校和科研院所大型科研仪器总服务机中80.1%用于支撑本单位内部的科研活动，7.6%用于支撑其他高校和院所的科研活动，6.0%用于支撑企业的研发测试工作。

从仪器数量上看，约三分之二大型科研仪器只用于支撑高校和科研院所科研活动；约三分之一的大型科研仪器支撑了企业的研发测试工作。

9. 各地区促进仪器开放共享的激励引导机制不断创新。

2016年，京沪鲁浙四省市共向近万家中小微企业及创新团队发放创新券7.6亿元，其中用于科研仪器开展的检验检测、合作开发等服务占50%以上，累计为企业节约仪器购置成本达数十亿元。四省市对外开放共享的科研仪器数量不断增加，相较创新券政策实施前，新增加共享科研仪器设备2万余台/套。

2016年，北京市接受创新券对外开放服务的各类实验室由最初的398家增加到目前的577家，新增对外开放科研仪器设备8000多台。

浙江省新增约2000台/套价值30万元以上的科研仪器设备融合到浙江省科技创新云服务平台，推动全省大型科学仪器设备整体使用机时和共享率均提高了5%。

10. 重大科研基础设施建设势头强劲。

截至2016年底，中国高校和科研院所建成运行和正在建设的国家重大科研基础设施共58项，其中已建成验收的45项，正在建设的13项。

在已建设验收的42项重大科研基础设施中，专用设施为21项，通用设施为21项。

11. 科学数据规模不断扩大，在多个领域呈爆发式增长。

2015年，中国科学数据规模蓬勃发展，数据资源数量以前所未有的速度呈爆发式增长。高能物理、天文、地球系统、资源环境、遥感等领域的数据以观测监测数据为主，其数据增长主要来自于传感器的广泛部署与应用，使得数据量的增长尤为迅速。

地球系统科学领域，依托国家地球系统科学数据共享平台，集成了包括极地、冰冻圈、地球物理、土壤等多个与地球系统相关的数据资源，规模达138TB，且仍处于逐年扩容阶段。

地震领域目前已经形成了100多个覆盖多学科、多门类的地震数据集，迄今共享的地震科学资源已累积超过300TB。

中国在2013年前存档的遥感卫星数据达到3PB，而目前在轨的民用航天平台每年实际产生数据超过3PB。

12. 科学数据管理的信息化程度显著提高。

当前，中国近90%的重大科研基础设施实现了科研数据的自动化采集，70%以上实现了自动录入网络传输。

部分科研设施开发了专用传输系统，如大亚湾反应堆中微子实验根据实际需求，实验组内自主开发了科学实验数据传输系统(SPADE)，满足大亚湾实验数据采集、传输、分发的自动化运行，并通过网络进行传输。

根据科技部、财政部联合开展的全国科研基地建设情况调查显示，截至2015年5月19日，共有29个国务院直属机构和31个省(自治区，直辖市)提交了科研基地调查表共15460份。经过数据处理、查重和鉴别分析，共有国家级科研基地910个。本章对上报的910个国家级科研基地的调查结果展开数据分析，并以此为依据测算整体情况。

6.1 大型科研仪器

调查显示，截至2014年底，2200余家高校和科研院所拥有50万元以上大型科研仪器总数为6.1万台/套。

6.1.1 大型科研仪器的建设与利用

1. 大型科研仪器的建设水平

1) 仪器规模

近年来，中国大型科研仪器建设投入持续增加，高校和科研院所的大型科研仪器规模持续快速增长。截至 2014 年底，中国高校和科研院所原值 50 万元及以上大型科研仪器总量为 61251 台/套，原值合计 868.8 亿元；2008—2014 年，大型科研仪器数量年均增长率为 16.4%。截至 2014 年底，原值 50 万元及 500 万元以上的大型科研仪器数量达到 1438 台/套，较 2008 年增长了 1.5 倍（见图 6-1，图 6-2）。尤其是进入“十二五”时期，仪器建设明显加快，“十二五”前四年，中国高校和科研院所新增仪器 20856 台/套，四年新增数量几乎相当于“十五”和“十一五”期间 10 年的建设总量。以扫描电子显微镜、透射电子显微镜、核磁共振设备为代表的高端仪器快速增长，中国科研仪器整体水平与发展速度已位于世界前列。

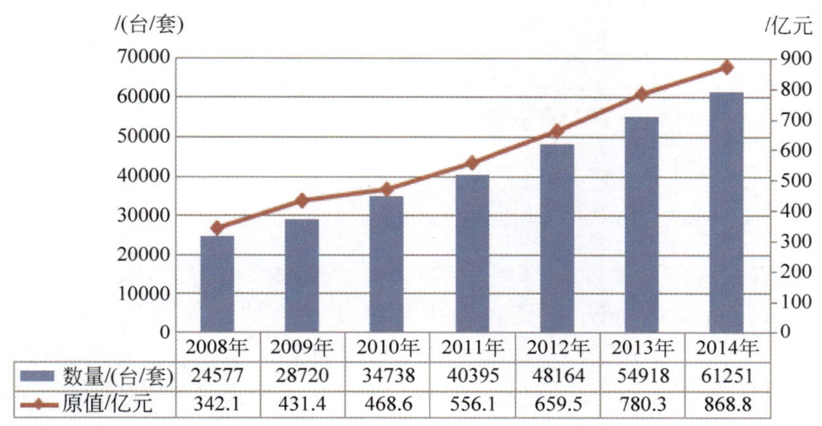

	2008年	2009年	2010年	2011年	2012年	2013年	2014年
数量/(台/套)	24577	28720	34738	40395	48164	54918	61251
原值/亿元	342.1	431.4	468.6	556.1	659.5	780.3	868.8

图 6-1 原值 50 万元及以上的大型科研仪器数量（2008—2014）

注：数据详见附表 6-1。

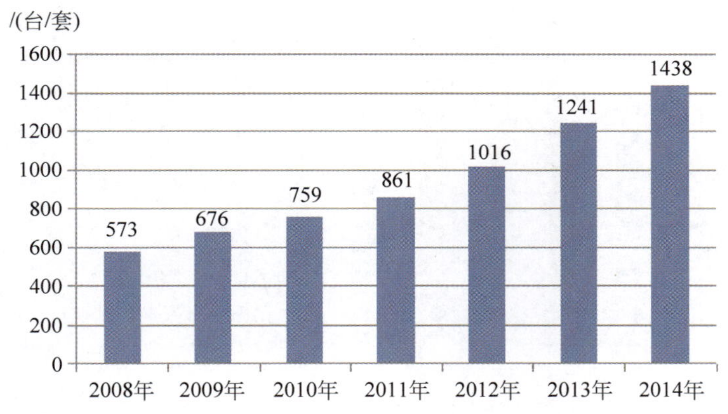

图 6-2 原值 500 万元以上的大型科研仪器数量（2008—2014）

注：数据详见附表 6-2。

2）区域分布

中国不同区域在经济发展水平、科技投入强度、科技资源禀赋等方面存在明显差异，大型科研仪器建设分布很不均衡。京津冀与长三角合计拥有全国大型科研仪器总量的一半以上，具有明显的优势。2014 年，京津冀原值 50 万元及以上大型科研仪器数量 18008 台/套，占全国的 29.4%；长三角地区达 14452 台/套，占全国的 23.6%；西北地区大型仪器数量相对较少，仅占全国的 6.7%（见图 6-3）。

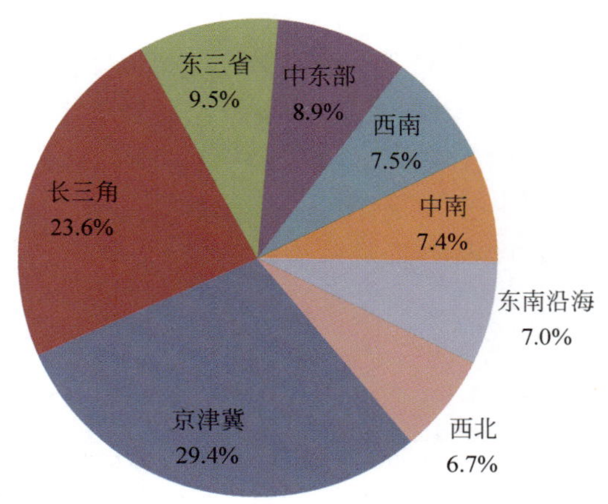

图 6-3 大型科研仪器区域分布（2014 年）

注：数据详见附表 6-3。

近年来，随着振兴东北老工业基地、西部大开发等战略的实施，东三省、西南区域不断加强高校和科研院所学科建设，进而推动大型科研仪器的高速发展。调查显示，2008—2014 年，西南地区原值 50 万元及以上大型科研仪器数量由 1233 台/套增加到 4624 台/套，年均增长率全国最高，达到 24.8%；东三省由 2046 台/套增加到 5791 台/套，年均增长率为 19.0%，位居第二位，都明显高于全国 16.4%的平均增长速度（见图 6-4）。

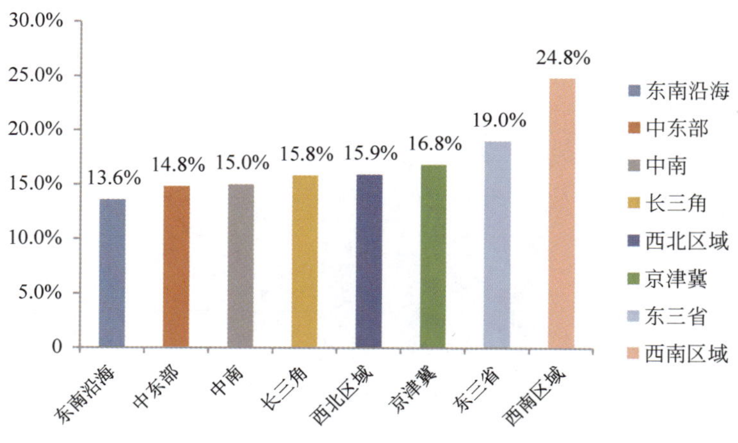

图 6-4 不同区域大型科研仪器增长速率（2008—2014 年）

注：数据详见附表 6-4。

3）仪器类型

大型科研仪器按用途可以分为分析仪器、物理性能测试仪器、计量仪器、电子测量仪器、海洋仪器、地球探测仪器、大气探测仪器、特种检测仪器、激光器、工艺试验仪器、计算机及其配套设备、天文仪器、医学科研仪器、核仪器、其他仪器等 15 类。调查数据显示，截至 2014 年底，分析仪器为 27622 台/套，占中国大型科研仪器总量的 45.1%（见图 6-5）。分析仪器主要包括 X 射线仪器、光谱仪器、色谱仪器等 12 类，广泛应用于科学研究各个领域（见

表 6-1)。数量占比排在第二、第三位的分别为:工艺实验设备 6808 台/套,占比 11.1%;物理性能测试仪器 5167 台/套,占比 8.4%。

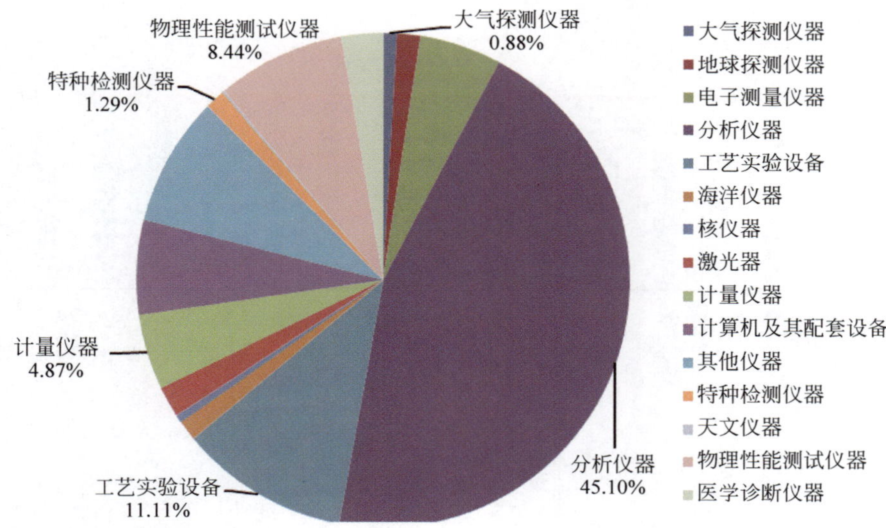

图 6-5 按类型分大型科研仪器总数占比(截至 2014 年底)

注:数据详见附表 6-5。

表 6-1 分析仪器分布(2010—2014 年)

分析仪器	2010 年		2012 年		2014 年	
	数量/(台/套)	占比	数量/(台/套)	占比	数量/(台/套)	占比
X 射线仪器	966	6.4%	1229	5.6%	1576	5.7%
波谱仪器	428	2.8%	543	2.5%	673	2.4%
电化学仪器	93	0.6%	190	0.9%	421	1.5%
电子光学仪器	1282	8.4%	2143	9.8%	2188	7.9%
光谱仪器	2312	15.2%	3055	13.9%	3848	13.9%
环境与农业分析仪器	355	2.3%	687	3.1%	834	3.0%
热分析仪器	565	3.7%	851	3.9%	1023	3.7%
色谱仪器	1441	9.5%	2615	11.9%	3076	11.1%
生化分离分析仪器	2848	18.7%	3733	17.0%	4382	15.9%
显微镜及图像分析仪器	1245	8.2%	2012	9.2%	2736	9.9%
样品前处理及制备仪器	480	3.2%	932	4.2%	1315	4.8%
质谱仪器	2750	18.1%	3162	14.4%	4089	14.8%
其他	436	2.9%	805	3.7%	1461	5.3%
总计	15201	100.0%	21957	100.0%	27622	100%

2008—2014 年,发展最快的三类仪器为:特种检测仪器、计量仪器和大气探测仪器,年均增长率分别达到 25.2%、22.0% 和 18.9%,明显高于 16.4% 的全国年均增长率(见图 6-6)。

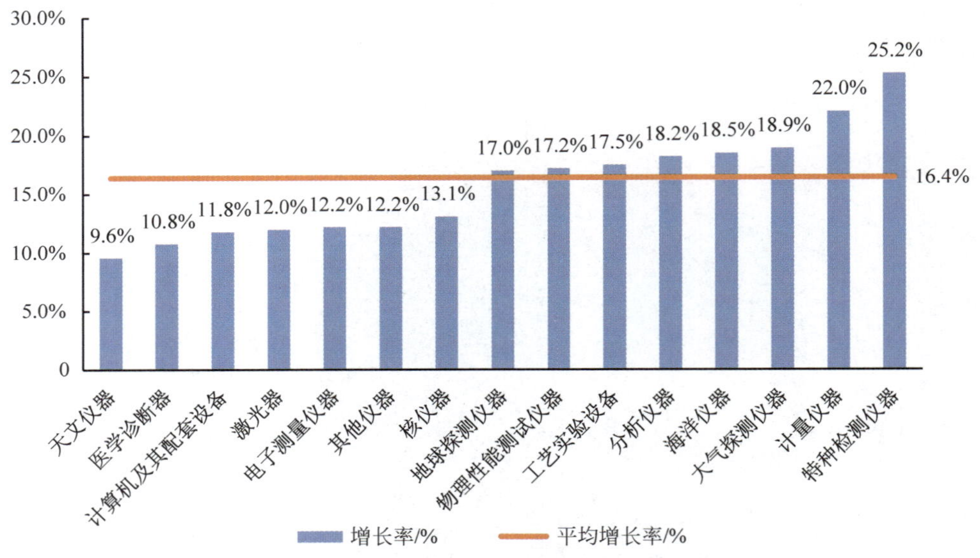

图 6-6 不同类型仪器增长率(2008—2014 年)

注：数据详见附表 6-6。

值得一提的是，由于治理大气污染等民生需求，大气探测类仪器发展迅速，截至 2014 年，大气探测仪器中主动大气遥感仪器数量最多，为 140 台/套，占大气探测仪器的 25.9%，其次为特殊大气探测仪器，占总数的 17.4%(见表 6-2)。

表 6-2 大气探测仪器主要类型分布(2010—2014 年)

类型名称	2010 年		2012 年		2014 年	
	数量/(台/套)	占比	数量/(台/套)	占比	数量/(台/套)	占比
被动大气遥感仪器	37	14.7%	77	15.6%	84	15.5%
对地观测仪器	11	4.4%	34	6.9%	36	6.7%
高层大气/电离层探测器	13	5.2%	15	3.0%	20	3.7%
高空气象探测仪器	24	9.5%	28	5.7%	28	5.2%
气象台站观测仪器	50	19.8%	79	16.0%	82	15.2%
特殊大气探测仪器	38	15.1%	77	15.6%	94	17.4%
主动大气遥感仪器	79	31.3%	139	28.2%	140	25.9%
其他	55	21.8%	44	8.9%	57	10.5%
总计	252	100.0%	493	100.0%	541	100.0%

4) 仪器购置渠道

国家重大科技专项、“863 计划”“973 计划”、国家科技支撑(攻关)计划、国家自然科学基金等主体科技计划项目是大型科研仪器建设的主要经费来源，此外，“985 工程”“211 工程”、中央级科学事业单位修缮购置专项、国家重点实验室建设等专项经费也是重要经费来源。2014 年，主体科技计划项目支持大型科研仪器建设资金 153.17 亿元。其中，通过国家重大科技专项购置的大型科研仪器建设资金 97.25 亿元，占主体科技计划项目仪器建设资金的 21.0%(见图 6-7)。

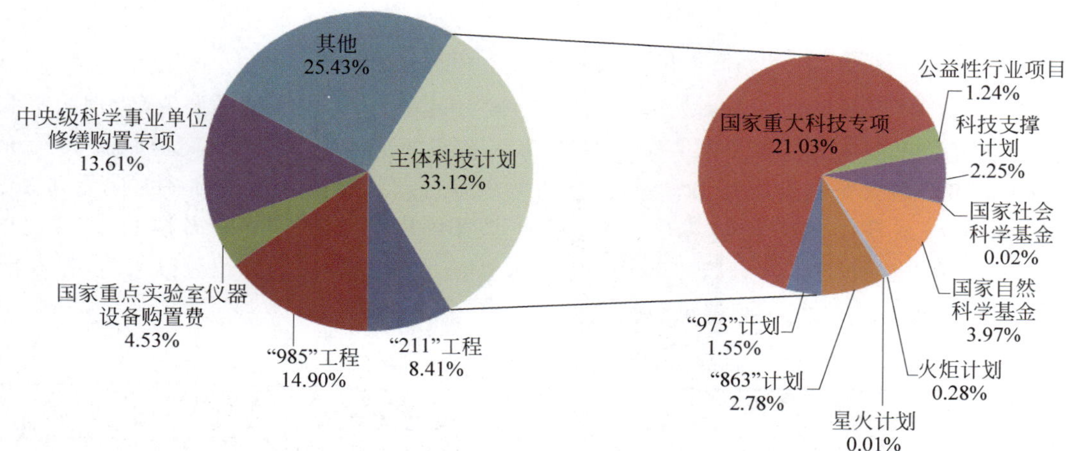

图 6-7 中央财政资金支持大型科研仪器占比情况(2014 年)

注：数据详见附表 6-7。

5) 仪器国产化情况

调查显示，截至 2014 年，中国高校和科研院所拥有国产大型科研仪器 14958 台/套，原值 225.7 亿元，数量占全部仪器的比重为 24.4%，原值占全部仪器的比重为 26.0%。随着中国科学仪器研制能力的提升，国产品牌在部分领域具有了一定的市场占有率，但是与国际知名仪器品牌仍有不小差距，中国大型科学仪器购置仍以进口仪器为主，主要进口来源国主要为美国、日本、德国、英国。

中国天文仪器、计算机设备、工艺试验设备具有较高国产化率，分别达 67.7%、53.9%、52.3%，分析仪器国产化率最低，仅为 7.4%(见图 6-8)。

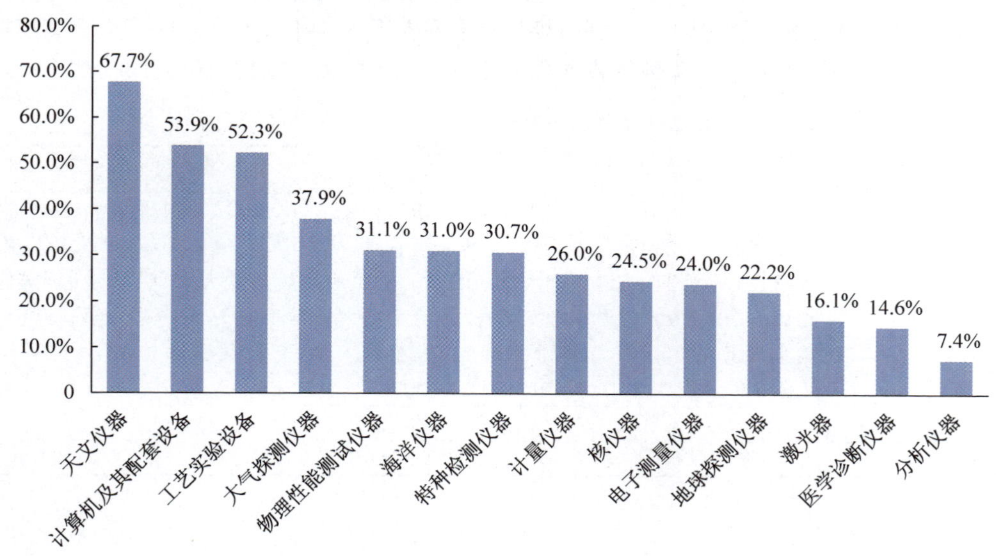

图 6-8 各类型大型科研仪器国产化率(2014 年)

注：数据详见附表 6-8。

2. 重点高校和科研院所大型科研仪器情况

1）“985 工程”大学和“211 工程”大学

“985 工程”大学和“211 工程”大学集聚了中国一批在教育质量、科学研究、管理水平和办学效益等方面具有较高水平的大学。调查显示，截至 2014 年底，这两类高校原值 50 万元及以上大型科研仪器总量达到 1.5 万台/套和 2.3 万台/套，原值分别超过 211 亿元和 308 亿元，在中国高校中整体优势明显，大型科研仪器数量分别占到全国高校的 42.3%和 64.7%，原值总额分别占到 46.5%和 67.8%。从拥有大型科研仪器原值总额来看，排在前十名的高校均为 985 高校（见表 6-3）。

表 6-3　高校大型科研仪器原值排名前十

序号	学校名称	数量/（台/套）	原值/亿元	序号	学校名称	数量/（台/套）	原值/亿元
1	北京大学	1002	16.33	6	复旦大学	509	8.14
2	清华大学	991	14.65	7	北京理工大学	673	8.12
3	浙江大学	1010	12.89	8	吉林大学	444	7.99
4	同济大学	461	9.18	9	哈尔滨工业大学	586	7.88
5	上海交通大学	579	9.18	10	中国科学技术大学	623	7.67

这两类高校部分学科领域的仪器装备水平处于国际先进行列。以纳米技术领域为例，调查选取北京大学、清华大学等 14 所中国纳米领域研究实力领先的高校，与哈佛大学、斯坦福大学等 14 所美国国家纳米技术基础设施网络(NNIN)高等学校，从大型科研仪器数量、核心仪器装备情况等方面进行对比。数据显示，中国 14 所高校拥有光刻机、扫描显微镜、蚀刻仪等大型科研仪器总计 675 台/套，美国 14 所高校拥有超过 1100 台/套，中美两国在纳米领域大型科研仪器数量上基本处于同一量级。从高端大型科研仪器数量来看，以纳米技术领域的核心高端仪器高精度光刻机为例，中国 14 所高校拥有各种类型光刻机 22 台，美国 14 所高校拥有光刻机 24 台，中国纳米领域高端科研装备水平可与美国等发达国家比肩（见表 6-4）。

表 6-4　中国 985、211 高校与美国高校在纳米技术领域装备水平的比较

类　别	中　国	美　国
代表高校	北京大学、清华大学、南京大学、西安交通大学、哈尔滨工业大学、天津大学、吉林大学、华东师范大学、中山大学、浙江大学、华东理工大学、南京理工大学、上海大学、北京科技大学	斯坦福大学、哈佛大学、加州大学、康奈尔大学、密歇根大学、乔治亚理工学院、华盛顿大学、宾夕法尼亚州立大学、明尼苏达大学、德克萨斯大学奥汀分校、霍华德大学、圣路易斯华盛顿大学、亚利桑那州立大学、科罗拉多大学
大型科研仪器数量	675 台/套	约 1100 台/套
光刻机数量	22 台/套	24 台/套

2）中国科学院

中国科学院作为中国科技创新的重要力量，在科学仪器的建设方面一直保持着中国最高水平。2014 年中国科学院下属 117 家科研机构所拥有的原值 50 万元及以上大型科研仪

器总量为 10777 台/套，占科研院所大型仪器总量的 38.7%，原值总额为 196.0 亿元，占科研院所大型仪器原值总额的 44.1%(见图 6-9)。

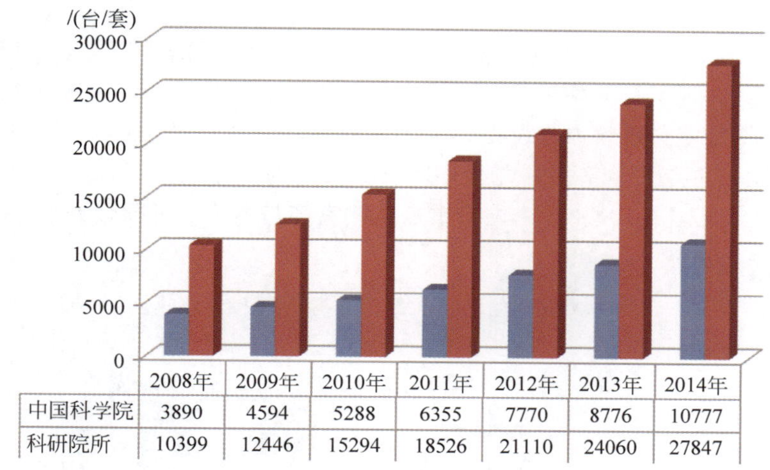

	2008年	2009年	2010年	2011年	2012年	2013年	2014年
中国科学院	3890	4594	5288	6355	7770	8776	10777
科研院所	10399	12446	15294	18526	21110	24060	27847

图 6-9 科研院所大型科研仪器数量(2008—2014 年)

注：数据详见附表 6-9。

中国科学院经过 60 多年的发展建成了完整的自然科学学科体系，物理、化学、材料科学、数学、环境与生态学、地球科学等学科整体水平已进入世界先进行列，这些领域的大型科研仪器也已达到国际先进水平。中科院地质与地球物理科学研究所是目前我国最知名的地学研究机构之一，代表了中国在固体地球领域研究的最高水平。近年来，中科院地质与地球物理研究所在科研仪器整体规模和性能方面均实现了跨越式的发展。近十年来共引进了包括三台离子探针在内的总资产过亿元的科研仪器，在微区微量原位分析方面跻身国际前列，与国外同类机构巴黎地球物理学院相比，在仪器性能指标及研究领域方面已达到同一水平(见表 6-5)。

表 6-5 中科院地质与地球物理研究所与巴黎地球物理学院科技资源对比

对比项目	中科院地质与地球物理研究所	巴黎地球物理学院
工作人员总数	约 650 人	约 400 人
研究人员数量	约 300 人	约 230 人
学生数量	约 500 人	约 150 人
大型质谱类仪器(单价过百万质谱类)	24 台/套	11 台/套
代表性高精尖仪器	离子探针 3 台(约 9000 万)	Thermo-Fisher MAT 253 ULTRA 1 台(约 2000 万)

3) 国家重点实验室

国家重点实验室是中国围绕国家发展战略目标，面向国际竞争，为增强科技储备和原始创新能力，开展基础研究和应用基础研究的重要科研平台。国家重点实验室自 1984 年开始建设，已经历了三十余年的发展。近年来，国家进一步加强了建设国家重点实验室的力度。2008 年 3 月，国家设立重点实验室专项经费，从开放运行、自主选题研究和科研仪器设备更新等三方面，持续稳定地支持基础研究和前沿技术研究。2014 年，安排重点实验室专项经费 30.45 亿元，其中仪器设备购置和升级改造经费 8.58 亿元。在专项经费的支持下，中国的国家重点实验室已成为集聚高水平科研人才团队和优质科技创新资源，具有国际先进水平的创新平台。

国家重点实验室担负着大量基础前沿研究任务，大型科研仪器是国家重点实验室技术水平的重要标志，体现了实验室的实力。近年来，在国家科技计划经费和重点实验室专项经费的支持下，实验室科研仪器建设得到了快速发展，截至 2014 年底，依托高校和科研院所建设的 219 个国家重点实验室拥有大型科研仪器数量为 4927 台/套，是 2010 年的 1.6 倍，年均增长 13.2%（见图 6-10）。各个国家重点实验室都基本建成了配套齐全、体系完整的大型科研仪器体系。

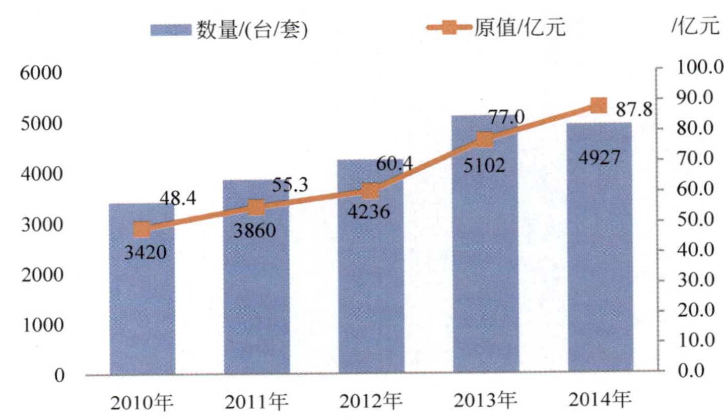

图 6-10　国家重点实验室大型科研仪器发展情况（2010—2014 年）

注：数据详见附表 6-10。

为满足实验室不断提升的创新需求，打破现有科研仪器设施的性能瓶颈，许多国家重点实验室通过科研仪器自主创新具备了仪器研制能力，取得了突破性科研成果。调查显示，截至 2014 年，国家重点实验室研发大型科研仪器 161 台/套，近三年来重点实验室研发科研仪器数量年均增长 9.2%。

3. 科研仪器自主创新

近年来，中国大型科研仪器自主创新能力有了显著提升，部分领域打破了国外技术封锁，攻克了深紫外光源、大型中子源、金属原位分析等一批长期被国外垄断的核心技术，保障了国家公共安全和核心经济利益。例如中国自主研发的分幅扫描超高光电摄影系统、精密离心机等科研仪器，在技术指标上与国际先进水平相当，打破了国外对该类仪器的禁运。中国自主研发的高灵敏度放射性射线成像仪、燃烧过程多光谱分析仪、光缆安全监控仪、CZT 半导体探测器、高端电磁检测仪、核酸提取仪、高精度四极杆、卫星导航测试仪、频谱分析仪、全息光栅、半导体激光器等一批性能先进、质量稳定的科学仪器以及关键部件已经具备了一定的市场竞争力。

科研仪器创新的突破，往往催生新的科研领域，产出重大创新成果，为中国自主创新能力提升提供强劲动力。近年来，中国许多科技创新成果，特别是基础研究领域的颠覆性创新成果，都得益于科研仪器的自主创新。例如，中国开展了能量天平质量量子基准、精细结构常数测量关键技术及电容基准、光辐射量子计量基准等9项量子计量仪器及关键技术研究，形成了具有自主知识产权的测量系统，为建立以量子物理为基础的现代计量基标准体系、应对国际单位制的重大变革奠定了基础。在国家自然基金科学仪器基础研究专项的支持下，中国科学家研发出显微光学切片层析成像装置，在国际上首次成功获得完整小鼠脑的微米分辨水平三维结构图谱，使中国在神经元网络研究领域实现了长足突破。中国科研人员成功研制出了深紫外激光光化学反应仪、深紫外激光发射电子显微镜、深紫外激光光致发光光谱仪、深紫外激光自旋分辨角分辨光电子能谱仪等基于深紫外固态激光源的高端科研仪器，使中国成为世界上唯一能够制造实用化深紫外全固态激光器的国家，这些仪器使中国在石墨烯、高温超导、拓扑绝缘体、宽禁带半导体和催化剂等一系列重大研究领域中获得了一系列重要成果，成功抢占石墨烯产业全球高地。

科研仪器创新保障了国家重大工程的实施。据调查，在中国高校和科研院所中，现代交通、先进能源、航空航天、海洋等应用领域的科研仪器具有较高国产化率，而与之直接关联的空间观测、海洋开发等都是“十二五”时期中国科技创新的重点领域。近年来中国在先进能源、信息技术、海洋生态与资源等领域加大了创新力度，在国家科技重大专项中就包括核高基、集成电路装备、大型核电站、载人航天与探月工程等，国家科技重大专项的实施带动了相关领域大型科研仪器的自主创新投入，科研仪器的国产化水平有了明显提升，如高性能微波频谱分析仪解决了测距、测速雷达发射性能精确等问题，应用于“探月工程”和“载人航天”等国家重大工程建设。据调查，航空航天领域的大型科研仪器中，国产化水平由2010年的36.4%提升至2014年的43.6%；以高铁技术为代表的现代交通领域，国产科研仪器比重由2010年的38.9%提升至2014年47.9%，海洋领域的科研仪器中，国产化水平由2010年的26.7%提高至2014年的43.5%。

专栏6-1 国家对科研仪器自主创新的资助项目
——国家重大科学仪器设备开发专项

中央财政自2011年起设立了国家重大科学仪器设备开发专项(以下称仪器专项)，截至2014年，共立项208项，总经费为130.51亿元，其中，专项经费76.02亿元，单位自筹资金、其他投入约54.5亿元。

仪器专项积极探索科研项目管理创新，初步扭转了项目单位和开发人员单纯强调技术指标，忽视开发产品的质量，不注重市场和用户需求等弊端，推动企业成为创新主体，取得了积极成效。一是开发了一批重要通用科学仪器设备，支撑引领科技创新，如“新型高分辨杂化质谱仪”“X射线三维显微镜城乡检测系统”，在国内外多家高校、科研院所和企业试用，用于生物科学、能源、冶金等领域科学研究；二是打破国外禁运，服务国家安全，支撑国家重大需求，如“同时分幅/扫描超高光电摄影系统”项目开发出与国际先进系统指标相当的分幅成像和扫描成像仪，打破了国外对该类相关仪器的禁运，“高性能微波频谱分析仪研制开发”项目应用于“探月工程”和“载人航天”等国家重大工程建设；三是部分项目已形成产品，服务于经济、社会和民生发展，如“环境大气中细粒子(PM2.5)监测设备开发与应用”项目，开发出的具有自主知识产权的颗粒物自动监测仪，已在多家环保监测站应用，“核酸自动化定量监测与高分辨分析设备研制及应用”项目，开发的核酸提取仪已在中国H7N9禽流感防控方面发挥重大作用。

4. 国家自然科学基金

早在 1998 年，国家自然科学基金就设立了科研仪器基础研究专项，并于 2014 年并入国家重大科研仪器设备研制专项，此后科研仪器研究专项资金逐年增加。据统计，自 2003 年以来，国家自然科学基金共资助科研仪器研发项目 521 项，投入 42.82 亿元；其中科研仪器基础研究专项支持 354 个项目，投入 7.14 亿元；重大仪器研制专项支持 167 个项目，投入 36.68 亿元(见表 6-6)。

表 6-6　国家自然科学基金科研仪器 R&D 经费投入情况

年　度	基础研究专项		重大仪器研制专项		合　计	
	项目数/个	金额/万元	项目数/个	金额/万元	项目数/个	金额/万元
2003	11	995	—	—	11	995
2004	11	990	—	—	11	990
2005	18	1500	—	—	18	1500
2006	19	1930	—	—	19	1930
2007	25	3000	—	—	25	3000
2008	25	3000	—	—	25	3000
2009	35	5000	—	—	35	5000
2010	55	10000	—	—	55	10000
2011	55	15000	9	57030	64	72030
2012	50	15000	38	108700	88	123700
2013	50	15000	49	91300	99	106300
2014	—	—	71	99767	71	99767
总计	354	71415	167	356797	521	428212

6.1.2　大型科研仪器的开放共享

1. 大型科研仪器的开放共享水平

1）大型科研仪器的开放率

调查显示，2008—2014 年，实现开放共享的大型科研仪器的数量由 1.8 万台/套增加到 5.2 万台/套，大型科研仪器开放率①由 76.9%提高至 85.7%。截至 2014 年底，实现对外开放共享的大型科研仪器数量为 3.2 万台/套，对外开放率②为 52.0%(见图 6-11)。

2）大型科研仪器跨省域开放共享情况

调查显示，2010—2014 年，中国大型科研仪器实现跨省域开放共享的数量逐年增加，从

---

① 开放率指高校和科研院所拥有的大型科学仪器设备中，对外单位开放的仪器数量和对单位内部开放的仪器数量之和，与全部仪器数量的比值。

② 对外开放率是指参与对外开放仪器数量占全部大型科学仪器设备数量的比率，计算公式为对外开放率＝对外开放仪器数量/仪器总数量。

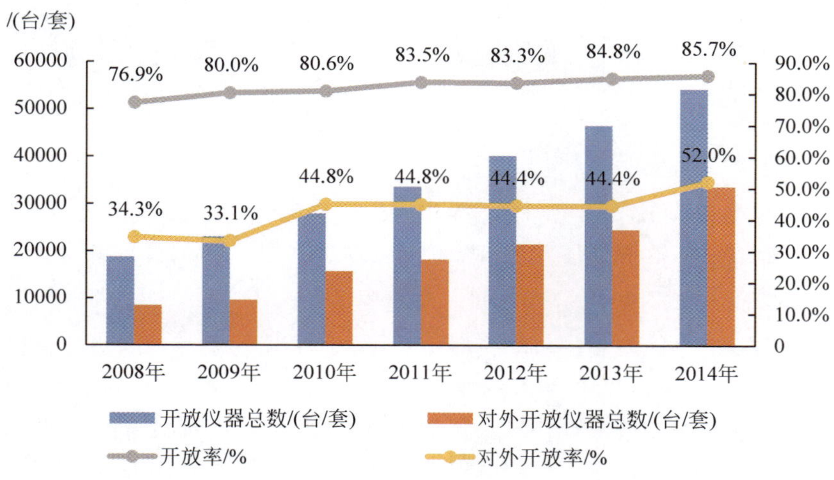

图 6-11 大型科研仪器开放共享情况(2008—2014 年)

注：数据详见附表 6-11。

2010 年的 8.1%增加到了 2014 年的 13.7%(见图 6-12)。中国大型科研仪器跨省域开放共享实现大幅提升，得益于各项政策的激励和引导以及资源共享理念的推广和贯彻。

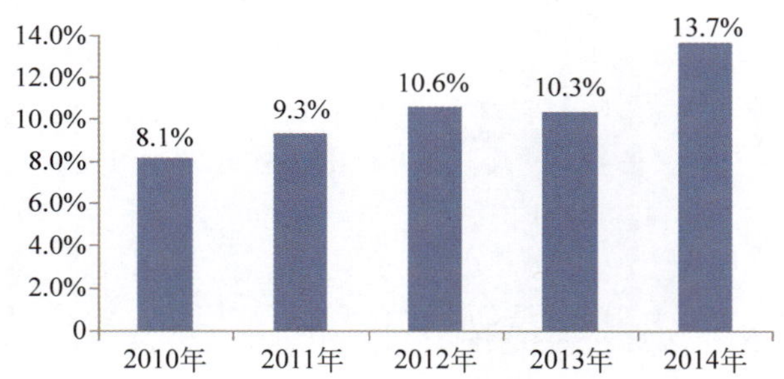

图 6-12 大型科学仪器设备跨省域共享率变化(2010—2014 年)

3) 大型科研仪器设施为企业服务情况

调查数据显示，高校和科研院所大型科研仪器总服务机时中有 80.1%用于支撑本单位内部的科研活动，7.6%用于支撑其他高校和院所的科研，6.0%用于支撑企业的研发测试工作(见图 6-13)。

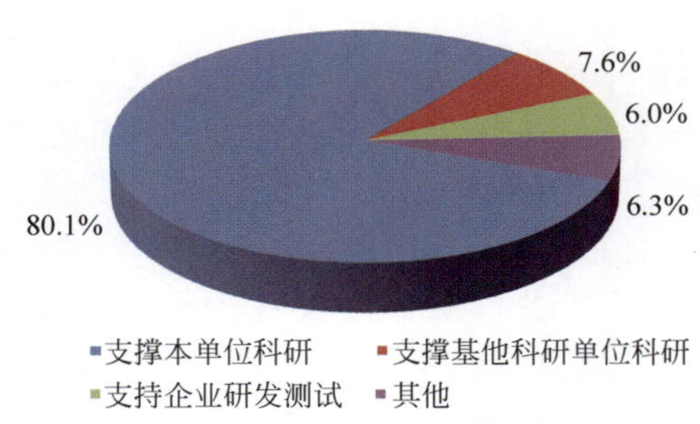

图 6-13 大型科研仪器的服务机时分配情况(2014 年)

从仪器数量上看，约三分之二的大型科研仪器只用于支撑高校和科研院所科研活动；约三分之一的大型科研仪器支撑了企业的研发测试工作。高校和科研院所为企业研发服务仍有较大提升空间。

2. 大型科研仪器开放共享载体

近年来，中国先后形成了大型科学仪器中心、分析测试中心和大型仪器共享网等大型科学仪器开放共享载体，这些载体发展有效促进了大型科研仪器的开放共享。

1）国家大型科学仪器中心

中国目前建有 17 个国家大型科学仪器中心，分别在北京、上海、广州、武汉等城市。国家大型科学仪器中心在仪器集中管理和对外开放服务方面成效显著，调查显示，截至 2014 年，国家大型科学仪器中心的大型科研仪器对外开放率为 95.8%，远高于全国 52.0%的平均对外开放水平，大型科研仪器年平均有效工作机时均超过 2000 小时，并且对共建单位以外的共享机时普遍超过了 40%。

北京质谱中心、北京核磁共振中心、北京离子探针中心、西安加速质谱中心、北京电子显微镜中心、上海汽车整车风洞中心等国家大型科学仪器中心按照“以用为主、开放服务”的原则，面向科技界和企业开放共享仪器设施资源，为国家重大科研任务、国家重大工程建设、企业创新创业等提供了有力支撑。清华大学北京电子显微镜中心每天 24 小时运行，2015 年主要服务了 60 余个科研单位，支撑了国家“973”项目 83 项，“863”项目 37 项，支撑计划 11 项，重大军工项目 3 项，国家自然科学基金 288 项。上海汽车整车风洞中心主要面向上海大众、北汽福田、上汽、长安福特、江铃、本田等汽车企业开展对外服务，2015 年两个风洞平均共享服务机时超过 4000 小时。

2）分析测试中心

目前中国有 14 个国家级分析测试中心，服务领域主要涉及材料、化工、能源、环境、生物医学、农业食品、地矿、海洋等方面，拥有较为合理的人员构成，根据各行业领域科研和市场需求提供分析测试研究与服务，提供的测试服务数据报告往往具备行政认可效力，在科学技术研究和推广、经济发展、人民生命健康和安全以及国防建设等方面做出了重要贡献。调查显示，国家级分析测试中心大型科研仪器的对外开放率为 63.7%，高于全国大型科学仪器的平均对外开放水平。

3）大型科研仪器共享网

近年来，中国先后建立了 7 个区域级（长三角、环渤海、泛珠三角、东北、华中、西南、西北）共享网络平台，在此基础上，各部门、地方根据自身特点建立了本部门或本省的仪器共享平台，如教育部高等学校仪器设备和优质资源共享系统（CERS），中科院仪器设备共享管理平台，首都科技条件平台。这些平台作为载体，极大地促进了大型科学仪器开放共享。

北京市借助首都科技条件平台共推动了首都地区 743 个国家级、市级重点实验室和工程中心，价值 209 亿元，4.03 万余台/套仪器设备向社会开放共享。浙江省推出科技云服务平台，集聚科技创新服务平台、重点实验室、重点企业研究院等各类载体的科技资源，更大力度地开展开放共享工作，目前云服务平台已集聚了全省各类创新载体 4142 家，可开放共享仪器设备（含原值 50 万元以下）达 6.7 万台/套。湖北省仪器协作网目前有入网单位 359

家，入网实验室870个，入网仪器7769台/套，2014年为3072个用户提供8400次服务。

2014年发布的《国务院关于国家重大科研基础设施和大型科研仪器向社会开放的意见(国发[2014]70号)》要求科技部会同有关部门和地方建立统一开放的国家网络管理平台，并将所有符合条件的科研设施与仪器纳入平台管理。科研设施与仪器管理单位按照统一的标准和规范，建立在线服务平台，公开科研设施与仪器使用办法和使用情况，实时提供在线服务。管理单位的服务平台统一纳入国家网络管理平台，逐步形成跨部门、跨领域、多层次的网络服务体系。

6.2 重大科研基础设施

世界各科技强国都清楚地认识到重大科研基础设施发展在国际科技竞争中的重要性，纷纷制定长远发展规划，把重大科研基础设施的发展作为提升和保持国际科技竞争优势的重要举措。

中国虽然与发达国家相比起步较晚，但通过近年来持续地增大投入，目前无论在设施建设数量还是质量上，都在接近甚至超越部分发达国家，体现出了较强的后发优势。

6.2.1 设施总投入和建设数量

中国重大科研基础设施的发展，经历了从无到有、从小到大，从学习跟踪到自主创新的过程。1988年，中国科学院建成了中国第一个国家重大科研基础设施——北京正负电子对撞机。“七五”期间列入国家重点建设的科学项目有5项，其中重大科研基础设施有2项，投资为3.4亿元；“八五”“九五”期间，国家持续增加重大科研基础设施的投入，到“十五”期末投资增加到近40亿元。“十一五”期间，国家相继启动散裂中子源、脉冲强磁场实验装置、蛋白质科学研究设施、子午工程等12项重大科研基础设施，投资突破60亿元。“十二五”期间，投资建设了合肥同步辐射装置、上海光源等16项重大科研基础设施。

根据重大科研基础设施专项调查，截至2016年底，中国高校和科研院所建成运行和正在建设的国家重大科研基础设施共58项，其中已建成验收45项(包括保密设施有2个)，13项正在建设(见附表6-12、附表6-13)。重大科研基础设施按功能特点可分为通用设施和专用设施，已建设验收的42项重大科研基础设施(2个保密设施除外)中，属于专用设施的21个，属于通用设施的21个。

中国重大科研基础设施规模持续增长，覆盖领域不断拓展。目前中国重大科研基础设施已覆盖了包括物理学、地球科学、生物学、材料科学、力学和水利工程等20多个一级学科，对中国科技发展发挥着广泛的支撑作用。同时，重大科研基础设施集聚效应已经初步显现，北京、上海、合肥等地区已初步形成学科领域相对集中、布局比较合理的重大科研基础设施集聚态势。

56个国家重大科研基础设施(除2个保密设施外)中，中国科学院拥有最多，共计22个，占比39.3%，教育部11个，占比19.6%；工信部5个；水利部、中国工程物理研究院各4个；中国核工业集团2个；农业部、国土资源部各1个；教育部、中科院共同所有1个；地方部门3个。

“十二五”期间，在国家“863”计划等项目的牵引下，中国超级计算机研制运行工作持续发展。目前经科技部批准建立的国家级超级计算中心有5个，分别位于天津、深圳、长沙、济南和广州（见附表6-14）。

6.2.2 关键部件的自主创新能力

重大科研基础设施具有一定的科研寿命和发展周期，要通过升级改造才能长期保持设施的先进性。中国一直高度重视设施的自主创新和升级改造，注重加强设施关键部件的自主创新，多项成果达到国际领先水平，部分重大科研基础设施实现了“跟跑”向“并跑”的转变。

专栏 6-2 北京正负电子对撞机重大改造工程

北京正负电子对撞机重大改造工程（BEPCⅡ）的设计亮度为（3～10）10^{32} cm/s，是BEPC的30～100倍，是竞争对象美国康奈尔大学的正负电子对撞机(CESRc)设计值的3～7倍，建设内容包括注入器改造、新建正负电子两个储存环、新建北京谱仪BESⅢ和通用设施改造等。BEPCⅡ发展了数十项关键技术，共授权发明专利14项，其他知识产权28项，出版专著两本，其主要科技创新可概括为：

(1) 突破双环对撞机设计与建设的难关，攻克系列核心关键技术，峰值亮度达到CESRc的12倍以上：在较短的周长和窄小的隧道里创造性地实施了双环方案，成功实现了大流强、高亮度对撞；创造性地提出了超导插入磁体对撞区设计方案，在很短的距离内实现了高强度束流精确对撞；自主设计和研制了对撞机关键系统和核心部件，实现集成创新。

(2) 采用创新设计，发展先进技术，北京谱仪BESⅢ的总体性能进入国际前列：采用新型内外室方案，自行研制成功大型高精度漂移室；量能器采用晶体后吊挂的创新方案；设计研制成功大型超导磁体，并实现探测器系列关键技术突破。

(3) 采取有效措施和创新技术，实现BEPCⅡ高效运行、一机两用，成为在粲物理能区国际领先的高能物理实验装置：实现半整数附近工作点运行，解决高流强下的探测器本底和噪声的国际性难题，峰值亮度达8.53×10^{32} cm/s，为改造前的85倍，是CESRc前世界纪录12倍以上，日均获取数据较改造前约提高两个数量级，实现大能量范围高效运行和高能物理与同步辐射“一机两用”。

专栏 6-3 全超导托卡马克核聚变实验装置

全超导托卡马克核聚变实验装置(EAST)是一个先进的全超导偏滤器托卡马克，可对受控核聚变相关的前沿物理问题开展探索性的实验研究，为未来稳态、高效的商业聚变堆提供物理和工程技术基础。在建设时期，发展了65项重大关键技术，在世界上首次创造性地把非圆截面、全超导及主动冷却内部结构三大特性融于一体，更有利于探索等离子体稳态先进运行模式，可以开展稳态、安全、高效运行的先进托卡马克聚变反应堆基础物理和工程问题实验研究，推动等离子体物理学科、相关学科和技术的发展。EAST的建设和投入运行为世界稳态近堆芯聚变物理和工程研究搭建起了一个重要的实验平台，使中国成为世界上第一个掌握新一代先进全超导托卡马克技术的国家，为中国磁约束核聚变研究的进一步发展，提升中国磁约束聚变物理、工程、技术水平和培养高水平人才奠定了坚实的基础。“EAST非圆截面全超导托卡马克聚变实验装置的研制”项目获得2007年度安徽省科技进步一等奖和2008年度国家科学技术进步一等奖；EAST的成功运行被两院院士评为2006年中国十大科技进展、2006年中国重大技术与工程进展、2006年中国基础研究十大新闻以及中科院2006年十大重大研究成果之首。中国目前正在参与实施国际热核聚变实验堆(ITER)计划，EAST虽然比ITER小，但位形与之相似且更加灵活。ITER的建设需要10年左右，其间EAST将是国际上极少数可开展与ITER相关的稳态先进等离子体科学和技术问题研究的重要实验平台。在长期运行过程中，EAST不断创新，发展了一系列关键实验技术，包括钨铜水冷上偏滤器、多项新诊断技术等，物理实验取得一系列具有国际先进水平的成果。

6.2.3 部分设施性能

重大科研基础设施极大地提高了中国在一些基础前沿领域的研究和高新技术研发的能力。北京正负电子对撞机、全超导托卡马克核聚变实验装置、500米口径球面射电望远镜等一批重大科研基础设施已在国际前沿领域科学研究中占有重要的一席之地，综合性能达到国际先进水平。

专栏6-4 500米口径球面射电望远镜

500米口径球面射电望远镜(FAST)极大提升中国空间测控研究能力。FAST采用中国科学家独创设计，利用中国贵州南部的喀斯特洼地的独特地形条件，建设一个约30个足球场大的高灵敏度的巨型射电望远镜。FAST建成后将成为世界上最大口径的射电望远镜，与号称“地面最大的机器”的德国波恩100米望远镜相比，灵敏度提高约10倍。FAST的技术设计方案集成了目前几乎所有可能的先进技术思想，提出了创新性的主动反射面及光机电一体化馈源支撑方案。作为世界最大的单口径望远镜，FAST将在未来20～30年保持世界一流设备的地位，把中国空间测控能力由地球同步轨道延伸至太阳系外缘，将深空通信数据下行速率提高100倍。

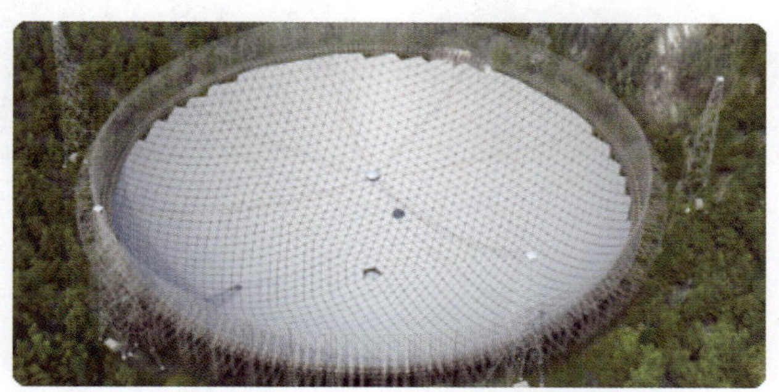

专栏6-5 神光-Ⅲ原型装置

神光-Ⅲ原型装置是中国首台以“方形光束＋组合口径＋多程放大”为基本技术特点的第二代高功率固体激光装置，突破了驱动器总体设计、高功率激光四程放大、全光纤固化前端集成、等离子体电光开关、4×2组合式大口径片状放大器和能源、高精度精密同步、高强度高效率三倍频转换等关键技术。装置包含8束激光，形成4×2阵列，主要由前端、预放、主放、靶场、激光参数诊断以及计算机集中控制等系统组成。

该装置在中国首次研制成功独具特色、“变口径传输”的大口径四程激光放大系统，全面掌握了系统设计技术、集成实验技术、核心单元技术和运行控制技术，为原型装置的研制成功和稳定运行奠定了坚实的科学技术基础；研制成功了 300mm 口径、高效率 4×2 组合式片状放大器组件，提高了主放大系统的增益；采用预电离和电容器接地的设计思路，研制成功电磁兼容性强、储能 0.6MJ 的模块化能源组件；提出了“多光束时空编码并行引导＋共轭式靶面诊断定位”技术方案，研制成功多束激光精确引导与靶精密定位系统，确保原型装置打靶精度满足了物理实验基本要求；提出“自底向上、逐级集成”的设计思路，在中国首次实现了大型高功率激光装置全系统、全流程的计算机集中控制，为原型装置高效、灵活、稳定、安全地运行提供了必需的手段，既确保原型装置具有较高的常规运行效率，又有效地减少了运行人员的数量；提出基于“电光调制＋时分复用＋循环脉冲数据流取样”技术路线，研究成功与八束主激光脉冲精密同步的时标激光系统，在中国首次为惯性约束聚变(ICF)物理实验建立了高置信度的时间坐标。

神光-Ⅲ原型装置于 2011 年获得国家科技进步二等奖，其成功研制标志着中国成为继美、法后世界上第三个系统掌握了第二代高功率激光驱动器总体技术的国家，成为继美国之后世界上第二个具备独立研究、建设新一代高功率激光驱动器能力的国家。经过几年的性能提升，装置的脉冲波形整形能力和焦斑整形能力得到大幅度提高，具备时标光输出能力、长脉宽整形脉冲实验能力、纳秒级背光源实验能力、四倍频探针光实验能力等多项物理实验功能，形成运行稳定、功能完备的万焦耳物理实验平台，是目前中国“十一五”“十二五”乃至“十三五”初期的 ICF 主力运行装置。

6.3 科学数据

科学数据是人类在科技活动过程中产生的基本科学技术数据、资料以及按照不同需求而系统加工的数据产品和相关信息，具有明显的潜在价值和可开发价值，科学数据工作贯穿于科技创新活动的全过程，并在广泛应用过程中增值，是信息时代传播速度最快、影响面最广、开发利用潜力最大的科技资源。

改革开放以来，中国科技创新能力快速提升和发展，科技投入强度不断增加，通过各级各类科技计划项目实施、科研基地建设、国际科技合作等促进了科学数据的快速积累与发展。国家科技计划、行业部门专项以及地方各级科研项目都在不同程度上支持了科学数据生产与加工，以大科学装置、国家野外科学研究台站、国家重点实验室等为代表的科研基础设施和研究实验基地也积累了大量科学数据。在科学数据快速增长的同时，科学数据采集、加工、整理、存储和利用的方式和手段不断丰富，从事科学数据建设、管理和共享服务的人才队伍也不断壮大。

随着大数据时代的到来，以“数据密集型科学研究”为显著特征的科学研究“第四范式”已逐渐成为科技发现最重要的手段之一，越来越多的科学研究和发现依赖于全面、完整、准确的科学数据的收集和利用，这为科学数据的快速积累和发展带来了前所未有的机遇。但与此同时，大数据的热潮也给科学数据的有效集聚、科学管理、深入挖掘和共享知识产权保护等方面带来了巨大挑战。就中国科学数据工作而言，尽管中国在科学数据资源管理与共享方面开展了大量工作，但数据多头生产、分散管理、开放不足等问题仍然没有从根本上解决，大量科学数据资源仍然没有实现有效集成和充分利用，支撑科学数据管理和共享的技术手段有限，与美、英等发达国家差距仍十分明显。2015 年 8 月 31 日国务院印发的《促进大数据发展行动纲要》也明确指出发展科学大数据，将科学数据发展作为国家战略之一，为科学数据管理和共享服务发展带来了新的契机。为进一步促进科学数据资源的共享与应用，各部门和单位积极研究出台科学数据管理与共享策略，并积极推进科学数据开放共享工作，取得了显著成效。

6.3.1 科学数据的总体规模

1. 科学数据总量快速增长，在多个领域呈爆发式增长

2015 年，中国科学数据蓬勃发展，数据资源数量以前所未有的速度呈爆发式增长。从科学数据总量上看，高能物理、天文、地球系统、资源环境、遥感等领域的数据以观测监测数据为主，其数据增长主要来自于传感器的广泛部署与应用，数据量的增长也最为迅速。例如，高能物理领域大型强子对撞机实验每年产生原始数据达 15PB，而依托原始数据产生的延伸数据每年则达到上百拍字节；散裂中子源实验数据库每年新增 1TB 数据；天文领域以国家天文台的中国天文数据为例，自 2008 年以来，自产数据的增量以约 2 年翻一番的速度迅速增长；地球系统科学领域，依托国家地球系统科学数据共享平台，集成了包括极地、冰冻圈、地球物理、土壤等多个地球系统相关的数据，数据资源量达 138TB，且仍在逐年增长。资源与环境领域内的气象、地震、海洋、生态、环境等领域内的科学数据随观测手段的提高和长期积累，数据量不断增长。以地震行业为例，目前已经形成了 100 多个覆盖多学科、多门类的地震数据集，迄今共享的地震科学累积资源已超过 300TB。随着国产卫星的不断升空，中国在 2013 年前存档的遥感卫星数据达到 3PB，而目前每年实际产生数据超过 3PB，且在轨的民用航天平台已超过 30 个，传感器超过 48 个。

相比较而言，中国在人口与健康、工程技术等领域科学数据类型方面存在较大差异，主要以记录的条数反映科学数据的存量，尽管其数据条数可称为海量，但在以比特(byte)为单位进行统计时其数据存量则相对有限。以人口与健康领域科学数据为例，这些科学数据主要存在于医疗机构、疾控机构及卫计委等部门，其中临床医学数据大量存储于各医疗机构，因中国人口众多和医疗机构的广泛分布而形成了大量的科学数据可以应用在科学研究和民生发展中。

2. 重大科研基础设施建设与更新也带来了科学数据的快速产生与积累

重大科研基础设施是为探索未知世界、发现自然规律、实现技术变革、提供极限研究手段的大型复杂科学研究系统，是突破科学前沿、解决经济社会发展和国家安全重大科技问题的物质技术基础。中国在基础科学等领域建立的重大科研基础设施已显著提高了规模化科学数据的获取能力。近年来，中国投入大量人力物力支持重大科研基础设施建设，基于大设施产生的数据已呈爆发式增长。在高能物理学科及射线应用领域，随着近年来该领域实验平台和大型仪器的规模化增长，产生的科学数据呈现井喷的态势。例如，1988 年建成的北京谱仪（BES）到随后升级改造（BESⅡ）仅取得了 5800 万条数据，2002 年加速器升级成双环结构以及北京谱仪升级为 BESⅢ后取得了约 20 亿条记录，大亚湾中微子实验站建站后亦取数 900 亿条记录。增长的海量数据也为中国在该领域的研究取得重大突破，物理学家利用大亚湾中微子实验获取的数据，获得了世界上最精确的中微子混合角 theta13 和质量平方差测量结果，该成果在 2012 年被 *Science* 杂志评为当年十大科学发现之一，随后获得了多项国际奖项；通过 BESⅢ实验于 2013 年发现的四夸克物质，获得本年度美国《物理》杂志评选的十大物理发现之一（排名第一）。

在天文领域，截至 2015 年底，郭守敬望远镜（LAMOST）作为世界上目前光谱获取率最高的望远镜，共发布了 575 万个天体光谱信息。相比世界上已有光谱巡天项目，LAMOST 获取的光谱总数遥遥领先。LAMOST 的巡天进展和科研成果已引起国际天文界的广泛关注和合作兴趣，目前已吸引来自中国、美国、德国、比利时等国的 58 个科研院所和大学利用 LAMOST 数据开展研究工作，并取得了令人振奋的科研成果。

在遥感领域，中国目前在轨的民用航天平台超过 30 个，传感器超过 48 个，随着卫星增加和地面接收站建设，每年实际产生数据有望超过 4PB。近年来，中国通过高分辨率对地观测系统工程，统筹建设基于卫星、平流层飞艇和飞机的高分辨率对地观测系统，完善地面资源，并与其他观测手段结合，已形成全天候、全天时、全球覆盖的对地观测能力，促进了对于海量数据的采集能力。

3. 长期持续监测促进了科学数据持续积累

长期持续监测促进了科学数据的持续、快速积累，尤其在资源环境领域这一特点更加明显，通过多年的坚持已经积累了多学科、多门类的海量数据资源。例如，在生态领域依托国家生态系统野外观测研究台站体系已获取全国气候值空间分布数据共 20GB，陆地生态系统碳水通量与碳循环动态监测数据约 2300GB（每年新增 150GB），2000 年后集成了 6.1GB 联网动态监测数据。又如，自 2014 年开始全国有 161 个地级及以上城市 884 个国控监测站点实时发布包括 PM2.5 在内的 6 项指标监测数据和 AQI 值，水环境质量数据通过地表水自动监测数据站进行数据采集与汇总，形成了《全国主要流域重点断面水质自动监测周报》和《全国地表水水质月报》等数据集。在气象领域通过站点监测、卫星遥感等手段，获得大量地面、高空、辐射、海洋、农业气象和生态气象、大气成分、卫星、雷达、气象灾害等气象科学数据，日均数据量为 TB 级别，年均数据量可达 PB 级别。在地震领域也已经整合形成了包括地震观测数据、地震探测、地震调查（考察）、地震试验与实验、地震专题、防震减灾类数据及其他地震科学数据共 7 大类、41 中类、284 个小类数据。

4. 新技术新方法带动了科学数据的快速增长

处理科学数据需要不断发展的新技术和新方法，新技术、新方法显著提高了科学数据的采集频率、模拟精度和处理速度，带动了科学数据的快速增长。以近年发展较快的医学领域为例，2000 年以前由于新技术新方法的应用有一定的局限性，新药研发的数据积累较为缓慢。2000 年以后，随着分子生物学方法、高通量筛选技术、快速分离技术、组合化学技术、虚拟药物筛选技术等新技术新方法的应用，药学领域的科学数据得到快速积累。目前，中国有三家机构拥有 HiSeq X Ten 测序系统，该系统由 10 台超高通量测序仪 HiSeq X 组成，测序读长为 2×150bp，10 台仪器同时运行时，每周至少可完成 320 个人类基因组测序（以 30×覆盖度计算），每年完成的数量可超过 18000 个。因此，HiSeq X Ten 使研究人员更易于开展大规模人类基因组测序。

6.3.2 科学数据的中心建设

1. 中国形成了一批具有领域资源优势的科学数据中心

随着中国科学数据管理工作不断推进，多个科学数据中心（库）的数据质量和国际知名度有了明显提高，部分数据集进一步扩展，国际影响力持续增强。如在地球科学领域，依托中国科学院寒区旱区环境与工程研究所在原世界数据中心兰州冰川冻土学科中心和其他数据中心建立的寒区旱区科学数据中心 CARD(Cold and Arid Regions Science Data Center at Lanzhou)，2014 年成为 Scientific Data（Nature 出版集团推出的开放期刊）在中国资源环境领域的候选数据库。同时，CARD 和汤森路透合作，成为了 DCI 的数据源，在 CARD 发布的高质量科学数据目前已成功被 DCI 索引，进一步提升了数据以及数据中心的知名度。目前 CARD 对外发布 1500 余条中文数据集，400 余条英文数据集，数据总量约 7TB，DCI 索引了约 260 条，数据共被约 7000 人下载了 30000 次，被 1350 余篇文献进行了 5000 余次引用。

在生命信息领域，北京大学生物信息中心（CBI）是欧洲分子生物学网络（European Molecular Biology Network，EMBNet）的中国官方节点。该节点将国外著名生物信息中心的信息资源移植到中国本地服务器，以提高中国用户的访问效率。在过去的 10 年中，CBI 一直维护着中国最大的生物信息在线资源，为广大中国用户提供各类生物信息学资源在线服务。基础医学领域中的非编码 RNA（ncRNA）数据库收集了类型广泛的非编码 RNA，成为中国具有国际影响力的基础医学研究领域数据库，每年国内外用户访问人次达数十万。因为 NONCODE 数据库在 ncRNA 研究中的突出作用，*Science* 杂志曾推荐此数据库，并给予了较高的评价。这是迄今得到此殊誉的唯一一个中国生物医学数据库。

在化学领域，中国科学院过程工程研究所自 20 世纪 70 年代末开始研制，并由中国科学院科学数据库及其应用系统项目提供支持的工程化学数据库经过 20 多年不懈的努力，它已经发展成集无机/有机纯化合物、聚合物、混合物体系以及网络计算和过程系统集成为一体的综合科研、应用和开发系统平台。整个系统包含大约 2.5GB 的物理容量和超过 100 万条记录，并实现了网上查询和网上作业的功能。

在遥感领域，国家综合地球观测数据共享平台集成了包括中国（CBERS，HJ，FY，ZY-3等）、国外（Modis 产品）的卫星遥感数据、部分科学研究数据等。卫星导航全球连续监测评估系统（IGMAS）数据中心是中国首个军民两用卫星导航全球连续监测评估系统数据中心，2015 年 3 月在国防科技大学正式投入运行。该中心目前拥有 200TB 的数据存储容量，在线数据存储能力能够维持 15 年以上，计划到 2020 年中国北斗卫星实现全球覆盖能力时，数据中心能够实现所有数据的永久存储，将中心建设成集任务职能、科学研究、人才培养于一体的综合性平台。

2. 科学数据中心相对集中，顶层设计尚需完善

从现有统计调查数据看，中国基础与前沿、资源与环境领域的科学数据资源优势单位数量较多、农业和工程技术领域居中、人口与健康领域的优势单位次之。这一分布与这些领域的科研、教育和服务机构基数有相当关系，例如，基础前沿科学与资源环境领域研究机构和教育机构分布众多，优势资源聚集较多；农业和工程技术领域则因其行业特色，分布广但略有局限；人口与健康领域则主要集中在医学研究和临床机构，机构分布面相对较窄。

从不同领域的科学数据资源优势单位数量和分布省区显示（如图 6-14 所示），不同领域内均呈现多单位共同建设，但省区差异明显。科学数据资源优势单位主要集中在北京，且数量远超于其他地区，上海、山东、江苏等省区的资源优势单位数量也明显高于其他地区。地区差异明显表明应该进一步加强多区域多单位科学数据资源的整合集成与开放共享。广泛分布和明显的地区差异对科学数据中心的顶层设计提出了迫切需求。

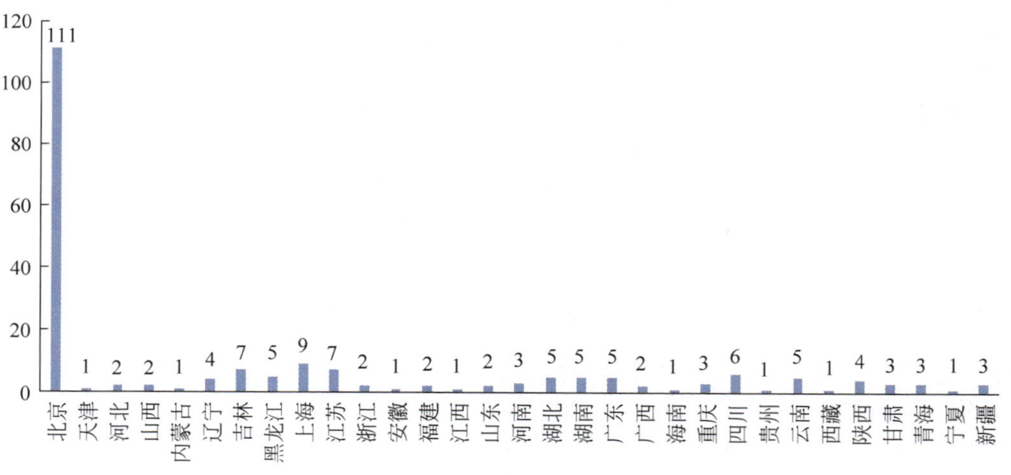

图 6-14　各领域科学数据中心地域分布

第7章

CHAPTER 7

高技术产业与贸易发展

本章导读

高技术产业对于中国推进创新驱动发展，实现经济转型升级和产业结构调整意义重大。从国际上看，全球经济联系不断深化、竞争环境日趋激烈，高技术产业的成长与发展已经成为各国在全球经济竞争中能否占据领先地位的关键。从国内看，现阶段中国工业经济增速放缓，市场需求乏力，国内工业转型升级步伐加快，高技术产业将继续成为填补传统产业下滑"空缺"，实现"稳增长"的中流砥柱。高技术产业的发展对中国推进"三去、一补、一降"的供给侧结构性改革、强化科技对经济的支撑作用意义重大。

本章主要包括三部分内容，第一部分是高技术产业，分析中国的高技术产业发展现状，从高技术产业规模、不同登记类型高技术企业发展、与制造业的关系和技术创新水平四个方面，反映中国高技术产业的发展水平、内部结构和发展潜力。第二部分是高技术产品贸易，从高技术产品贸易在技术结构、市场结构、贸易方式、企业类型等方面，分析中国高技术产品贸易表现出的新特点和发展趋势。第三部分是国内技术贸易，通过分析中国各地区有偿技术转让产生的交易合同数和交易额，反映中国区域间的技术流动情况和技术市场的发展程度。

本章要点

1. 中国的高技术产业规模持续扩大，细分行业发展速度差异较大，地区分布集中度高。

2015年，中国高技术产业主营业务收入达14.0万亿元，较上年增长15.9%。

2015年，高技术产业中的电子及通信设备制造业主营业务收入占比最高，达到56.0%，航空航天器制造业占比为2.4%。2006—2015年，医药制造业增速最快，年平均增长率达到20.5%；而计算机及办公设备制造业增速最低，仅为6.7%。

高技术产业呈现较高的地理集中度。2015年，东部地区高技术产业主营业务收入占全国高技术产业的71.4%，其中广东、江苏两省合计占全国的44.2%。

2. 高技术企业中，内资企业主营业务收入占比稳步上升，外商投资企业占比相对下降。

2015 年，内资高技术企业的主营业务收入占比为 50.4%，较 2009 年增加了 19.6 个%；外商投资企业占比为 27.5%，较 2009 年下降了 17.31%。

医药制造业、航空航天器制造业和医疗设备及仪器仪表制造业中，内资企业收入占比较大；电子及通信设备制造业、计算机及办公设备制造业中，港澳台或外商投资企业的收入占比较大。

东部地区高技术企业以港澳台和外商投资企业为主，中西部地区以内资企业为主。

3. 高技术产业已逐步成为中国制造业不可或缺的重要力量，高技术产品占制造业产品出口比重超过世界平均水平。

2015 年，高技术产业主营业务收入占制造业总收入的 14.1%，较上年增加了 1.1%。

2014 年，中国高技术产业出口额占制造业出口的比重达 25.4%，高于世界平均水平 8.3%，也高于英国、美国、日本、德国等发达国家。

4. 中国高技术企业的 R&D 经费支出持续增加，R&D 人员规模不断扩大；电子及通信设备制造行业的 R&D 经费支出最多，R&D 人员规模最大；东部地区大中型高技术企业的技术创新活动相对活跃。

2015 年，中国大中型高技术产业企业 R&D 经费为 2219.7 亿元，R&D 经费投入强度远高于制造业平均水平；R&D 研发人员全时当量为 59.0 万人/年，占制造业的 31.3%。

2015 年，电子及通信设备制造业企业的 R&D 经费支出最多，为 1379.1 亿元，占高技术企业 R&D 经费总额的 62.1%；R&D 人员全时当量为 34.5 万人/年，占高技术产业的 58.5%。

2015 年，中国东部地区高技术企业 R&D 经费支出占全国的 78.2%，R&D 人员全时当量占全国的 75.9%。

5. 中国高技术产品出口主要集中在欧美市场，进口呈现多元化趋势；一般贸易和私营企业出口占比提升，贸易转型升级持续展开。

2015 年，中国商品进出口贸易总额为 39569 亿美元，同比下降 8.0%；高技术产品贸易进出口总额 12045.9 亿美元，同比下滑 0.6%，高技术产品贸易额下滑幅度小于同期的商品贸易。

2015 年，计算机与通信技术仍是中国高技术产品出口的第一大技术领域，占高技术产品出口额的 67.4%。

2015 年，中国高技术产品的前十大进口来源地占比下降近了 1.8%，表明进口国际市场多元化趋势；中国高技术产品前十大出口目的地占比上升了 3.5%，显示出口市场集中化趋势。

2015 年，进料加工贸易仍是中国高技术产品出口贸易的主要方式，占高技术产品出口总额的 59.1%，占比逐年下降；一般贸易出口方式占出口总额的 22.8%，占比稳步提升。

2015 年，高技术产品出口仍以外商独资企业和中外合资企业为主，但其在高技术产品出口总额中的比重逐年下降。

6. 全国技术交易合同总量持续增长。其中,技术开发和技术服务是技术交易的主要类型;电子信息是技术交易最活跃的技术领域;企业是输出和吸纳技术最重要的主体;三成以上的技术交易以促进社会发展和社会服务为主要目标。

2015 年,中国技术交易市场共成交技术合同 30.7 万项,交易额为 9835.8 亿元,同比增长 14.7%。

2015 年,技术服务和技术开发类交易金额分别为 5059.0 亿元和 3047.2 亿元,占技术交易总额的 51.4%和 31.0%;电子信息领域技术成交金额为 2497.3 亿元,同比增长 14.4%,占全国技术合同成交总额的 25.4%;企业输出技术成交额 8476.9 亿元,占全国技术合同成交总额的 86.2%,吸纳技术成交额 7463.9 亿元,占全国 75.9%;围绕社会发展和社会服务的技术交易合同数为 11.1 万项,成交额 3017.4 亿元,占全国技术合同成交总额的 30.7%,位居各类目标的首位。

区域技术交易持续活跃带动全国技术总量快速提升。东部地区和环渤海地区的技术交易成交额占比较大,输出技术成交额分别占全国技术合同成交额的 67.3%和 47.2%,吸纳技术成交额分别占全国技术合同成交总额的 51.0%和 25.7%。

7.1 高技术产业

高技术产业是指以高技术为基础,从事一种或多种高技术及其产品的研究、开发、生产和技术服务的企业集合,这种产业所拥有的关键技术往往开发难度很大,一旦开发成功,就具有高于一般产业的经济效益和社会效益。因此,高技术产业在推进新经济的发展进程中发挥着重要作用,是国家和地区实现高技术产业化、促进经济增长和社会持续发展的有效方式和重要手段。本节将分析中国高技术产业的总体规模和技术创新能力,并通过国际比较来评价中国高技术产业在世界上的地位与表现。

依据经济与合作发展组织(OECD)2001 年公布的《高技术产业分类标准》,中国将制造业中的航空航天器制造业、电子及通信设备制造业、电子计算机及办公设备制造业、医药制造业和医疗设备及仪器仪表制造业确定为中国高技术产业的统计范围。

7.1.1 高技术产业的发展规模与概况

2015 年,中国高技术产业主营业务收入为 14.0 万亿元,较上年增长了 15.92%。自 2004 年以来,中国的高技术产业规模持续扩大,但增速总体趋缓。2005 年,高技术产业主营业务收入增速为 19.04%,到 2008 年下降到 4.86%,之后一直在 15%的增速内波动(见图 7-1)。

从高技术产业主营业务收入的行业分布看,不同行业规模差异较大。2015 年,电子及通信设备制造业的主营业务收入占比最高,达到 56.0%;医药制造业规模位居第二,占比为 18.4%;计算机及办公设备制造业占比为 13.9%,医疗设备及仪器仪表制造业占比为 7.5%,航空航天器制造业占比为 2.4%。除计算机及办公设备制造业规模较上年相对下降,其他行业基本保持稳定(见图 7-2)。

2006—2015 年,中国高技术产业各行业的发展速度也存在较大差异。从行业主营业务

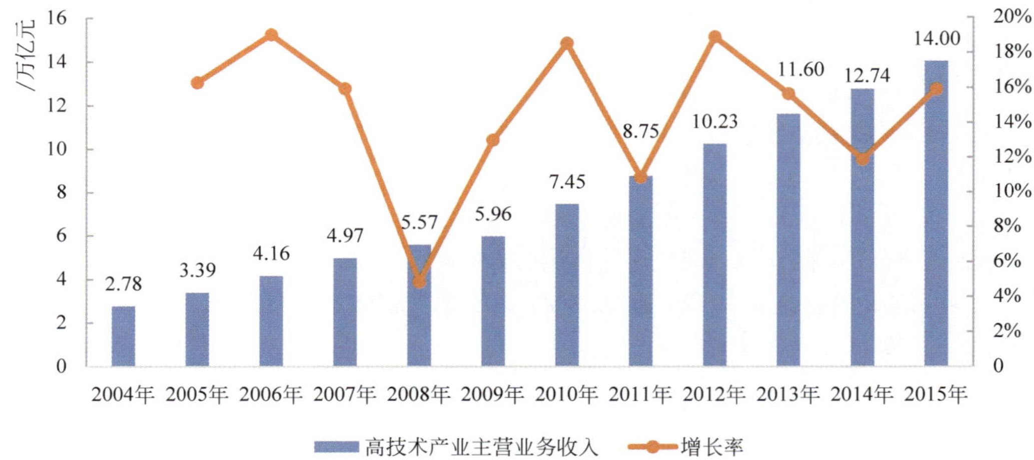

图 7-1 高技术产业主营业务收入及年增长率(2004—2015 年)

注：表中数据来自《中国高技术产业统计年鉴》，其中主营业务收入额为当年价，各年增速均在平减为 2000 年可比价格水平的基础上计算，具体数据见附表 7-1。

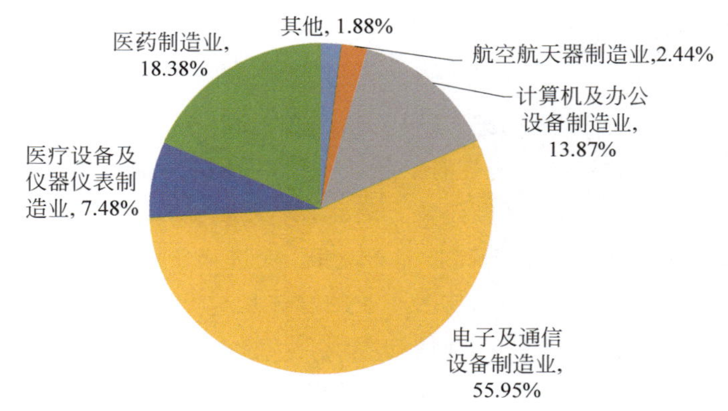

图 7-2 高技术产业主营业务收入行业分布(2015 年)

注：图中数据根据《中国高技术统计年鉴》中各高技术行业主营业务收入计算，具体数据见附表 7-1。

收入来看，医药制造业增速最快，年平均增长率达到 20.5%；医疗设备及仪器仪表制造业增速第二，为 20.0%；计算机及办公设备制造业增速最低，仅为 6.7%。

从产业的地区分布看，高技术产业呈现较高的地理集中度。2015 年，东部地区高技术产业主营业务收入占全国高技术产业的 71.4%，其中广东、江苏两省合计占全国的 44.2%。而中部地区和西部地区的高技术产业相对较低，分别为 14.9%和 10.7%，东北地区占比仅为 3.1%(见图 7-3)。在高技术产业内部，各行业的地区分布也呈现明显的地理集聚。计算机及办公设备制造业主要分布在上海、广东和江苏等东部沿海省份，及重庆、四川等西部省份，五省的该行业主营业务收入占全国的 71.3%；电子及通信设备制造业主要分布在广东、江苏为代表的东部沿海省份，广东和江苏两省共占全国的 54.6%；江苏省继续领跑医疗设备及仪器仪表制造业，其在该行业的收入占全国总收入的 37.0%；在航空航天器制造业，天津和陕西的行业收入占比较高，其次是江苏、辽宁和四川，这五省市收入占比达到

63.1%；与其他高技术行业相比，医药制造业的地区分布相对均衡，仅山东和江苏两省该行业的主营业务收入占比较高，分别为16.2%和13.5%。

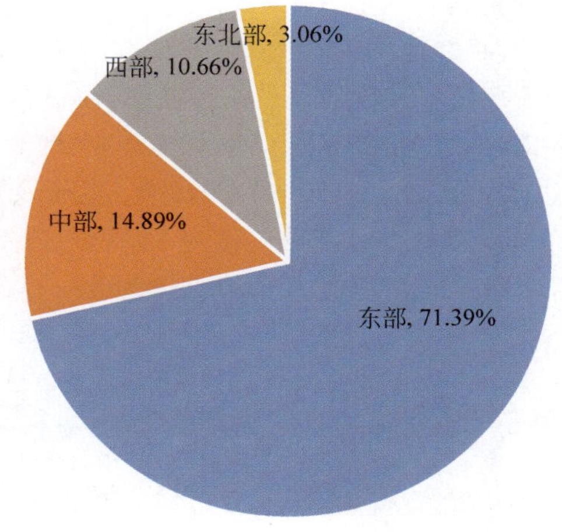

图7-3 中国四大区域高技术产业分布比例(2015年)

注：图中数据根据《中国高技术统计年鉴2016》中各地区高技术产业主营业务收入计算，具体数据见附表7-2。

7.1.2 不同注册登记类型的高技术产业发展

在中国高技术产业的主营业务收入中，内资企业占比稳步上升，外商投资企业占比相对下降，国有及国有控股企业和港澳台投资企业的占比相对稳定(见图7-4)。2015年，内资高技术企业的主营业务收入为71327.6亿元，占全部高技术产业主营业务收入的50.4%，较2009年占比提高了16.9%。同期，外商投资企业主营收入为38946.5亿元，占全部高技术产业的27.5%，较2009年占比下降了17.3%。国有及国有控股企业和港澳台投资企业的占比，分别保持在2%和20%左右的水平。

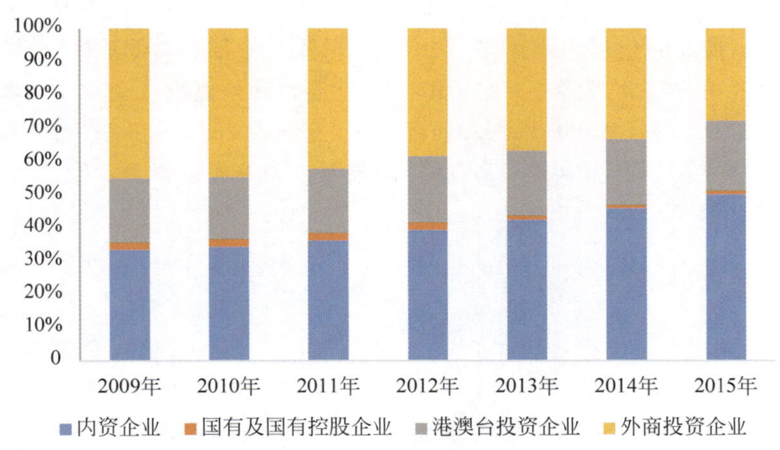

图7-4 不同注册类型高技术企业主营业务收入占比(2009—2015年)

注：图中数据根据《中国高技术产业统计年鉴2016》中不同注册类型高技术企业主营业务收入计算，见附表7-3。

分行业看，不同注册类型的高技术企业主营业务收入占比情况差异较大。医药制造业、航空航天器制造业和医疗设备及仪器仪表制造业中，内资企业收入占比较大（见图 7-5）。2009—2015 年，医药制造业中的内资企业收入平均占比为 74.9%，其次是外商投资企业，平均占比为 15.4%；航空航天器制造业中，内资企业平均占比为 69.5%，其次是国有及国有控股企业，占比为 15.9%；医疗设备及仪器仪表制造业中，内资企业平均占比为 67.1%，其次是外商投资企业，占比为 22.6%。电子及通信设备制造业、计算机及办公设备制造业中，港澳台或外商投资企业的收入占比较大。2009—2015 年，电子及通信设备制造业中，外商投资企业平均占比为 40.2%，港澳台投资企业占比为 22.5%，内资企业占比为 35.8%；计算机及办公设备制造业中，外商投资企业收入平均占比为 58.9%，港澳台投资企业收入占比为 30.2%。

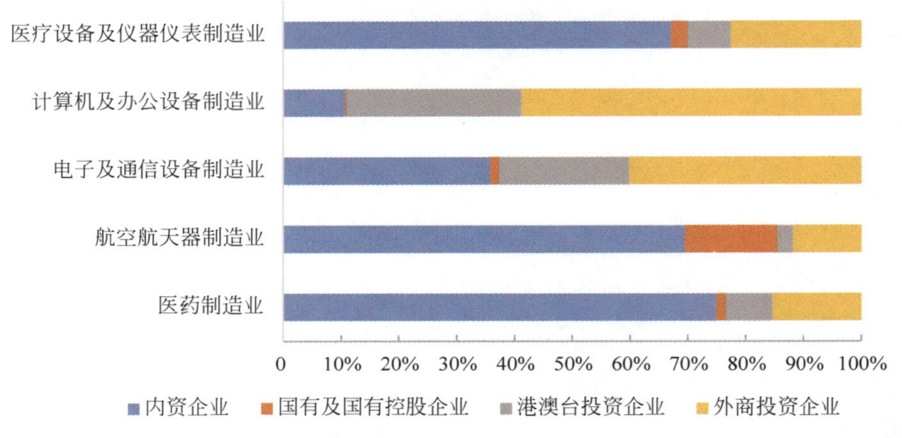

图 7-5　分行业不同注册类型企业主营业务收入占比（2009—2015 年平均）

注：图中数据根据《中国高技术产业统计年鉴 2016》中分行业不同注册类型企业主营业务收入计算，见附表 7-3。

分地区看，东部地区高技术企业以港澳台和外商投资企业为主，中西部地区以内资企业为主（见图 7-6）。2009—2015 年，在各地区高技术产业中，内资和国有及国有控股企业主营收入平均占比，最高的是东北地区，为 76.7%。其次是中部和西部地区，分别为 71.6%和 67.6%，东部地区相对较少，为 34.9%。相应地，港澳台和外商投资企业主营收入占比最高的地区是东部，为 65.1%，其次是中部和西部地区，分别为 28.4%和 32.4%，东北地区相对较少，为 23.3%。上海、福建和天津三省（市）的港澳台和外商投资企业收入占比最高，分别为 89.1%、79.9%和 75.1%。

7.1.3　高技术产业与制造业

高技术产业是制造业的重要组成部分，它的发展不仅可以给制造业的发展带来新的增长点，创造新的就业岗位，而且可以带动整个制造业的技术提升与结构调整。

从高技术产业主营业务收入占制造业整体收入的比重来看，高技术产业已逐步成为中国制造业不可或缺的重要组成部分。2005—2015 年，中国高技术产业主营业务收入在制造业收入中的平均占比为 13.4%。其中，2005 年和 2006 年的高技术产业收入占比相对较高，达到 15.0%以上，之后 2011 年小幅下降至 12.0%。近两年，高技术产业收入占比逐年升

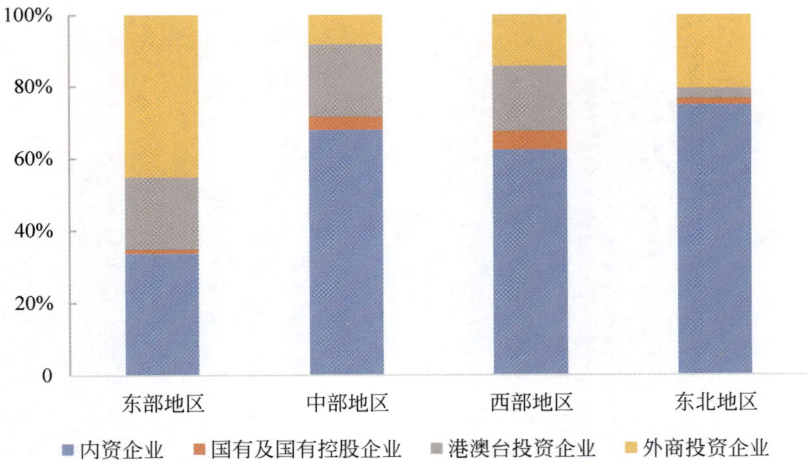

图 7-6 分地区不同注册类型企业主营业务收入占比(2009—2015 年平均)

注：图中数据根据《中国高技术产业统计年鉴 2016》中，分地区不同注册类型企业主营业务收入计算，具体数据见附表 7-4。

高，并于 2015 年达到 14.1%(见图 7-7)。

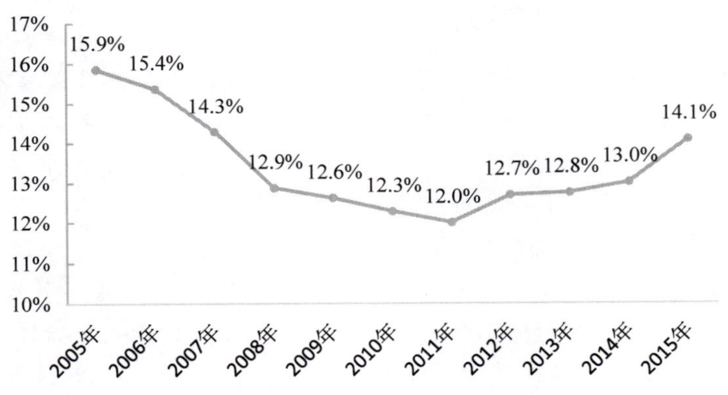

图 7-7 高技术产业主营业务收入占制造业的比重(2005—2015 年)

注：图中数据根据《中国高技术产业统计年鉴 2016》中的高技术产业和制造业主营业务收入数据测算，数据详见附表 7-1。

与主要发达国家相比，中国高技术产业出口额占制造业出口额的比重较高，反映了高技术产业在中国商品出口中的重要地位。据世界银行统计，2014 年中国高技术产业出口额占制造业出口的比重达 25.4%，高于世界平均水平 8.3%，也高于英国、美国、日本、德国等发达国家(见图 7-8)。

7.1.4 高技术产业的技术创新

高技术产业是制造业中创新比较活跃、创新能力较强的行业，技术创新是高技术产业可持续发展的根本动力。本部分从技术创新经费投入和研发人员投入两个方面对高技术产业中大中型企业的技术创新活动进行分析，并通过新产品与专利的产出状况反映高技术

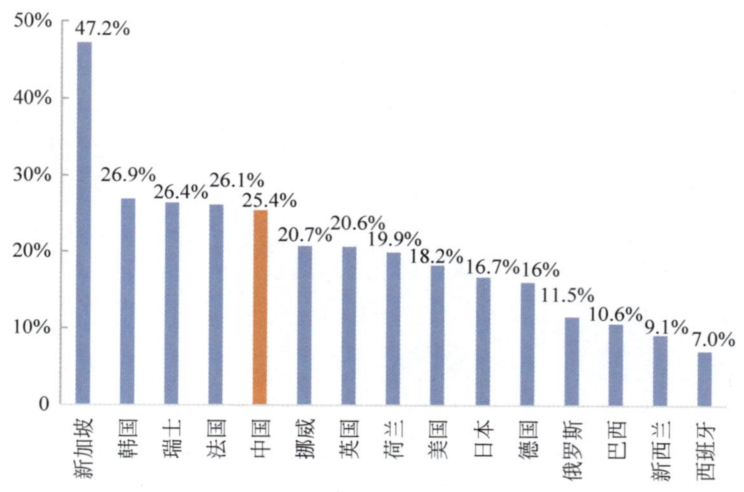

图 7-8　2014 年部分国家高技术产业出口占制造业的比重(世界平均水平为 17.1%)

注：资料来源于世界银行《世界发展指标 2016》和《中国高技术统计年鉴 2016》。

产业技术创新的成果。

1. 研发活动

近年来,中国高技术企业的 R&D 经费支出持续增加,研发人员规模不断扩大。2015 年,中国大中型高技术产业企业 R&D 经费为 2219.7 亿元,占整体制造业企业 R&D 经费的 29.7%; R&D 经费投入强度①达到 1.98%,远高于整体制造业企业的投入强度(0.75%)。同时,大中型高技术企业研发人员全时当量为 59.0 万人/年,占制造业企业研发人员全时当量的 31.3%。与 2005 年相比,大中型高技术企业 R&D 经费支出增长了 5.1 倍,年均增长率为 19.9%;研发人员全时当量增长了 2.4 倍,年均增长率为 13.0%。

在各细分高技术行业中,企业 R&D 经费支出和研发人员投入差异较大。在研发经费方面,2015 年,电子及通信设备制造业企业的 R&D 经费支出最多,为 1379.1 亿元,其次是医药制造业,为 326.2 亿元。航空航天器制造业、计算机及办公设备制造业和医疗设备及仪器仪表制造业的 R&D 经费支出相对较少,分别为 168.0 亿元、158.8 亿元和 150.4 亿元。从 R&D 经费投入强度来看,航空航天器制造业的 R&D 经费投入强度最高,为 5.46%,其次是医疗设备及仪器仪表制造业,为 2.55%。电子及通信设备制造业、医药制造业和计算机及办公设备制造业 R&D 经费投入强度相对较低,分别为 2.08%、1.92% 和 0.88%(见图 7-9)。在 R&D 人员全时当量方面,2015 年,电子及通信设备制造业企业的 R&D 人员全时当量最多,为 34.5 万人/年,其次是医药制造业,为 9.2 万人/年。航空航天器制造业、计算机及办公设备制造业和医疗设备及仪器仪表制造业的 R&D 人员相对较少,分别为 4.2 万人/年、5.2 万人/年和 5.1 万人/年(见图 7-10)。

各地区的大中型高技术产业企业中,东部地区企业的技术创新活动相对活跃。2015

① 大中型高技术产业企业 R&D 经费投入强度,由企业 R&D 经费与企业主营业务收入的比值计算得到,是衡量产业自主研发状况的重要指标。

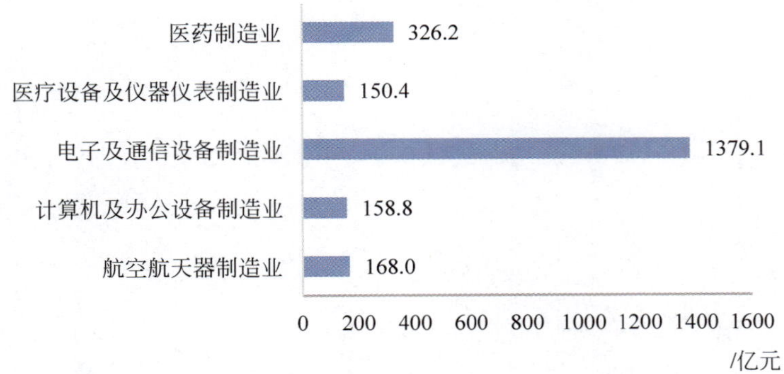

图 7-9　分行业高技术产业 R&D 经费支出(2015 年)

注：数据来自《中国高技术统计年鉴 2016》,具体数据详见附件 7-5。

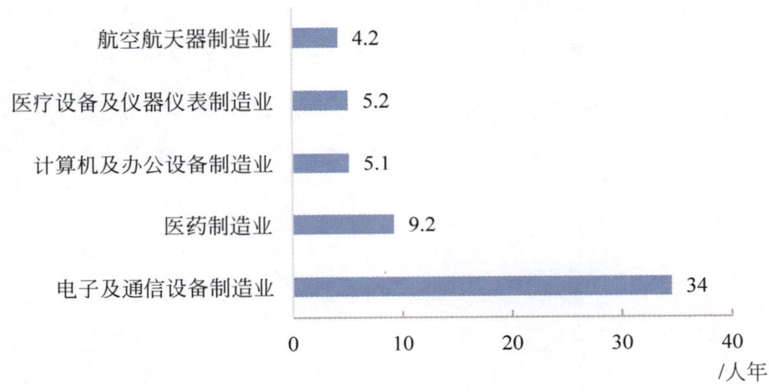

图 7-10　分行业高技术产业 R&D 人员(2015 年)

注：数据来自《中国高技术统计年鉴 2016》,具体数据详见附件 7-6。

年,中国东部地区高技术企业 R&D 经费支出占全国的 78.2%,研发人员全时当量占全国的 75.9%,中部、西部和东北地区占比分别为 12.3%、9.0%和 2.7%。东部地区中,广东和江苏两省的 R&D 经费支出和研发人员规模最大,R&D 经费分别占全国的 34.7%和 12.1%;研发人员分别占全国的 31.0%和 14.0%。

2. 技术创新成果

企业有效发明专利拥有量是测度企业技术创新产出最重要的指标。随着 R&D 经费投入的增加,中国高技术产业有效发明专利拥有量也大幅增加。2005 年,中国大中型高技术企业有效发明专利拥有量仅为 6658 件,2007 年突破万件,达到 13386 件。2015 年,中国高技术产业拥有有效发明专利拥有量达到 199728 件,较 2005 年增长了 29.0 倍,年均增长率为 40.5%(见图 7-11)。

中国高技术产业的新产品销售收入,多年来一直保持快速增长的趋势。2005 年,中国大中型高技术企业的新产品销售收入为 0.7 万亿元,2007 年突破万亿,并于 2015 年达到 3.8 万亿元,较 2005 年增长了 4.5 倍,年均增长率为 18.6%(见图 7-12)。2005—2015 年,新产品销售收入在企业主营业务收入中的比重,呈先下降后上升的趋势。2005 年,中国大

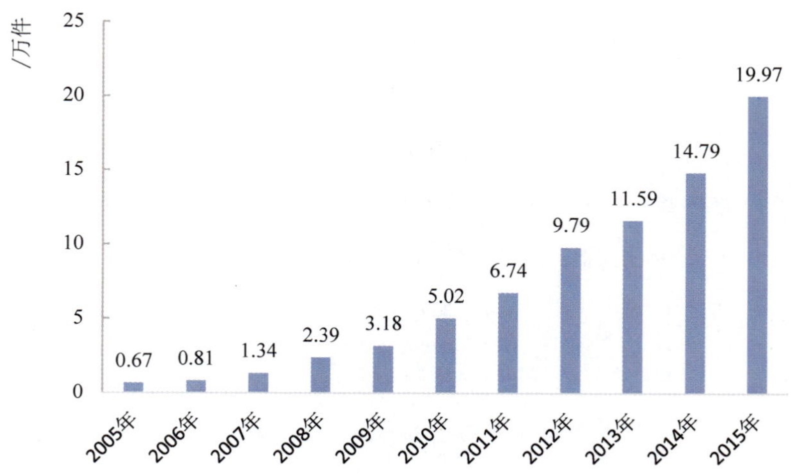

图 7-11　大中型高技术企业有效发明专利拥有量（2005—2015 年）

注：资料来源于历年《中国高技术统计年鉴》，数据详见附表 7-6。

中型高技术企业的新产品销售份额[①]为 39.5%，2009 年下降为 25.9%，之后逐年上升，于 2015 年回升至 34.0%。

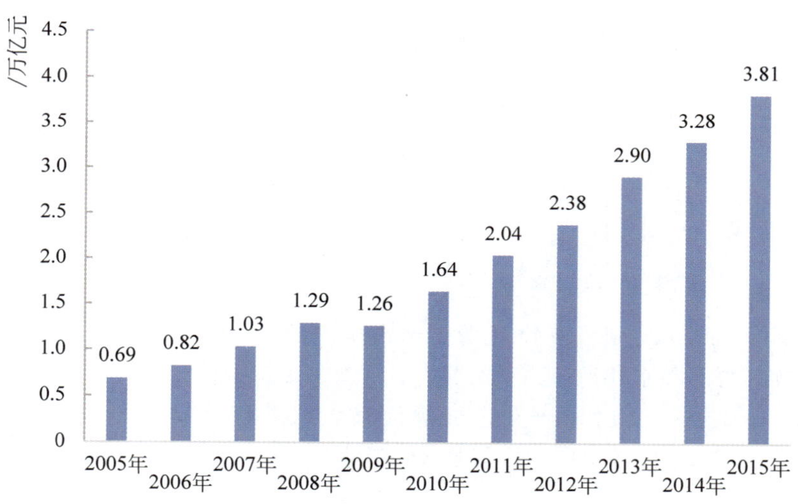

图 7-12　大中型高技术企业新产品销售收入（2005—2015 年）

注：资料来源于历年《中国高技术统计年鉴》，数据详见附表 7-6。

7.2　高技术产品贸易

高技术产品贸易是贸易产品中技术含量较高、附加值较大的商品，也是易于标准化、国际化程度较高、嵌入全球生产链条最深的部分。在全球经济贸易低迷的背景下，中国高技

① 新产品销售份额指新产品销售收入占主营业务收入总额的比重，用以测度大中型高技术企业技术创新的效果。

术产品贸易在技术结构、市场结构、贸易方式、企业类型等层面表现出了一些新特点和趋势性走势，显示中国高技术产品贸易结构继续优化，转型升级持续进行。

7.2.1 高技术产品贸易规模

相比商品贸易，高技术产品贸易体现了较好的抗风险性。2015 年，中国商品进出口贸易总额为 39569 亿美元，同比下滑 8.0%。其中，进口 16820 亿美元，下降了 14.2%；出口 22749 亿美元，下降了 2.9%。同年，中国高技术产品贸易进出口总额 12045.9 亿美元，同比下滑了 0.6%。其中，高技术产品进口 5492.9 亿美元，较去年下降了 0.4%；出口 6552.9 亿美元，较去年下滑了 0.8%。高技术产品贸易额下滑幅度均小于同期的商品贸易，高技术产品贸易额占商品进出口贸易总额的比重上升至历史较高水平 30.4%（见图 7-13）。

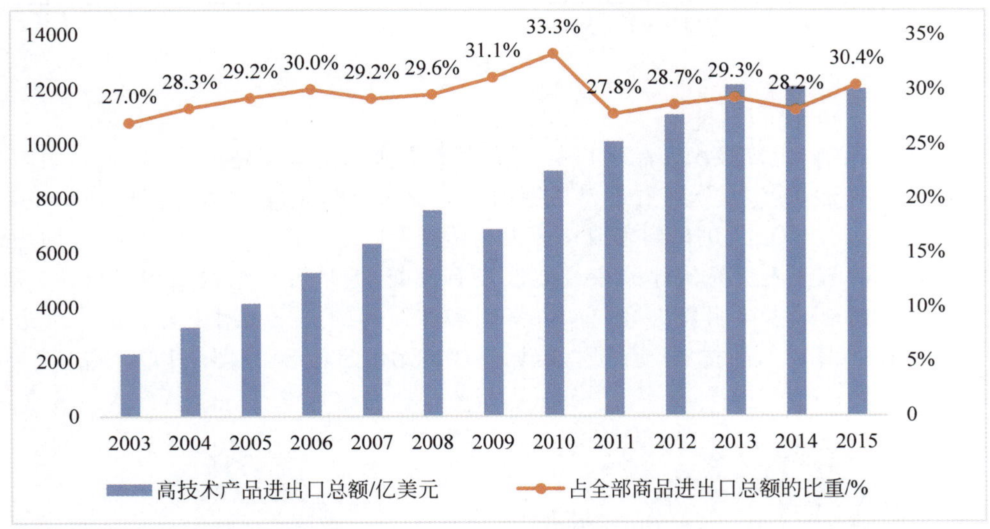

图 7-13 高技术产品进出口总额及其占商品进出口总额的比重（2002—2015 年）

注：资料来源于《中国统计年鉴 2016》、国家海关总署、《中国科技统计年鉴 2016》，具体数据详见附表 7-7。

7.2.2 高技术产品贸易结构

1. 高技术产品贸易的技术领域

2015 年，计算机与通信技术仍是中国高技术产品出口的第一大技术领域，占高技术产品出口额的 67.4%，同比下降了 3.7%，该领域也是第二大进口技术领域，占高技术产品进口额的 21.3%，同比下降了 3.5%。电子技术是中国高技术产品第一大进口技术领域，占比为 50.7%，同比增长了 3.5%，该领域也是第二大出口技术领域，占比 19.2%，同比增长了 9.6%（见表 7-1）。另外，生命科学技术领域、生物技术领域和其他技术领域也实现了进出口的双正向增长。

表 7-1 高技术产品进出口额按技术领域分布(2015 年)

技术领域	出口额/百万美元	占总额出口	比上年增长	进口额/百万美元	占总额进口	比上年增长
合计	655296	100%	−0.8%	549293	100%	−0.4%
航空航天技术	7326	1.1%	11.9%	34972	6.4%	−2.2%
生物技术	687	0.1%	5.2%	1126	0.2%	8.4%
计算机集成制造技术	12506	1.9%	−3.3%	35850	6.5%	−7.1%
计算机与通信技术	441886	67.4%	−3.7%	116918	21.3%	−3.5%
电子技术	125542	19.2%	9.6%	278658	50.7%	3.5%
生命科学技术	24586	3.8%	2.7%	26706	4.9%	6.5%
材料技术	6234	1.0%	2.2%	4806	0.9%	−12.2%
光电技术	35732	5.5%	−1.6%	49372	9.0%	−9.0%
其他技术	797	0.1%	5.6%	885	0.2%	41.8%

注：数据来源于国家海关总署，具体数据见附表 7-8。

2. 高技术产品进口来源地

2015 年，中国内地高技术产品进口的前十大贸易伙伴国家或地区中，韩国和中国台湾地区的产品占比相对较大，分别占进口总额的 18.9% 和 18.2%；其次是美国和日本，分别占 9.3% 和 8.4%；前十大进口国家或地区占比达到 73.3%。与 2008 年相比，中国内地高技术产品进口的前十大贸易伙伴国家或地区没有改变，但是占比结构出现了变化。韩国、美国和中国台湾地区占比明显上升，日本、泰国和菲律宾的占比相对下降。前十大进口来源地占比下降近 1.8%，高技术产品进口市场呈现多元化的趋势(见图 7-14)。

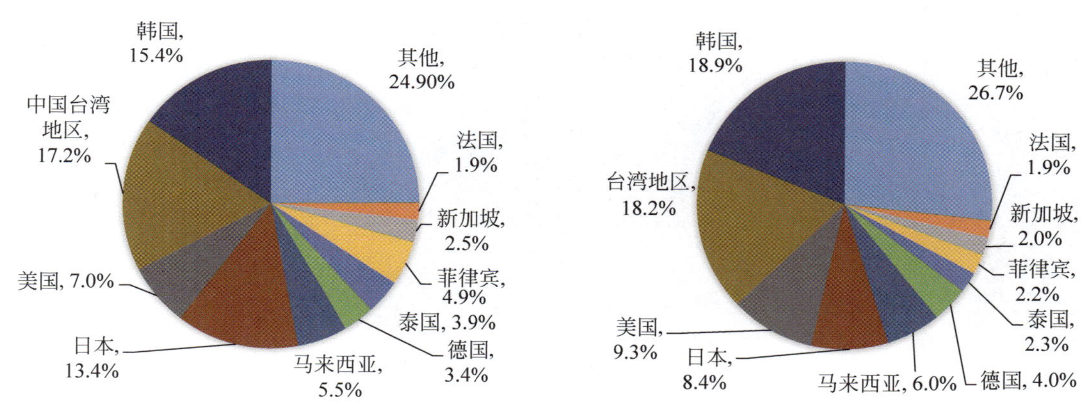

图 7-14 2008 年和 2015 年中国内地进口前十大贸易伙伴占比情况

注：资料来源于国家海关总署，具体数据见附表 7-9。

从进口高技术产品的具体技术领域来看，2015 年计算机与通信技术进口主要来自东盟[①]和韩国，分别占中国该技术领域进口的 20.6% 和 15.1%，日本位列第三，占比为 7.6%；

① 东盟具体指东南亚国家联盟 10 国，成员国有马来西亚、印度尼西亚、泰国、菲律宾、新加坡、文莱、越南、老挝、缅甸和柬埔寨。

电子技术进口主要来自中国台湾地区、韩国和东盟，分别占中国内地该技术领域进口的27.9%、22.4%和18.6%；航空航天技术进口则主要来源于美国和欧盟，分别占中国该技术领域的60.2%和32.5%。

3. 高技术产品的出口目标市场

2015年，中国内地高技术产品出口的前十大贸易伙伴中，中国香港地区和美国的高技术产品占比最大，分别占出口总额的28.9%和18.4%；其次是韩国和日本，分别占6.2%和5.5%；前十大贸易伙伴共占出口贸易额的75.8%。与2008年相比，印度和墨西哥代替英国和马来西亚进入中国内地前十大高技术产品出口国或地区，并且向香港地区、德国、台湾地区和韩国出口的高技术产品占比提高，其中香港地区占比提高了5.4%，香港地区转口贸易地位上升。前十大出口国或地区占比上升了3.5%，显示出口市场呈现集中化趋势(见图7-15)。

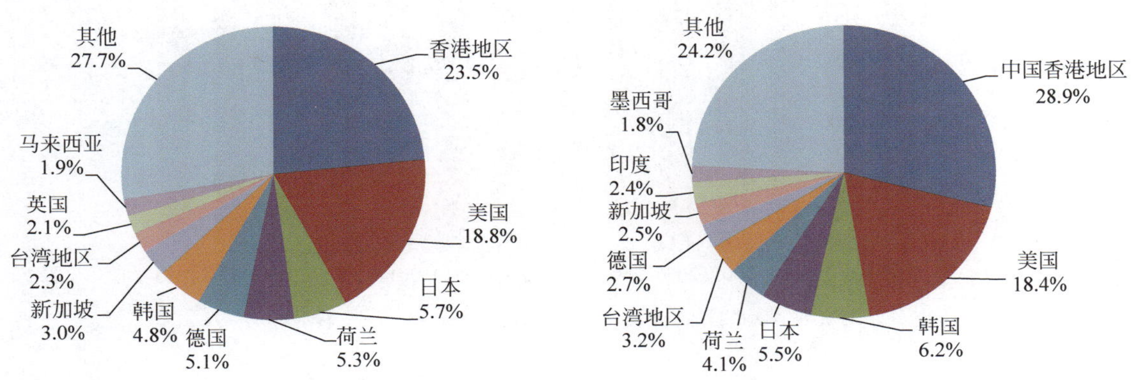

图7-15 2008年和2015年中国内地出口前十大贸易伙伴占比情况

注：资料来源于国家海关总署。

从具体出口技术领域看，计算机与通信技术领域的主要出口国家或地区为香港地区、美国和欧盟①，三者分别占中国该领域出口的26.7%、23.1%和16.6%；电子技术领域的主要出口地区为香港，占中国内地该技术领域出口的43.7%，其次为东盟、台湾地区和韩国，分别占12.0%、9.8%和9.3%；航空航天技术领域的主要出口国家或地区为中国香港地区、美国和欧盟，分别占中国该技术领域出口的28.5%、25.1%和18.5%。

4. 高技术产品的出口贸易方式

中国高技术产品的出口贸易方式②大致可以分为一般贸易、来料加工装配贸易、进料加

① 欧盟指欧洲联盟28国，成员国有法国、德国、意大利、荷兰、比利时、卢森堡、丹麦、爱尔兰、希腊、西班牙、葡萄牙、奥地利、芬兰、瑞典、波兰、捷克、匈牙利、斯洛伐克、斯洛文尼亚、塞浦路斯、马耳他、拉脱维亚、立陶宛、爱沙尼亚、保加利亚、罗马尼亚、英国、克罗地亚。

② 按国家海关总署对贸易方式的分类和解释，认为一般贸易，指中国境内有进出口经营权的企业单边进口或单边出口的货物；来料加工装配贸易，指由外商提供全部或部分原材料、辅料、零部件、元器件、配套件和包装物料，必要时提供设备，由我方按对方的要求进行加工装配，成品交对方销售，我方收取工缴费，对方提供的作价设备价款，我方用工缴费偿还的交易形式；进料加工贸易，指我方用外汇购买进口的原料、材料、辅料、元器件、零部件、配套件和包装物料，加工成品或半成品后再外销出口的交易形式。

工贸易和其他。进料加工贸易是中国高技术产品出口贸易的主要方式，其占高技术产品出口总额比重逐年下降。2015 年，中国高技术产品出口额中，有 59.1%为进料加工贸易，首次跌破 60%，较 2002 年的 74.2%下降了 15.1%。其次是一般贸易出口方式，占高技术产品出口总额的比重持续稳步提升。2015 年，中国高技术产品出口额中有 22.8%为一般贸易出口，占比较 2002 年提高了 15.2%；出口额中有 4.0%为来料加工装配贸易，占比较 2002 年下降 11.1%。2015 年，中国高技术产品出口额中仅有 4.0%为来料加工装配贸易，较 2002 年的 15.1%下降了 11.1%。2015 年，海关特殊监管区域出口贸易占比则稳定在 14.1%(见图 7-16)。

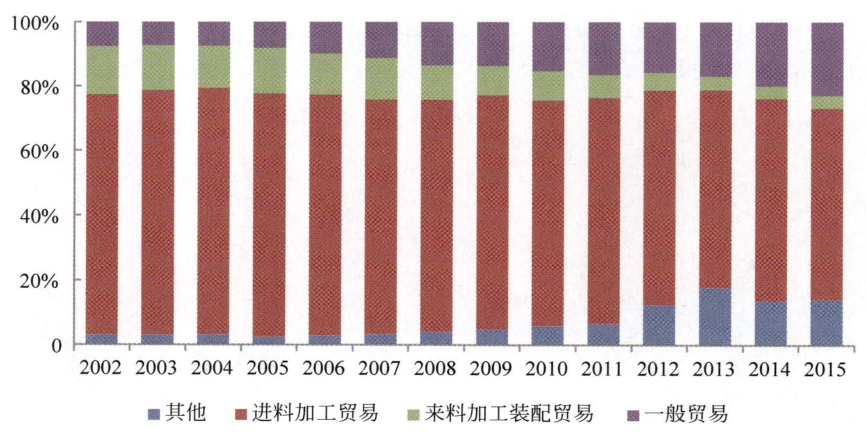

图 7-16　高技术产品出口按贸易方式分布(2002—2015 年)

注：资料来源于国家海关总署，具体数据见附表 7-10。

5. 高技术产品的出口企业性质

中国高技术产品出口仍以外商独资企业和中外合资企业为主，但其在高技术产品出口总额中的比重逐年下滑。2015 年，外商独资企业和中外合资企业的高技术产品出口额合计占出口总额的 70.1%，较 2005 年的 86.3%下降了 16.2%。以私营企业为主的其他类型企业出口占高技术产品出口总额的 23.5%，较 2002 年呈波动上升趋势。国有企业出口占比为 6.4%，也呈现轻微回升趋势(见图 7-17)。

7.3　中国技术贸易

技术贸易属于有偿的技术转让，是中国市场体系的重要部分。技术贸易能反映一个国家(地区)对技术的吸收能力和扩散能力，根据交易地域性可划分为中国技术市场交易和技术国际收支两部分，本节对中国技术市场交易情况进行分析。2015 年，技术市场服务体系更加完善，技术要素市场化配置进一步加快，全国技术市场交易额稳步增长，为促进中国经济结构调整和产业提质增效，推进大众创业万众创新提供了有力的支撑。

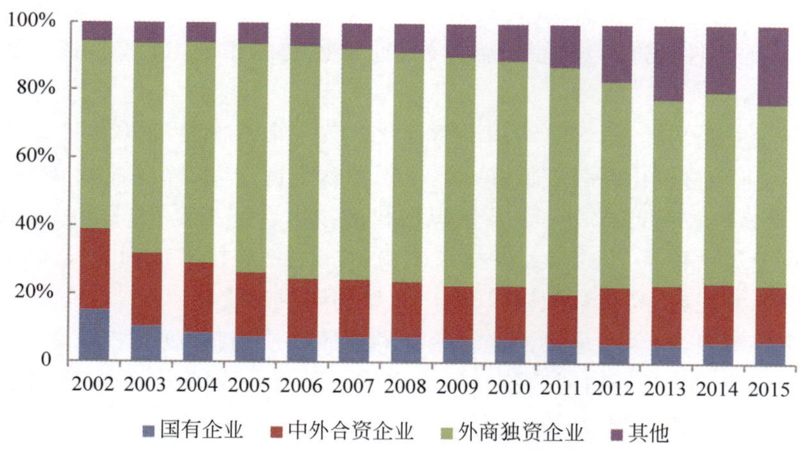

图 7-17 高技术产品出口按企业类型分布(2002—2015 年)

注：资料来源于国家海关总署，具体数据见附表 7-11。

7.3.1 技术市场交易总体情况

1. 交易规模

全国技术交易合同总量持续增长。2015 年，中国技术交易市场共成交技术合同 30.7 万项，交易额为 9835.8 亿元，同比增长了 14.7%，平均每项技术合同成交额 320.3 万元(见附表 7-13)，同比增长了 10.9%(见图 7-18)。全国技术合同交易额占 GDP 的比重逐年上升，由 2014 年的 1.35%上升到 2015 年的 1.45%，提高了 0.1%。

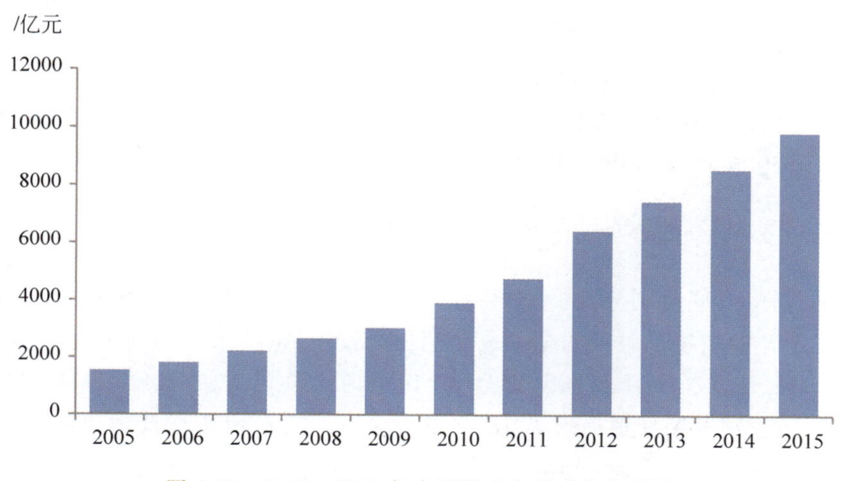

图 7-18 2005—2015 年全国技术合同成交额情况

注：资料来源于中国技术市场管理促进中心，具体数据见附表 7-12。

2. 交易特点

技术市场流动性增强，交易规模稳步增长。技术市场通过制度创新、政策完善、体系优化，发展环境总体向好。新修订的《促进科技成果转化法》为技术转移和成果转化扫清了制度障碍，催生了地方性促进科技成果转移转化政策措施的相继出台，带动了全国技术市场的流动性增强。

技术市场量质同步提升，产业结构不断优化。技术市场的持续开发与交易模式的不断创新，使技术成果转移转化路径更加多元。全国技术合同中，扣除仪器设备、原材料等购置费用后，技术交易额占比近80%；涉及知识产权的技术合同占全国总量近五成；单项技术合同成交额较上年增长了10.9%。以技术咨询、技术中介、技术培训等技术服务为代表的科技服务业快速发展，交易总量大幅提升，产业结构明显优化。

创新源头持续发力，科技成果快速转化。科技成果使用权、处置权和收益权改革，国家自主创新示范区技术转让所得税政策全国推广等一系列政策措施“组合拳”利好叠加，调动了创新源头活力的持续释放，高校、科研院所技术转移和成果转化步伐加快，服务经济社会的能力显著提高。2015年，高校和科研机构通过技术转让、技术入股、产学研合作等方式，签订技术合同9.8万项，成交额874.7亿元，比“十一五”末增长了121.4%。其中，科研机构输出技术成果4.1万项，高等院校输出技术成果5.7万项，分别较上年增长了1.1万项和0.3万项。

创新主体地位稳固，企业创新能力增强。企业在创新中的主体地位和主导作用在技术交易中表现明显。各类技术交易主体中，企业既有对新技术的渴望，也有发展新技术的动力。技术输出和技术吸纳持续走高，双向交易额均居首位。2015年，近50%的技术交易发生在企业与企业之间，成交额占全国近70%，其中涉及知识产权的技术合同成交额逾50%，全国技术市场等级注册的技术卖方企业超过9.8万家，买方企业超过62.8万家。

区域体系加速融合，服务国家发展战略。技术市场一体化建设稳步发展，区域技术转移服务体系加速融合，助推经济发展空间格局优化，支撑京津冀协同发展、长江经济带区域发展战略实施。2015年，京津冀三地以北京为龙头，成交额同比增长了12.5%，达到4031.7亿元，占全国成交总量的41.0%。北京向津冀输出技术交易额较上年增长了34.2%。长江经济带11个省市技术交易额同比增长了15.9%，达到3242.0亿元，占全国的33.0%。其中，湖北、江苏领跑地位明显，成交额分别居全国第二、三位。

7.3.2 技术合同的构成特点

按技术交易的合同类别分，技术交易分为技术开发、技术转让、技术咨询和技术服务四类。其中，技术开发和技术服务的合同成交额相对较大，是技术交易的主要类型。2015年，技术服务和技术开发类交易金额分别为5059.0亿元和3047.2亿元，占技术交易总额的51.4%和31.0%，较上年分别提高了1.9%和3.4%。技术转让和技术咨询类交易额相对较少，分别占技术交易总额的14.9%和2.7%，占比较上年分别提高了1.7%和降低了0.2%（见附表7-14）。

从交易的技术领域构成看，电子信息、先进制造、城市建设与社会发展是2015年技术交易的前三位技术领域，成交合同数和金额均超过全国技术交易总项数和总金额的50%。其中，电子信息领域技术成交金额为2497.3亿元，同比增长了14.4%，占全国技术合同成交总额的25.4%，远超第二位的先进制造业和第三位的城市建设与社会发展。除农业技术交易金额略有下降外，新能源与高效节能、现代交通、环境保护与资源综合利用，航空航天、农业、生物医药、现代交通和新材料及其应用领域的技术交易均有不同程度的增长。

从技术交易的知识产权构成看，技术交易以涉及知识产权的技术合同为主。2015 年，全国涉及知识产权的技术合同为 14.6 万项，成交额为 4108.1 亿元，占全国成交合同总数和总金额的 47.7%和 41.8%。其次是技术秘密合同 8.6 万项，成交额 2534.5 亿元，占成交总额的 25.8%。计算机软件著作权合同成交项数和金额呈现小幅下降，成交额占全国的 7.0%。专利合同成交 7805 项，增长了 9.8%。其中，实用新型专利成交项数与金额双增长，分别增长了 30.8%和 41.2%。发明专利有所下降；此外，生物、医药新品种，植物新品种技术交易呈上升趋势。

全国技术交易总量以重大技术合同为主。2015 年，全国共成交 1000 万以上的重大技术成交合同 9589 项，较上年增长了 5.1%；成交额达到 7370.0 亿元，增长了 18.5%，占全国技术交易成交总额 74.9%，比上年提高了 2.4%。单份技术合同平均成交额 7685.9 万元，增长了 12.8%。

从技术交易的科技计划项目构成看，2015 年计划内项目的技术合同数为 4.8 万项，同比增长了 17.5%，成交额为 1477.0 亿元，同比增长了 10.9%，占全国技术合同成交总额的 15.0%，占比与上年基本持平。各类计划项目中，国家计划项目总量略有下降，成交项数和金额占计划内项目总数的 11.7%和 10.4%；部门计划、省、自治区、直辖市及计划单列市计划和地市县计划均有不同程度的增长。其中省、自治区、直辖市及计划单列市计划成交 2.1 万项，占计划内项目总数的 43.7%，成交额 604.6 亿元，占计划内项目成交额的 40.9%。

从技术交易的主体来看，企业居输出和吸纳技术的首位。2015 年，企业输出技术 19.6 万项，成交额 8476.9 亿元，同比增长了 12.8%，占全国技术合同成交总额的 86.2%；吸纳技术 20.9 万项，成交额 7463.9 亿元，同比增长了 12.9%，占全国 75.9%。

从社会经济目标构成看，促进经济社会快速发展的技术交易持续活跃。2015 年，围绕社会发展和社会服务的技术交易合同数为 11.1 万项，成交额 3017.4 亿元，占全国技术合同成交总额的 30.7%，位居各类目标的首位。在各类经济社会目标中，促进民用空间探测及开发的技术合同成交额增幅最大，为 74.4%；促进地球和大气层的探索与利用、教育事业发展、能源生产分配和合理利用、农林牧渔业发展的技术合同较上年有所下降。

7.3.3 各地技术的交易情况

从合同登记情况来看，全国大部分省市的技术合同登记成交额实现增长。其中，技术合同登记成交额排在前十的省市构成与上年相同，仅排名有所变化，依次为北京、湖北、江苏、陕西、上海、广东、天津、山东、四川、辽宁(见图 7-19)，登记合同数和成交金额分别占全国的 80.5%和 87.1%。

1. 技术输出情况

全国大部分省市的输出技术成交额稳步增长。2015 年，北京、湖北、陕西居输出技术金额的前三位，共成交技术合同 11.7 万项，占全国技术合同成交项数的 38.2%；成交额 4965.1 亿元，占全国成交总额的 50.5%。重庆、广西、吉林省输出技术成交额有不同程度的

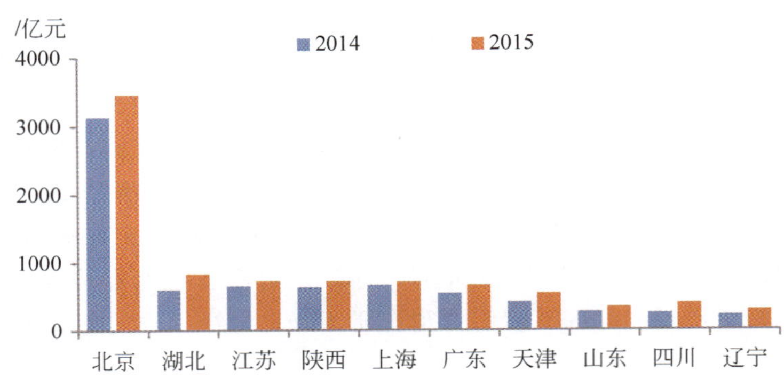

图 7-19　2014 年和 2015 年全国登记技术合同成交额前十省市

注：资料来源于中国技术市场管理促进中心，见附表 7-15。

下降。全国输出技术合同金额前十名的省(市)依次为北京、湖北、陕西、上海、广东、江苏、天津、山东、四川、辽宁(见图 7-20)，成交项数和金额分别占全国的 79.9%和 83.6%。

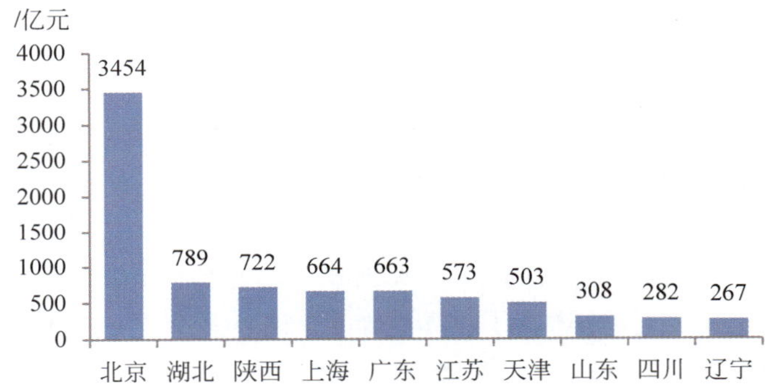

图 7-20　2015 年全国输出技术合同成交额排名前十省市

注：资料来源于中国技术市场管理促进中心，见附表 7-16。

计划单列市输出技术合同增长迅猛。2015 年，计划单列市输出技术合同 2.58 万项，成交额 567.2 亿元，较上年翻了一番。深圳市输出技术合同数和成交额最高，输出技术合同数 1 万项，成交额 372.2 亿元，增长了 158.3%；青岛输出技术合同数 5054 项，成交额 74.9 亿元，增长了 43.5%，排名居第二位，大连成交 6447 项，成交额 65.3 亿元，增长了 31.7%，居第三位。

从副省级城市[①]输出技术看，西安输出技术总量居首位。副省级城市输出技术合同成交额 2172.7 亿元，比上年增长了 16.5%。除杭州、济南、长春外，其他副省级城市成交额均有不同程度增长。输出金额排前三位的分别是西安、武汉、广州，成交额分别为 657.8 亿元、440.9 亿元和 269.5 亿元，西安输出技术成交额是吸纳技术的 3 倍。

① 我国的副省级城市共有 15 个，分别为哈尔滨市、长春市、沈阳市、大连市、济南市、青岛市、南京市、杭州市、宁波市、厦门市、广州市、深圳市、武汉市、成都市、西安市，其中大连市、青岛市、宁波市、厦门市、深圳市是计划单列市，已在上段中分析，本段数据不包括上述计划单列市。

2. 技术吸纳情况

北京、江苏和广东吸纳技术居全国首位。全国吸纳技术合同成交额前十名的省市分别为北京、江苏、广东、上海、湖北、山东、福建、天津、陕西、四川，合同总数为 20.7 万项，占全国技术合同数的 67.6%，成交额为 5497.7 亿元，占全国成交总额的 55.9%。

计划单列市吸纳技术总量较去年持续增长。2015 年，计划单列市的吸纳技术合同数为 2.5 万项，增长了 7.8%；成交额为 514.3 亿元，增长了 7.6%。深圳、青岛和大连吸纳技术保持领先地位。其中，深圳吸纳技术 1.1 万项，增长了 11.5%，成交额 301.3 亿元，增长了 8.9%；宁波吸纳技术成交额增长近 1 倍，成交 37.0 亿元，超越厦门居第四位。

从副省级城市吸纳技术看，南京居首位。副省级城市共吸纳技术 6.5 万项，成交额 1922.8 亿元，增长了 34.7%。其中，南京技术需求远远超过技术供给，吸纳技术成交额超出输出技术成交额 450 亿元，达到 648.2 亿元，增长了 88.5%；武汉吸纳技术和输出技术均居副省级城市第二位，吸纳技术成交额 362.0 亿元，增长了 55.3%。

7.3.4 区域技术的交易情况

区域技术交易持续活跃带动全国技术总量快速提升。东部地区和环渤海地区的技术交易成交额占比较大，输出技术成交额分别占全国技术合同成交额的 67.3%和 47.2%，吸纳技术成交额分别占全国技术合同成交总额的 51%和 25.7%。

东部地区的技术交易合同数和成交额，居全国首位。2015 年，东部地区输出技术 20.8 万项，成交额为 6623.6 亿元，占全国技术合同成交总额的 67.3%。北京发挥创新资源集聚优势，成为东部地区最大的技术输出地，输出技术成交额达到 3453.9 亿元，占全国的 35.1%。同时，北京承接了全国 5 万余项技术成功转移转让。吸纳技术金额 1147.5 亿元，成为东部地区最大的技术吸纳地。江苏输出和吸纳技术增幅位居前列，吸纳技术增长了 81.3%，居全国第二。

中部地区输出和吸纳技术基本持平。2015 年，中部地区共输出技术 4.8 万项，成交额为 1399.7 亿元，增长了 23.1%，占全国技术合同成交总额的 14.2%。其中，湖北输出技术金额在去年突破 500 亿元的基础上再次增长了 35.9%，达到 789.3 亿元，居中部地区输出技术首位。同年，中部地区吸纳技术 4.8 万项，成交额 1311 亿元，占全国技术合同成交总额的 13.3%，与上年基本持平。其中，湖南、江西、山西、河南、吉林技术需求明显，吸纳技术成交额均高于输出技术成交额，湖北、江西、安徽成交额增长较快，增幅均超过 30%。

西部地区吸纳技术实现增长。2015 年，西部地区共输出技术合同 4.9 万项，成交额 1345 亿元，增长了 8.6%，占全国技术合同成交额的 13.7%。陕西是西部地区技术的主要输出地，输出技术成交额首次突破 700 亿元，占西部地区输出技术成交额的 53.7%。甘肃、重庆、广西输出技术有所下降。吸纳技术方面，西部地区波动较大，继 2014 年的下降后，今年实现增长 12.8%，成交金额为 1704.1 亿元，超出输出金额近 400 亿元，共吸纳技术 5 万余项。

环渤海地区技术输出能力增强。2015 年，环渤海地区共输出技术合同 12.2 万项，成交额 4638.5 亿元，增长了 13.6%，占全国技术合同成交总额的 47.2%；吸纳技术合同 10.4

万项。北京、天津、山东是环渤海地区技术的主要输出地,也是主要技术吸纳地,输出和吸纳金额位居环渤海地区前三位。在吸纳技术方面,除内蒙古外,环渤海地区吸纳技术成交额均有所下降,山西降幅最大,达到53%。

长江三角洲地区技术交易稳中有增。2015年,长江三角洲地区共输出技术6.6万项,成交额1334.8亿元,增长了9.2%,占全国技术合同成交总额的13.6%;吸纳技术7.4万项,成交额1728.4亿元,增长了28.4%,占全国技术合同成交总额的17.6%。上海输出技术交易额超过600亿元,为663.8亿元,增长了12.1%,居全国输出技术交易额第四位;江苏吸纳技术交易额超过千亿元,达到1016.3亿元,增长了45.2%,居全国吸纳技术交易额第二位。

珠江三角洲地区技术交易呈两极分化趋势。2015年珠江三角洲地区共输出技术1.7万项,成交额666.3亿元,增长了59.6%,占全国技术合同成交总额的6.8%;吸纳技术2.3万项,成交额746.5亿元,增长了5.8%,占全国技术合同成交总额的7.6%。香港地区、澳门地区技术交易总量不大,交易金额均出现负增长。

第8章

CHAPTER 8

公民的科学素质及对科学技术的态度

本章导读

为深入推动《全民科学素质行动计划纲要(2006—2010—2020年)》(简称《科学素质纲要》)的实施,及时跟踪全国及各地区"十二五"公民科学素质建设目标任务的完成情况,经国家统计局批准(国统制[2015]4号),中国科协委托中国科普研究所于2015年3月至8月组织开展了第九次中国公民科学素质抽样调查。2015年中国公民科学素质调查按照社会学和统计学研究规范,采用国际通用的指标体系和综合评价标准,运用互联网信息技术进行质量控制,在"十三五"开局之初,在建设创新型国家的关键时期,获得了全国及各省级地区公民的科学素质发展状况、公民获取科技信息和参加科普活动的新趋势和新情况、公民对科学技术及其发展的新需求和新认识,以及公民对具体科技议题的理解和认识等大量高质量的调查数据资料。

本章正是基于第九次中国公民科学素质调查的结果进行了分析,主要分为四个部分,第一部分介绍了本次调查的样本和指标体系。第二部分主要从整体、不同地区、不同群体等方面描述分析中国公民科学素质发展状况。第三部分是关于中国公民科技信息来源情况的分析。第四部分是关于中国公民对科学技术的态度的调查结果分析。

本章要点

1. 中国具备科学素质的公民比例不断提升,但仍落后于国际发达国家。

2015年,中国具备科学素质的公民比例达到了6.20%;相比2005年,10年间提高了4.60%;与2010年相比,提高了2.93%。

2015年,中国公民科学素质的总体水平仅相当于美国1991年(6.9%)、欧盟1992年(5%)和日本2001年(5%)的水平。

2. 中国各地区公民科学素质大幅提升,不同区域的公民科学素质与其经济社会发展水平相匹配。

2015年,上海、北京、天津的公民科学素质处于中国公民科学素质发展的第一梯队水平;江苏、浙江、广东和山东位列第二梯队水平;福建、吉林、安徽等13个地区位列第三梯队；重庆、四川、广西等西部地区12个省区市和新疆生产建设兵团比例均未超过5%，位列第四梯队；海南、青海和西藏则处于全国末位。

东部沿海发达地区与西部欠发达地区的差距进一步拉大；其中，长三角、珠三角、京津冀三大区域的公民科学素质水平发展处于领先地位。

3. 不同群体的公民科学素质水平均有所提升。

城镇劳动者的科学素质水平提升幅度较大，从2010年的4.79%提升到2015年的8.24%。

城镇居民的科学素质水平提升幅度比农村居民更大，从2010年的4.86%提升到2015年的9.72%。同期相比，农村居民仅从2010年的1.83%提升到2015年的2.43%。

中青年群体的科学素质水平在不同年龄段中相对较高，其中18～29岁和30～39岁年龄段公民的科学素质水平最高，分别达到11.59%和7.16%。

男性公民的科学素质水平明显高于女性，且5年间的提升幅度也大于女性群体。

4. 中青年群体、男性公民、受教育程度较高者及城镇居民是具备科学素质公民中的主体。

2015年，在6.20%具备科学素质的公民中，50岁以下中青年公民共占94.2%；男性公民占73.3%；高中(中专、技校)及以上文化程度的公民共占84.9%；城镇居民占81.5%。

5. 电视和互联网是公民获取科技信息的主要渠道。

有93.4%的公民通过电视获取科技信息。有超过半数(53.4%)的公民利用互联网及移动互联网获取科技信息，已经超过了报纸(38.5%)，位居第二。

总体而言，公民对搜索引擎的信任度较高，其次依次为门户网站和专门网站，微信和微博的信任度较低。

6. 更多公民会利用科普场馆或参加科普活动获取科学知识和科技信息。

动物园、水族馆或植物园、科技馆等科技类场馆和自然博物馆是公民获取科学知识和科技信息的主要科普场馆。

中国公民对于科普设施的利用情况与美国相当，且明显高于欧盟、日本、韩国、印度、巴西等国家或经济体。

7. 中国公民支持科技事业发展并对科学技术的应用充满期望。

超过80%的公民赞成“现代科学技术将给我们的后代提供更多的发展机会”和“科学技术使我们的生活更健康、更便捷、更舒适”的看法。

8. 科学技术职业在中国公民心目中的声望较高。

科学家、教师、医生和工程师等科学技术类职业在中国公民心目中的声望较高。

公民最期望子女从事的职业排在前三位的是医生、教师、科学家。

8.1 调查概况

8.1.1 调查样本

1992年，中国科协首次开展中国公民科学素质抽样调查，至今已开展九次，具体技术参数见表8-1。与历次调查一样，2015年的调查范围覆盖全国(不含香港、澳门和台湾地区)31个省、自治区、直辖市和新疆生产建设兵团的18～69岁公民，采取分层三阶段不等概率抽样方法，以全国为总体、各省级单位为子总体进行抽样，设计样本量70400份，回收有效样本69 832份。2015年，中国公民科学素质抽样调查各地区样本量及样本分布见表8-2。

表8-1 中国九次公民科学素质抽样调查技术参数表

调查年份	1992	1994	1996	2001	2003	2005	2007	2010	2015
样本量	5500	5000	6000	8520	8520	8570	10080	69360	70400
有效率	85%	80%	75%	98%	99.50%	100%	99.80%	98.60%	99.20%
抽样方法	简单PPS抽样			分层四阶段不等概率(d≤3%)			分层三阶段不等概率(d≤3%)		
加权参数	性别			性别、年龄、受教育程度、城乡					

表8-2 2015年中国公民科学素质抽样调查的样本量及样本分布表

地　　区	样本量/份	样本分布/%	地区分布/%
北京市	2329	3.34	1.66
天津市	2405	3.44	1.32
河北省	2109	3.02	5.37
山西省	2168	3.10	2.62
内蒙古自治区	2013	2.88	1.93
辽宁省	2370	3.39	3.48
吉林省	2077	2.97	2.19
黑龙江省	2073	2.97	3.07
上海市	2493	3.57	2.35
江苏省	2370	3.39	6.07
浙江省	2478	3.55	4.24
安徽省	2410	3.45	4.27
福建省	2322	3.33	2.80
江西省	2258	3.23	3.12
山东省	2769	3.97	7.20
河南省	2569	3.68	6.62
湖北省	2402	3.44	4.49
湖南省	2246	3.22	4.83
广东省	2845	4.07	7.72
广西壮族自治区	2313	3.31	3.14
海南省	2147	3.07	0.61
重庆市	2096	3.00	2.07
四川省	2309	3.31	5.83
贵州省	2120	3.04	2.26
云南省	2239	3.21	3.25
西藏自治区	1197	1.71	0.28
陕西省	2046	2.93	2.82
甘肃省	1972	2.82	1.83
青海省	1827	2.62	0.40
宁夏回族自治区	1903	2.73	0.44
新疆维吾尔自治区	1887	2.70	1.50
新疆生产建设兵团	1070	1.53	0.24
全国总体	69832	100	100

为了最大限度地提高利用调查样本对于总体和各子总体估计的精度，为使调查样本对总体和各子总体有更好的代表性，除保证抽样样本分布的合理性外，本次调查以国家统计局最新公布的第六次全国人口普查及各地区相关分类数据为抽样参照总体，对调查结果在人口性别、年龄、受教育程度和城乡结构等方面，进行了多变量事后分层加权（Post-Stratification Weighted）处理。2015 年中国公民科学素质抽样调查的样本分布和加权分布见表 8-3。

表 8-3　2015 年中国公民科学素质抽样调查的样本分布和加权分布表

	样　本　量	样本分布/%	加权分布/%
总体	69832	100	100
按性别分			
男性	35665	51.07	50.73
女性	34167	48.93	49.27
按民族分			
汉族	62731	89.83	94.13
其他民族	7101	10.17	5.87
按户籍分			
本省户籍	65045	93.14	93.11
非本省户籍	4787	6.86	6.89
按年龄分			
18～29 岁	17425	24.95	27.60
30～39 岁	16455	23.56	22.10
40～49 岁	16768	24.01	23.60
50～59 岁	11912	17.06	16.50
60～69 岁	7272	10.41	10.30
按文化程度分			
小学及以下	12793	18.32	25.87
初中	24950	35.73	45.25
高中（中专、技校）	18007	25.79	16.58
大学专科	7800	11.17	7.05
大学本科及以上	6282	9.00	5.23
按城乡分			
城镇居民	41905	60.00	52.49
农村居民	27927	40.00	47.51
按就业状况分			
有固定工作	26927	38.56	35.59
有兼职工作	2618	3.75	3.60
工作不固定，打工	12174	17.43	18.59
目前没有工作，待业	6903	9.89	10.88

续表

	样 本 量	样本分布/%	加权分布/%
家庭主妇且没有工作	10769	15.42	18.80
学生及待升学人员	2490	3.57	3.18
离退休人员	6270	8.98	6.36
无工作能力	1681	2.41	3.00
按职业分			
国家机关、党群组织负责人	1172	1.68	1.01
企业事业单位负责人	2418	3.46	2.78
专业技术人员	6178	8.85	7.68
办事人员与有关人员	6102	8.74	6.01
农林牧渔水利业生产人员	8351	11.96	12.10
商业及服务业人员	11378	16.29	17.63
生产及运输设备操作工人	6120	8.76	10.58
没有工作或不工作	28113	40.26	42.21
按重点人群分			
领导干部和公务员	2729	3.91	2.23
城镇劳动者	34859	49.92	49.18
农民	21614	30.95	35.74
其他	10630	15.23	12.85
按地区分			
东部地区	26637	38.14	42.81
中部地区	18203	26.07	31.20
西部地区	24992	35.79	25.99

8.1.2 调查指标体系

与历次调查相同，2015 年中国公民科学素质调查的主要内容包括：公民对科学的理解、公民的科技信息来源和公民对科学技术的态度等。其中，公民对科学的理解部分是公民科学素质的核心指标，用于测算公民的科学素质水平，从而得出具备科学素质的公民比例；公民的科技信息来源和公民对科学技术的态度两部分是公民科学素质调查及结果综合分析的必要组成部分，是公民科学素质的影响因素，目前不计入具备科学素质公民的判定指标。

2015 年中国公民科学素质抽样调查的指标体系由背景变量和各级指标组成。背景变量包括：地区、城乡、性别、年龄、受教育程度、职业、民族和重点人群等。分级指标包括：3 项一级指标，12 项二级指标和 38 项三级指标，三级指标下共包含 45 道测试题目及 154 个测试题选项。2015 年调查指标体系结构见表 8-4。

表 8-4　2015 年中国公民科学素质抽样调查指标体系结构表

一级指标	二级指标	三级指标
一、公民对科学的理解	1. 了解基本科学知识	(1) 对科学术语的了解
		(2) 对科学基本观点的了解
	2. 理解基本科学方法	(3) 对“科学研究”的理解
		(4) 对“对比试验”的理解
		(5) 对概率的理解
	3. 理解科学对个人和社会的影响	(6) 迷信的相信程度及行为
		(7) 科学对个人行为的影响
	4. 对公共科技议题的理解	(8) 对全球气候变化的理解
		(9) 对核能利用的理解
		(10) 对转基因的理解
二、公民的科技信息来源	5. 公共科技议题的信息来源	(11) 纸质媒体
		(12) 影视媒体
		(13) 声音媒体
		(14) 互联网及移动互联网
	6. 公民获取科技发展信息的渠道	(15) 纸质媒体
		(16) 影视媒体
		(17) 声音媒体
		(18) 互联网及移动互联网
		(19) 亲友同事
	7. 公民参加科普活动的情况	(20) 专门的科普活动
		(21) 日常的科普活动
	8. 公民参观科普设施的情况及原因	(22) 科技类场馆
		(23) 人文艺术类场馆
		(24) 身边的科普场所
		(25) 专业科技场所
	9. 公民参与公共科技事务的程度	(26) 自己关心
		(27) 和亲友谈论
		(28) 热心参加
		(29) 主动参与
三、公民对科学技术的态度	10. 公民对科学技术信息的感兴趣程度	(30) 对科技新闻话题的感兴趣程度
		(31) 对科技发展信息的感兴趣程度
	11. 公民对科学技术的看法	(32) 对科技的总体认识
		(33) 对科技发展的看法
		(34) 对科学技术职业声望的看法
	12. 公民对公共科技议题的看法	(35) 对公共科学议题信息来源的信任度
		(36) 对全球气候变化的认识和看法
		(37) 对核能利用的认识和看法
		(38) 对转基因的认识和看法

一级指标“公民对科学的理解”指标又称公民科学素质指标(Civic Scientific Literacy, CSL),是国际通行的反映国家和地区群体公民科学素质水平的综合指标,由了解基本科学知识、理解基本科学方法、理解科学对个人和社会的影响等二级指标构成。一级指标“公民的科技信息来源”指标是公民科学素质的影响因素指标,包括公民获取科技信息的渠道、参观利用科普设施的状况、参加科普活动和参与公共科技事务的程度等二级指标。一级指标“公民对科学技术的态度”指标也是公民科学素质的影响因素指标,包括公民对科技信息的感兴趣程度、对科学技术及其发展的看法、对科学技术职业声望的看法等二级指标。同时,为保持与国际通行的公民对科学的理解与态度调查指标的同步发展,2015 年调查在各项一级指标中加入了全球气候变化、核能利用和转基因三个公共科技议题的相应内容。基于上述一整套调查指标体系,2015 年调查获得了中国及各地区公民的科学素质水平发展状况、公民获取科技信息和参与相关活动的情况及公民对科学技术的态度等方面的翔实数据。通过对受访者背景变量的统计加权分析,可以得出中国不同性别、不同年龄段、不同受教育程度及城乡、不同地区(东、中、西)和《科学素质纲要》实施的重点人群等各分类人群的相关分析结果,为党和国家的科技决策和公民科学素质建设工作提供了重要的基础数据和决策依据。

8.2 中国公民的科学素质发展状况

2015 年中国公民科学素质抽样调查在公民了解基本科学知识、理解基本科学方法、理解科学对个人和社会的影响三个方面,在每次访问时通过平板计算机从公民科学素质测试题库随机抽取 25 个科学素质测试题目(其中 13 个国际比较测试题),采用国际通行的测算方法,测算出每位受访者的科学素质得分,得分超过 70 分者算作具备科学素质的公民,通过加权测算得出目标群体具备科学素质的比例值。鉴于具备科学素质是对公民的较高要求,我们将以前“具备基本科学素质”的提法修改为“具备科学素质”。

8.2.1 中国公民的科学素质整体发展状况

中国公民的科学素质总体水平得到快速提升。2015 年,中国具备科学素质的公民比例达到了 6.20%,比 2010 年的 3.27%提高了 2.93%,比 2005 年的 1.60%提高了 4.60%,超额完成“十二五”末我国公民具备科学素质比例超过 5%的既定目标,进一步缩小了与世界主要发达国家的差距,为“十三五”公民科学素质建设奠定了坚实基础(见图 8-1)。

国际比较表明,2015 年中国公民科学素质的总体水平相当于美国 1991 年(6.9%)、欧盟 1992 年(5%)和日本 2001 年(5%)的水平,进一步缩小了与世界主要发达国家和地区的差距。

8.2.2 各地区公民的科学素质水平发展状况

中国各地区的公民科学素质水平均有较大幅度的提高,且不同区域的公民科学素质呈现出与其经济社会发展水平相匹配的特征(见图 8-2),数据如附表 8-1 所示。

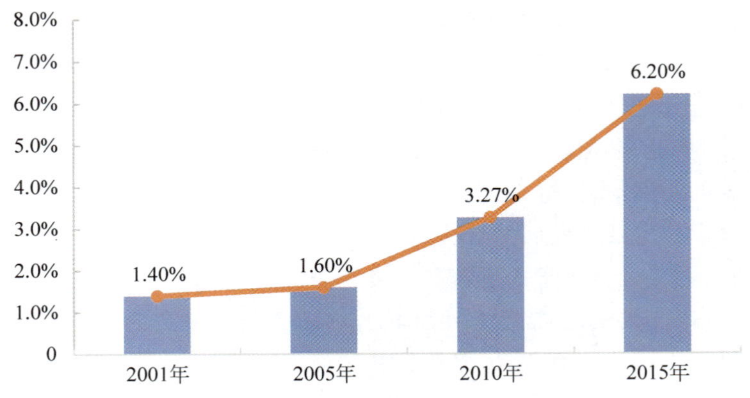

图 8-1 中国公民科学素质水平发展状况

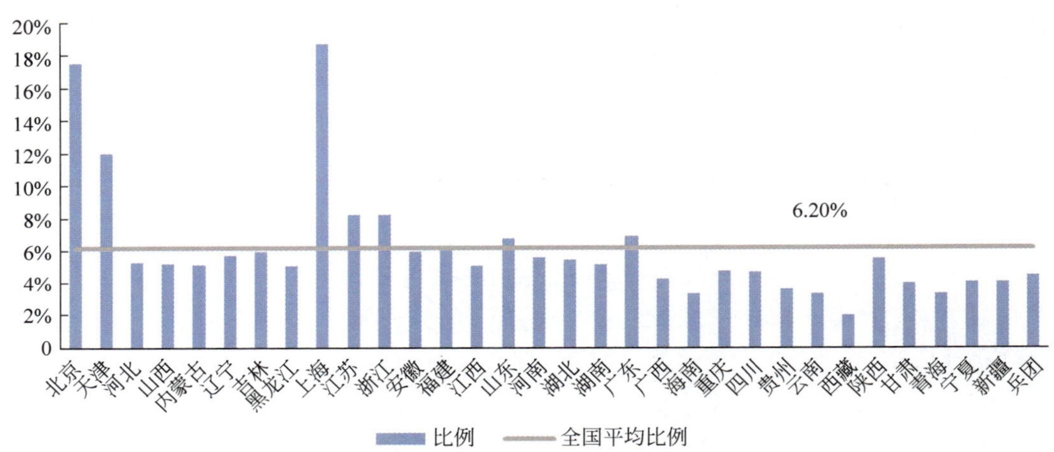

图 8-2 各地区公民科学素质水平分布状况(2015 年)

2015 年,上海市、北京市和天津市的公民科学素质水平位居全国前三位,分别为 18.71%、17.56%和 12.00%。与发达国家或经济体相比,上海市和北京市的公民科学素质水平已达到了美国 1999 年的水平(17.3%)并超过了欧盟 2005 年的水平(13.8%),天津达到了美国 1995 年的水平(12.0%)。

江苏省(8.25%)、浙江省(8.21%)、广东省(6.91%)和山东省(6.76%) 4 省的公民科学素质水平均超过全国总体水平,位居中国区域公民科学素质发展第二梯队水平。

福建省(6.10%)、吉林省(5.97%)、安徽省(5.94%)等 13 个地区的公民科学素质水平均超过了 5%,这些地区是中国公民科学素质发展的重要区域。

重庆市(4.74%)、四川省(4.68%)、广西壮族自治区(4.25%)等西部地区 12 个省区市和新疆生产建设兵团(4.42%)的公民科学素质水平均低于 5%,其中海南、青海和西藏仍低于 2010 年全国的总体水平(3.27%)。

与 2010 年相比,北京市和上海市的公民科学素质水平提升幅度较大,分别增长了 7.53%和 4.97%;安徽省和河南省的公民科学素质水平排名进步较快,安徽省从第 19 位进步到第10位，河南省从第22位进步到第12位；海南省和新疆地区的公民科学素质水平的增长率较高(见图8-3)。

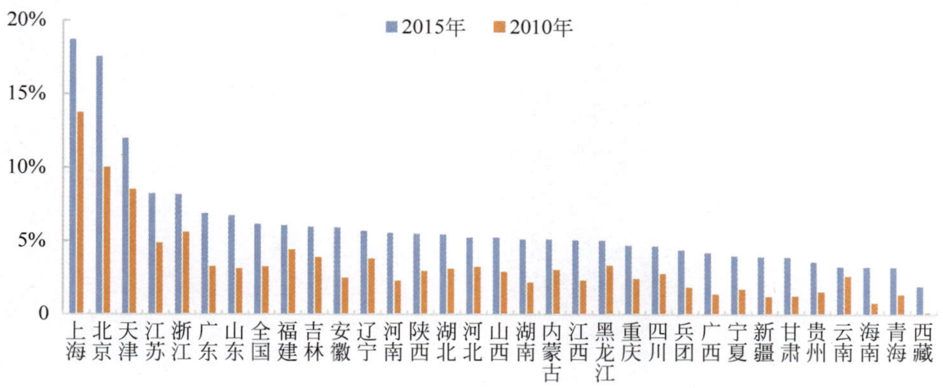

图8-3 各省区市公民科学素质水平发展状况

从区域发展来看，东部沿海发达地区与西部欠发达地区的差距进一步拉大。其中，长三角、珠三角、京津冀三大区域的公民科学素质水平发展处于区域发展领先地位，公民具备科学素质的比例为：长三角地区9.11%、珠三角地区8.95%、京津冀地区8.78%。东部、中部和西部地区的公民科学素质水平均有明显提升，分别从2010年的4.59%、2.60%和2.33%提升到了2015年的8.01%、5.45%和4.33%(见图8-4)。

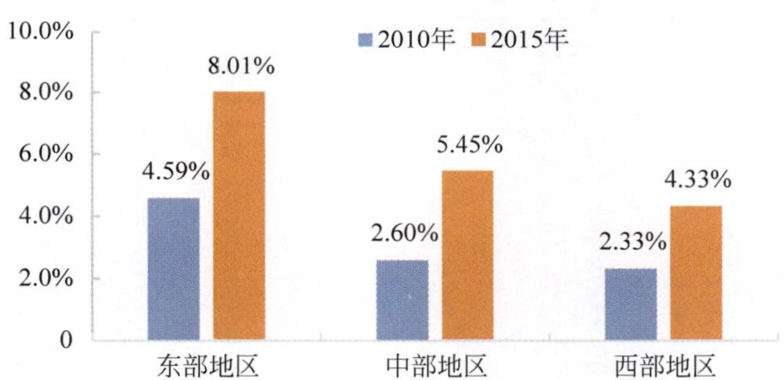

图8-4 各地区公民科学素质水平发展状况

8.2.3 不同分类群体公民的科学素质水平

在各类公民科学素质水平普遍提升的同时，相关人群的科学素质水平提升幅度更大。作为实施《科学素质纲要》的重点人群，城镇劳动者的科学素质水平提升幅度较大，从2010年的4.79%提升到2015年的8.24%(见图8-5)。

从城乡分类来看，城镇居民的科学素质水平提升幅度更大，从2010年的4.86%提升到2015年的9.72%。同期相比，农村居民仅从2010年的1.83%提升到2015年的2.43%(见图8-6)。

从年龄分类来看，中青年群体的科学素质水平较高，其中18～29岁和30～39岁年龄段公民的科学素质水平较高，分别达到11.59%和7.16%(见图8-7)。

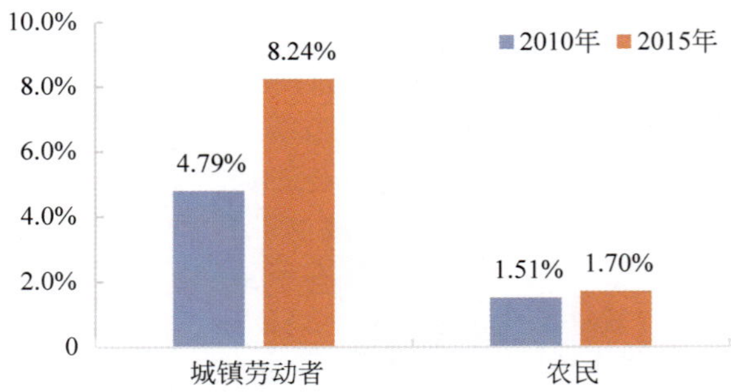

图 8-5 城镇劳动者和农民群体的科学素质发展状况

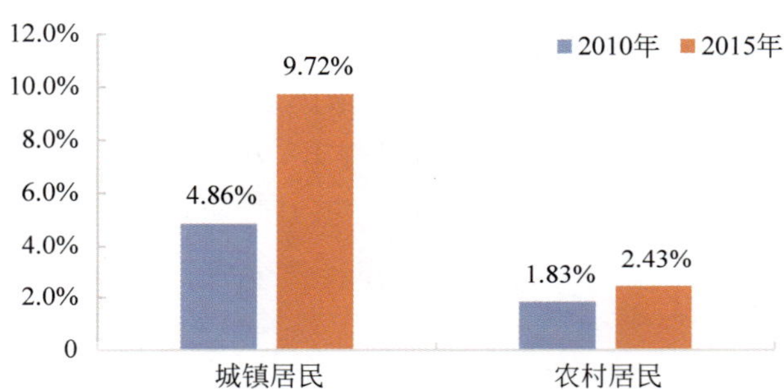

图 8-6 城乡居民的科学素质发展状况

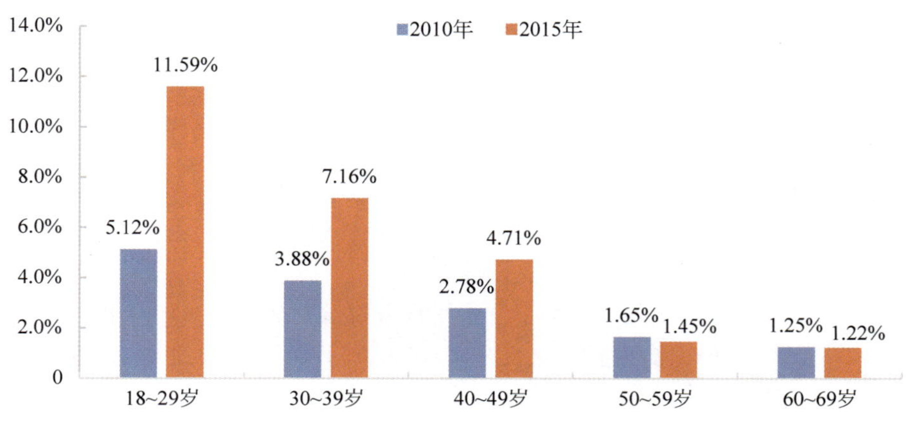

图 8-7 不同年龄段公民的科学素质发展状况

从性别差异上来看，男性公民的科学素质水平明显高于女性，且5年间的提升幅度也大于女性群体（见图8-8）。

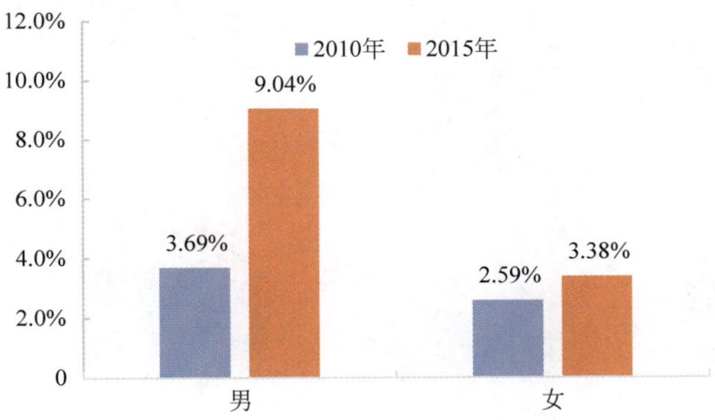

图8-8　不同性别公民的科学素质发展状况

受教育程度是公民科学素质水平的决定性因素，高中及以上文化程度是成为具备科学素质公民的基础；随着受教育程度的提升，具备科学素质公民的比例明显提升。大学本科及以上文化程度公民的科学素质水平为40.47%，大学专科和高中（中专、技校）分别为20.83%和10.40%，而初中及以下学历层次仅为1.33%（见图8-9）。

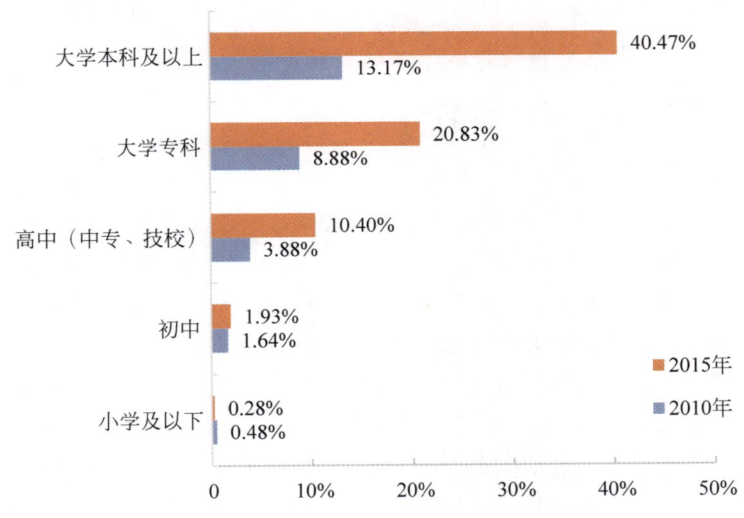

图8-9　不同受教育程度公民的科学素质发展状况

8.2.4　具备科学素质公民的群体特征

具备科学素质需要公民满足更高的要求，这是因为要在“了解科学知识”“理解科学方法”“理解科技对个人和社会的影响”三个方面都达到相应的判定标准。调查表明，中青年群体、男性公民、受教育程度较高者及城镇居民是具备科学素质公民中的主体。2015年，在6.20%具备科学素质的公民中，50岁以下中青年公民共占94.2%；男性公民占73.3%；高中（中专、技校）及以上文化程度的公民共占84.9%；城镇居民占81.5%（见图8-10）。

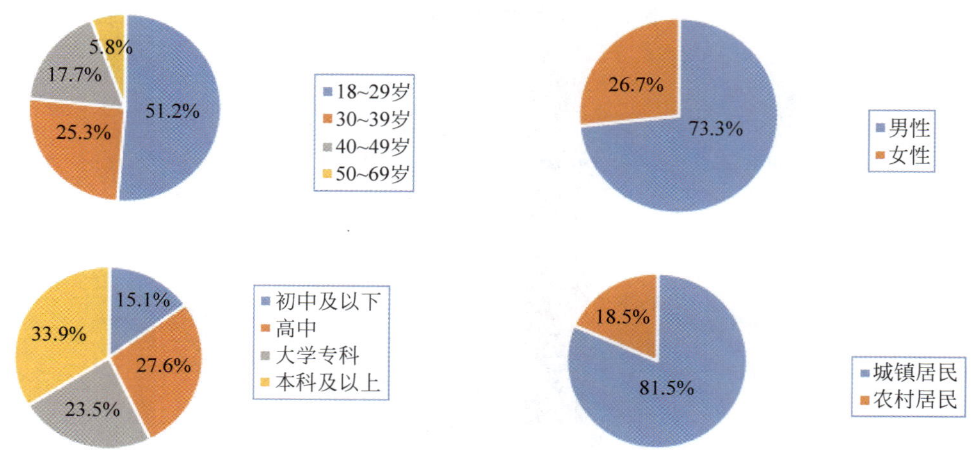

图 8-10　具备科学素质公民的群体特征

8.3　中国公民的科技信息来源

影响公民对科学的理解及科学素质水平的因素有很多，本次调查将公民获取科技信息的渠道和方式、利用科技场馆和参与科普活动等作为公民科学素质的重要影响因素进行研究。

8.3.1　公民获取科技信息的主要渠道

在现代社会中，人们主要通过科学技术教育、科学传播和科学普及等途径获取科技发展信息，以此来不断提高自身的科学素质。调查显示，电视仍然是中国公民获取科技信息的最主要的渠道，有 93.4%的公民通过电视获取科技信息。随着互联网信息技术的发展，互联网已成为中国公民获取科技信息的主渠道，有超过半数(53.4%)的公民利用互联网及移动互联网获取科技信息，已经超过了报纸(38.5%)，位居第二。

在具备科学素质的公民中，有高达 91.2%的比例通过互联网及移动互联网获取科技信息，互联网已成为具备科学素质公民获取科技信息的第一渠道。此外，在具备科学素质的公民中，通过期刊杂志和图书获取科技信息的比例也明显高于全体公民(见图 8-11)。

从对互联网及移动互联网的利用渠道来看，微信(74.1%)，百度、谷歌等搜索引擎(69.0%)，腾讯网、新浪网、新华网等门户网站(68.8%)是网民获取科技信息的最常用渠道；果壳网、科学网、百度百科等专门网站(44.6%)，微博(43.5%)等也是网民获取科技信息的常用渠道(见图 8-12)。

同时，在上述渠道中，相对信任度(“经常用，很信任”与“经常用，不信任”的比值)较高的依次为：百度、谷歌等搜索引擎(4.9%)，腾讯网、新浪网、新华网等门户网站(3.6%)，果壳网、科学网、百度百科等专门网站(3.0%)；相对信任度较低的是微信(2.2%)和微博(1.8%)。

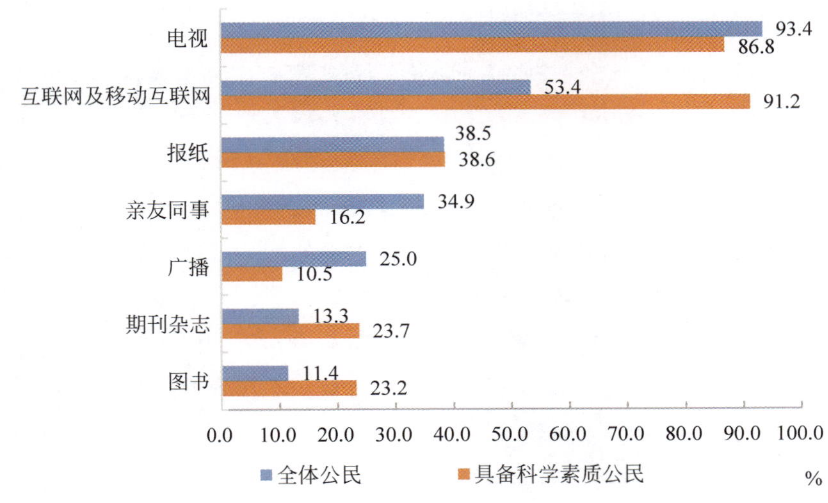

图 8-11 公民获取科技信息的主要渠道

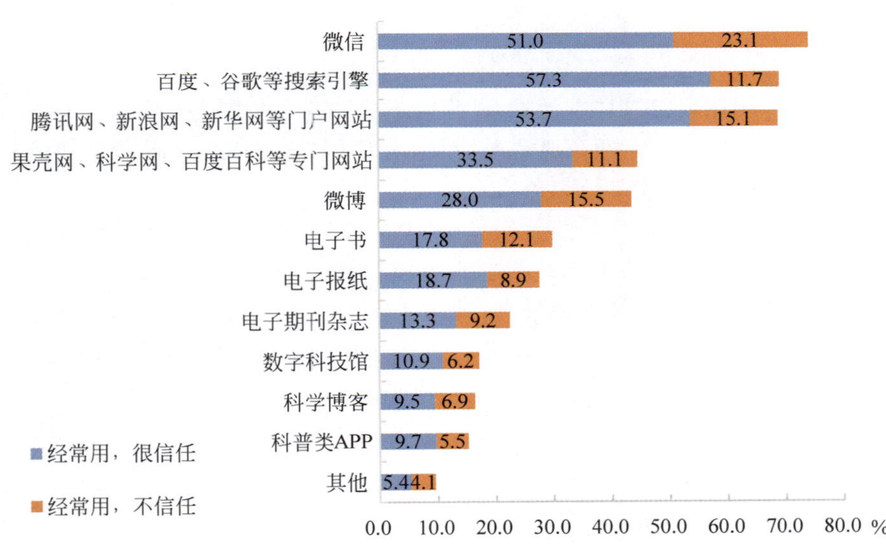

图 8-12 公民对互联网渠道传播科技信息的信任情况

8.3.2 公民利用科普场馆的情况

公民利用科普场馆获取科学知识和科技信息的机会增多。在过去的一年中，公民参观过的各类科普场馆，按比例排列依次为：动物园、水族馆或植物园(53.7%)，科技馆等科技类场馆(22.7%)，自然博物馆(22.1%)。参观过的人文艺术类场馆的比例依次为：公共图书馆(40.4%)，美术馆或展览馆(20.5%)。

参观过的身边的科普场所的比例依次为：图书阅览室(34.3%)、科普画廊或宣传栏(20.7%)。参观过的各种专业科技场所的比例依次为：工农业生产园区(27.5%)，科技示范点或科普活动站(13.5%)，高校和科研院所实验室(9.7%)。参观过的流动科普设施(科普宣传车)的比例为 17.7%(见图 8-13)。

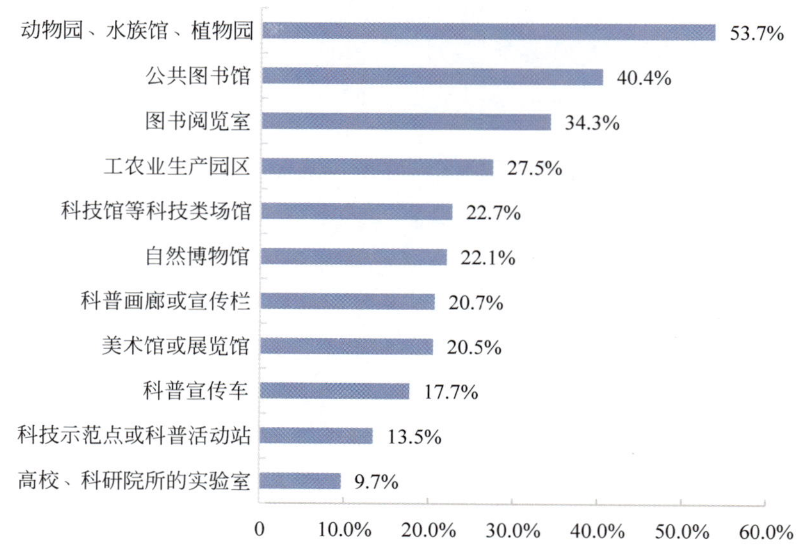

图 8-13 公民在过去一年中利用科普场馆的情况

与 2010 年调查相比,公民以"本地没有"作为过去一年没去科普场所的原因的比例明显降低。以科技馆等科技类场馆的参观情况为例,公民因"本地没有"而未参观过的比例为 22.6%,比 2010 年的 37.6%降低了 15%。

美国《科学与工程指标(2014)》的数据显示,中国公民对于科普设施的利用情况与美国相当,且明显高于欧盟、日本、韩国、印度、巴西等国家或经济体。就科技馆等科技类场馆而言,美国(2012 年,25%)的公民参观率最高,其次依次为中国(2015 年,23%)、欧盟(2005 年,16%)、印度(2004 年,12%)、日本(2001 年,12%)、韩国(2010 年,9%)和巴西(2010 年,8%)(见图 8-14)。

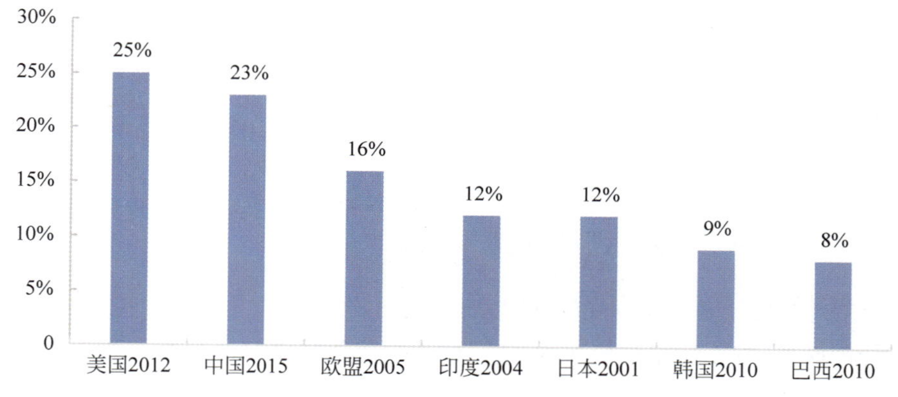

图 8-14 各国公民利用科技馆等科技类场馆的情况

2012 年,美国公民参观动物园、水族馆或植物园和参观自然博物馆的比例分别为 47%和 28%,与中国 2015 年的情况相当(见图 8-15)。

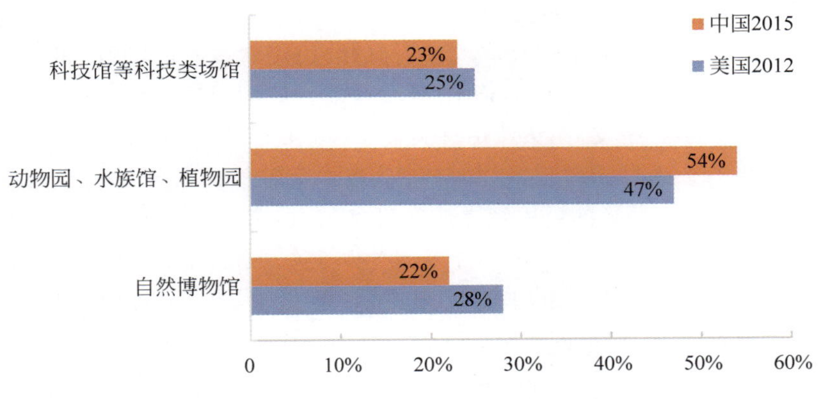

图 8-15 公民利用科普场馆情况的中美比较

8.3.3 公民参加科普活动的情况

参加和了解科普活动也是公民获取科技知识和科技信息的重要方式之一。调查显示，公民对各类科普活动的知晓度较高，经常性科普活动的参与度高于大型群众性科普活动。在开展调查时的过去一年内，中国超过半数的公民参加过或知晓各类科普活动。其中，公民参加科技展览的比例最高，占到 14.6%，参加科普讲座(12.4%)、科技培训(11.0%)和科技咨询(8.1%)也是公民参与的主要经常性科普活动；参加过科技周、科技节、科普日这种大型群众性科技活动的比例为 7.8%(见图 8-16)。

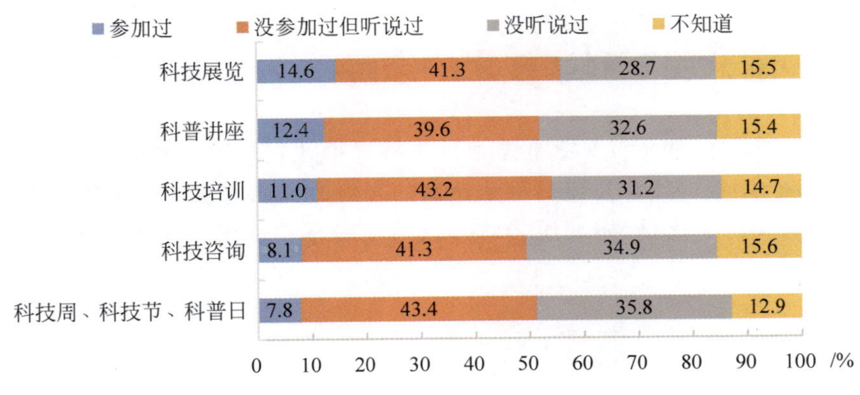

图 8-16 公民参加和知晓科普活动的情况

8.3.4 公民参与公共科技事务的程度

提高公民参与公共事务的能力是《全民科学素质纲要》对公民科学素质的更高要求。根据 2015 年对公民参与公共科技事务行为的程度和频度的调查设定，参与行为包括“和亲戚、朋友、同事谈论有关科学技术的话题”(和亲友谈论)、“参加与科学技术有关的公共问题的讨论或听证会”(热心参加)和“参与关于原子能、生物技术或环境等方面的建议和宣传活动”(主动参与)等，在每类行为中都设置了“经常参与”“有时参与”“很少参与”和“没有参加过”类频度选项。

总的来说，中国有三分之一左右的公民关注公共科技事务，但对于公共科技事务的参与度不高，如图 8-17 所示。统计显示，有 33.7%的公民经常或有时“阅读报刊、图书或互联网上的关于科学的文章”（个人关注），而有 61.3%的公民则很少或没有阅读；有 36.0%的公民经常或有时“和亲戚、朋友、同事谈论有关科学技术的话题”（和亲友谈论），而有 60.5%的公民则很少或没有谈论过。对于“参加与科学技术有关的公共问题的讨论或听证会”这种热心参加的行为，仅有 10%的公民经常或有时参与过，有 82.4%的公民很少或没有参与过，另有 7.6%的公民选择“不知道”；对于主动“参与关于原子能、生物技术或环境等方面的建议和宣传活动”的行为，公民的参与度则更低，仅有 6.5%的公民经常或有时参与，有 80.7%的公民很少或没有参与过，有 12.8%的公民选择“不知道”。

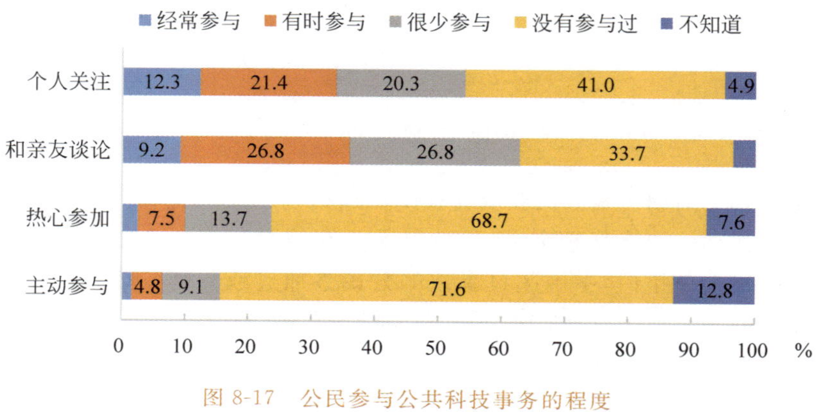

图 8-17 公民参与公共科技事务的程度

8.4 中国公民对科学技术的态度

公民对科学技术的理解和支持是国家科学技术事业发展的重要基础。与以往历次调查相同，2015 年的调查仍然将公民对科学技术的兴趣、看法、态度等作为重要的调查内容，并新增了对全球气候变化、核能利用和转基因三个科技议题的理解和态度指标加以研究分析。

8.4.1 公民对科技信息的感兴趣程度

调查表明，中国公民对科技信息的感兴趣程度较高，具备科学素质的公民对科技信息的总体感兴趣程度明显高于全体公民。

在各类新闻话题中，中国公民对科技类新闻话题的感兴趣程度较高，如图 8-18 所示。公民对科学新发现、新发明和新技术、医学新进展感兴趣的比例分别为 77.6%、74.7%和 69.8%。同时，公民感兴趣程度较高的新闻话题依次为：生活与健康（92.6%）、学校与教育（86.7%）、国家经济发展（78.6%）、体育和娱乐（78.4%）、农业发展（78.0%）、文化与艺术（74.9%）、军事与国防（66.5%）、国际与外交政策（57.9%）。

具备科学素质的公民不仅对科技类新闻话题的感兴趣程度高于全体公民，对各类新闻话题的感兴趣程度也较高，如图 8-19 所示。结果表明，在具备科学素质的公民中，分别有高

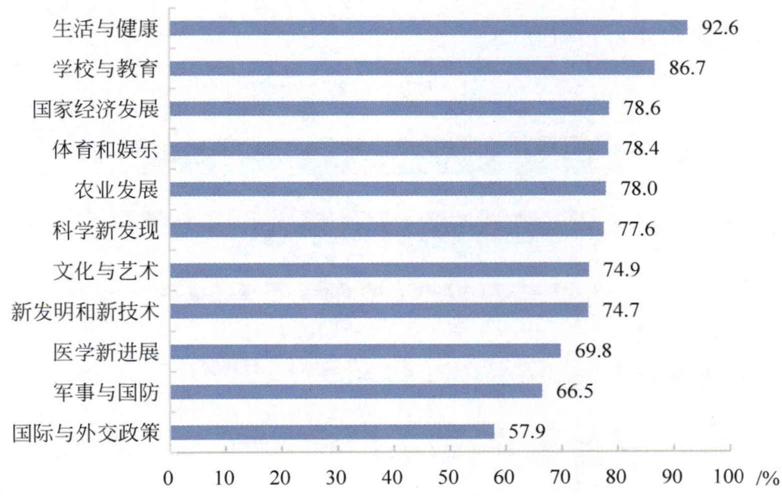

图 8-18　公民对科技类新闻话题的感兴趣情况

达 94.3%和 90.2%的人对医学新进展、新发明和新技术感兴趣；对科学新发现感兴趣的人群比例为 76.1%，与全体公民中的感兴趣人群比例相当。同时，具备科学素质的公民感兴趣程度较高的新闻话题依次为：农业发展(95.2%)、国际与外交政策(94.4%)、军事与国防(90.0%)、体育和娱乐(89.0%)、国家经济发展(87.1%)、文化与艺术(85.0%)、生活与健康(81.9%)、学校与教育(79.3%)等。

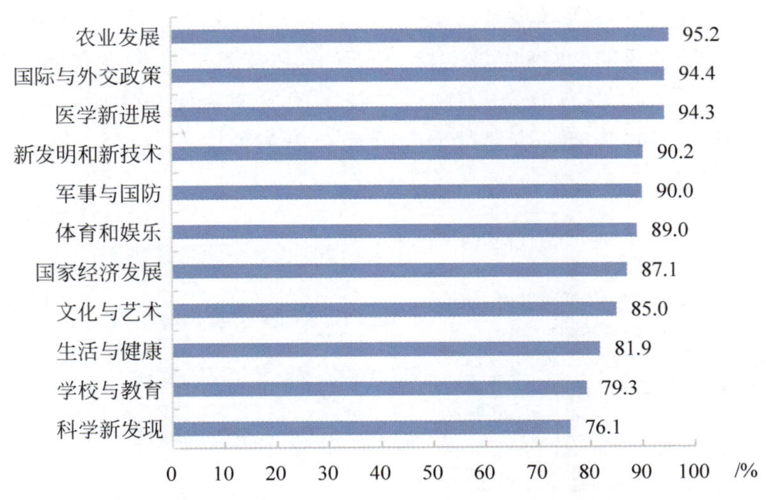

图 8-19　具备科学素质的公民对科技类新闻话题的感兴趣情况

在各类科技发展信息中，中国公民最感兴趣的科技发展信息是环境污染及治理，比例高达 83.3%；其他感兴趣的科技发展信息依次为：计算机与网络技术(63.6%)、宇宙与空间探索(50.3%)、遗传学与转基因技术(50.0%)及纳米技术与新材料(41.3%)，如图 8-20 所示。就全体公民而言，具备科学素质的公民对各类科技信息感兴趣的人群比例均明显高于全体公民，其中，有高达 90%的人对环境污染及治理和计算机与网络技术感兴趣，有超过

80%的人对宇宙与空间探索感兴趣，有近75%的人对遗传学与转基因技术感兴趣，有近70%的人对纳米技术与新材料感兴趣。

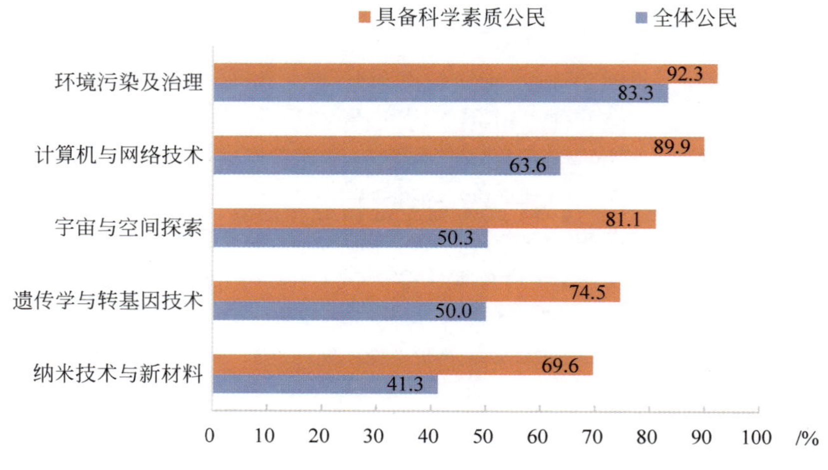

图 8-20 公民对科技发展信息的感兴趣情况

8.4.2 公民对科学技术的态度

中国公民支持科技事业发展并对科学技术的应用充满期望，如图8-21所示。超过80%的公民赞成“现代科学技术将给我们的后代提供更多的发展机会”和“科学技术使我们的生活更健康、更便捷、更舒适”的看法；超过75%的公民赞成“尽管不能马上产生效益，但是基础科学的研究是必要的，政府应该支持”和“科学和技术的进步将有助于治疗艾滋病和癌症等疾病”的看法；70%左右的公民对“科学技术的发展会使一些职业消失，但同时也会提供更多的就业机会”和“政府应该通过举办听证会等多种途径，让公众更有效地参与科技决策”等观点持赞成态度。

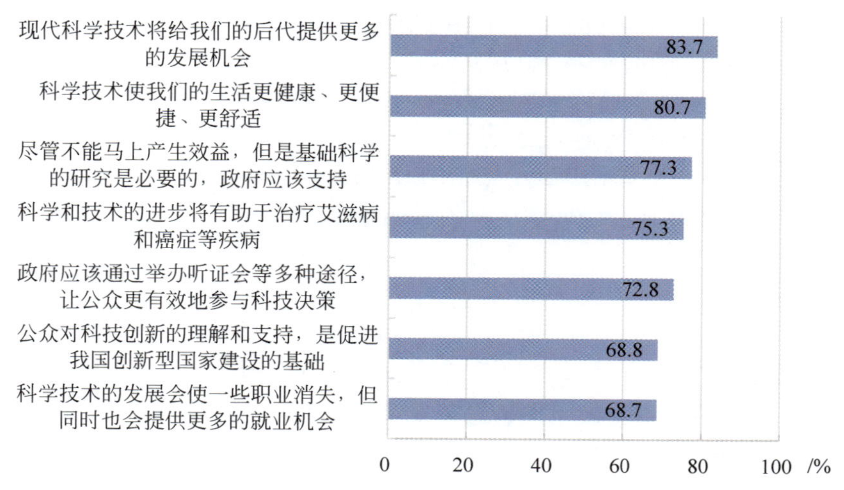

图 8-21 公民对科学技术的态度

具备科学素质的公民更加关注也更支持科技的发展，并对科技事业有更强的责任感和担当意识，如图 8-22 所示。与总体相比，具备科学素质的公民对科技发展带给人类的影响更具理性认识，有 70.4%的人认为减缓全球气候变化比促进经济发展更重要，有 86.3%的人赞成每个人都能为减缓全球气候变化做出贡献；分别有 94.9%和 81.8%的人支持低碳技术和核能技术的应用；有 77.9%的人认为转基因食品存在不可预知的安全风险。

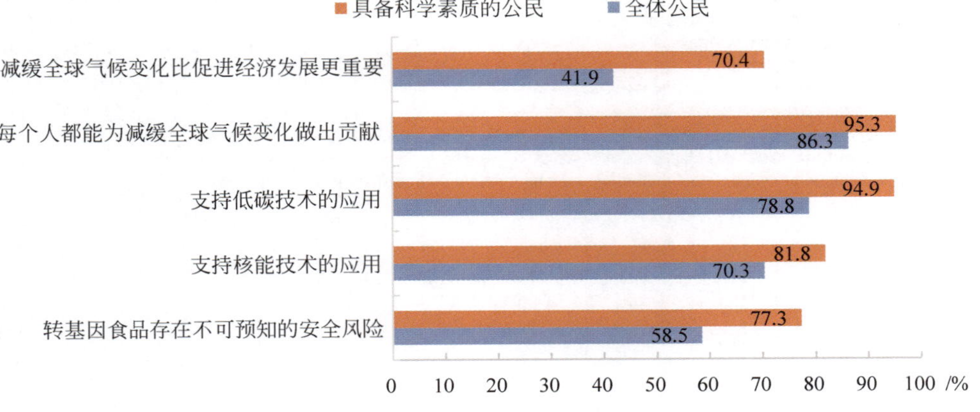

图 8-22 公民对具体科技议题的看法

在对待转基因技术的应用上，与总体相比，具备科学素质的公民对转基因技术的应用持更加明确的态度，即选择“不知道”的比例较少，其中持支持态度的占 34.3%，既不支持也不反对的占 42.2%，反对的占 22.1%，而不知道的仅占 1.4%，明显低于全体公民 7.4%的比例（见图 8-23）。

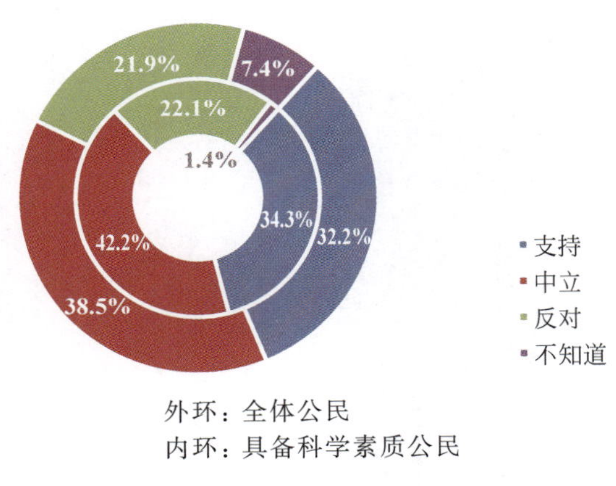

图 8-23 公民对转基因技术应用的支持程度

8.4.3 公民对科学技术职业声望的看法

科学技术职业在中国公民心目中的声望较高（见图 8-24）。在调查所列的 12 类职业中，科学家、教师、医生和工程师等科学技术类职业在中国公民心目中的声望较高。声望由高至低的职业依次为教师（55.7%）、医生（53.0%）、科学家（40.6%）、工程师（23.4%）、企业家（21.9%）、律师（19.5%）、法官（18.7%）、政府官员（18.4%）、运动员（12.8%）、艺术家

(11.8%)和记者(9.7%)等。公民最期望子女从事的职业依次为医生(53.9%)、教师(49.3%)、科学家(30.6%)、企业家(29.9%)、工程师(27.4%)、律师(24.5%)、政府官员(18.7%)、法官(15.0%)、艺术家(14.8%)、运动员(10.5%)和记者(7.5%)等。

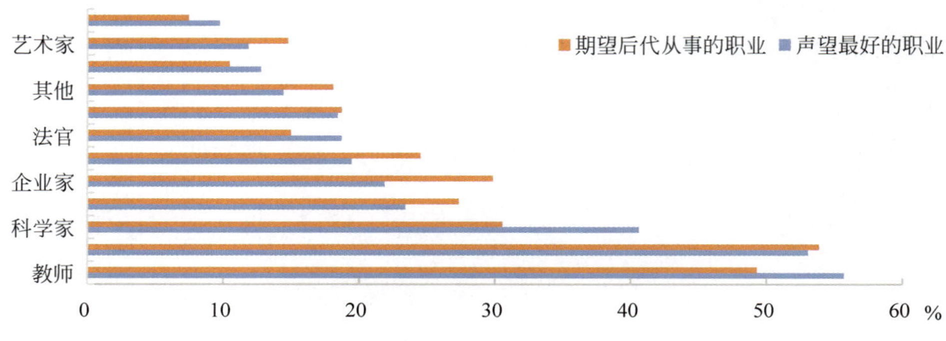

图 8-24 公民对科学技术职业声望和期望的看法

附录1

APPENDIX 1

书中引用数据表

附表 1-1　技师和高级技师数量

单位/人

年　　份	技　　师	高级技师	合　　计
1998	44995	6020	51015
1999	36699	3210	39909
2000	34175	2323	36498
2001	49689	3534	53223
2002	48852	3430	52282
2003	69501	6230	75731
2004	143818	36710	180528
2005	195577	39127	234704
2006	260830	35384	296214
2007	274176	46575	320751
2008	318047	63323	381370
2009	336623	81331	417954
2010	316663	71587	388250
2011	286769	71723	358492
2012	336187	130866	467053
2013	376144	123627	499771
2014	429024	194270	623294
2015	416439	136746	553185

注：数据来源于国家统计局人口和就业统计司，人力资源和社会保障部规划财务司《中国劳动统计年鉴》。

附表 1-2　乡村卫生员数量

单位/万人

年份	2004	2005	2006	2007	2008	2009	2010	2011	2012	2013	2014	2015
人数	88.3	91.7	95.8	93.2	93.8	105.1	109.2	112.6	109.4	108.1	105.8	103.2

注：数据来源于国家统计局人口和就业统计司，人力资源和社会保障部规划财务司《中国劳动统计年鉴》。

附表 1-3　我国科技人力资源学历结构历史变化　　单位/%

	2000 年	2005 年	2010 年	2015 年
专科	60.2	59.9	58.4	55.7
本科	37.4	37.4	37.4	38.5
研究生	2.4	2.7	4.2	5.9

注：数据根据中华人民共和国教育部发展规划司《中国教育统计年鉴》高等教育毕业生数据测算。

附表 1-4　每年新培养的符合"资格"条件科技人力资源学历结构(2006—2015 年)

单位/%

年　份	专　科	本　科	研　究　生
2006	49.6	42.7	7.7
2007	50.3	42.0	7.7
2008	51.6	40.8	7.6
2009	50.4	41.8	7.8
2010	52.3	39.6	8.1
2011	53.0	38.7	8.3
2012	41.6	47.9	10.5
2013	40.7	48.7	10.6
2014	39.3	50.1	10.5
2015	38.6	51.0	10.4

注：数据根据中华人民共和国教育部发展规划司《中国教育统计年鉴》高等教育毕业生数据测算。

附表 1-5　部分年份我国科技人力资源总量的学科结构　　单位/%

	工学	经济学	管理学	医学	教育学	理学	法学	农学	文史哲
2005 年	35.2	16.7	10.8	9.1	8.8	7.8	6.8	4.0	0.8
2009 年	41.7	12.5	10.4	10.8	6.6	7.9	5.1	3.7	1.3
2011 年	45.5	10.7	9.1	11.8	5.8	7.8	4.4	3.6	1.2
2014 年	50.0	8.8	8.2	12.4	4.6	7.7	3.5	3.7	1.2
2015 年	51.1	8.2	7.9	12.6	4.3	7.5	3.4	3.6	1.1

注：数据来源于中国科协调研宣传部、中国科协创新战略研究院发布的《中国科技人力资源发展研究报告》《中国科技人力资源发展研究报告 2010》《中国科技人力资源发展研究报告 2012》《中国科技人力资源发展研究报告 2014》。

附表 1-6　每年新培养符合"资格"条件专科层次科技人力资源数量(2006—2011 年)

单位/万人

专科	理学	工学	农学	医学	经济学	法学	教育学	管理学
2006 年	1.2	92.7	5.7	26.0	4.7	2.2	5.6	15.4
2007 年	1.9	122.0	7.4	28.7	5.4	2.3	6.2	20.7
2008 年	1.3	142.2	7.7	39.0	5.6	2.1	5.8	24.4
2009 年	1.1	148.7	7.4	40.1	5.3	1.9	5.3	25.6
2010 年	1.2	176.5	8.2	46.3	1.5	0.9	0.5	9.2
2011 年	1.4	196.5	9.7	47.1	1.6	0.9	0.5	10.5

注：数据根据中华人民共和国教育部发展规划司《中国教育统计年鉴》高等教育毕业生数据测算。

附表 1-7 符合"资格"条件的每年新培养的本科层次科技人力资源数量(2006—2015 年)

单位/万人

本科	理学	工学	农学	医学	经济学	法学	教育学	管理学
2006 年	21.3	67.0	3.9	14.6	4.7	2.1	1.3	9.7
2007 年	30.3	77.8	5.2	19.8	5.7	2.5	1.7	11.5
2008 年	32.1	86.6	5.6	22.7	6.3	2.6	1.9	13.4
2009 年	32.8	97.8	6.3	27.1	6.7	2.7	2.1	15.1
2010 年	32.3	102.9	6.5	29.1	1.8	1.2	0.2	4.9
2011 年	31.9	111.5	6.4	29.9	2.0	1.2	0.2	5.4
2012 年	32.9	120.9	6.8	36.0	0.3	1.4	0.5	12.2
2013 年	28.0	133.8	7.5	39.0	0.3	1.4	0.5	13.3
2014 年	28.4	146.7	7.8	42.9	0.3	1.5	0.5	14.8
2015 年	28.3	156.2	8.2	47.3	0.3	1.5	0.6	16.1

注：数据根据中华人民共和国教育部发展规划司《中国教育统计年鉴 2006—2015》高等教育毕业生数据测算。

附表 1-8 符合"资格"条件的每年新培养的研究生层次科技人力资源数量(2006—2015 年)

单位/万人

研究生	哲学	经济学	法学	教育学	文学	历史学	理学	工学	农学	医学	军事学	管理学	艺术学
2006	0.3	1.5	1.9	0.8	2.0	0.3	2.9	9.5	0.9	2.6	0.0	2.8	0.0
2007	0.4	1.7	2.3	1.0	2.5	0.4	3.5	11.5	1.1	3.2	0.0	3.5	0.0
2008	0.4	1.8	2.4	1.2	2.8	0.5	3.9	12.3	1.3	3.7	0.0	4.0	0.0
2009	0.5	1.8	2.2	1.3	3.2	0.5	4.2	13.1	1.3	3.5	0.0	3.2	0.0
2010	0.5	1.9	2.6	1.4	3.4	0.5	4.4	12.9	1.4	3.6	0.0	3.3	0.0
2011	0.5	2.0	3.7	2.0	3.8	0.5	4.8	14.5	1.3	4.9	0.0	5.0	0.0
2012	0.5	2.0	4.1	2.3	3.0	0.5	5.0	16.8	1.6	5.6	0.0	5.9	1.2
2013	0.5	2.3	4.0	2.5	3.2	0.5	5.0	17.6	1.7	5.9	0.0	6.6	1.5
2014	0.4	2.6	3.9	2.9	3.2	0.5	4.9	18.5	1.9	6.1	0.0	7.0	1.6
2015	0.4	2.6	3.9	3.0	3.1	0.5	4.9	19.5	2.0	6.3	0.0	7.2	1.7

注：数据根据中华人民共和国教育部发展规划司《中国教育统计年鉴 2006—2015》高等教育毕业生数据测算。

附表 1-9 科技领域专业技术人员总量

年份	专业技术人员总量/万人	科技领域专业技术人员总量/万人	平均每万名在岗职工中科技领域专业技术人员/万人
2005	2756.7	2197.9	4258.6
2006	2773.9	2229.8	4385.2
2007	2801.5	2254.5	4469.7
2008	2863.6	2309.9	4614.1
2009	2888.0	2321.2	4214.4
2010	2815.7	2269.7	4108.0
2011	2918.7	2356.9	4130.1
2012	2977.4	2387.4	4142.3
2013	3026.0	2438.9	4639.3
2014	3061.1	2467.6	4796.2
2015	3087.8	2488.7	5018.0

注：数据来源于国家统计局、科学技术部《中国科技统计年鉴 2006—2016》。

附表 1-10 科技领域科学研究人员情况(2005—2015 年)

年份	科学研究人员/万人	科学研究人员占科技领域专业技术人员比例/%
2005	31	1.4
2006	33	1.5
2007	35	1.6
2008	37	1.6
2009	39	1.7
2010	34	1.5
2011	40	1.7
2012	42	1.7
2013	43	1.8
2014	44	1.8
2015	45	1.8

注：数据来源于国家统计局、科学技术部《中国科技统计年鉴 2006—2016》。

附表 1-11 科技领域工程技术人员(2005—2015 年)

年份	工程技术人员/万人	工程技术人员占科技领域专业技术人员比例/%
2005	479.1	21.8
2006	489.4	22.0
2007	501.8	22.3
2008	517.7	22.4
2009	531.1	22.9
2010	541.5	23.9
2011	571.6	24.3
2012	595.0	24.9
2013	614.0	25.2
2014	634.1	25.7
2015	644.8	25.9

注：数据来源于国家统计局、科学技术部《中国科技统计年鉴 2006—2016》。

附表 1-12 科技领域农业技术人员情况(2005—2015 年)

年份	农业技术人员/万人	农业技术人员占科技领域专业技术人员比例/%
2005	71	3.2
2006	70	3.2
2007	70	3.1
2008	72	3.1
2009	71	3.1
2010	69	3.0
2011	71	3.0
2012	71	3.0
2013	73	3.0
2014	73	3.0
2015	72	2.9

注：数据来源于国家统计局、科学技术部《中国科技统计年鉴 2006—2016》。

附表 1-13 科技领域卫生技术人员情况(2005—2015 年)

年 份	卫生技术人员/万人	卫生技术人员占科技领域专业技术人员比例/%
2005	358	16.3
2006	361	16.2
2007	364	16.2
2008	389	16.8
2009	393	16.9
2010	384	16.9
2011	411	17.4
2012	414	17.4
2013	428	17.5
2014	429	17.4
2015	437	17.6

注：数据来源于国家统计局、科学技术部《中国科技统计年鉴 2006—2016》。

附表 1-14 科技领域教学人员情况(2005—2015 年)

年 份	教学人员/万人	教学人员占科技领域专业技术人员比例/%
2005	1259	57.3
2006	1276	57.2
2007	1284	56.9
2008	1295	56.1
2009	1287	55.4
2010	1241	54.7
2011	1263	53.6
2012	1265	53.0
2013	1281	52.5
2014	1287	52.2
2015	1290	51.8

注：数据来源于国家统计局、科学技术部《中国科技统计年鉴 2006—2016》。

附表 1-15 中国 R&D 人员全时当量及增长情况(2000—2015 年)

年 份	R&D 人员全时当量/(万人/年)	比上年增长/%
2000	92.21	16.4
2001	95.65	3.7
2002	103.51	8.2
2003	109.48	5.8
2004	115.26	5.3
2005	136.48	18.4
2006	150.25	10.1
2007	173.62	15.6
2008	196.54	13.2
2009	229.13	16.6
2010	255.38	11.5
2011	288.29	12.9

续表

年　份	R&D 人员全时当量(万人/年)	比上年增长/%
2012	324.68	12.6
2013	353.28	8.8
2014	371.06	5.0
2015	375.88	1.3

注：数据来源于国家统计局、科学技术部《中国科技统计年鉴 2001—2016》。

附表 1-16　R&D 人员按执行部门分布情况(2009—2015 年)　单位/%

年　份	企　业	研究与开发机构	高等学校	其　他
2009	71.9	12.1	12.0	4.0
2010	73.4	11.5	11.3	3.8
2011	75.2	11.0	10.4	3.4
2012	76.6	10.6	9.7	3.2
2013	77.6	10.3	9.2	2.9
2014	78.1	10.1	9.0	2.8
2015	77.4	10.2	9.4	2.9

注：数据来源于国家统计局、科学技术部《中国科技统计年鉴 2010—2016》。

附表 1-17　R&D 人员按活动类型分布情况(2001—2015 年)　单位/(万人/年)

年　份	基础研究	应用研究	试验发展
2001	7.9	22.6	65.2
2002	8.4	24.7	70.4
2003	9.0	26.0	74.5
2004	11.1	27.9	76.3
2005	11.5	29.7	95.2
2006	13.1	30.0	107.1
2007	13.8	28.6	131.2
2008	15.4	28.9	152.2
2009	16.5	31.5	181.1
2010	17.4	33.6	204.5
2011	19.3	35.3	233.7
2012	21.2	38.4	265.1
2013	22.3	39.6	291.4
2014	23.5	40.7	306.8
2015	25.3	43.0	307.5

注：数据来源于国家统计局、科学技术部《中国科技统计年鉴 2002—2016》。

附表 1-18　我国高等学校专任教师数量及增长率(2004—2015 年)

年　份	专任教师数/万人	比上年增长/%
2004	97.1	16.3
2005	107.3	10.5
2006	117.9	9.9
2007	126.9	7.6
2008	131.0	3.2

续表

年　　份	专任教师数/万人	比上年增长/%
2009	136.4	4.1
2010	140.7	3.2
2011	143.4	1.9
2012	148.0	3.2
2013	153.1	3.4
2014	156.6	2.3
2015	160.3	2.4

注：数据来源于中华人民共和国教育部发展规划司《中国教育统计年鉴 2004—2015》。

附表 1-19　我国高等学校专任教师学历结构(2004—2015 年)　　单位/%

年　　份	博士占比	硕士占比	本科占比	专科及以下占比
2004	7.5	24.3	63.8	4.5
2005	8.4	26.1	61.7	3.8
2006	9.3	28.0	59.5	3.3
2007	10.4	29.6	57.2	2.9
2008	11.7	31.5	54.4	2.5
2009	13.0	32.8	52.1	2.1
2010	14.4	33.8	50.0	1.9
2011	15.9	34.7	47.7	1.7
2012	17.3	35.3	46.0	1.5
2013	18.7	35.5	44.4	1.5
2014	20.1	35.7	42.8	1.4
2015	21.2	35.9	41.6	1.3

注：数据来源于中华人民共和国教育部发展规划司《中国教育统计年鉴 2004—2015》。

附表 1-20　高等教师专任教师职称结构(2004—2015 年)　　单位/%

年　　份	正高级占比	副高级占比	中级占比	初级占比	无职称占比
2004	9.2	28.9	33.6	21.3	7.1
2005	9.5	28.6	33.0	22.2	6.7
2006	9.7	28.2	33.3	22.2	6.6
2007	9.8	27.8	34.2	22.0	6.1
2008	10.2	27.7	35.4	20.9	5.9
2009	10.4	27.8	37.0	19.2	5.6
2010	10.8	28.0	38.5	17.4	5.3
2011	11.3	28.4	39.5	15.8	5.0
2012	11.6	28.7	40.1	14.7	5.0
2013	12.0	28.9	39.9	13.7	5.5
2014	12.2	29.3	40.1	12.9	5.7
2015	12.3	29.4	40.0	12.3	6.0

注：数据来源于中华人民共和国教育部发展规划司《中国教育统计年鉴 2004—2015》。

附表 1-21 部分国家从事 R&D 活动人员数量

国家	从事 R&D 活动人员数量/(万人/年)	每万人就业人员中从事 R&D 活动人员数量/人年
中国	375.9	49
日本	89.5	137
俄罗斯	82.9	116
法国	42.3	155
韩国	43.1	168
英国	38.8	126
意大利	25.3	104
加拿大	24.6	101
澳大利亚	14.8	132
瑞典	8.4	176
比利时	6.9	151
奥地利	6.8	160
捷克	6.4	126
丹麦	5.9	212

注：中国为 2015 年数据，澳大利亚为 2010 年数据，加拿大为 2013 年数据，其他国家为 2014 年数据。数据来源于《中国科技统计年鉴 2016》。

附表 1-22 部分国家从事 R&D 活动人员按执行部门分布情况 单位/%

部门	中国 (2014)	澳大利亚 (2008)	奥地利 (2013)	比利时 (2013)	加拿大 (2012)	捷克 (2013)	丹麦 (2013)
企业部门	78.1	39.2	68.8	56.3	59	54.4	62.7
政府部门	10.1	12.4	4.2	8	8.5	19	2.6
高等教育部门	9	44.9	26.3	35.2	31.8	26.2	34.1
其他部门	2.8	3.5	0.7	0.6	0.6	0.4	0.5
部门	**法国 (2013)**	**意大利 (2013)**	**日本 (2013)**	**韩国 (2012)**	**瑞典 (2013)**	**英国 (2013)**	**俄罗斯联邦 (2013)**
企业部门	59.4	52.8	67.5	71.1	69.4	45.8	51.3
政府部门	12.3	15.1	7.1	8.3	4	4.7	34.1
高等教育部门	26.7	29.8	24	19.5	26.2	47.9	14.4
其他部门	1.6	2.3	1.4	1.1	0.4	1.7	0.2

注：数据来源于 UNESCO. http://data.uis.unesco.org/。

附表 1-23 部分国家研究人员按执行部门分布情况 单位/%

国家	企业部门	高等教育部门	政府部门	其他部门
韩国	79.5	12.1	7.2	1.2
日本	74.1	20.1	4.4	1.3
瑞典	66.7	29.4	3.5	0.4
中国	62.1	18.5	19.4	0.0
荷兰	60.8	28.4	10.8	0.0
法国	60.4	27.2	10.9	1.4
德国	56.1	28.4	15.6	0.0
俄罗斯	46.7	20.6	32.5	0.2

续表

国　　家	企 业 部 门	高等教育部门	政 府 部 门	其 他 部 门
瑞士	46.2	52.2	1.2	0.5
印度	38.7	11.5	45.6	4.2
英国	38.2	57.9	2.8	1.1
澳大利亚	29.9	57.8	8.9	3.3
巴西	25.9	67.8	5.5	0.7

注：印度、巴西为2010年数据，瑞士为2012年数据。数据来源于UNESCO. http://data.uis.unesco.org/。

附表2-1　高等教育机构（普通和成人高等学校）数量（2004—2015年）　　单位/所

年　　份	普通高等学校	成人高等学校
2004	1731	505
2005	1792	481
2006	1867	444
2007	1908	413
2008	2263	400
2009	2305	384
2010	2358	365
2011	2409	353
2012	2442	348
2013	2491	297
2014	2529	295
2015	2560	292

注：数据来源于《中国教育统计年鉴2004—2015》。

附表2-2　不同办学主体的普通高等学校结构（2004—2015年）　　单位/%

年　　份	普通高等学校		
	中　　央	地　　方	民　　办
2004	6.4	80.5	13.1
2005	6.2	79.9	14.0
2006	5.9	79.3	14.8
2007	5.8	78.7	15.5
2008	4.9	66.9	28.2
2009	4.8	66.7	28.5
2010	4.7	66.7	28.6
2011	4.6	66.5	28.9
2012	4.6	66.5	28.9
2013	4.5	66.7	28.8
2014	4.5	66.8	28.7
2015	4.6	66.8	28.6

注：数据来源于《中国教育统计年鉴2004—2015》。

附表 2-3　不同办学主体的成人高等学校结构(2004—2015 年)　单位/%

年　份	成人高等学校		
	中　央	地　方	民　办
2004	3.8	95.8	0.4
2005	3.5	96.0	0.4
2006	3.4	96.2	0.5
2007	3.4	96.1	0.5
2008	3.5	96.0	0.5
2009	3.6	95.8	0.5
2010	3.8	95.6	0.5
2011	4.0	95.5	0.6
2012	4.0	95.7	0.3
2013	4.4	95.3	0.3
2014	4.4	95.3	0.3
2015	4.5	95.2	0.3

注：数据来源于《中国教育统计年鉴 2004—2015》。

附表 2-4　不同层次的普通高等学校(2004—2015 年)　单位/所

年　份	本科院校	高职(专科)院校	合　计
2004	684	1047	1731
2005	701	1091	1792
2006	720	1147	1867
2007	740	1168	1908
2008	1079	1184	2263
2009	1090	1215	2305
2010	1112	1246	2358
2011	1129	1280	2409
2012	1145	1297	2442
2013	1170	1321	2491
2014	1202	1327	2529
2015	1219	1341	2560

注：数据来源于《中国教育统计年鉴 2004—2015》。

附表 2-5　不同类型的普通高等学校(2004、2014 和 2015 年)　单位/所

类　型	2004 年	2014 年	2015 年
综合	351	603	612
理工	617	895	906
农业	72	82	81
林业	18	19	19
医药	116	188	192
师范	195	218	219
语文	33	54	54
财经	157	258	261
政法	65	71	73

续表

类　　型	2004 年	2014 年	2015 年
体育	26	32	33
艺术	66	91	92
民族	15	18	18

注：数据来源于《中国教育统计年鉴 2004、2014、2015》。

附表 2-6　高等学校经费总收入及其增长率(2003—2013 年)

年　　份	高等学校经费总支出/亿元	比上年增长/%
2003	1779	
2004	2104	18.27
2005	2658	26.35
2006	3058	15.05
2007	3762	23.04
2008	4347	15.54
2009	4783	10.03
2010	5629	17.69
2011	7021	24.73
2012	—	—
2013	8179	

注：高等学校事业收入指高等学校开展教学、科研及其辅助活动取得的收入。包括教学收入(学费、培养费、住宿费和其他教学收入)和科研收入等。数据来源于《中国教育经费统计年鉴 2004—2014》。

附表 2-7　高等学校经费收入结构(2003—2013 年)　　单位/%

年　　份	国家财政性教育经费收入	事 业 收 入	其 他 收 入
2003	42.3	43.8	14.0
2004	41.5	45.1	13.3
2005	42.5	43.6	14.0
2006	42.6	42.2	15.2
2007	43.8	46.9	9.3
2008	47.5	44.5	8.1
2009	48.7	43.6	7.8
2010	52.7	40.5	6.9
2011	58.3	35.1	6.6
2012	—	—	—
2013	60.3	33.6	6.1

注：数据来源于《中国教育经费统计年鉴 2004—2014》。

附表 2-8　高等学校经费总支出及其增长率(2003—2013 年)

年　　份	高等学校经费总支出/亿元	比上年增长/%
2003	1895	
2004	2264	19.5
2005	2627	16.0

续表

年　份	高等学校经费总支出/亿元	比上年增长/%
2006	2952	12.4
2007	3618	22.6
2008	4239	17.2
2009	4653	9.8
2010	5338	14.7
2011	6653	24.6
2012	—	—
2013	7743	

注：数据来源于《中国教育经费统计年鉴 2004—2014》。

附表 2-9　高等学校经费收入结构(2003—2013 年)

年　份	事　业　费	基　建　费
2003	80.7%	19.3%
2004	80.2%	19.8%
2005	82.1%	17.9%
2006	84.1%	15.9%
2007	91.6%	8.4%
2008	93.0%	7.0%
2009	95.1%	4.9%
2010	95.7%	4.3%
2011	96.3%	3.7%
2012	—	—
2013	97.5%	2.5%

注：数据来源于《中国教育经费统计年鉴 2004—2014》。

附表 2-10　普通高等学校生均教育经费支出及其增长率(2003—2013 年)

年　份	普通高校生均经费支出/元	比上年增长/%
2003	13456	
2004	13474	0.1
2005	13912	3.3
2006	14580	4.8
2007	15493	6.3
2008	17257	11.4
2009	18150	5.2
2010	19953	9.9
2011	24041	20.5
2012	—	—
2013	25434	

注：数据来源于《中国教育经费统计年鉴 2004—2014》。

附表 2-11 普通高等学校生均教育经费支出结构(2003—2013 年)

年 份	人 员 费	公 用 费	基 建 费
2003	38.0%	43.6%	18.4%
2004	38.1%	43.4%	18.5%
2005	39.3%	44.6%	16.1%
2006	39.7%	46.1%	14.1%
2007	41.5%	50.4%	8.2%
2008	40.7%	52.1%	7.2%
2009	42.7%	52.4%	4.8%
2010	42.0%	53.8%	4.2%
2011	38.5%	57.6%	3.9%
2012	—	—	—
2013	42.4%	54.9%	2.8%

注：数据来源于《中国教育经费统计年鉴 2004—2014》。

附表 2-12 不同学历层次高等教育招生数(2004—2015 年) 单位/万人

年 份	博 士 生	硕 士 生	本 科 生	专 科 生
2004	5.3	27.3	328.6	423.8
2005	5.5	31.0	351.9	434.6
2006	5.6	34.2	381.8	461.9
2007	5.8	36.1	414.0	466.5
2008	6.0	38.7	433.8	523.6
2009	6.2	44.9	462.8	540.7
2010	6.4	47.4	492.2	544.4
2011	6.6	49.5	510.8	576.4
2012	6.8	52.1	542.2	587.0
2013	7.0	54.1	565.7	610.7
2014	7.3	54.9	571.8	621.4
2015	7.4	57.1	565.8	612.2

注：数据来源于《中国教育统计年鉴 2004—2015》。

附表 2-13 分学科专科招生数(2015 年) 单位/人

学 科	招生数	学 科	招生数
农林牧渔大类	138038	轻纺食品大类	60299
交通运输大类	276213	财经大类	1492345
生化与药品大类	84062	医药卫生大类	647193
资源开发与测绘大类	61765	旅游大类	146138
材料与能源大类	51507	公共事业大类	334342
土建大类	594448	文化教育大类	638223
水利大类	25100	艺术设计传媒大类	203046
制造大类	717045	公安大类	13486
电子信息大类	501623	法律大类	117111
环保、气象与安全大类	20479		

注：数据来源于《中国教育统计年鉴 2015》。

附表 2-14　不同学历层次女性招生数占比（2005—2015 年）　　单位/%

年　份	博　士　生	硕　士　生	本　科　生	专　科　生
2005	36.0	46.7	47.6	49.7
2006	35.7	46.2	49.4	49.2
2007	36.1	48.0	49.5	54.7
2008	36.3	49.4	51.3	54.9
2009	37.1	50.8	50.8	53.8
2010	37.2	51.0	51.2	52.5
2011	38.0	51.8	53.2	50.4
2012	37.3	51.6	54.2	52.6
2013	38.2	51.5	54.9	53.2
2014	39.1	52.5	55.5	53.6
2015	39.9	53.4	58.9	53.4

注：数据来源于《中国教育统计年鉴 2005—2015》。

附表 2-15　自然科学与工程技术领域专科招生及占全部学科领域的比重情况（2001—2015 年）

年份	全部学科领域专科招生/万人	自然科学与工程技术领域专科招生/万人	自然科学与工程技术领域所占比重/%
2001	276.3	83.3	30.2
2002	338.9	102.8	30.3
2003	402.4	119.0	29.6
2004	423.8	134.0	31.6
2005	434.6	148.8	34.2
2006	461.9	159.6	34.5
2007	466.5	167.2	35.9
2008	523.6	195.0	37.2
2009	540.7	201.5	37.3
2010	544.4	198.1	36.4
2011	576.4	294.1	51.0
2012	587.0	297.9	50.7
2013	610.7	313.2	51.3
2014	621.4	325.3	52.4
2015	612.2	317.8	51.9

注：数据来源于《中国教育统计年鉴 2001—2015》。

附表 2-16　不同培养渠道自然科学与工程技术领域专科招生及占全部学科领域的比重情况（2001—2015 年）

年份	网络专科自然科学与工程技术领域专科招生/万人	成人专科自然科学与工程技术领域专科招生/万人	普通专科自然科学与工程技术领域专科招生/万人	网络专科自然科学与工程技术领域专科招生占比/%	成人专科自然科学与工程技术领域专科招生占比/%	普通专科自然科学与工程技术领域专科招生占比/%
2001		31.6	51.7		21.6	39.8
2002	3.1	34.4	65.3	19.8	21.3	40.4

续表

年份	网络专科自然科学与工程技术领域专科招生/万人	成人专科自然科学与工程技术领域专科招生/万人	普通专科自然科学与工程技术领域专科招生/万人	网络专科自然科学与工程技术领域专科招生占比/%	成人专科自然科学与工程技术领域专科招生占比/%	普通专科自然科学与工程技术领域专科招生占比/%
2003	4.5	34.4	80.1	10.9	21.3	40.1
2004	3.8	34.8	95.5	9.1	24.0	40.2
2005	5.0	31.5	112.3	10.4	26.6	41.9
2006	7.4	27.3	124.9	11.8	25.6	42.6
2007	9.8	31.8	125.6	13.3	29.2	44.2
2008	16.9	40.7	137.4	18.0	34.1	44.2
2009	22.1	41.5	137.9	20.6	34.6	44.0
2010	20.5	41.4	136.2	18.5	33.7	43.9
2011	38.2	69.0	186.9	31.1	53.6	57.5
2012	41.6	74.5	181.8	32.8	51.2	57.8
2013	48.4	78.2	186.6	34.6	51.2	58.6
2014	46.3	79.1	199.9	36.2	50.9	59.1
2015	46.7	67.3	203.7	36.4	49.8	58.5

注：数据来源于《中国教育统计年鉴 2001—2015》。

附表 2-17　不同学历层次高等教育在校生数(2004—2015 年)　　单位/万人

年　份	博　士　生	硕　士　生	本　科　生	专　科　生
2004	16.6	65.4	1006.5	983.4
2005	19.1	78.7	1137.2	1126.0
2006	20.8	89.7	1285.1	1258.0
2007	22.3	97.3	1383.9	1335.6
2008	23.7	104.6	1484.2	1441.0
2009	24.6	115.9	1562.8	1540.5
2010	25.9	127.9	1654.7	1566.3
2011	27.1	137.5	1758.7	1589.7
2012	28.4	143.6	1874.9	1669.9
2013	29.8	149.6	1977.4	1731.7
2014	31.3	153.5	2049.6	1782.7
2015	32.7	158.8	2085.5	1804.2

注：数据来源于《中国教育统计年鉴 2004—2015》。

附表 2-18　分学科专科在校生数(2015 年)　　单位/人

学　科	在校生数	学　科	在校生数
农林牧渔大类	430591	轻纺食品大类	177114
交通运输大类	746071	财经大类	4285572
生化与药品大类	252741	医药卫生大类	1985050
资源开发与测绘大类	232445	旅游大类	415367
材料与能源大类	154876	公共事业大类	1017413

续表

学　　科	在校生数	学　　科	在校生数
土建大类	1882038	文化教育大类	1928766
水利大类	77402	艺术设计传媒大类	596076
制造大类	2025008	公安大类	41676
电子信息大类	1364383	法律大类	370981
环保、气象与安全大类	58412		

注：数据来源于《中国教育统计年鉴 2015》。

附表 2-19　专科学历层次女性在校生数所占比重(2005—2015 年)　　单位/%

年　　份	专　科　生
2005	49.6
2006	50.3
2007	51.2
2008	51.4
2009	51.3
2010	51.3
2011	51.0
2012	51.3
2013	51.3
2014	51.3
2015	51.2

注：数据来源于《中国教育统计年鉴 2005—2015》。

附表 2-20　自然科学与工程技术领域专科在校生及占全部学科领域的比重情况(2001—2015 年)

年份	全部学科领域专科在校生/万人	自然科学与工程技术领域专科在校生/万人	自然科学与工程技术领域所占比重/%
2001	639.7	202.6	31.7
2002	825.3	255.8	31.0
2003	892.5	288.1	32.3
2004	983.4	321.7	32.7
2005	1126.0	383.4	34.0
2006	1258.0	433.0	34.4
2007	1335.6	473.5	35.5
2008	1441.0	529.6	36.8
2009	1540.5	578.6	37.6
2010	1566.3	581.2	37.1
2011	1589.7	814.9	51.3
2012	1669.9	848.2	50.8
2013	1731.7	883.2	51.0
2014	1782.7	920.1	51.6
2015	1804.2	938.6	52.0

注：数据来源于《中国教育统计年鉴 2001—2015》。

附表 2-21 不同培养渠道自然科学与工程技术领域专科在校生及占全部学科领域的比重情况（2001—2015 年）

年份	网络专科自然科学与工程技术领域专科在校生/万人	成人专科自然科学与工程技术领域专科在校生/万人	普通专科自然科学与工程技术领域专科在校生/万人	网络专科自然科学与工程技术领域专科在校生占比/%	成人专科自然科学与工程技术领域专科在校生占比/%	普通专科自然科学与工程技术领域专科在校生占比/%
2001		79.6	123.0		23.1	41.7
2002	9.1	92.7	154.0	20.6	22.9	40.9
2003	2.4	92.7	193.0	28.8	22.9	40.3
2004	13.1	69.3	239.2	12.0	24.9	40.2
2005	15.6	75.9	291.9	11.3	27.6	40.9
2006	17.2	82.3	333.5	11.5	26.3	41.9
2007	21.8	84.4	367.4	12.5	28.0	42.7
2008	34.6	98.7	396.3	16.4	31.5	43.2
2009	48.2	110.4	420.0	18.5	35.0	43.5
2010	49.9	109.7	421.6	17.3	35.3	43.6
2011	97.9	172.0	544.9	30.9	54.8	56.8
2012	113.8	180.9	553.5	30.7	53.9	57.4
2013	127.4	191.7	564.0	32.1	53.1	57.9
2014	134.3	198.1	587.7	33.3	53.1	58.4
2015	136.4	188.1	614.1	34.2	52.8	58.6

注：数据来源于《中国教育统计年鉴 2001—2015》。

附表 2-22 自然科学与工程技术领域专科毕业生及占全部学科领域的比重情况（2001—2015 年）

年份	全部学科领域专科毕业生/万人	自然科学与工程技术领域专科毕业生/万人	自然科学与工程技术领域所占比重/%
2001	125.5	44.8	35.7
2002	163.1	59.0	36.2
2003	216.0	79.5	36.8
2004	273.3	100.2	36.7
2005	308.2	129.0	41.9
2006	309.3	125.6	40.6
2007	402.2	160.0	39.8
2008	436.7	190.2	43.6
2009	451.2	197.5	43.8
2010	498.7	230.6	46.2
2011	527.6	265.7	50.4
2012	524.5	268.6	51.2
2013	539.8	278.1	51.5
2014	556.8	285.4	51.3
2015	577.4	296.8	51.4

注：数据来源于《中国教育统计年鉴 2001—2015》。

附表 2-23　不同培养渠道自然科学与工程技术领域专科毕业生及占全部学科领域的比重情况（2001—2015 年）

年份	网络专科自然科学与工程技术领域专科毕业生/万人	成人专科自然科学与工程技术领域专科毕业生/万人	普通专科自然科学与工程技术领域专科毕业生/万人	网络专科自然科学与工程技术领域专科毕业生占比/%	成人专科自然科学与工程技术领域专科毕业生占比/%	普通专科自然科学与工程技术领域专科毕业生占比/%
2001		23.5	21.3		29.9	35.7
2002	0.1	27.6	31.3	40.2	29.1	36.2
2003	0.2	35.6	43.8	35.1	29.5	36.8
2004	2.7	43.3	54.2	14.9	31.9	36.7
2005	6.4	51.0	71.6	17.5	45.8	41.9
2006	6.6	23.5	95.5	14.7	39.4	40.6
2007	6.4	35.0	118.6	14.1	32.2	39.8
2008	9.2	39.1	142.0	18.4	38.8	43.6
2009	12.4	40.6	144.5	21.4	37.6	43.8
2010	13.2	52.9	164.5	19.3	46.4	46.2
2011	24.7	58.9	182.1	29.5	51.1	50.4
2012	28.1	61.0	179.5	31.8	52.9	51.2
2013	32.9	63.3	182.0	32.1	53.3	51.5
2014	35.0	67.5	182.9	32.6	51.4	51.3
2015	39.1	71.8	185.9	34.0	51.3	51.4

注：数据来源于《中国教育统计年鉴 2001—2015》。

附表 2-24　分学科本科生招生数（2004、2014 和 2015 年）　　单位/人

类　型	2004 年	2014 年	2015 年
哲学	1785	2680	2052
经济学	192555	281246	270939
法学	262073	241861	226930
教育学	138004	242461	226961
文学与艺术	673331	869684	797515
历史学	18470	20173	18957
理学	327167	302207	277770
工学	836846	1760002	1611617
农学	55682	97152	85545
医学	208667	579536	582007
管理学	610440	1321004	1248982

注：数据来源于《中国教育统计年鉴 2004、2014、2015》。

附表 2-25　自然科学与工程技术领域本科招生及占全部学科领域的比重情况（2001—2015 年）

年份	全部学科领域本科招生/万人	自然科学与工程技术领域本科招生/万人	自然科学与工程技术领域所占比重/%
2001	187.9	92.2	49.1
2002	247.4	110.3	44.6

续表

年份	全部学科领域本科招生/万人	自然科学与工程技术领域本科招生/万人	自然科学与工程技术领域所占比重/%
2003	286.2	120.6	42.1
2004	328.6	135.7	41.3
2005	351.9	146.0	41.5
2006	381.8	155.8	40.8
2007	414.0	173.5	41.9
2008	433.8	179.7	41.4
2009	462.8	193.6	41.8
2010	492.2	207.9	42.2
2011	510.8	214.2	41.9
2012	542.2	227.3	41.9
2013	565.7	234.8	41.5
2014	571.8	240.2	42.0
2015	565.8	239.5	42.3

注：数据来源于《中国教育统计年鉴 2001—2015》。

附表 2-26　分学科本科生在校生数(2004、2014 和 2015 年)　　单位/人

类　型	2004 年	2014 年	2015 年
哲学	6044	9370	9492
经济学	626225	1094126	1094066
法学	771206	879283	866960
教育学	374224	781525	822131
文学与艺术	1755623	3327932	3343509
历史学	57586	77291	77821
理学	1004104	1143405	1141068
工学	2829352	6294898	6429161
农学	184302	329958	338180
医学	708947	1925358	2067244
管理学	1747235	4632434	4665377

注：数据来源于《中国教育统计年鉴 2004、2014、2015》。

附表 2-27　本科学历层次女性在校生数所占比重(2005—2015 年)　　单位/%

年　份	本　科　生
2005	46.4
2006	47.5
2007	48.4
2008	49.2
2009	49.9
2010	50.5
2011	51.2
2012	51.8
2013	52.5
2014	53.1
2015	53.7

注：数据来源于《中国教育统计年鉴 2005—2015》。

附表 2-28 自然科学与工程技术领域本科在校生及占全部学科领域的比重情况（2001—2015 年）

年份	全部学科领域本科在校生/万人	自然科学与工程技术领域本科在校生/万人	自然科学与工程技术领域所占比重/%
2001	535.3	282.3	52.7
2002	745.4	363.1	48.7
2003	825.3	410.0	49.7
2004	1006.5	458.8	45.6
2005	1137.2	509.9	44.8
2006	1285.1	564.6	43.9
2007	1383.9	605.9	43.8
2008	1484.2	648.8	43.7
2009	1562.8	684.0	43.8
2010	1654.7	725.8	43.9
2011	1758.7	771.0	43.8
2012	1874.9	818.3	43.6
2013	1977.4	856.4	43.3
2014	2049.6	888.5	43.4
2015	2085.5	906.5	43.5

注：数据来源于《中国教育统计年鉴 2001—2015》。

附表 2-29 不同培养渠道自然科学与工程技术领域本科在校生及占全部学科领域的比重情况（2001—2015 年）

年份	网络本科自然科学与工程技术领域本科在校生/万人	成人本科自然科学与工程技术领域本科在校生/万人	普通本科自然科学与工程技术领域本科在校生/万人	网络本科自然科学与工程技术领域本科在校生占比/%	成人本科自然科学与工程技术领域本科在校生占比/%	普通本科自然科学与工程技术领域本科在校生占比/%
2001		28.2	254.2		25.4	59.9
2002	10.3	47.6	305.3	16.1	30.8	57.9
2003	9.6	47.6	352.8	23.1	30.8	56.1
2004	17.6	41.9	399.4	13.8	29.6	54.1
2005	18.2	45.5	446.2	14.3	28.3	52.6
2006	17.8	59.1	487.7	13.7	27.9	51.7
2007	19.7	62.1	524.0	14.4	27.9	51.2
2008	22.2	65.5	561.1	15.3	27.8	50.8
2009	25.3	62.3	596.4	16.1	27.6	50.5
2010	27.6	62.4	635.7	16.9	27.7	50.2
2011	31.8	65.1	674.1	18.1	27.9	49.9
2012	38.6	70.9	708.8	19.3	28.6	49.7
2013	45.0	76.0	735.4	20.7	28.6	49.2
2014	51.4	79.8	757.4	22.5	28.5	49.1
2015	54.0	77.2	775.2	23.5	27.6	49.2

注：数据来源于《中国教育统计年鉴 2001—2015》。

附表 2-30 自然科学与工程技术领域本科毕业生及占全部学科领域的比重情况(2001—2015 年)

年份	全部学科领域本科毕业生/万人	自然科学与工程技术领域本科毕业生/万人	自然科学与工程技术领域所占比重/%
2001	71.2	38.3	53.8
2002	88.6	47.4	53.5
2003	132.2	68.5	51.8
2004	194.8	92.3	47.4
2005	241.4	107.0	44.3
2006	238.2	106.8	44.8
2007	304.8	133.0	43.7
2008	334.5	146.9	43.9
2009	372.6	163.9	44.0
2010	377.3	168.7	44.7
2011	401.2	179.7	44.8
2012	431.7	196.6	45.5
2013	454.8	208.3	45.8
2014	489.9	225.8	46.1
2015	519.8	240.0	46.2

注：数据来源于《中国教育统计年鉴 2001—2015》。

附表 2-31 不同培养渠道自然科学与工程技术领域本科毕业生及占全部学科领域的比重情况(2001—2015 年)

年份	网络本科自然科学与工程技术领域本科毕业生/万人	成人本科自然科学与工程技术领域本科毕业生/万人)	普通本科自然科学与工程技术领域本科毕业生/万人	网络本科自然科学与工程技术领域本科毕业生占比/%	成人本科自然科学与工程技术领域本科毕业生占比/%	普通本科自然科学与工程技术领域本科毕业生占比/%
2001		3.9	34.4		27.1	60.5
2002	0.0	7.9	39.4	18.3	34.7	60.1
2003	0.2	14.3	54.1	33.1	37.0	58.2
2004	2.7	20.4	69.2	13.0	37.8	57.8
2005	6.2	19.6	81.2	15.8	35.3	55.4
2006	6.5	8.9	91.4	14.8	40.6	53.0
2007	5.4	24.9	102.8	14.3	36.8	51.5
2008	7.2	25.6	114.1	17.8	37.5	50.6
2009	8.1	33.1	122.7	19.9	38.3	50.0
2010	9.0	30.4	129.3	21.3	40.0	49.9
2011	10.5	30.9	138.3	22.7	40.9	49.5
2012	12.4	35.1	149.1	26.0	43.9	49.1
2013	14.8	37.6	155.9	27.5	46.4	48.7
2014	17.6	42.6	165.7	29.9	47.3	48.5
2015	20.8	47.0	172.1	32.1	48.9	48.0

注：数据来源于《中国教育统计年鉴 2001—2015》。

附表 2-32　分学科硕士研究生招生数(2004、2014 和 2015 年)　　单位/人

类　型	2004 年	2014 年	2015 年
哲学	3198	3555	3294
经济学	14287	25147	26611
法学	20746	38205	37880
教育学	9090	33330	33612
文学与艺术	22482	48189	49782
历史学	3646	4781	4809
理学	30984	47159	47632
工学	100479	189895	196458
农学	9941	20202	20441
医学	26562	60891	65056
军事学	143	183	150
管理学	31444	77152	78712

注：数据来源于《中国教育统计年鉴 2004、2014、2015》。

附表 2-33　分学科博士研究生招生数(2004、2014 和 2015 年)　　单位/人

类　型	2004 年	2014 年	2015 年
哲学	684	860	833
经济学	2720	2917	2861
法学	2233	3702	3873
教育学	963	1364	1434
文学与艺术	2301	3076	3096
历史学	926	984	980
理学	10083	14855	15492
工学	20271	27605	28462
农学	2169	3181	3172
医学	6450	9575	9751
军事学	31	26	27
管理学	4453	4489	4435

注：数据来源于《中国教育统计年鉴 2004、2014、2015》。

附表 2-34　自然科学与工程技术领域硕士招生及占全部学科领域的比重情况(2001—2015 年)

年份	全部学科领域硕士招生/万人	自然科学与工程技术领域硕士招生/万人	自然科学与工程技术领域所占比重/%
2001	13.3	8.3	62.6
2002	16.4	10.4	63.4
2003	22.0	13.8	62.6
2004	27.3	16.8	61.5
2005	31.0	18.9	60.8
2006	34.2	20.9	61.0
2007	36.1	21.5	59.7
2008	38.7	22.8	59.0

续表

年份	全部学科领域硕士招生/万人	自然科学与工程技术领域硕士招生/万人	自然科学与工程技术领域所占比重/%
2009	44.9	23.3	51.9
2010	47.4	22.1	46.7
2011	49.5	28.5	57.7
2012	52.1	30.2	58.0
2013	54.1	31.5	58.1
2014	54.9	31.8	58.0
2015	57.1	33.3	58.4

注：数据来源于《中国教育统计年鉴 2001—2015》。

附表 2-35 自然科学与工程技术领域博士招生及占全部学科领域的比重情况（2001—2015 年）

年份	全部学科领域博士招生/万人	自然科学与工程技术领域博士招生/万人	自然科学与工程技术领域所占比重/%
2001	3.2	2.3	73.0
2002	3.8	2.8	73.1
2003	4.9	3.6	72.9
2004	5.3	3.9	73.1
2005	5.5	4.0	73.3
2006	5.6	4.1	73.5
2007	5.8	4.2	72.8
2008	6.0	4.3	72.7
2009	6.2	4.4	71.8
2010	6.4	4.6	71.4
2011	6.6	4.8	74.0
2012	6.8	5.1	74.4
2013	7.0	5.3	75.1
2014	7.3	5.5	76.0
2015	7.4	5.7	76.4

注：数据来源于《中国教育统计年鉴 2001—2015》。

附表 2-36 分学科博士研究生在校生数（2004、2014 和 2015 年） 单位/人

类　型	2004 年	2014 年	2015 年
哲学	2143	3952	3990
经济学	8564	13009	13351
法学	6515	16076	17164
教育学	2510	5870	6256
文学与艺术	6434	13118	13686
历史学	2771	4451	4548
理学	28769	56412	59653
工学	69315	129161	134930
农学	6112	13013	13536

续表

类　　型	2004 年	2014 年	2015 年
医学	17771	33474	34715
军事学	109	164	165
管理学	14597	23976	24693

注：数据来源于《中国教育统计年鉴 2004、2014、2015》。

附表 2-37　分学科硕士研究生在校生数(2004、2014 和 2015 年)　　单位/人

类　　型	2004 年	2014 年	2015 年
哲学	7523	10652	10333
经济学	33861	65900	67776
法学	49060	106465	108171
教育学	20302	82745	85993
文学与艺术	51155	134591	138569
历史学	8548	13548	14062
理学	73612	133418	137206
工学	248748	540542	554667
农学	22818	53055	54676
医学	64088	170674	180517
军事学	318	553	523
管理学	74253	222870	232226

注：数据来源于《中国教育统计年鉴 2004、2014、2015》。

附表 2-38　研究生学历层次女性在校生数所占比重(2005—2015 年)　　单位/%

年　　份	博　士　生	硕　士　生
2005	32.57	46.02
2006	33.87	46.36
2007	34.06	47.18
2008	34.69	48.16
2009	34.86	49.63
2010	35.48	50.36
2011	36.13	50.89
2012	36.45	51.46
2013	36.90	51.38
2014	36.93	51.65
2015	37.85	52.15

注：数据来源于《中国教育统计年鉴 2005—2015》。

附表 2-39　自然科学与工程技术领域硕士在校生及占全部学科领域的比重情况(2001—2015 年)

年份	全部学科领域硕士在校生/万人	自然科学与工程技术领域硕士在校生/万人	自然科学与工程技术领域所占比重/%
2001	30.6	19.1	62.5
2002	39.2	24.7	63.0

续表

年份	全部学科领域硕士在校生/万人	自然科学与工程技术领域硕士在校生/万人	自然科学与工程技术领域所占比重/%
2003	51.4	32.3	62.8
2004	65.4	40.9	62.6
2005	78.7	48.6	61.8
2006	89.7	55.2	61.6
2007	97.3	59.4	61.0
2008	104.6	63.2	60.4
2009	115.9	64.1	55.3
2010	127.9	65.8	51.4
2011	137.5	80.8	58.8
2012	143.6	83.6	58.2
2013	149.6	87.2	58.3
2014	153.5	89.8	58.5
2015	158.5	92.7	58.5

注：数据来源于《中国教育统计年鉴 2001—2015》。

附表 2-40　自然科学与工程技术领域博士在校生及占全部学科领域的比重情况（2001—2015 年）

年份	全部学科领域博士在校生/万人	自然科学与工程技术领域博士在校生/万人	自然科学与工程技术领域所占比重/%
2001	8.6	6.4	74.7
2002	10.9	8.1	74.1
2003	13.7	10.1	73.8
2004	16.6	12.2	73.6
2005	19.1	14.0	73.4
2006	20.8	15.2	73.2
2007	22.3	16.3	73.1
2008	23.7	17.3	73.0
2009	24.6	17.6	71.5
2010	25.9	18.5	71.3
2011	27.1	19.8	73.1
2012	28.4	20.8	73.3
2013	29.8	22.0	73.8
2014	31.3	23.2	74.2
2015	32.7	24.3	74.3

注：数据来源于《中国教育统计年鉴 2001—2015》。

附表 2-41　自然科学与工程技术领域硕士毕业生及占全部学科领域的比重情况（2001—2015 年）

年份	全部学科领域硕士毕业生/万人	自然科学与工程技术领域硕士毕业生/万人	自然科学与工程技术领域所占比重/%
2001	5.5	3.3	59.5
2002	6.6	4.1	61.3

续表

年份	全部学科领域硕士毕业生/万人	自然科学与工程技术领域硕士毕业生/万人	自然科学与工程技术领域所占比重/%
2003	9.2	5.7	61.5
2004	12.7	7.8	61.0
2005	16.2	10.0	61.8
2006	22.0	13.3	60.3
2007	27.0	16.3	60.4
2008	30.1	18.1	60.1
2009	32.3	18.6	57.6
2010	33.5	18.7	55.9
2011	38.0	21.8	57.4
2012	43.5	25.3	58.2
2013	46.0	26.3	57.1
2014	48.2	27.4	56.8
2015	49.8	28.6	57.4

注：数据来源于《中国教育统计年鉴 2001—2015》。

附表 2-42　自然科学与工程技术领域博士毕业生及占全部学科领域的比重情况（2001—2015 年）

年份	全部学科领域博士毕业生/万人	自然科学与工程技术领域博士毕业生/万人	自然科学与工程技术领域所占比重/%
2001	1.3	1.0	77.2
2002	1.5	1.1	74.1
2003	1.9	1.4	73.7
2004	2.3	1.7	73.6
2005	2.8	2.0	73.2
2006	3.6	2.6	72.8
2007	4.1	3.0	73.2
2008	4.4	3.2	73.0
2009	4.9	3.5	71.0
2010	4.9	3.5	71.0
2011	5.0	3.7	73.2
2012	5.2	3.8	73.2
2013	5.3	3.9	74.1
2014	5.4	4.0	75.1
2015	5.4	4.1	76.2

注：数据来源于《中国教育统计年鉴 2001—2015》。

附表 2-43　主要国家高等教育在校生数及女性占比（2013 年）

国　　家	在校生数/人	女性占比/%
中国	38885230	51.8
英国	2386199	55.2
美国	19972623	55.5

续表

国　　家	在校生数/人	女性占比/%
法国	2338135	54.6
德国	2780013	47.1
瑞典	436603	59.7
瑞士	279619	49.5
荷兰	793678	51.4
日本	3862749	46.6
韩国	3342264	40.1
俄罗斯	7528163	54.2
印度	28175135	45.9
澳大利亚	1390478	56.7

注：荷兰为2012年数据。数据来源于UNESCO数据库中心。

附表 2-44　部分国家出国留学生数量（2013 年）　　单位/人

国　　家	人　　数
美国	60292
英国	27377
德国	119123
法国	84059
瑞士	11868
瑞典	17685
荷兰	13035
日本	32332
韩国	116942
俄罗斯	50642
印度	181872
澳大利亚	11650
中国	712157

注：数据来源于联合国教科文数据库。

附表 2-45　部分国家接收留学生数量（2014 年）　　单位/人

国　　家	人　　数
美国	842384
英国	428724
德国	210542
法国	235123
瑞士	49536
瑞典	25361
俄罗斯	213347
澳大利亚	266048
中国	108217

注：数据来源于联合国教科文数据库。

附表 2-46　部分国家留学生净流量(2013 年)

单位/人

国　　家	人　　数
美国	724135
英国	389316
德国	77496
法国	155285
瑞士	35274
瑞典	7752
荷兰	55908
韩国	−57470
俄罗斯	87854
澳大利亚	238218
中国	−615748

注：数据来源于联合国教科文数据库。

附表 2-47　部分国家留学生在不同层次高等教育总学生数中所占比例(2013 年)

单位/%

国　　家	高等教育	专科	学士或同等学历	硕士或同等学历	博士或同等学历
美国	4	2	3	8	32
英国	17	5	13	36	41
德国	7	0	4	12	7
法国	10	4	8	13	40
瑞士	17	a	10	27	52
瑞典	6	0	2	9	32
荷兰	10	1	8	17	38
日本	4	4	3	8	19
韩国	2	0	1	6	8
澳大利亚	18	12	14	38	33
中国	0	0	0	1	2

注：数据来源于 OECD 数据库。

附表 2-48　部分国家高等教育领域留学生学科分布比例(2013 年)

单位/%

国　　家	科学	工程制造与建筑	农业	健康与福利	服务
美国	18	16	1	9	3
英国	15	15	1	8	2
德国	15	25	2	6	2
法国	18	14	0	7	2
瑞士	18	17	1	7	2
瑞典	20	27	1	11	2
荷兰	7	11	2	13	8
日本	2	17	2	2	2
韩国	5	16	1	4	4
澳大利亚	12	13	1	10	2

注：数据来源于 OECD 数据库。

附表 2-49 部分国家留学生的来源地分布(2013 年) 单位/%

地　　区	澳大利亚	法国	德国	日本	英国	美国	韩国	俄罗斯
非洲	2.9	40.9	8.3	0.8	8.2	4.4	2.2	0.0
亚洲	85.2	23.2	32.7	93.5	53.6	74.4	91.5	59.9
欧洲	4.3	20.1	43.6	2.9	30.6	8.9	1.7	30.6
北美洲	2.6	2.0	2.4	1.8	5.1	3.4	3.5	0.0
大洋洲	2.0	0.2	0.3	0.4	0.6	0.7	0.3	0.0
南美洲及加勒比	2.0	6.0	5.1	0.7	2.0	8.1	0.8	0.0
其他	0.8	7.6	7.6	0.0	0.0	0.0	0.0	9.4

注：数据来源于 OECD 数据库。

附表 2-50 高等教育领域留学生按目的国分布(2013 年) 单位/%

国　　家	韩国	日本	瑞士	法国	德国	英国	美国
美国	2.2	3.2	1.4	4.8	5.9	22.1	—
英国	0.3	1.4	1.6	6.9	5.1	—	31.0
德国	0.1	0.5	10.0	5.3	—	11.8	7.8
法国	0.1	1.0	10.9	—	7.5	15.2	10.5
瑞士	0.1	0.5	—	9.3	18.8	23.5	11.3
瑞典	0.1	1.3	1.2	2.3	3.1	18.3	22.9
荷兰	0.1	0.9	2.1	3.5	5.6	23.3	13.2
日本	3.5	—	0.1	4.1	5.0	4.1	60.8
韩国	—	14.8	0.8	1.7	3.1	9.3	56.4
俄罗斯	0.6	0.6	1.7	6.5	17.0	6.5	8.4
印度	0.3	0.3	0.4	1.0	2.9	11.5	48.2
澳大利亚	0.6	2.8	1.1	2.4	3.8	15.3	32.6
中国	5.2	12.3	0.7	3.5	2.7	11.2	30.9

注：数据来源于 OECD 数据库。

附表 2-51 中国出国留学人员与学成归国人员的变化趋势 单位/人

年　　份	出国留学人员	学成回国留学人员
1978	860	248
1980	2124	162
1985	4888	1424
1990	2950	1593
1995	20381	5750
2000	38989	9121
2001	83973	12243
2002	125179	17945
2003	117307	20152
2004	114682	24726
2005	118515	34987
2006	134000	42000
2007	144000	44000
2008	179800	69300

续表

年份	出国留学人员	学成回国留学人员
2009	229300	108300
2010	284700	134800
2011	339700	186200
2012	399600	272900
2013	413900	353500
2014	459800	364800

注：数据来源于教育部统计数据。

附表 2-52　来华留学生层次划分毕(结)业生数　　单位/人

层次	2005	2006	2007	2008	2009	2010	2011	2012	2013	2014	2015
博士	355	371	387	488	554	689	866	393	1079	1238	1373
硕士	943	1175	1322	1813	2019	2711	4288	14520	5931	7094	7316
本科	3327	4362	5630	6441	7697	10218	12139	5614	14132	14022	14571
专科	319	734	132	256	597	161	258	1042	435	570	582
培训	39393	37924	38851	43747	44384	48292	56142	62044	69674	72193	78403

注：数据来源于《中国教育统计年鉴 2005—2015》。

附表 2-53　来华留学生大洲划分毕(结)业生数　　单位/人

洲别	2005	2006	2007	2008	2009	2010	2011	2012	2013	2014	2015
亚洲	32412	31959	31776	34959	35233	38305	44486	49720	53321	54518	57221
非洲	1055	812	1087	1516	2098	3542	4844	6046	7200	8593	9741
欧洲	6020	6893	7659	9174	10446	11581	14135	16333	18356	19741	22267
北美洲	3963	3953	4770	5570	6065	6557	8262	8906	9580	9087	9760
南美洲	317	424	463	856	771	1152	961	1165	1392	1527	1652
澳洲	570	525	567	670	638	934	1005	1443	1402	1651	1604

注：数据来源于《中国教育统计年鉴 2005—2015》。

附表 2-54　来华留学生经费来源划分毕(结)业生数　　单位/人

来源	2005	2006	2007	2008	2009	2010	2011	2012	2013	2014	2015
国际组织资助	44		43	31	51	98	154	337	98	636	424
中国政府资助	2679	2632	3258	3564	5054	7863	9717	11694	15965	14862	17605
本国政府资助	343	433	320	457	538	716	966	1146	1168	1622	1639
学校间交换	2484	4253	3920	4365	5356	7211	8891	10078	11163	12418	14017
自费	38787	37184	38781	44328	44252	46183	53965	60358	62857	65579	68560

注：2006 年“国家组织资助”数据缺失。数据来源于《中国教育统计年鉴 2005—2015》。

附表 2-55 来华留学毕(结)业生数省域分布 单位/人

省域	2006 年	2010 年	2014 年	2015 年
北京	18110	19518	24950	25335
天津	2205	2746	5115	4616
河北	426	581	586	716
山西	97	108	77	88
内蒙古	128	133	465	480
辽宁	1222	1919	3595	4424
吉林	812	1834	1774	1684
黑龙江	1600	2221	2612	3492
上海	8674	6994	12026	12521
江苏	1567	4533	7041	6893
浙江	1908	3293	6718	8379
安徽	278	340	410	489
福建	1286	1195	2002	1324
江西	33	206	612	587
山东	1493	2638	5571	5776
河南	118	322	456	758
湖北	896	1983	3494	4438
湖南	102	867	957	1019
广东	1245	2081	3371	3380
广西	418	1305	2219	2632
海南	70	380	382	453
重庆	257	1371	2858	3069
四川	414	922	2126	2234
贵州	13	83	219	426
云南	827	2068	2048	2605
西藏	26	20	17	27
陕西	65	1146	1582	2241
甘肃	74	22	582	473
青海	34	114	95	98
宁夏	23	153	48	99
新疆	145	975	1109	1489

注：数据来源于《中国教育统计年鉴 2006、2010、2014、2015》。

附表 3-1 中小学数学教师人数 单位/人

类别	高中	初中	小学
2012 年	248631	608041	1703398
男	147904	325316	760385
女	100727	282725	943013
2013 年	252657	600285	1687700
男	149138	317483	733236
女	103519	282802	954464

续表

类　别	高　中	初　中	小　学
2014 年	256596	596074	1679327
男	149878	310495	700731
女	106718	285579	978596
2015 年	261097	592798	1680707
男	151068	303477	670430
女	110029	289321	1010277

注：数据来源于《中国教育统计年鉴 2012—2015》。

附表 3-2　中小学科学教师人数　　单位/人

类　别	初　中	小　学
2012 年	32029	176931
男	18694	106203
女	13335	70728
2013 年	31595	179163
男	18145	107012
女	13450	72151
2014 年	31107	184967
男	17766	108348
女	13341	76619
2015 年	30754	186282
男	17452	106085
女	13302	80197

注：数据来源于《中国教育统计年鉴 2012—2015》。

附表 3-3　初中数学和科学教师情况（2012 年）　　单位/人

类　别	数学	科学	物理	生物	化学	地理
总计	608041	32029	237509	152024	140401	133685
其中：女	282725	13335	77920	65556	70643	60156
少数民族	51541	640	21718	13924	12285	11330
研究生毕业	5646	488	2236	1781	1707	1240
本科毕业	442451	24747	167938	109867	90249	82005
专科毕业	156813	6501	66238	39757	46892	48618
高中阶段毕业	3078	287	1089	615	1530	1792
高中阶段以下毕业	53	6	8	4	23	30
城区	176335	12110	69002	43924	38158	35310
其中：城乡结合区	30062	2468	11244	7151	6618	6204
镇区	295233	15058	114658	72933	69649	67246
其中：镇乡结合区	75543	4813	28803	18220	18319	17715
乡村	136473	4861	53849	35167	32594	31129

注：数据来源于《中国教育统计年鉴(2012)》。

附表 3-4 初中数学和科学教师情况（2013 年） 单位/人

类别	数学	科学	物理	生物	化学	地理
总计	600285	31595	235706	150654	140358	133025
其中：女	282802	13450	78649	66832	71842	61046
少数民族	51807	611	21741	13908	12622	11578
研究生毕业	6902	562	2698	2260	2158	1599
本科毕业	453184	25259	173434	112994	95304	86564
专科毕业	137597	5518	58763	34941	41595	43421
高中阶段毕业	2565	245	798	450	1268	1406
高中阶段以下毕业	37	11	13	9	33	35
城区	180140	12008	70915	45083	39546	36480
其中：城乡结合区	29945	2285	11311	7207	6863	6318
镇区	293693	14970	114672	72845	70082	67301
其中：镇乡结合区	74099	4699	28205	17804	18057	17304
乡村	126452	4617	50119	32726	30730	29244

注：数据来源于《中国教育统计年鉴(2013)》。

附表 3-5 初中数学和科学教师情况（2014 年） 单位/人

类别	数学	科学	物理	生物	化学	地理
总计	596074	31107	236822	151323	143084	135442
其中：女	285579	13341	80534	69050	74948	63763
少数民族	52341	581	22098	14081	12808	11839
研究生毕业	8272	584	3294	2732	2616	2001
本科毕业	465443	25268	180915	117155	101942	93181
专科毕业	120655	5073	52075	31123	37721	39327
高中阶段毕业	1673	170	525	300	791	907
高中阶段以下毕业	31	12	13	13	14	26
城区	187576	12063	74867	47510	42050	38928
其中：城乡结合区	32032	2477	12212	7816	7545	7026
镇区	291799	14768	114898	73057	71464	68406
其中：镇乡结合区	74394	4865	28105	17950	18389	17630
乡村	116699	4276	47057	30756	29570	28108

注：数据来源于《中国教育统计年鉴(2014)》。

附表 3-6 初中数学和科学教师情况（2015 年） 单位/人

类别	数学	科学	物理	生物	化学	地理
总计	592798	30754	236711	143057	151407	135974
其中：女	289321	13302	82730	76649	71085	65622
少数民族	52553	559	22462	12976	14234	12202
研究生毕业	9708	650	3988	3151	3282	2449
本科毕业	473670	25500	185672	105511	120321	97476
专科毕业	108183	4478	46679	33846	27574	35419
高中阶段毕业	1213	122	359	538	224	609
高中阶段以下毕业	24	4	13	11	6	21

续表

类　别	数学	科学	物理	生物	化学	地理
城区	189681	12447	76207	42856	48345	40002
其中：城乡结合区	31474	2582	11997	7412	7617	7023
镇区	293598	14303	116089	72248	73834	69284
其中：镇乡结合区	72865	4579	27767	18028	17563	17361
乡村	109519	4004	44415	27953	29228	26688

注：数据来源于《中国教育统计年鉴(2015)》。

附表 3-7　普通高中数学和科学教师情况(2012 年)　　单位/人

类　别	数学	物理	化学	生物	地理
总计	248631	140209	134811	93860	83164
其中：女	100727	43425	61752	48944	38481
少数民族	16758	9811	9531	6535	5997
研究生毕业	12035	6213	7036	6807	3868
本科毕业	229946	129546	123747	84365	76136
专科毕业	6601	4413	3994	2658	3140
高中阶段毕业	47	34	30	29	19
高中阶段以下毕业	2	3	4	1	1
城区	117112	66644	64137	44403	39201
其中：城乡结合区	18259	10315	9900	7089	6313
镇区	122886	68866	66125	46175	40997
其中：镇乡结合区	32308	18225	17491	12555	11162
乡村	8633	4699	4549	3282	2966

注：数据来源于《中国教育统计年鉴(2012)》。

附表 3-8　普通高中数学和科学教师情况(2013 年)　　单位/人

类　别	数学	物理	化学	生物	地理
总计	252657	142527	137056	97676	85731
其中：女	103519	44431	64141	52416	40447
少数民族	17657	10309	10073	7140	6499
研究生毕业	13932	7318	8284	8108	4662
本科毕业	232423	131234	125174	87198	78232
专科毕业	6240	3923	3552	2342	2806
高中阶段毕业	60	50	42	26	30
高中阶段以下毕业	2	2	4	2	1
城区	119726	68195	65438	46435	40651
其中：城乡结合区	18110	10295	9899	7181	6369
镇区	124443	69703	67071	47936	42113
其中：镇乡结合区	32063	17971	17113	12619	11196
乡村	8488	4629	4547	3305	2967

注：数据来源于《中国教育统计年鉴(2013)》。

附表 3-9　普通高中数学和科学教师情况（2014 年）　　单位/人

类　别	数学	物理	化学	生物	地理
总计	256596	145594	140126	101897	88673
其中：女	106718	45805	66771	56122	42735
少数民族	18451	10850	10505	7849	7062
研究生毕业	15574	8281	9464	9252	5336
本科毕业	235348	133777	127405	90464	80955
专科毕业	5630	3505	3228	2155	2351
高中阶段毕业	42	29	25	24	30
高中阶段以下毕业	2	2	4	2	1
城区	123621	70790	68030	49237	42755
其中：城乡结合区	19225	10961	10524	7861	6935
镇区	124602	70249	67659	49286	42922
其中：镇乡结合区	31190	17745	17015	12741	11187
乡村	8373	4555	4437	3374	2996

注：数据来源于《中国教育统计年鉴(2014)》。

附表 3-10　普通高中数学和科学教师情况（2015 年）　　单位/人

类　别	数学	物理	化学	生物	地理
总计　Total	261097	148068	142849	106119	91411
其中：女	110029	47233	69475	59703	44915
少数民族	19237	11334	11184	8572	7597
研究生毕业	17754	9320	10803	10664	6231
本科毕业	238560	135670	129372	93650	83185
专科毕业	4726	3060	2656	1790	1962
高中阶段毕业	57	18	41	18	18
高中阶段以下毕业				1	1
城区	125755	72040	69401	51189	44107
其中：城乡结合区	19441	11071	10636	8118	7049
镇区	126986	71461	68975	51507	44251
其中：镇乡结合区	30758	17354	16652	12728	11126
乡村	8356	4567	4473	3423	3053

注：数据来源于《中国教育统计年鉴(2015)》。

附表 3-11　小学数学和科学教师情况　　单位/人

类　别	2012 年		2013 年		2014 年		2015 年	
	科学	数学	科学	数学	科学	数学	科学	数学
合计	1703398	176931	1687700	179163	1679327	184967	1680707	186282
其中：女	943013	70728	954464	72151	978596	76619	1010277	80197
少数民族	180106	16576	179575	17055	179598	17610	178827	17880
研究生毕业	2830	520	3920	708	5172	1004	6528	1295
本科毕业	492844	42851	563936	50462	634579	58943	706024	66383
专科毕业	932809	95832	889797	95881	856452	97509	820345	96111
高中阶段毕业	271666	37386	227002	31808	181057	27231	146331	22254
高中阶段以下毕业	3249	342	3045	304	2067	280	1479	239

注：数据来源于《中国教育统计年鉴(2012—2015)》。

附表 3-12　各学段实验仪器达标率（2010—2015 年）　　单位/%

	2010	2011	2012	2013	2014	2015
小学	54.62	47.52	50.75	54.19	61.06	69.0
初中	74.55	70.91	75.05	77.57	81.33	85.9
高中	84.63	82.11	85.81	86.02	87.63	89.8

注：数据来源于《中国教育统计年鉴（2010—2015）》。

附表 3-13　实验仪器达标情况（2014 年）

地区类型	小学			初中			普通高中		
	学校数/所	达标校数/所	达标比例/%	学校数/所	达标校数/所	达标比例/%	学校数/所	达标校数/所	达标比例/%
总计	201377	122957	61.1	52623	42799	81.3	13253	11613	87.6
城区	26260	21906	83.4	11487	10000	87.1	6422	5800	90.3
镇区	46414	32210	69.4	23429	19586	83.6	6164	5248	85.1

注：数据来源于《中国教育统计年鉴（2014）》。

附表 3-14　实验仪器达标情况（2015 年）

地区类型	小学			初中			普通高中		
	学校数/所	达标校数/所	达标比例/%	学校数/所	达标校数/所	达标比例/%	学校数/所	达标校数/所	达标比例/%
总计	190525	131515	69.0	52405	45003	85.9	13240	11889	89.8
城区	26058	22730	87.2	11499	10326	89.8	6425	5902	91.9
镇区	46086	35175	76.3	23915	20936	87.5	6147	5396	87.8
乡村	118381	73610	62.2	16991	13741	80.9	668	591	88.5

注：小学为教学自然实验仪器达标校数；初中、普通高中为理科实验仪器达标校数。数据来源于《中国教育统计年鉴（2015）》。

附表 3-15　不同类型地区学校实验室生均使用面积　　单位/平方米

类别	小学				初中				普通高中			
	2010	2013	2014	2015	2010	2013	2014	2015	2010	2013	2014	2015
城区	0.14	0.17	0.17	0.18	0.52	0.68	0.72	0.77	1.21	1.28	1.34	1.42
镇区	0.12	0.16	0.18	0.18	0.41	0.63	0.67	0.73	0.82	0.95	1.03	1.09
乡村	0.16	0.23	0.26	0.28	0.49	0.77	0.84	0.92	0.83	1.14	1.29	1.32
总计	0.14	0.19	0.20	0.21	0.46	0.67	0.72	0.77	0.96	1.11	1.18	1.25

注：数据来源于《中国教育统计年鉴（2010、2013—2015）》。

附表 3-16　小学各省市学校实验室面积和实验设备资产值（2014 年）

地区	在校生数/人	实验室/平方米	生均实验室面积/平方米	实验设备资产值/万元	生均实验设备资产值/元
总计	94510651	19041501.00	0.20	2013445.13	213.04
北京	821152	207003.00	0.25	17413.77	212.07
天津	573187	95538.00	0.17	14440.65	251.94
河北	5642864	1431879.00	0.25	133408.06	236.42
山西	2245019	449640.00	0.20	53144.88	236.72
内蒙古	1296454	279024.00	0.22	26783.86	206.59

续表

地　　区	在校生数/人	实验室/平方米	生均实验室面积/平方米	实验设备资产值/万元	生均实验设备资产值/元
辽宁	1984633	414458.00	0.21	52870.19	266.40
吉林	1268804	296802.00	0.23	35132.63	276.90
黑龙江	1486016	310244.00	0.21	39185.87	263.70
上海	802960	265204.00	0.33	43447.4	541.09
江苏	4714813	1245219.00	0.26	132810.11	281.69
浙江	3545013	852590.00	0.24	92743.37	261.62
安徽	4151398	942354.00	0.23	64277.01	154.83
福建	2746253	637702.00	0.23	66783.76	243.18
江西	4129817	472120.00	0.11	45931.06	111.22
山东	6484744	1724121.00	0.27	106250.59	163.85
河南	9286003	1399454.00	0.15	121321.72	130.65
湖北	3211598	942067.00	0.29	111495.4	347.16
湖南	4738403	871959.00	0.18	88212.16	186.16
广东	8319147	1505932.00	0.18	254145	305.49
广西	4318063	520072.00	0.12	67246.43	155.73
海南	752643	84592.00	0.11	16673.77	221.54
重庆	2034165	377764.00	0.19	31384.17	154.29
四川	5313193	835713.00	0.16	109639.7	206.35
贵州	3463056	642888.00	0.19	57298.18	165.46
云南	3826943	643004.00	0.17	60247.42	157.43
西藏	295142	39684.00	0.13	5945.2	201.44
陕西	2264095	587201.00	0.26	78185.09	345.33
甘肃	1802371	314865.00	0.17	34474.92	191.28
青海	461061	79666.00	0.17	6495.06	140.87
宁夏	588694	138001.00	0.23	18064.63	306.86
新疆	1942947	434741.00	0.22	27993.08	144.08

注：数据来源于《中国教育统计年鉴(2014)》。

附表 3-17　小学各省市学校实验室面积和实验设备资产值(2015 年)

地　　区	在校生数/人	实验室/平方米	生均实验室面积/平方米	实验设备资产值/万元	生均实验设备资产值/元
总计	96921831	20406233.23	0.21	2222815.34	229.3
北京	850321	208657.32	0.25	38186.63	449.1
天津	602144	102887.54	0.17	17903.04	297.3
河北	5962361	1537442.36	0.26	153146.39	256.9
山西	2269515	467579.79	0.21	54500.16	240.1
内蒙古	1313635	280028.27	0.21	32876.47	250.3
辽宁	1999564	391484.71	0.20	53500.27	267.6
吉林	1279766	295083.47	0.23	43061.98	336.5
黑龙江	1477992	311684.03	0.21	31659.44	214.2
上海	798686	279432.12	0.35	42549.82	532.7
江苏	4996365	1344739.58	0.27	151543.07	303.3
浙江	3569926	912126.18	0.26	97207.72	272.3
安徽	4225034	1069719.10	0.25	83260.07	197.1
福建	2883136	674105.53	0.23	70838.28	245.7

续表

地　　区	在校生数/人	实验室/平方米	生均实验室面积/平方米	实验设备资产值/万元	生均实验设备资产值/元
江西	4223124	512044.65	0.12	47785.33	113.2
山东	6746258	1778759.29	0.26	115729.61	171.5
河南	9370543	1524798.22	0.16	132782.92	141.7
湖北	3358095	1006403.08	0.30	116376.73	346.6
湖南	4888598	879859.49	0.18	92326.44	188.9
广东	8688785	1607765.18	0.19	268749.17	309.3
广西	4401037	575723.69	0.13	74982.15	170.4
海南	773246	97631.88	0.13	21340.93	276.0
重庆	2073320	442566.04	0.21	31530.35	152.1
四川	5417353	943010.31	0.17	125752.03	232.1
贵州	3463095	678385.33	0.20	61929.24	178.8
云南	3777774	683143.45	0.18	65146.03	172.4
西藏	292290	51191.69	0.18	7770.77	265.9
陕西	2331094	637278.21	0.27	89574.93	384.3
甘肃	1802401	351368.19	0.19	39385.59	218.5
青海	453990	94268.66	0.21	7692.75	169.4
宁夏	583509	152463.16	0.26	23610.34	404.6
新疆	2048874	514602.71	0.25	30116.68	147.0

注：数据来源于《中国教育统计年鉴(2015)》。

附表 3-18　各省市初中学校实验室面积和实验设备资产值(2014 年)

地　　区	在校生数/人	实验室/平方米	生均实验室面积/平方米	实验设备资产值/万元	生均实验设备资产值/元
总计	43846297	31550020	0.72	2265157.54	516.61
北京	306789	270921	0.88	17196.22	560.52
天津	267214	187690	0.70	15739.96	589.04
河北	2288195	1887146	0.82	108133.91	472.57
山西	1218952	713214	0.59	57248.69	469.65
内蒙古	669657	498412	0.74	34060.93	508.63
辽宁	1055661	878033	0.83	84916.72	804.39
吉林	622883	519687	0.83	45618.14	732.37
黑龙江	916293	659474	0.72	58344.27	636.74
上海	426789	619016	1.45	58455.44	1369.66
江苏	1852029	2562427	1.38	158938.97	858.19
浙江	1499062	1574593	1.05	99337.06	662.66
安徽	1924134	1400333	0.73	80214.57	416.89
福建	1125729	896541	0.80	47909.50	425.59
江西	1750083	828049	0.47	51252.15	292.86
山东	3147954	3048781	0.97	124819.40	396.51
河南	3993606	2055935	0.51	129382.29	323.97
湖北	1375940	1198543	0.87	107179.77	778.96
湖南	2206344	1363406	0.62	113356.19	513.77
广东	3767505	2823880	0.75	280063.00	743.36
广西	1950844	799423	0.41	66862.92	342.74

续表

地 区	在校生数/人	实验室/平方米	生均实验室面积/平方米	实验设备资产值/万元	生均实验设备资产值/元
海南	337350	182434	0.54	21551.27	638.84
重庆	979386	455888	0.47	30405.64	310.46
四川	2583315	1551861	0.60	135217.52	523.43
贵州	2068326	856845	0.41	63591.51	307.45
云南	1897966	886224	0.47	54786.56	288.66
西藏	124295	64611	0.52	4429.40	356.36
陕西	1117284	942930	0.84	85404.56	764.39
甘肃	970919	577290	0.59	41881.92	431.36
青海	211993	183292	0.86	20490.32	966.56
宁夏	278323	279739	1.01	20935.68	752.21
新疆	911477	783402	0.86	47433.06	520.40

注：数据来源于《中国教育统计年鉴(2014)》。

附表 3-19 各省市初中学校实验室面积和实验设备资产值(2015 年)

地 区	在校生数/人	实验室/平方米	生均实验室面积/平方米	实验设备资产值/万元	生均实验设备资产值/元
总计	43119500	33325464.01	0.77	2409215.36	558.7
北京	283366	290273.19	1.02	24394.40	860.9
天津	261474	193538.21	0.74	17112.49	654.5
河北	2361330	1964865.94	0.83	115580.86	489.5
山西	1126840	762146.18	0.68	59973.52	532.2
内蒙古	639648	538118.80	0.84	37929.46	593.0
辽宁	1012944	909200.08	0.90	89650.26	885.0
吉林	595518	543567.50	0.91	52244.42	877.3
黑龙江	899803	700473.33	0.78	48605.29	540.2
上海	412345	648076.11	1.57	58664.12	1422.7
江苏	1867166	2748681.06	1.47	168576.03	902.8
浙江	1479353	1652980.46	1.12	108253.75	731.8
安徽	1900786	1468386.25	0.77	90138.48	474.2
福建	1133458	919687.35	0.81	52433.44	462.6
江西	1763985	871506.30	0.49	54544.52	309.2
山东	3108127	3158014.06	1.02	135447.37	435.8
河南	4048103	2128621.56	0.53	139189.08	343.8
湖北	1365319	1259346.68	0.92	107837.74	789.8
湖南	2224138	1399744.41	0.63	122445.70	550.5
广东	3553170	2957635.57	0.83	287358.42	808.7
广西	1963062	955089.48	0.49	75805.17	386.2
海南	328889	180534.73	0.55	23131.30	703.3
重庆	960383	494236.02	0.51	30630.85	318.9
四川	2463860	1727099.54	0.70	153695.47	623.8
贵州	1979699	920157.78	0.46	69193.38	349.5
云南	1894282	881079.04	0.47	56873.42	300.2
西藏	117520	69025.82	0.59	4695.33	399.5
陕西	1070779	981044.58	0.92	90620.74	846.3

续表

地　　区	在校生数/人	实验室/平方米	生均实验室面积/平方米	实验设备资产值/万元	生均实验设备资产值/元
甘肃	909255	628120.42	0.69	44431.41	488.7
青海	213165	192301.17	0.90	12609.81	591.6
宁夏	274333	296264.20	1.08	25156.24	917.0
新疆	907400	885648.19	0.98	51992.88	573.0

注：数据来源于《中国教育统计年鉴(2015)》。

附表 3-20　各省市普通高中学校实验室面积和实验设备资产值(2014 年)

地　　区	在校生数/人	实验室/平方米	生均实验室面积/平方米	实验设备资产值/万元	生均实验设备资产值/元
总计	24004723	28345308	1.18	2258027.42	940.66
北京	177554	521020	2.93	53862.74	3033.60
天津	169606	283572	1.67	20600.90	1214.63
河北	1104076	1552664	1.41	84917.72	769.13
山西	827821	1042254	1.26	87938.18	1062.28
内蒙古	484042	490514	1.01	44761.35	924.74
辽宁	652613	568186	0.87	55943.18	857.22
吉林	415736	260399	0.63	36525.96	878.59
黑龙江	566805	481299	0.85	53366.24	941.53
上海	157416	489735	3.11	59892.75	3804.74
江苏	1034205	2170345	2.10	152089.05	1470.59
浙江	790838	1607897	2.03	91170.52	1152.83
安徽	1201286	1354883	1.13	104607.41	870.80
福建	629074	1660293	2.64	96359.90	1531.77
江西	904696	866672	0.96	62773.55	693.86
山东	1712659	1847363	1.08	109324.68	638.33
河南	1895457	1410673	0.74	87327.85	460.72
湖北	918959	933206	1.02	91021.27	990.48
湖南	1057008	1111124	1.05	103660.11	980.69
广东	2140193	2783152	1.30	268601.00	1255.03
广西	838231	645777	0.77	49800.55	594.11
海南	176524	210970	1.20	24264.67	1374.58
重庆	647915	645064	1.00	46198.81	713.04
四川	1489794	1359501	0.91	140564.30	943.52
贵州	942656	767663	0.81	65642.92	696.36
云南	768469	807842	1.05	48419.31	630.07
西藏	55669	41444	0.74	3490.24	626.96
陕西	851044	898599	1.06	112496.62	1321.87
甘肃	654430	556277	0.85	36960.81	564.78
青海	113471	136815	1.21	10133.78	893.07
宁夏	163513	224164	1.37	14662.94	896.74
新疆	462963	615941	1.33	40648.11	878.00

注：数据来源于《中国教育统计年鉴(2014)》。

附表 3-21 普通高中各省市学校实验室面积和实验设备资产值(2015 年)

地　　区	在校生数 /人	实验室 /平方米	生均实验室面积 /平方米	实验设备资产值 /万元	生均实验设备资产值/元
总计	23743992	29689653.51	1.25	2407798.39	1014.1
北京	169412	559259.87	3.30	85178.75	5027.9
天津	165561	292106.38	1.76	22762.58	1374.9
河北	1157877	1606435.78	1.39	93350.57	806.2
山西	793767	1072049.97	1.35	90546.27	1140.7
内蒙古	463037	533274.10	1.15	53153.62	1147.9
辽宁	634787	547976.85	0.86	66391.86	1045.9
吉林	406263	259394.63	0.64	35960.67	885.2
黑龙江	554173	485458.46	0.88	54168.67	977.5
上海	158201	506402.67	3.20	66555.14	4207.0
江苏	977955	2323052.72	2.38	163984.15	1676.8
浙江	773359	1622010.06	2.10	95190.53	1230.9
安徽	1135543	1428525.63	1.26	102886.29	906.1
福建	626272	1699479.89	2.71	99158.00	1583.3
江西	929129	885726.00	0.95	72058.40	775.5
山东	1691196	1902451.61	1.12	113596.10	671.7
河南	1943101	1456507.13	0.75	90660.28	466.6
湖北	875967	965919.09	1.10	86596.74	988.6
湖南	1074382	1118683.18	1.04	105471.50	981.7
广东	2054033	2937310.18	1.43	276517.37	1346.2
广西	865740	661305.60	0.76	55008.82	635.4
海南	172326	240933.85	1.40	33386.42	1937.4
重庆	623179	654152.27	1.05	40829.49	655.2
四川	1470578	1492899.76	1.02	165726.80	1127.0
贵州	978870	832194.80	0.85	70245.80	717.6
云南	782813	885862.41	1.13	48302.90	617.0
西藏	57961	51339.22	0.89	4051.72	699.0
陕西	804919	993682.77	1.23	113439.73	1409.3
甘肃	629365	592131.11	0.94	38182.81	606.7
青海	116628	155603.61	1.33	12147.27	1041.5
宁夏	159663	245655.92	1.54	17501.74	1096.2
新疆	497935	681867.99	1.37	43787.40	879.4

注：数据来源于《中国教育统计年鉴 2015》。

附表 3-22 不同类型地区学校生均实验设备资产值　　单位/ 元

类别	小　学				初　中				普通高中			
	2010	2013	2014	2015	2010	2013	2014	2015	2010	2013	2014	2015
总计	191.24	201.51	213.04	229.34	346.56	479.11	516.61	558.73	911.88	897.54	940.66	1014.07
城区	347.72	245.72	235.89	245.00	499.79	511.20	541.73	576.25	1292.37	1088.09	1107.98	1213.48
镇区	206.30	181.09	191.18	202.41	308.80	438.88	466.46	510.02	695.19	723.94	778.54	824.03
乡村	130.20	184.78	215.77	246.33	307.08	531.19	612.56	673.14	778.01	932.70	1060.70	1126.72

注：数据来源于《中国教育统计年鉴(2010、2013—2015)》。

附表 3-23　各级学校教学用计算机情况（2013 年）

	小学					初中					高中				
	在校学生数/人	每百名学生计算机台数/台	教学用计算机/台			在校学生数/人	每百名学生计算机台数/台	教学用计算机/台			在校学生数/人	每百名学生计算机台数/台	教学用计算机/台		
			小计	台式计算机	平板计算机			小计	台式计算机	平板计算机			小计	台式计算机	平板计算机
合计	93605487	6	5930713	5703688	227025	44401248	10	4403086	4223491	179595	24358817	13	3146203	2987915	158288
城区	27729719	9	2376205	2283969	92236	14300203	11	1597213	1532329	64884	11144953	16	1802746	1714864	87882
镇区	33705362	6	1926288	1849063	77225	21955710	9	1925934	1846657	79277	12398955	10	1236058	1171150	64908
乡村	32170406	5	1628220	1570656	57564	8145335	11	879939	844505	35434	814909	13	107399	101901	5498

注：每百名学生拥有教学用计算机数可以通过《中国教育统计年鉴》中给出的在校学生数和学校具有的教学用计算机数计算得出，学校具有的教学用计算机数在 2013 年之前没有统计。数据来源于《中国教育统计年鉴(2013)》。

附表 3-24　各级普通学校教学用计算机情况（2014 年）

	小学					初中					高中				
	在校学生数/人	每百名学生计算机台数/台	教学用计算机/台			在校学生数/人	每百名学生计算机台数/台	教学用计算机/台			在校学生数/人	每百名学生计算机台数/台	教学用计算机/台		
			小计	台式计算机	平板计算机			小计	台式计算机	平板计算机			小计	台式计算机	平板计算机
总计	94510651	7	7044388	6803862	240526	43846297	11	4894501	4723857	170644	24004723	14	3456926	3302385	154541
城区	29432481	9	2768175	2669232	98943	14686960	13	1844221	1777350	66871	11139584	18	1997314	1904103	93211
镇区	34579558	7	2299537	2224255	75282	21674750	10	2140241	2071210	69031	12079068	11	1335232	1279614	55618
乡村	30498612	6	1976676	1910375	66301	7484587	12	910039	875297	34742	786071	16	124380	118668	5712

注：每百名学生拥有教学用计算机数可以通过《中国教育统计年鉴》中给出的在校学生数和学校具有的教学用计算机数计算得出，学校具有的教学用计算机数在 2013 年之前没有统计。数据来源于《中国教育统计年鉴(2014)》。

附表 3-25　各级普通学校教学用计算机情况（2015 年）

	小学					初中					高中				
	在校学生数/人	每百名学生计算机台数/台	教学用计算机/台			在校学生数/人	每百名学生计算机台数/台	教学用计算机/台			在校学生数/人	每百名学生计算机台数/台	教学用计算机/台		
			小计	台式计算机	平板计算机			小计	台式计算机	平板计算机			小计	台式计算机	平板计算机
总计	96921831	8	8196205	7940686	255519	43119500	13	5455667	5285932	169735	23743992	16	3768520	3613115	155405
城区	30708802	10	3103403	2973175	130228	14410106	14	2027595	1946890	80705	10987760	20	2155082	2054397	100685
镇区	36554044	8	2755096	2685749	69347	21684430	11	2454906	2391518	63388	11986174	12	1480177	1431645	48532
乡村	29658985	8	2337706	2281762	55944	7024964	14	973166	947524	25642	770058	17	133261	127073	6188

注：每百名学生拥有教学用计算机数可以通过《中国教育统计年鉴》中给出的在校学生数和学校具有的教学用计算机数计算得出，学校具有的教学用计算机数在 2013 年之前没有统计。数据来源于《中国教育统计年鉴(2015)》。

附表 3-26　全国各级科协和学会举办的青少年科技竞赛数据统计

年份	举办青少年科技竞赛/项	增长率/%	年份	举办青少年科技竞赛/项	增长率/%
2006	11145	—	2011	11071	13.11
2007	11736	5.30	2012	11097	0.23
2008	9740	−17.01	2013	11382	2.57
2009	11120	14.17	2014	11415	0.29
2010	9788	−11.98	2015	12577	10.18

注：数据来源于《中国科学技术协会统计年鉴(2007—2016)》。

附表 3-27　我国各级科协举办的青少年科技竞赛项数数据统计

年份	举办青少年科技竞赛/项	增长率/%	年份	举办青少年科技竞赛/项	增长率/%
2005	9421		2011	10163	10.22
2006	10487	11.32	2012	10152	−0.11
2007	10969	4.60	2013	10497	3.40
2008	9740	−11.20	2014	10468	−0.28
2009	10484	7.64	2015	11622	11.02
2010	9221	−12.05			

注：数据来源于《中国科学技术协会统计年鉴(2006—2016)》。

附表 3-28　我国各级学会举办的青少年科技竞赛项数数据统计

年份	举办青少年科技竞赛/项	增长率/%	年份	举办青少年科技竞赛/项	增长率/%
2005	578		2011	908	60.14
2006	658	13.84	2012	945	4.07
2007	767	16.57	2013	885	−6.35
2008	607	−20.86	2014	947	7.01
2009	636	4.78	2015	955	0.84
2010	567	−10.85			

注：数据来源于《中国科学技术协会统计年鉴(2006—2016)》。

附表 3-29　全国各级科协和学会主办的青少年科技竞赛参加人数数据统计

年份	参加人数/万人次	增长率/%	年份	参加人数/万人次	增长率/%
2006	3171.53		2011	4119	10.31
2007	3792.31	19.57	2012	4047	−1.75
2008	3175.00	−16.28	2013	4400	8.72
2009	3129.00	−1.45	2014	4956	12.64
2010	3734.00	19.34	2015	4362	−11.99

注：数据来源于《中国科学技术协会统计年鉴(2007—2016)》。

附表 3-30　各级科协主办的青少年科技竞赛参加人数数据统计

年份	参加人数/万人次	增长率/%	年份	参加人数/万人次	增长率/%
2005	2372		2011	3285	3.40
2006	2414	1.77	2012	3263	−0.67
2007	3104	28.58	2013	3633	11.34
2008	3175	2.29	2014	3786	4.21
2009	2766	−12.88	2015	4087	7.95
2010	3177	14.86			

注：数据来源于《中国科学技术协会统计年鉴(2006—2016)》。

附表 3-31　各级学会主办的青少年科技竞赛参加人数统计数据

年份	参加人数/万人次	增长率/%	年份	参加人数/万人次	增长率/%
2005	719.36		2011	834	49.73
2006	757.63	5.32	2012	576	−30.94
2007	689.26	−9.02	2013	767	33.16
2008	293.00	−57.49	2014	576	−24.90
2009	363.00	23.89	2015	869	50.87
2010	557.00	53.44			

注：数据来源于《中国科学技术协会统计年鉴(2006—2016)》。

附表 3-32　不同年份各省举办青少年科技竞赛总项数

地　　区	2015 年项数	2013 年项数	2011 年项数
北京	17	14	11
天津	17	22	18
河北	5	4	5
山西	2	6	6
内蒙古	8	8	7
辽宁	9	9	9
吉林	5	6	15
黑龙江	56	70	14
上海	5	5	10
江苏	10	8	12
浙江	0	0	72
安徽	10	7	9
福建	11	12	14
江西	17	17	9
山东	39	31	52
河南	14	16	12
湖北	4	4	3
湖南	13	13	8
广东	4	5	3
广西	2	2	3
海南	12	10	12
重庆	12	12	11
四川	8	8	8
贵州	6	5	5
云南	9	9	8
西藏	18	2	3
陕西	9	8	9
甘肃	3	5	5
青海	5	3	2
宁夏	3	9	6
新疆	12	6	8
新疆生产建设兵团	3	2	2
合计	348	338	371

注：数据来源于《中国科学技术协会统计年鉴 2012、2014、2016》。

附表 3-33 不同年份各省举办青少年科技竞赛参赛人数 单位/人次

地 区	2015 年	2013 年	2011 年
北京	657800	650000	402800
天津	715562	294821	189700
河北	2707	1580	3769
山西	800	10100	9550
内蒙古	20000	3800	302000
辽宁	650000	610000	220000
吉林	50000	38000	30000
黑龙江	113200	110000	43000
上海	370100	352250	121000
江苏	1971540	1767702	503000
浙江	0	0	135600
安徽	24980	9000	6800
福建	315600	131108	480335
江西	385954	305000	7700
山东	4128965	2004000	100000
河南	1700000	1703000	1600000
湖北	3563	7326	7700
湖南	1351080	1320526	100000
广东	3550	100000	80000
广西	15000	15000	14000
海南	11400	10000	502100
重庆	3200810	2000700	2600301
四川	2560000	2560000	2550000
贵州	220300	300200	200000
云南	181987	337845	184218
西藏	5232	8424	5270
陕西	432610	439482	1356000
甘肃	10000	260000	26000
青海	60000	45000	30000
宁夏	120000	21000	14400
新疆	250000	114600	80350
新疆生产建设兵团	1860	1600	1500
合计	19534600	15514064	11907093

注：数据来源于《中国科学技术协会统计年鉴(2012、2014、2016)》。

附表 4-1 我国研发投入及增长率(2001—2015 年) 单位/亿元

年 份	PPI	研发投入	调整后的研发投入	调整后的增长率
2001	100.0	1042.5	1042.5	17.9%
2002	97.8	1287.6	1316.6	26.3%
2003	100.0	1539.6	1539.1	16.9%
2004	106.1	1966.3	1852.4	20.4%
2005	111.4	2450.0	2200.0	18.8%

续表

年　份	PPI	研发投入	调整后的研发投入	调整后的增长率
2006	114.7	3003.1	2618.1	19.0%
2007	118.2	3710.2	3137.7	19.8%
2008	126.4	4616.0	3651.8	16.4%
2009	119.6	5802.1	4851.8	32.9%
2010	126.2	7062.6	5597.7	15.4%
2011	133.8	8687.0	6494.6	16.0%
2012	131.5	10298.4	7832.4	20.6%
2013	129.0	11846.6	9185.0	17.3%
2014	126.5	13015.6	10286.0	12.0%
2015	120.0	14169.9	11812.9	14.8%

注：数据来源于国家统计局。

附表 4-2　我国研发投入及研发投入强度(2001—2015 年)　　单位/亿元

年　份	研 发 投 入	研发投入强度
2001	1042.5	0.95%
2002	1287.6	1.06%
2003	1539.6	1.13%
2004	1966.3	1.22%
2005	2450.0	1.32%
2006	3003.1	1.38%
2007	3710.2	1.38%
2008	4616.0	1.46%
2009	5802.1	1.68%
2010	7062.6	1.73%
2011	8687.0	1.79%
2012	10298.4	1.93%
2013	11846.6	2.01%
2014	13015.6	2.05%
2015	14169.9	2.07%

注：数据来源于《中国科技统计年鉴 2016》。

附表 4-3　部分国家研发投入(2001—2015 年)

2010 年美元价格水平,单位/亿美元

年份	中国	美国	日本	俄罗斯	韩国	德国	法国	英国	欧盟 28 国
2001	466.3	3386.9	1235.6	226.2	239.0	712.1	450.8	321.3	2477.2
2002	572.5	3331.5	1255.8	251.0	249.3	721.0	463.7	330.6	2528.2
2003	667.2	3429.3	1288.5	277.5	265.4	728.1	455.7	334.1	2550.2
2004	796.8	3471.4	1314.5	266.3	299.9	725.9	462.9	331.9	2577.1
2005	955.5	3610.7	1406.2	262.8	323.2	731.6	460.9	346.2	2638.8
2006	1126.9	3772.1	1473.4	285.5	366.4	769.1	472.1	359.9	2775.4
2007	1291.5	3954.9	1528.8	322.3	409.5	791.1	477.3	378.0	2881.2
2008	1490.1	4153.4	1515.3	317.5	438.4	848.9	487.1	377.1	3022.0

续表

年份	中国	美国	日本	俄罗斯	韩国	德国	法国	英国	欧盟28国
2009	1875.4	4113.7	1386.3	350.8	465.5	841.1	507.6	374.7	3019.9
2010	2134.6	4100.9	1406.0	330.9	521.7	871.3	509.6	376.1	3082.5
2011	2427.7	4211.0	1455.3	333.0	584.3	930.5	523.9	382.9	3203.4
2012	2810.8	4204.9	1463.3	352.5	642.7	959.3	534.1	372.0	3260.4
2013	3163.0	4332.5	1545.3	360.5	681.5	948.2	539.5	390.3	3280.9
2014	3446.5	4458.5	1592.1	373.9	728.1	986.3	543.0	406.9	3375.0
2015	3768.6	4627.7	1558.1	374.7	737.2	998.6	547.7	421.2	3444.9

注：数据来源于OECD数据库。

附表4-4 部分国家研发投入增长率(2001—2015年) 单位/%

类别	中国	美国	日本	俄罗斯	韩国	德国	法国	英国	欧盟28国
2001	14.1%	1.7%	2.8%	17.8%	12.2%	1.4%	4.2%	2.3%	3.6%
2002	22.8%	−1.6%	1.6%	10.9%	4.3%	1.3%	2.9%	2.9%	2.1%
2003	16.5%	2.9%	2.6%	10.6%	6.5%	1.0%	−1.7%	1.1%	0.9%
2004	19.4%	1.2%	2.0%	−4.1%	13.0%	−0.3%	1.6%	−0.7%	1.1%
2005	19.9%	4.0%	7.0%	−1.3%	7.8%	0.8%	−0.4%	4.3%	2.4%
2006	17.9%	4.5%	4.8%	8.7%	13.4%	5.1%	2.4%	4.0%	5.2%
2007	14.6%	4.8%	3.8%	12.9%	11.8%	2.9%	1.1%	5.1%	3.8%
2008	15.4%	5.0%	−0.9%	−1.5%	7.0%	7.3%	2.1%	−0.2%	4.9%
2009	25.9%	−1.0%	−8.5%	10.5%	6.2%	−0.9%	4.2%	−0.7%	−0.1%
2010	13.8%	−0.3%	1.4%	−5.7%	12.1%	3.6%	0.4%	0.4%	2.1%
2011	13.7%	2.7%	3.5%	0.6%	12.0%	6.8%	2.8%	1.8%	3.9%
2012	15.8%	−0.1%	0.5%	5.9%	10.0%	3.1%	1.9%	−2.9%	1.8%
2013	12.5%	3.0%	5.6%	2.3%	6.0%	−1.2%	1.0%	4.9%	0.6%
2014	9.0%	2.9%	3.0%	3.7%	6.8%	4.0%	0.6%	4.3%	2.9%
2015	9.3%	3.8%	−2.1%	0.2%	1.3%	1.2%	0.9%	3.5%	2.1%
年均增长率	16.0%	2.2%	1.7%	4.6%	8.6%	2.4%	1.6%	2.0%	2.5%
2001—2007年均增长率	17.9%	2.5%	3.5%	7.7%	9.8%	1.7%	1.4%	2.7%	2.7%
2008—2015年均增长率	14.3%	2.0%	0.2%	1.9%	7.6%	3.0%	1.7%	1.4%	2.3%

注：数据来源于OECD数据库。

附表4-5 部分国家研发投入强度(2001—2014年) 单位/%

年份	中国	欧盟28国	法国	德国	日本	韩国	俄罗斯	英国	美国
2001	0.94%	1.69%	2.13%	2.39%	3.07%	2.34%	1.11%	1.63%	2.64%
2002	1.06%	1.70%	2.17%	2.42%	3.12%	2.27%	1.17%	1.64%	2.55%
2003	1.12%	1.69%	2.11%	2.46%	3.14%	2.35%	1.21%	1.60%	2.55%
2004	1.22%	1.66%	2.09%	2.42%	3.13%	2.53%	1.08%	1.55%	2.49%
2005	1.31%	1.66%	2.04%	2.42%	3.31%	2.63%	1.00%	1.57%	2.51%
2006	1.37%	1.69%	2.05%	2.46%	3.41%	2.83%	1.01%	1.59%	2.55%
2007	1.37%	1.69%	2.02%	2.45%	3.46%	3.00%	1.05%	1.63%	2.63%

续表

年份	中国	欧盟 28 国	法国	德国	日本	韩国	俄罗斯	英国	美国
2008	1.45%	1.76%	2.06%	2.60%	3.47%	3.12%	0.98%	1.64%	2.77%
2009	1.66%	1.84%	2.21%	2.73%	3.36%	3.29%	1.17%	1.70%	2.82%
2010	1.71%	1.84%	2.18%	2.71%	3.25%	3.47%	1.06%	1.68%	2.74%
2011	1.78%	1.88%	2.19%	2.80%	3.38%	3.74%	1.02%	1.68%	2.77%
2012	1.91%	1.92%	2.23%	2.87%	3.34%	4.03%	1.05%	1.61%	2.71%
2013	1.99%	1.93%	2.24%	2.82%	3.48%	4.15%	1.06%	1.66%	2.74%
2014	2.02%	1.95%	2.24%	2.89%	3.59%	4.29%	1.09%	1.68%	2.76%
2015	2.07%	1.95%	2.23%	2.88%	3.49%	4.23%	1.13%	1.70%	2.79%

注：数据来源于 OECD 数据库。

附表 4-6　各国研发投入强度(2014 年)

国　家	2014 年研发投入强度	国　家	2014 年研发投入强度
土耳其	1.01%	捷克	2.00%
新西兰	1.16%	荷兰	2.00%
俄罗斯	1.19%	中国	2.05%
西班牙	1.23%	澳大利亚	2.11%
卢森堡	1.26%	新加坡	2.20%
马来西亚	1.26%	法国	2.26%
葡萄牙	1.29%	斯洛文尼亚	2.39%
意大利	1.29%	比利时	2.47%
匈牙利	1.37%	德国	2.90%
爱沙尼亚	1.44%	丹麦	3.05%
埃塞俄比亚	1.44%	奥地利	3.10%
爱尔兰	1.49%	瑞典	3.16%
加拿大	1.61%	芬兰	3.17%
英国	1.70%	日本	3.59%
挪威	1.71%	以色列	4.11%
冰岛	1.89%	韩国	4.29%

注：数据来源于联合国教科文组织。

附表 4-7　中国三类研发投入(2001—2015 年)　　当年价，单位/亿元

年份	基础研究	应用研究	试验发展	基础研究占比	应用研究占比	试验发展占比
2001	55.6	184.9	802.0	5.3%	17.7%	76.9%
2002	73.8	246.7	967.1	5.7%	19.2%	75.1%
2003	87.7	311.5	1140.5	5.7%	20.2%	74.1%
2004	117.2	400.5	1448.7	6.0%	20.4%	73.7%
2005	131.2	433.5	1885.2	5.4%	17.7%	76.9%
2006	155.8	504.5	2342.8	5.2%	16.8%	78.0%
2007	174.5	492.9	3042.8	4.7%	13.3%	82.0%
2008	220.8	575.2	3820.0	4.8%	12.5%	82.8%
2009	270.3	730.8	4801.0	4.7%	12.6%	82.7%
2010	324.5	893.8	5844.3	4.6%	12.7%	82.8%

续表

年份	基础研究	应用研究	试验发展	基础研究占比	应用研究占比	试验发展占比
2011	411.8	1028.4	7246.8	4.7%	11.8%	83.4%
2012	498.8	1162.0	8637.6	4.8%	11.3%	83.9%
2013	555.0	1269.1	10022.5	4.7%	10.7%	84.6%
2014	613.5	1398.5	11003.6	4.7%	10.7%	84.5%
2015	716.1	1528.7	11925.1	5.1%	10.8%	84.2%

注：数据来源于《中国科技统计年鉴(2016)》。

附表 4-8 部分国家基础研究经费(2001—2014 年)

2010 年美元价，单位/亿美元

年份	中国	美国	日本	俄罗斯	韩国	法国
2001	24.9	576.8	150.4	30.0	30.0	104.7
2002	32.8	617.8	158.8	34.9	34.2	108.2
2003	38.0	654.6	162.5	39.7	38.4	109.3
2004	47.5	655.7	157.4	36.0	45.9	109.6
2005	51.2	674.8	168.7	35.3	49.6	110.0
2006	58.5	672.5	171.5	42.2	55.5	112.4
2007	60.7	707.6	176.6	55.2	64.4	118.4
2008	71.3	735.4	172.5	56.8	70.4	123.0
2009	87.4	746.7	172.7	69.9	84.1	131.9
2010	98.1	750.7	170.6	60.6	95.1	127.5
2011	115.1	707.4	178.4	58.3	105.6	127.0
2012	136.2	703.1	182.3	54.9	117.7	128.3
2013	148.2	761.6	195.1	55.5	122.6	130.7
2014	162.5		195.2	58.9	128.5	

注：数据来源于 OECD 数据库。

附表 4-9 部分国家历年应用研究经费(2001—2014 年)

2010 年美元价格，单位/亿美元

年份	中国	美国	日本	俄罗斯	韩国	法国
2001	82.6	775.6	262.4	35.5	60.5	150.4
2002	109.6	604.6	263.7	38.0	54.2	164.9
2003	134.9	716.3	273.4	41.0	55.3	164.4
2004	162.3	789.0	278.2	41.9	63.7	171.3
2005	169.1	770.3	295.7	41.4	67.3	177.2
2006	189.4	819.2	301.4	42.0	72.7	183.6
2007	171.6	868.9	329.0	47.3	81.3	183.2
2008	185.7	762.8	328.5	58.8	86.1	190.9
2009	236.2	766.8	309.7	66.8	93.0	200.4
2010	270.1	832.3	298.8	58.2	104.0	193.9
2011	287.4	844.0	306.1	61.7	118.5	193.4
2012	317.2	871.3	303.7	65.7	122.5	198.4
2013	338.9	857.9	322.5	64.7	130.0	204.0
2014	370.4		317.4	70.0	137.8	

注：数据来源于 OECD 数据库。

附表 4-10　部分国家历年试验发展经费(2001—2014 年)

2010 年美元价格,单位/亿美元

年份	中国	美国	日本	俄罗斯	韩国	法国
2001	358.5	2028.1	740.2	150.6	148.5	194.1
2002	429.8	2103.1	765.7	165.5	161.0	189.0
2003	494.1	2049.2	785.0	182.7	171.7	180.3
2004	587.1	2014.3	809.1	176.5	190.2	180.4
2005	735.2	2155.3	869.0	175.0	206.2	172.0
2006	879.3	2272.2	927.2	190.4	238.1	174.3
2007	1059.1	2371.9	947.5	204.0	263.9	173.9
2008	1233.4	2648.8	948.6	186.9	281.9	171.4
2009	1551.8	2587.3	838.5	196.1	288.5	173.4
2010	1766.4	2499.0	870.9	190.7	322.7	166.4
2011	2025.5	2640.4	904.0	190.0	360.2	181.5
2012	2357.8	2613.8	908.4	212.0	402.5	187.4
2013	2676.0	2697.9	955.4	218.1	428.9	185.9
2014	2914.0		1009.9	229.8	462.1	

注:数据来源于 OECD 数据库。

附表 4-11　各国历年三类研发投入占比

国　　家	年　　份	基础研究占比	应用研究占比	试验发展占比
法国	1999	24.4%	27.5%	48.1%
	2000	23.6%	32.6%	43.8%
	2001	23.3%	33.5%	43.2%
	2002	23.4%	35.7%	40.9%
	2003	24.1%	36.2%	39.7%
	2004	23.8%	37.1%	39.1%
	2005	23.9%	38.6%	37.5%
	2006	23.9%	39.0%	37.1%
	2007	24.9%	38.5%	36.6%
	2008	25.3%	39.3%	35.3%
	2009	26.1%	39.6%	34.3%
	2010	25.1%	38.2%	32.8%
	2011	24.3%	37.0%	34.8%
	2012	24.1%	37.3%	35.2%
	2013	24.2%	37.9%	34.5%
韩国	2000	12.6%	24.3%	63.1%
	2001	12.6%	25.3%	62.1%
	2002	13.7%	21.7%	64.6%
	2003	14.5%	20.8%	64.7%
	2004	15.3%	21.2%	63.4%
	2005	15.3%	20.8%	63.8%
	2006	15.2%	19.9%	65.0%
	2007	15.7%	19.8%	64.4%
	2008	16.1%	19.6%	64.3%
	2009	18.1%	20.0%	62.0%
	2010	18.2%	19.9%	61.8%
	2011	18.1%	20.3%	61.7%
	2012	18.3%	19.1%	62.6%
	2013	18.0%	19.1%	62.9%
	2014	17.6%	18.9%	63.4%

续表

国　　家	年　　份	基础研究占比	应用研究占比	试验发展占比
俄罗斯	2000	13.4%	16.4%	70.2%
	2001	13.9%	16.4%	69.7%
	2002	14.6%	15.9%	69.4%
	2003	15.1%	15.6%	69.4%
	2004	14.2%	16.5%	69.4%
	2005	14.0%	16.4%	69.5%
	2006	15.4%	15.3%	69.3%
	2007	18.0%	15.4%	66.5%
	2008	18.8%	19.4%	61.8%
	2009	21.0%	20.1%	58.9%
	2010	19.6%	18.8%	61.6%
	2011	18.8%	19.9%	61.3%
	2012	16.5%	19.7%	63.7%
	2013	16.4%	19.1%	64.5%
	2014	16.4%	19.5%	64.1%
日本	2000	12.4%	22.0%	59.8%
	2001	12.2%	21.2%	59.9%
	2002	12.6%	21.0%	61.0%
	2003	12.6%	21.2%	60.9%
	2004	12.0%	21.2%	61.6%
	2005	12.0%	21.0%	61.8%
	2006	11.6%	20.5%	62.9%
	2007	11.6%	21.5%	62.0%
	2008	11.4%	21.7%	62.6%
	2009	12.5%	22.3%	60.5%
	2010	12.1%	21.2%	61.9%
	2011	12.3%	21.0%	62.1%
	2012	12.5%	20.8%	62.1%
	2013	12.6%	20.9%	61.8%
	2014	12.3%	19.9%	63.4%
美国	1999	15.9%	21.3%	62.9%
	2000	15.9%	21.1%	63.0%
	2001	17.1%	22.9%	60.0%
	2002	18.6%	18.2%	63.2%
	2003	19.1%	20.9%	59.9%
	2004	19.0%	22.8%	58.2%
	2005	18.7%	21.4%	59.9%
	2006	17.9%	21.8%	60.4%
	2007	17.9%	22.0%	60.1%
	2008	17.7%	18.4%	63.9%
	2009	18.2%	18.7%	63.1%
	2010	18.4%	20.4%	61.2%
	2011	16.9%	20.1%	63.0%
	2012	16.8%	20.8%	62.4%
	2013	17.6%	19.9%	62.5%

续表

国　　家	年　　份	基础研究占比	应用研究占比	试验发展占比
中国	2000	5.2%	17.0%	77.8%
	2001	5.3%	17.7%	76.9%
	2002	5.7%	19.2%	75.1%
	2003	5.7%	20.2%	74.1%
	2004	6.0%	20.4%	73.7%
	2005	5.4%	17.7%	76.9%
	2006	5.2%	16.8%	78.0%
	2007	4.7%	13.3%	82.0%
	2008	4.8%	12.5%	82.8%
	2009	4.7%	12.6%	82.7%
	2010	4.6%	12.7%	82.8%
	2011	4.7%	11.8%	83.4%
	2012	4.8%	11.3%	83.9%
	2013	4.7%	10.7%	84.6%
	2014	4.7%	10.7%	84.5%

注：数据来源于 OECD 数据库。

附表 4-12　中国研发投入来源（2004—2015 年）　　单位/亿元

年　　份	政府资金	企业资金	国外资金	其他资金
2004	523.60	1291.30	25.20	126.20
2005	645.40	1642.50	22.70	139.40
2006	742.10	2073.70	48.40	138.90
2007	913.50	2611.00	50.00	135.80
2008	1088.90	3311.50	57.20	158.40
2009	1358.27	4162.72	78.10	203.02
2010	1696.30	5063.14	92.14	210.99
2011	1882.97	6420.64	116.20	267.20
2012	2221.39	7625.02	100.40	351.59
2013	2500.57	8837.72	105.86	402.45
2014	2636.08	9816.51	107.55	455.49
2015	3013.20	10588.58	105.17	462.95

注：数据来源于《中国科技统计年鉴 2016》。

附表 4-13　中国各类来源的研发经费占比（2004—2015 年）

年　　份	政府资金占比	企业资金占比	国外资金占比	其他资金占比
2004	26.6%	65.7%	1.3%	6.4%
2005	26.3%	67.0%	0.9%	5.7%
2006	24.7%	69.1%	1.6%	4.6%
2007	24.6%	70.4%	1.3%	3.7%
2008	23.6%	71.7%	1.2%	3.4%
2009	23.4%	71.7%	1.3%	3.5%
2010	24.0%	71.7%	1.3%	3.0%

续表

年　份	政府资金占比	企业资金占比	国外资金占比	其他资金占比
2011	21.7%	73.9%	1.3%	3.1%
2012	21.6%	74.0%	1.0%	3.4%
2013	21.1%	74.6%	0.9%	3.4%
2014	20.3%	75.4%	0.8%	3.5%
2015	21.3%	74.7%	0.7%	3.3%

注：数据来源于《中国科技统计年鉴 2016》。

附表 4-14　各国研发投入来源比较(2013 年)

2010 年美元价格，单位/亿美元

国　家	企　业	政　府	国　外	其　他	
				高等教育	私人非盈利机构
中国	2359.70	667.60	28.30	107.50	0
美国	2632.46	1200.34	192.56	144.26	156.20
日本	1166.27	267.29	8.09	90.61	12.89
英国	182.55	115.06	73.78	5.03	18.64
法国	296.55	189.79	43.23	5.19	4.18
德国	625.91	278.29	49.30	0.00	2.95
俄罗斯	102.05	245.15	10.99	3.78	0.43
韩国	515.76	155.60	2.07	4.94	3.12

注：数据来源于 OECD 数据库。

附表 4-15　部分国研发投入来源占比(2013 年)

国　家	企业资金	政府资金	海外资金	其他资金
中国	74.6%	21.1%	0.9%	3.4%
美国	60.9%	27.7%	4.5%	6.9%
日本	75.5%	17.3%	0.5%	6.7%
英国	46.2%	29.1%	18.7%	6.0%
法国	55.0%	35.2%	8.0%	1.7%
德国	65.4%	29.1%	5.2%	0.3%
俄罗斯	28.2%	67.6%	3.0%	1.2%
韩国	75.7%	22.8%	0.3%	1.2%

注：数据来源于 OECD R&D Statistics。

附表 4-16　中国各部门研发投入执行(2001—2015 年)　当年价，单位/亿元

年份	企业	研究与开发机构	高等学校	其他	企业占比	研究与开发机构占比	高等学校占比	其他占比
2001	630.00	288.47	102.40	21.63	60.4%	27.7%	9.8%	2.1%
2002	787.80	351.33	130.50	17.97	61.2%	27.3%	10.1%	1.4%
2003	960.24	398.99	162.31	18.09	62.4%	25.9%	10.5%	1.2%
2004	1314.00	431.73	200.94	19.69	66.8%	22.0%	10.2%	1.0%
2005	1673.81	513.10	242.30	20.76	68.3%	20.9%	9.9%	0.8%
2006	2134.54	567.26	276.81	24.48	71.1%	18.9%	9.2%	0.8%

续表

年份	企业	研究与开发机构	高等学校	其他	企业占比	研究与开发机构占比	高等学校占比	其他占比
2007	2681.90	687.90	314.70	25.70	72.3%	18.5%	8.5%	0.7%
2008	3381.73	811.30	390.20	32.91	73.3%	17.6%	8.5%	0.7%
2009	4248.60	995.95	468.17	89.38	73.2%	17.2%	8.1%	1.5%
2010	5185.47	1186.40	597.30	93.41	73.4%	16.8%	8.5%	1.3%
2011	6579.33	1306.71	688.85	112.12	75.7%	15.0%	7.9%	1.3%
2012	7842.24	1548.93	780.56	126.68	76.2%	15.0%	7.6%	1.2%
2013	9075.85	1781.40	856.71	132.64	76.6%	15.0%	7.2%	1.1%
2014	10060.64	1926.18	898.15	130.67	77.3%	14.8%	6.9%	1.0%
2015	10881.35	2136.49	998.59	153.46	76.8%	15.1%	7.0%	1.1%

注：数据来源于《中国科技统计年鉴 2002—2016》。

附表 4-17 各国各部门研发投入执行(2013 年)

单位/亿美元

国家	企业	政府	高等教育	私人非营利机构
中国	2423.24	511.05	228.74	0
美国	3053.11	482.98	612.27	177.46
日本	1175.71	141.67	208.07	19.70
俄罗斯	219.64	109.68	32.64	0.45
德国	642.59	142.29	171.57	0
英国	252.40	31.21	104.37	7.09
法国	348.56	70.21	112.25	7.92
韩国	535.07	74.38	62.98	9.07

注：数据来源于 OECD 数据库。

附表 4-18 各国研发投入流向占比(2014 年)

类别	中国	美国	日本	俄罗斯	德国	英国	法国	韩国
企业流向政府占比	0.9%	0.1%	0.2%	12.9%	2.3%	1.8%	1.9%	0.4%
企业流向高等教育占比	3.0%	1.0%	0.4%	9.8%	3.8%	2.3%	1.1%	1.3%
政府流向企业占比	16.0%	23.0%	5.0%	54.0%	7.8%	20.0%	14.9%	17.5%
政府流向高等教育占比	20.4%	32.0%	42.0%	8.6%	49.7%	56.9%	52.2%	31.6%
企业执行中政府来源占比	4.2%	9.1%	1.0%	62.7%	3.4%	8.9%	8.1%	5.1%
高等教育执行中政府来源占比	59.7%	62.6%	52.9%	60.5%	80.6%	62.7%	88.3%	80.2%

注：数据来源于 OECD 数据库。

附表 4-19 研发投入来源说明

国家	企业机构	高校 & 学院	政府	非营利研究院	国外
中国	企业	不考虑其资金来源	(1) 政府研究院 (2) 不包括地方政府	其他非营利研究院	外国
美国	公司	大学 & 学院(管理 15 万美金及以上的组织)	联邦政府(一部分大学和学院使用的 R&D 资金被州立政府划分)	其他非营利研究院	

续表

国家	企业机构	高校&学院	政　府	非营利研究院	国　外
日本	(1) 公司 (2) 特殊公司或独立行政电子化公司	私立大学(包括大专、大学附属研究院等)	(1) 国家和地方政府 (2) 在国家、公共及半官方公司和独立行政机关的研究院(包括ISPS、NEDO、JST等) (3) 国家及公立大学(包括大专及大学附属研究院等)	除其他分类中的公司、组织和个人	国外组织
英国	企业	大学	(1) 中央政府 (2) 其他分散国政府(苏格兰等) (3) 研究委员会 (4) 高等教育基金委员会 (5) 不包括地方政府	非营利研究院	外国
法国	企业	(1) 国家科学研究中心(CNRS) (2) 大学 (3) 高等教育研究院	(1) 公共研究院 (2) 地区政府	非营利研究院	(1) 商业企业(属于同一企业集团但非外国公司的外商企业) (2) 国外政府 (3) 国外非营利组织 (4) 国外大学 (5) 欧盟 (6) 国际组织
德国	(1) 企业 (2) 公共研究院	不考虑其资金来源	政府(联邦、州和地方政府)(包括联邦政府佣金和补偿金,以及来自于公共组织的可偿还的补助,不包括用于经济部门的研发人力资源开发程序或工业和经济部门促进合作研究措施的联邦政府资金)	非经济部分国内组织,像大学和私人非营利机构	(1) 企业集团 (2) 欧盟项目推广基金 (3) 其他外国基金

附表 5-1　国内科技论文按学科类型的分布(2006—2015 年)

类别	2006	2007	2008	2009	2010	2011	2012	2013	2014	2015
总计	460908	518248	548044	590963	591442	579722	595897	579786	656670	593962
基础学科	64915	61689	64056	70263	62051	63034	55345	60955	56147	68655
医药卫生	194646	212568	228837	258222	257815	265136	265419	253315	238623	243378
农林牧渔	31413	31401	52720	48680	44504	36381	36361	33518	33571	38389
工业技术	157619	169277	174140	175976	183047	192465	212077	193152	193251	133072
其他	12315	43313	28291	37822	44025	22706	26695	38846	135078	110468

附表 5-2　国内科技论文按学科分布（2006—2015 年）

学　科	2006	2007	2008	2009	2010	2011	2012	2013	2014	2015
安全科学技术	724	816	430	137	38	109	1245	105	192	216
材料科学	2546	8239	3405	9927	7086	8027	17083	6781	6621	6304
测绘科学技术	1845	1731	1884	2265	1817	3134	4319	3652	3076	3000
畜牧、兽医	4858	5439	6316	5373	6318	7041	7251	6170	6509	6639
地学	12153	12474	12074	14739	13375	13777	13708	16519	14217	14086
电子、通信与自动控制	25408	32101	34324	23922	21143	19375	41059	29505	27471	26477
动力与电气	10177	3512	3464	9619	12320	11070	4104	4160	4098	3928
工程与技术基础学科	2481	1394	3049	1271	2672	4510	482	3693	4266	3709
管理	3104	3508	199	1149	4068	1846	1051	1167	1394	1671
航空航天	2905	3887	4214	4764	4377	4960	4759	5617	5329	5473
核科学技术	817	926	959	621	1708	1058	1147	1215	1327	1242
化工	13203	13424	14024	14813	16400	14849	14747	13390	14063	13808
化学	14712	14176	14493	12498	11357	12915	11182	11920	11383	10729
环境	9810	11040	12007	9580	10382	13848	11896	14088	14227	14878
机械、仪表	8347	10499	7793	12482	9878	12326	12658	12210	12426	12213
基础医学	16766	23472	18335	21525	23295	21202	18566	20952	20521	18903
计算技术	24358	29134	29914	30868	33270	36624	27553	34915	33024	32410
交通运输	7964	8789	9638	10767	9715	10590	17101	12032	11944	11212
军事医学与特种医学	1992	1904	2567	3403	2478	4245	6050	3524	3616	2907
矿山工程技术	2920	2945	2974	5573	5504	5083	5095	5488	6666	6753
力学	2374	1570	1436	3805	4237	2555	2151	2089	2093	1993
林学	2683	3009	3403	3682	3983	4007	4325	4087	4159	4301
临床医学	133381	137717	151102	169675	156529	171929	174345	166021	155219	153068
能源科学技术	7214	6215	5747	8114	6014	5985	6063	6147	6549	6186
农学	22651	21681	41506	38319	32302	23454	22800	21362	20980	22310
轻工、纺织	2847	6079	2844	4531	3857	2822	2570	8870	2375	2184
生物学	15426	16561	16489	15036	14248	15848	13573	15181	15223	13999
食品	4658	1788	5971	3764	6401	7799	9528	370	9050	9312
数学	7815	7793	10210	7899	7052	7708	5457	6553	6201	5722
水产学	1221	1272	1495	1306	1901	1879	1985	1899	1923	2052
水利	2785	3299	3177	3300	2806	3308	3591	3252	3083	3087
天文学	348	444	481	495	1131	429	414	400	386	428
土木建筑	12909	13711	14117	12078	14659	14543	15082	14301	13248	12946
物理学	7348	7760	8522	11984	8181	7267	6543	7791	6197	6223
信息、系统科学	4739	911	351	3807	2470	2535	2317	502	447	408
药学	15276	17201	19507	20713	22771	17293	15288	16619	14764	14120
冶金、金属学	13701	9748	14205	7580	13000	12445	11995	13361	14216	14120
预防医学与卫生学	13566	16396	18131	19983	19101	23002	20391	21517	19862	19166
中医学	13665	15878	19195	22923	33641	27465	30779	24682	24641	21215

附表 5-3 六大自然学科领域共 31 个著名的国际科技奖项

学科领域	奖项名称	年份
数学	菲尔兹奖(The International Medals for Outstanding Discoveries in Mathematics, Fields Medal)	2006—2015
	沃尔夫数学奖(Wolf Prize in Mathematics)	2006—2015
	阿贝尔奖(Abel Prize)	2006—2015
	奈望林纳奖(Nevanlinna Prize)	2006—2015
	海涅曼数学物理奖(Dannie Heineman Prize for mathematical Physics)	2006—2015
物理学	诺贝尔物理奖(Nobel prize in Physics)	2006—2015
	费米奖(Enrico Fermi Award)	2006—2015
	普朗克奖(Max Plank Medal)	2006—2015
	阿普顿奖(Appleton Medal and Prize)	2006—2015
	国际理论物理中心奖(ICTP Prize)	2006—2015
	巴登奖(K. J. Button Medal and Prize)	2006—2015
	麦克格雷迪新材料奖(James C. McGroddy Prize for New Materials)	2006—2015
化学	诺贝尔化学奖(Nobel prize in chemistry)	2006—2015
	威尔齐化学奖(Welch Award in Chemistry)	2006—2015
	亚当斯化学奖(Roger Adams Award in Organic chemistry)	2006—2015
生物学	国际生物学奖(The International Prize for Biology)	2006—2015
	达尔文奖(Darwin Medal)	2006—2015
	霍普金斯奖(Sir Frederick Gowland Hopkins Medal)	2006—2015
	世界生物多样性领导奖(Biodiversity Leadership Awards)	2006—2015
	世界杰出女生物学家奖(L'Oréal-UNESCO for Women in science Awards)	2006—2015
医学	诺贝尔生理学/医学奖(Nobel Prize in Physiology or Medicine)	2006—2015
	盖尔德纳基金会国际奖(Gairdner Fundation International Awards)	2006—2015
	拉斯克医学奖(Lasker Medical Research Awards)	2006—2015
	利昂·伯纳德基金奖(World Health Organization-Leon Bernard Foundation Prize)	2006—2015
	肖沙基金奖(World Health Organization-Dr. A. T. Shousha Foundation Prize)	2006—2015
	卡普兰国际奖(Lillian Jean Kaplan International Prize)	2006—2015
	安进国际奖(The Amgen Inc. International Prize)	2006—2015
	达能国际营养奖(The Danone International Prize for Nutrition)	2006—2015
地球科学	维特勒森奖(Vetlesen Prize)	2006—2015
	国际气象组织奖(International Meteorological Organization Prize, IMO Prize)	2006—2015
	国际大地测量协会盖伊·邦福德奖(Guy Bomford Prize of International Association of Geodesy)	2006—2015
	巴克奖(Back Award)	2006—2015

注：资料来源于根据上述各奖项网站信息整理。

附表 5-4 世界各国在各科学领域的获奖情况 单位/人次

国家或地区	数学	化学	生物学	医学	地球科学	物理学	合计	排名
美国	31	31	15	84	5	36	202	1
欧盟	18	5	22	45	17	32	139	2
英国	0	2	17	18	12	12	61	3

续表

国家或地区	数学	化学	生物学	医学	地球科学	物理学	合计	排名
日本	2	2	4	10	2	9	29	4
德国	2	2	0	8	1	10	23	5
法国	7	1	2	8	0	4	22	6
加拿大	3	0	2	5	0	1	11	7
中国	1	0	1	2	1	5	10	8
澳大利亚	1	1	2	4	0	1	9	9
意大利	3	0	0	3	0	2	8	10
以色列	2	2	1	3	0	0	8	10
印度	2	0	0	0	1	4	7	12
俄罗斯	6	0	1	0	0	0	7	12
阿根廷	2	0	2	0	1	2	7	12
巴西	1	0	3	0	0	1	5	15
瑞士	0	0	0	3	1	1	5	15
荷兰	1	0	1	2	1	0	5	15
比利时	2	0	1	0	0	2	5	15
伊朗	1	0	0	1	0	2	4	19
墨西哥	0	0	4	0	0	0	4	19
瑞典	1	0	1	0	1	0	3	21
南非	1	0	2	0	0	0	3	21
奥地利	1	0	0	1	0	0	2	23
挪威	0	0	0	2	0	0	2	23
黎巴嫩	0	0	0	2	0	0	2	23
韩国	0	0	1	0	0	1	2	23
丹麦	0	0	0	1	1	0	2	23
匈牙利	1	0	0	0	0	0	1	28
突尼斯	0	0	1	0	0	0	1	28
中国香港	0	0	1	0	0	0	1	28
智利	0	0	1	0	0	0	1	28
约旦	0	0	0	1	0	0	1	28
伊拉克	0	0	0	1	0	0	1	28
新西兰	0	0	1	0	0	0	1	28
希腊	0	0	0	0	0	1	1	28
乌拉圭	0	0	0	0	0	1	1	28
土耳其	0	1	0	0	0	0	1	28
泰国	0	0	0	0	0	1	1	28
沙特阿拉伯	0	0	0	1	0	0	1	28
塞尔维亚	0	0	0	0	1	0	1	28
尼日利亚	0	0	1	0	0	0	1	28
摩洛哥	0	0	1	0	0	0	1	28
缅甸	0	0	0	1	0	0	1	28
毛里求斯	0	0	1	0	0	0	1	28
肯尼亚	0	0	1	0	0	0	1	28

续表

国家或地区	数学	化学	生物学	医学	地球科学	物理学	合计	排名
科威特	0	0	1	0	0	0	1	28
菲律宾	0	0	1	0	0	0	1	28
巴林王国	0	0	0	1	0	0	1	28
巴基斯坦	0	0	0	1	0	0	1	28
爱尔兰	0	0	0	1	0	0	1	28
埃及	0	0	1	0	0	0	1	28
阿联酋	0	0	1	0	0	0	1	28
合计	71	42	72	164	28	96	473	—

注：(1)个别获奖者具有双重国籍，统计时分别在两个国家中各统计一次；(2)欧盟的获奖数据由英国、法国、德国、意大利、瑞士、荷兰、比利时、瑞典、奥地利、匈牙利、丹麦、希腊、爱尔兰13个国家的获奖数据构成，在计算世界获奖总数时不再单独计算。资料来源于本研究组根据上述各个奖项网站信息统计。

附表5-5 各国在ISO技术委员会秘书处机构的任职数量

序号	国家	任职数量
1	德国 Germany (DIN)	42
2	中国 China (SAC)	35
3	美国 United States (ANSI)	32
4	法国 France (AFNOR)	23
5	英国 United Kingdom (BSI)	22
6	日本 Japan (JISC)	17
7	瑞典 Sweden (SIS)	12
8	加拿大 Canada (SCC)	8
9	荷兰 Netherlands (NEN)	8
10	巴西 Brazil (ABNT)	6
11	澳大利亚 Australia (SA)	5
12	挪威 Norway (SN)	5
13	比利时 Belgium (NBN)	4
14	伊朗 Iran, Islamic Republic of (ISIRI)	4
15	意大利 Italy (UNI)	4
16	南非 South Africa (SABS)	4
17	西班牙 Spain (AENOR)	4
18	丹麦 Denmark (DS)	3
19	韩国 Korea, Republic of (KATS)	3
20	瑞士 Switzerland (SNV)	3
21	印度 India (BIS)	2
22	马来西亚 Malaysia (DSM)	2
23	奥地利 Austria (ASI)	1
24	芬兰 Finland (SFS)	1
25	牙买加 Jamaica (BSJ)	1
26	肯尼亚 Kenya (KEBS)	1
27	波兰 Poland (PKN)	1
28	葡萄牙 Portugal (IPQ)	1

续表

序　　号	国　　家	任职数量
29	俄罗斯 Russian Federation (GOST R)	1
30	突尼斯 Tunisia (INNORPI)	1
31	乌克兰 Ukraine (DSTU)	1

附表 5-6　ISO 技术委员会成员国任职数量最多的前 20 个国家

序　　号	国　　家	任职数量
1	中国 China (SAC)	212
2	德国 Germany (DIN)	209
3	英国 United Kingdom (BSI)	208
4	法国 France (AFNOR)	194
5	日本 Japan (JISC)	180
6	意大利 Italy (UNI)	175
7	美国 United States (ANSI)	169
8	俄罗斯 Russian Federation (GOST R)	165
9	韩国 Korea, Republic of (KATS)	160
10	荷兰 Netherlands (NEN)	142
11	西班牙 Spain (AENOR)	138
12	瑞典 Sweden (SIS)	136
13	印度 India (BIS)	124
14	奥地利 Austria (ASI)	123
15	瑞士 Switzerland (SNV)	120
16	比利时 Belgium (NBN)	119
17	芬兰 Finland (SFS)	107
18	加拿大 Canada (SCC)	104
19	澳大利亚 Australia (SA)	98
20	伊朗 Iran, Islamic Republic of (ISIRI)	98

附表 5-7　各国在 ISO 分技术委员会秘书处机构的任职数量

序　　号	国　　家	任职数量
1	德国 Germany (DIN)	103
2	美国 United States (ANSI)	84
3	日本 Japan (JISC)	58
4	法国 France (AFNOR)	51
5	英国 United Kingdom (BSI)	48
6	中国 China (SAC)	34
7	意大利 Italy (UNI)	20
8	澳大利亚 Australia (SA)	18
9	韩国 Korea, Republic of (KATS)	15
10	瑞士 Switzerland (SNV)	15
11	瑞典 Sweden (SIS)	14
12	荷兰 Netherlands (NEN)	12

续表

序　号	国　家	任职数量
13	加拿大 Canada (SCC)	10
14	挪威 Norway (SN)	7
15	俄罗斯 Russian Federation (GOST R)	7
16	南非 South Africa (SABS)	7
17	印度 India (BIS)	6
18	巴西 Brazil (ABNT)	5
19	奥地利 Austria (ASI)	3
20	丹麦 Denmark (DS)	2
21	芬兰 Finland (SFS)	2
22	以色列 Israel (SII)	2
23	马来西亚 Malaysia (DSM)	2
24	土耳其 Turkey (TSE)	2
25	阿根廷 Argentina (IRAM)	1
26	哥伦比亚 Colombia (ICONTEC)	1
27	加纳 Ghana (GSA)	1
28	伊朗 Iran, Islamic Republic of (ISIRI)	1
29	墨西哥 Mexico (DGN)	1
30	波兰 Poland (PKN)	1
31	西班牙 Spain (AENOR)	1

附表 5-8　ISO 分技术委员会成员国任职数量最多的前 20 个国家

序　号	国　家	任职数量
1	英国 United Kingdom (BSI)	492
2	德国 Germany (DIN)	489
3	中国 China (SAC)	470
4	日本 Japan (JISC)	449
5	法国 France (AFNOR)	425
6	美国 United States (ANSI)	423
7	俄罗斯 Russian Federation (GOST R)	397
8	意大利 Italy (UNI)	382
9	韩国 Korea, Republic of (KATS)	382
10	荷兰 Netherlands (NEN)	311
11	瑞典 Sweden (SIS)	310
12	印度 India (BIS)	287
13	比利时 Belgium (NBN)	268
14	西班牙 Spain (AENOR)	258
15	瑞士 Switzerland (SNV)	256
16	奥地利 Austria (ASI)	207
17	加拿大 Canada (SCC)	205
18	芬兰 Finland (SFS)	200
19	澳大利亚 Australia (SA)	181
20	捷克 Czech Republic (UNMZ)	174

附表 5-9　农业领域技术委员会成员国任职数量最多的前 20 个国家

序　　号	国　　家	任职数量
1	法国 France (AFNOR)	6
2	德国 Germany (DIN)	6
3	加拿大 Canada (SCC)	5
4	中国 China (SAC)	5
5	埃及 Egypt (EOS)	5
6	意大利 Italy (UNI)	5
7	葡萄牙 Portugal (IPQ)	5
8	俄罗斯 Russian Federation (GOST R)	5
9	西班牙 Spain (AENOR)	5
10	瑞士 Switzerland (SNV)	5
11	英国 United Kingdom (BSI)	5
12	阿根廷 Argentina (IRAM)	4
13	匈牙利 Hungary (MSZT)	4
14	印度 India (BIS)	4
15	伊朗 Iran, Islamic Republic of (ISIRI)	4
16	韩国 Korea, Republic of (KATS)	4
17	荷兰 Netherlands (NEN)	4
18	尼日利亚 Nigeria (SON)	4
19	美国 United States (ANSI)	4
20	亚美尼亚 Armenia (SARM)	3

附表 5-10　基础化学领域技术委员会成员国任职数量最多的前 20 个国家

序　　号	国　　家	任职数量
1	中国 China (SAC)	12
2	德国 Germany (DIN)	11
3	韩国 Korea, Republic of (KATS)	11
4	英国 United Kingdom (BSI)	11
5	荷兰 Netherlands (NEN)	10
6	法国 France (AFNOR)	8
7	印度 India (BIS)	8
8	意大利 Italy (UNI)	8
9	日本 Japan (JISC)	8
10	俄罗斯 Russian Federation (GOST R)	8
11	西班牙 Spain (AENOR)	8
12	瑞士 Switzerland (SNV)	7
13	比利时 Belgium (NBN)	6
14	美国 United States (ANSI)	6

续表

序号	国家	任职数量
15	奥地利 Austria (ASI)	5
16	伊朗 Iran, Islamic Republic of (ISIRI)	5
17	波兰 Poland (PKN)	5
18	澳大利亚 Australia (SA)	4
19	捷克 Czech Republic (UNMZ)	4
20	埃及 Egypt (EOS)	4

附表 5-11 基础学科领域技术委员会成员国任职数量最多的前 20 个国家

序号	国家	任职数量
1	中国 China (SAC)	22
2	法国 France (AFNOR)	22
3	德国 Germany (DIN)	22
4	英国 United Kingdom (BSI)	22
5	芬兰 Finland (SFS)	19
6	奥地利 Austria (ASI)	18
7	意大利 Italy (UNI)	18
8	瑞典 Sweden (SIS)	17
9	美国 United States (ANSI)	17
10	荷兰 Netherlands (NEN)	16
11	加拿大 Canada (SCC)	15
12	日本 Japan (JISC)	15
13	俄罗斯 Russian Federation(GOST R)	15
14	西班牙 Spain (AENOR)	15
15	印度 India (BIS)	13
16	挪威 Norway (SN)	12
17	南非 South Africa (SABS)	12
18	捷克 Czech Republic (UNMZ)	11
19	韩国 Korea, Republic of (KATS)	11
20	马来西亚 Malaysia (DSM)	11

附表 5-12 建筑领域技术委员会成员国任职数量最多的前 20 个国家

序号	国家	任职数量
1	中国 China (SAC)	25
2	德国 Germany (DIN)	25
3	法国 France (AFNOR)	24
4	日本 Japan (JISC)	23
5	英国 United Kingdom (BSI)	23
6	美国 United States (ANSI)	22

续表

序　号	国　家	任职数量
7	荷兰 Netherlands (NEN)	20
8	挪威 Norway (SN)	20
9	俄罗斯 Russian Federation (GOST R)	20
10	澳大利亚 Australia (SA)	19
11	比利时 Belgium (NBN)	19
12	芬兰 Finland (SFS)	19
13	意大利 Italy (UNI)	19
14	韩国 Korea,Republic of (KATS)	19
15	奥地利 Austria (ASI)	16
16	加拿大 Canada (SCC)	16
17	西班牙 Spain (AENOR)	15
18	瑞典 Sweden (SIS)	15
19	南非 South Africa (SABS)	14
20	伊朗 Iran,Islamic Republic of (ISIRI)	13

附表 5-13　环境领域技术委员会成员国任职数量最多的前 20 个国家

序　号	国　家	任职数量
1	中国 China (SAC)	13
2	奥地利 Austria (ASI)	12
3	加拿大 Canada (SCC)	12
4	法国 France (AFNOR)	12
5	德国 Germany (DIN)	12
6	英国 United Kingdom (BSI)	12
7	印度 India (BIS)	11
8	日本 Japan (JISC)	11
9	荷兰 Netherlands (NEN)	11
10	西班牙 Spain (AENOR)	11
11	韩国 Korea,Republic of (KATS)	10
12	挪威 Norway (SN)	10
13	瑞典 Sweden (SIS)	10
14	美国 United States (ANSI)	10
15	丹麦 Denmark (DS)	9
16	意大利 Italy (UNI)	9
17	肯尼亚 Kenya (KEBS)	9
18	澳大利亚 Australia (SA)	8
19	捷克 Czech Republic (UNMZ)	8
20	埃及 Egypt (EOS)	8

附表 5-14　健康和医药领域技术委员会成员国任职数量最多的前 20 个国家

序　号	国　家	任职数量
1	德国 Germany (DIN)	21
2	中国 China (SAC)	20
3	英国 United Kingdom (BSI)	20
4	美国 United States (ANSI)	20
5	比利时 Belgium (NBN)	19
6	日本 Japan (JISC)	19
7	韩国 Korea, Republic of (KATS)	19
8	荷兰 Netherlands (NEN)	19
9	瑞典 Sweden (SIS)	19
10	法国 France (AFNOR)	18
11	印度 India (BIS)	18
12	意大利 Italy (UNI)	18
13	西班牙 Spain (AENOR)	18
14	奥地利 Austria (ASI)	17
15	瑞士 Switzerland (SNV)	17
16	澳大利亚 Australia (SA)	16
17	爱尔兰 Ireland (NSAI)	15
18	加拿大 Canada (SCC)	14
19	丹麦 Denmark (DS)	13
20	伊朗 Iran, Islamic Republic of (ISIRI)	12

附表 5-15　信息处理、图形、摄影和服务领域技术委员会成员国任职数量最多的前 20 个国家

序　号	国　家	任职数量
1	中国 China (SAC)	22
2	俄罗斯 Russian Federation (GOST R)	20
3	英国 United Kingdom (BSI)	20
4	德国 Germany (DIN)	19
5	加拿大 Canada (SCC)	18
6	法国 France (AFNOR)	18
7	日本 Japan (JISC)	18
8	韩国 Korea, Republic of (KATS)	17
9	荷兰 Netherlands (NEN)	17
10	美国 United States (ANSI)	17
11	奥地利 Austria (ASI)	16
12	意大利 Italy (UNI)	15
13	瑞典 Sweden (SIS)	15
14	瑞士 Switzerland (SNV)	15
15	西班牙 Spain (AENOR)	14

续表

序　　号	国　　家	任 职 数 量
16	澳大利亚 Australia (SA)	13
17	芬兰 Finland (SFS)	13
18	南非 South Africa (SABS)	13
19	保加利亚 Bulgaria (BDS)	11
20	比利时 Belgium (NBN)	10

附表 5-16　机械工程领域技术委员会成员国任职数量最多的前 20 个国家

序　　号	国　　家	任 职 数 量
1	法国 France (AFNOR)	54
2	德国 Germany (DIN)	54
3	英国 United Kingdom (BSI)	54
4	中国 China (SAC)	51
5	意大利 Italy (UNI)	49
6	日本 Japan (JISC)	47
7	美国 United States (ANSI)	47
8	俄罗斯 Russian Federation (GOST R)	42
9	韩国 Korea,Republic of (KATS)	39
10	瑞典 Sweden (SIS)	35
11	荷兰 Netherlands (NEN)	31
12	印度 India (BIS)	29
13	西班牙 Spain (AENOR)	29
14	比利时 Belgium (NBN)	28
15	瑞士 Switzerland (SNV)	25
16	伊朗 Iran,Islamic Republic of (ISIRI)	24
17	奥地利 Austria (ASI)	24
18	加拿大 Canada (SCC)	21
19	芬兰 Finland (SFS)	21
20	捷克 Czech Republic (UNMZ)	18

附表 5-17　非金属材料领域技术委员会成员国任职数量最多的前 20 个国家

序　　号	国　　家	任 职 数 量
1	中国 China (SAC)	8
2	德国 Germany (DIN)	8
3	英国 United Kingdom (BSI)	8
4	法国 France (AFNOR)	7
5	印度 India (BIS)	7
6	意大利 Italy (UNI)	7

续表

序　号	国　家	任职数量
7	南非 South Africa (SABS)	7
8	西班牙 Spain (AENOR)	7
9	瑞士 Switzerland (SNV)	7
10	芬兰 Finland (SFS)	6
11	日本 Japan (JISC)	6
12	肯尼亚 Kenya (KEBS)	6
13	俄罗斯 Russian Federation (GOST R)	6
14	美国 United States (ANSI)	6
15	比利时 Belgium (NBN)	5
16	伊朗 Iran,Islamic Republic of (ISIRI)	5
17	韩国 Korea,Republic of (KATS)	5
18	尼日利亚 Nigeria (SON)	5
19	斯里兰卡 Sri Lanka (SLSI)	5
20	瑞典 Sweden (SIS)	5

附表 5-18　矿石与金属领域技术委员会成员国任职数量最多的前 20 个国家

序　号	国　家	任职数量
1	中国 China (SAC)	13
2	日本 Japan (JISC)	13
3	英国 United Kingdom (BSI)	11
4	德国 Germany (DIN)	10
5	意大利 Italy (UNI)	10
6	俄罗斯 Russian Federation (GOST R)	10
7	法国 France (AFNOR)	8
8	韩国 Korea,Republic of (KATS)	8
9	瑞典 Sweden (SIS)	8
10	美国 United States (ANSI)	8
11	印度 India (BIS)	7
12	西班牙 Spain (AENOR)	7
13	奥地利 Austria (ASI)	6
14	芬兰 Finland (SFS)	5
15	伊朗 Iran,Islamic Republic of (ISIRI)	5
16	朝鲜 Korea,Democratic People's Republic of (CSK)	5
17	波兰 Poland (PKN)	5
18	南非 South Africa (SABS)	5
19	澳大利亚 Australia (SA)	4
20	比利时 Belgium (NBN)	4

附表 5-19 包装和货物配送领域技术委员会成员国任职数量最多的前 20 个国家

序 号	国 家	任职数量
1	中国 China (SAC)	6
2	法国 France (AFNOR)	6
3	德国 Germany (DIN)	6
4	西班牙 Spain (AENOR)	6
5	英国 United Kingdom (BSI)	6
6	俄罗斯 Russian Federation (GOST R)	5
7	比利时 Belgium (NBN)	4
8	印度 India (BIS)	4
9	意大利 Italy (UNI)	4
10	荷兰 Netherlands (NEN)	4
11	南非 South Africa (SABS)	4
12	捷克 Czech Republic (UNMZ)	3
13	日本 Japan (JISC)	3
14	韩国 Korea,Republic of (KATS)	3
15	马来西亚 Malaysia (DSM)	3
16	瑞士 Switzerland (SNV)	3
17	美国 United States (ANSI)	3
18	伊朗 Iran,Islamic Republic of (ISIRI)	2
19	肯尼亚 Kenya (KEBS)	2
20	波兰 Poland (PKN)	2

附表 5-20 特殊技术领域技术委员会成员国任职数量最多的前 20 个国家

序 号	国 家	任职数量
1	中国 China (SAC)	28
2	英国 United Kingdom (BSI)	28
3	德国 Germany (DIN)	27
4	日本 Japan (JISC)	25
5	法国 France (AFNOR)	23
6	韩国 Korea,Republic of (KATS)	23
7	意大利 Italy (UNI)	21
8	俄罗斯 Russian Federation (GOST R)	21
9	美国 United States (ANSI)	18
10	瑞士 Switzerland (SNV)	16
11	奥地利 Austria (ASI)	15
12	荷兰 Netherlands (NEN)	14
13	西班牙 Spain (AENOR)	14
14	印度 India (BIS)	13
15	瑞典 Sweden (SIS)	13

续表

序号	国家	任职数量
16	比利时 Belgium (NBN)	12
17	伊朗 Iran,Islamic Republic of (ISIRI)	12
18	澳大利亚 Australia (SA)	11
19	加拿大 Canada (SCC)	9
20	挪威 Norway (SN)	9

附表 5-21 农业领域分技术委员会成员国任职数量最多的前 20 个国家

序号	国家	任职数量
1	中国 China (SAC)	16
2	印度 India (BIS)	16
3	英国 United Kingdom (BSI)	16
4	埃及 Egypt (EOS)	15
5	伊朗 Iran,Islamic Republic of (ISIRI)	15
6	智利 Chile (INN)	14
7	德国 Germany (DIN)	14
8	俄罗斯 Russian Federation (GOST R)	14
9	坦桑尼亚 Tanzania,United Republic of (TBS)	14
10	法国 France (AFNOR)	13
11	匈牙利 Hungary (MSZT)	13
12	爱尔兰 Ireland (NSAI)	13
13	阿根廷 Argentina (IRAM)	11
14	荷兰 Netherlands (NEN)	11
15	葡萄牙 Portugal (IPQ)	11
16	瑞士 Switzerland (SNV)	11
17	美国 United States (ANSI)	11
18	斯里兰卡 Sri Lanka (SLSI)	10
19	比利时 Belgium (NBN)	9
20	加拿大 Canada (SCC)	9

附表 5-22 基础化学领域分技术委员会成员国任职数量最多的前 20 个国家

序号	国家	任职数量
1	中国 China (SAC)	15
2	韩国 Korea,Republic of (KATS)	15
3	荷兰 Netherlands (NEN)	15
4	英国 United Kingdom (BSI)	14
5	美国 United States (ANSI)	14
6	德国 Germany (DIN)	12
7	印度 India (BIS)	12
8	意大利 Italy (UNI)	12

续表

序　号	国　家	任职数量
9	西班牙 Spain (AENOR)	12
10	日本 Japan (JISC)	11
11	法国 France (AFNOR)	10
12	俄罗斯 Russian Federation (GOST R)	10
13	伊朗 Iran,Islamic Republic of (ISIRI)	9
14	挪威 Norway (SN)	8
15	波兰 Poland (PKN)	8
16	葡萄牙 Portugal (IPQ)	8
17	瑞典 Sweden (SIS)	8
18	澳大利亚 Australia (SA)	7
19	哈萨克斯坦 Kazakhstan (KAZMEMST)	7
20	比利时 Belgium (NBN)	6

附表 5-23　基础学科领域分技术委员会成员国任职数量最多的前 20 个国家

序　号	国　家	任职数量
1	英国 United Kingdom (BSI)	24
2	德国 Germany (DIN)	23
3	俄罗斯 Russian Federation (GOST R)	23
4	意大利 Italy (UNI)	21
5	日本 Japan (JISC)	21
6	美国 United States (ANSI)	20
7	中国 China (SAC)	19
8	法国 France (AFNOR)	18
9	韩国 Korea,Republic of (KATS)	15
10	波兰 Poland (PKN)	15
11	瑞典 Sweden (SIS)	15
12	丹麦 Denmark (DS)	14
13	芬兰 Finland (SFS)	14
14	印度 India (BIS)	14
15	荷兰 Netherlands (NEN)	13
16	南非 South Africa (SABS)	13
17	捷克 Czech Republic (UNMZ)	12
18	奥地利 Austria (ASI)	11
19	挪威 Norway (SN)	11
20	爱尔兰 Ireland (NSAI)	9

附表 5-24　建筑领域分技术委员会成员国任职数量最多的前 20 个国家

序　号	国　家	任职数量
1	英国 United Kingdom (BSI)	45
2	日本 Japan (JISC)	42

续表

序号	国家	任职数量
3	中国 China (SAC)	41
4	德国 Germany (DIN)	37
5	法国 France (AFNOR)	35
6	韩国 Korea,Republic of (KATS)	35
7	美国 United States (ANSI)	34
8	加拿大 Canada (SCC)	29
9	澳大利亚 Australia (SA)	28
10	挪威 Norway (SN)	28
11	俄罗斯 Russian Federation (GOST R)	28
12	比利时 Belgium (NBN)	27
13	芬兰 Finland (SFS)	27
14	南非 South Africa (SABS)	25
15	意大利 Italy (UNI)	24
16	西班牙 Spain (AENOR)	22
17	荷兰 Netherlands (NEN)	21
18	瑞士 Switzerland (SNV)	20
19	奥地利 Austria (ASI)	18
20	捷克 Czech Republic (UNMZ)	16

附表 5-25 环境领域分技术委员会成员国任职数量最多的前 20 个国家

序号	国家	任职数量
1	德国 Germany (DIN)	30
2	日本 Japan (JISC)	30
3	法国 France (AFNOR)	29
4	英国 United Kingdom (BSI)	29
5	韩国 Korea,Republic of (KATS)	27
6	奥地利 Austria (ASI)	26
7	意大利 Italy (UNI)	26
8	荷兰 Netherlands (NEN)	25
9	中国 China (SAC)	24
10	瑞典 Sweden (SIS)	24
11	加拿大 Canada (SCC)	23
12	俄罗斯 Russian Federation (GOST R)	23
13	比利时 Belgium (NBN)	22
14	芬兰 Finland (SFS)	22
15	挪威 Norway (SN)	22
16	西班牙 Spain (AENOR)	22
17	美国 United States (ANSI)	22
18	丹麦 Denmark (DS)	21
19	捷克 Czech Republic (UNMZ)	20
20	印度 India (BIS)	20

附表 5-26 健康和医药领域分技术委员会成员国任职数量最多的前 20 个国家

序号	国家	任职数量
1	德国 Germany (DIN)	41
2	英国 United Kingdom (BSI)	41
3	瑞典 Sweden (SIS)	39
4	比利时 Belgium (NBN)	38
5	日本 Japan (JISC)	37
6	中国 China (SAC)	36
7	韩国 Korea, Republic of (KATS)	36
8	意大利 Italy (UNI)	35
9	美国 United States (ANSI)	34
10	瑞士 Switzerland (SNV)	31
11	加拿大 Canada (SCC)	30
12	法国 France (AFNOR)	30
13	荷兰 Netherlands (NEN)	30
14	澳大利亚 Australia (SA)	29
15	俄罗斯 Russian Federation (GOST R)	29
16	西班牙 Spain (AENOR)	28
17	巴西 Brazil (ABNT)	22
18	爱尔兰 Ireland (NSAI)	21
19	丹麦 Denmark (DS)	19
20	芬兰 Finland (SFS)	19

附表 5-27 信息处理、图形、摄影和服务领域分技术委员会成员国任职数量最多的前 20 个国家

序号	国家	任职数量
1	中国 China (SAC)	33
2	日本 Japan (JISC)	33
3	英国 United Kingdom (BSI)	33
4	美国 United States (ANSI)	33
5	韩国 Korea, Republic of (KATS)	32
6	俄罗斯 Russian Federation (GOST R)	32
7	德国 Germany (DIN)	31
8	法国 France (AFNOR)	29
9	意大利 Italy (UNI)	26
10	加拿大 Canada (SCC)	25
11	荷兰 Netherlands (NEN)	25
12	芬兰 Finland (SFS)	24
13	瑞士 Switzerland (SNV)	24
14	瑞典 Sweden (SIS)	23
15	西班牙 Spain (AENOR)	22
16	南非 South Africa (SABS)	21
17	丹麦 Denmark (DS)	19
18	澳大利亚 Australia (SA)	18
19	印度 India (BIS)	18
20	奥地利 Austria (ASI)	16

附表 5-28 机械工程领域分技术委员会成员国任职数量最多的前 20 个国家

序号	国家	任职数量
1	德国 Germany (DIN)	185
2	英国 United Kingdom (BSI)	178
3	中国 China (SAC)	172
4	法国 France (AFNOR)	169
5	美国 United States (ANSI)	159
6	日本 Japan (JISC)	158
7	意大利 Italy (UNI)	151
8	俄罗斯 Russian Federation (GOST R)	134
9	瑞典 Sweden (SIS)	115
10	韩国 Korea,Republic of (KATS)	114
11	荷兰 Netherlands (NEN)	111
12	比利时 Belgium (NBN)	98
13	印度 India (BIS)	98
14	瑞士 Switzerland (SNV)	78
15	奥地利 Austria (ASI)	69
16	西班牙 Spain (AENOR)	63
17	巴西 Brazil (ABNT)	62
18	加拿大 Canada (SCC)	56
19	芬兰 Finland (SFS)	51
20	捷克 Czech Republic (UNMZ)	48

附表 5-29 非金属材料领域分技术委员会成员国任职数量最多的前 20 个国家

序号	国家	任职数量
1	德国 Germany (DIN)	23
2	印度 India (BIS)	23
3	意大利 Italy (UNI)	23
4	南非 South Africa (SABS)	22
5	英国 United Kingdom (BSI)	22
6	美国 United States (ANSI)	22
7	西班牙 Spain (AENOR)	21
8	瑞士 Switzerland (SNV)	21
9	中国 China (SAC)	20
10	法国 France (AFNOR)	20
11	日本 Japan (JISC)	20
12	比利时 Belgium (NBN)	19
13	芬兰 Finland (SFS)	19
14	俄罗斯 Russian Federation (GOST R)	19
15	韩国 Korea,Republic of (KATS)	18
16	伊朗 Iran,Islamic Republic of (ISIRI)	16
17	荷兰 Netherlands (NEN)	16
18	瑞典 Sweden (SIS)	15
19	捷克 Czech Republic (UNMZ)	14
20	印度尼西亚 Indonesia (BSN)	12

附表 5-30 矿石与金属领域分技术委员会成员国任职数量最多的前 20 个国家

序　号	国　家	任职数量
1	中国 China (SAC)	36
2	德国 Germany (DIN)	34
3	日本 Japan (JISC)	33
4	英国 United Kingdom (BSI)	32
5	意大利 Italy (UNI)	29
6	韩国 Korea,Republic of (KATS)	29
7	俄罗斯 Russian Federation (GOST R)	29
8	瑞典 Sweden (SIS)	29
9	法国 France (AFNOR)	28
10	美国 United States (ANSI)	22
11	西班牙 Spain (AENOR)	21
12	奥地利 Austria (ASI)	20
13	波兰 Poland (PKN)	17
14	捷克 Czech Republic (UNMZ)	16
15	伊朗 Iran,Islamic Republic of (ISIRI)	16
16	荷兰 Netherlands (NEN)	15
17	印度 India (BIS)	13
18	比利时 Belgium (NBN)	12
19	巴西 Brazil (ABNT)	10
20	南非 South Africa (SABS)	10

附表 5-31 包装和货物配送领域分技术委员会成员国任职数量最多的前 20 个国家

序　号	国　家	任职数量
1	法国 France (AFNOR)	6
2	德国 Germany (DIN)	6
3	荷兰 Netherlands (NEN)	6
4	南非 South Africa (SABS)	6
5	西班牙 Spain (AENOR)	6
6	英国 United Kingdom (BSI)	6
7	中国 China (SAC)	5
8	日本 Japan (JISC)	5
9	韩国 Korea,Republic of (KATS)	5
10	美国 United States (ANSI)	5
11	捷克 Czech Republic (UNMZ)	4
12	印度 India (BIS)	4
13	俄罗斯 Russian Federation (GOST R)	4
14	瑞典 Sweden (SIS)	4
15	澳大利亚 Australia (SA)	3
16	比利时 Belgium (NBN)	3
17	丹麦 Denmark (DS)	3
18	意大利 Italy (UNI)	3
19	肯尼亚 Kenya (KEBS)	3
20	马来西亚 Malaysia (DSM)	3

附表 5-32 特殊技术领域分技术委员会成员国任职数量最多的前 20 个国家

序号	国家	任职数量
1	日本 Japan (JISC)	54
2	中国 China (SAC)	53
3	德国 Germany (DIN)	53
4	俄罗斯 Russian Federation (GOST R)	52
5	英国 United Kingdom (BSI)	52
6	韩国 Korea, Republic of (KATS)	47
7	美国 United States (ANSI)	47
8	法国 France (AFNOR)	38
9	瑞士 Switzerland (SNV)	38
10	印度 India (BIS)	36
11	意大利 Italy (UNI)	24
12	荷兰 Netherlands (NEN)	23
13	西班牙 Spain (AENOR)	23
14	罗马尼亚 Romania (ASRO)	21
15	奥地利 Austria (ASI)	18
16	澳大利亚 Australia (SA)	17
17	比利时 Belgium (NBN)	16
18	捷克 Czech Republic (UNMZ)	15
19	波兰 Poland (PKN)	15
20	瑞典 Sweden (SIS)	15

附表 5-33 全国学会在国际民间科技组织任主席的科学家名单

序号	国际民间科技组织名称	现任主席	国籍
1	国际古生物协会	周忠和	中国
2	国际动物学会	张知彬	中国
3	国际纯粹与应用生物物理联盟	饶子和	中国
4	亚洲生物物理联合会	阎锡蕴	中国
5	灰色系统与不确定性分析国际联合会	刘思峰	中国
6	信息技术与量化管理国际学会	石勇	中国
7	亚洲菌物学会	刘杏忠	中国
8	电机工程国际会议组织	郑宝森	中国
9	亚洲生物技术联合会	高福	中国
10	东亚文化遗产保护学会	马家郁	中国
11	国际标准化组织印刷技术委员会	蒲嘉陵	中国
12	亚太网印及制像协会	沈春燕	中国
13	国际生物材料科学与工程学会联合会	张兴栋	中国
14	东亚地区农业文化遗产研究会	闵庆文	中国
15	世界水土保持学会	李锐	中国
16	世界医学气功学会	高鹤亭	中国
17	世界针灸学会联合会	刘保延	中国
18	世界中医骨科联合会	施杞	中国
19	世界中医药学会联合会	佘靖	中国

续表

序　　号	国际民间科技组织名称	现 任 主 席	国籍
20	亚大地区生理学会联合会	王晓民	中国
21	亚太危重病医学会	杜斌	中国
22	国际运动心理学会	姒刚彦	中国
23	亚洲及南太平洋运动心理学会	张力为	中国
24	世界自然保护联盟	章新胜	中国
25	国际粉体检测与控制联合会	谢植	中国
26	国际数字地球学会	郭华东	中国

附表 5-34　全国学会已加入的国际民间科技组织中担任核心或重要职位的人员名单

序号	国际民间科技组织名称	姓　　名	担 任 职 务
1	国际纯粹与应用物理联合会	詹文龙	执行委员会副主席
2	西太平洋地区声学委员会	李风华	第一副主席
3	国际纯粹与应用化学联合会	周其凤	候任主席
4	太平洋地区高分子联合会	张希	副主席/候任主席
5	国际天文学联合会	刘晓为	副主席
6	国际地理联合会	周成虎	执委副主席
7	国际地貌学家协会	杨小平	执委副主席
8	国际冻土协会	马巍	执委会委员
9	国际矿物学协会	鲁安怀	执委
10	国际古生物协会	周忠和	现任主席
11	国际动物学会	张知彬	现任主席
12	原生生物学家学会	宋微波	大执委
13	国际昆虫学会	刘树生	理事
14	亚洲大洋洲生物化学家与分子生物学家联合会	昌增益	现任主席
15	亚洲太平洋细胞生物学组织	丁小燕	执行主席/秘书长/理事
16	国际细胞生物学联盟	丁小燕	执委会成员代表
17	国际纯粹与应用生物物理联盟	饶子和	现任主席
18	亚洲生物物理联合会	阎锡蕴	现任主席
19	亚洲自由基学会	刘杨	候任主席
20	国际应用心理协会	韩布新	秘书长
21	国际应用心理协会	王重鸣	理事
22	国际生态学会	傅伯杰	副主席
23	国际影像科学委员会	蒲嘉陵	秘书长
24	灰色系统与不确定性分析国际联合会	刘思峰	现任主席
25	灰色系统与不确定性分析国际联合会	谢乃明	执行主席/秘书长/理事
26	国际项目管理协会	钱福培	副主席
27	国际项目管理协会	薛岩	副主席
28	国际项目管理协会	欧立雄	主席战略顾问
29	国际项目管理协会	戚安邦	研究管理委员会主席
30	信息技术与量化管理国际学会	石勇	现任主席
31	国际岩石力学与工程学会	何满潮	副主席
32	国际地下空间联合研究中心	钱七虎	理事

续表

序号	国际民间科技组织名称	姓　　名	担任职务
33	世界自然保护联盟	章新胜	现任主席
34	国际实验动物科学理事会	秦川	理事
35	亚洲实验动物学会联合会	秦川	副主席
36	亚洲菌物学会	刘杏忠	现任主席
37	国际真菌协会	蔡磊	执委
38	国际汽车工程学会联合会	公维洁	副主席
39	国际汽车工程学会联合会	赵福全	候任主席
40	国际农业与生物系统工程学会	李树君	候任主席
41	亚洲农业工程学会	张兰芳	秘书长
42	国际大电网委员会	谢明亮	理事会成员
43	国际供电会议委员会	李若梅	指导委员会成员
44	世界工程组织联合会	李若梅	执委会委员
45	电机工程国际会议组织	郑宝森	轮值主席
46	国际水利与环境工程学会	彭静	秘书长
47	国际内燃机学会	金东寒	执行董事会成员
48	国际吸气式发动机学会	徐建中	执委
49	国际燃烧学会	齐飞	执委
50	国际传热传质中心	张兴	执委
51	国际制冷学会	金嘉玮	执委
52	国际真空科学技术与应用联合会	侯建国	执委
53	国际自动控制联合会	刘德荣	理事
54	国际模式识别协会	谭铁牛	副主席
55	国际计量测试联合会	马爱文	理事
56	国际几何与图学学会	韩宝玲	执行理事
57	国际信息处联合会	林润华	理事会成员
58	国际医药信息学会	吴瑛	候任副主席
59	世界工程组织联合会	龚克	副主席
60	国际计算语言学协会	赵世奇	秘书长
61	国际信息与通信处理联合会	唐可亮	执行委员
62	国际信息与通信处理联合会	唐可为	中央委员
63	国际船舶结构大会	陈映秋	常委会委员
64	国际重载运输协会	马福海	理事会理事
65	国际道路联盟	刘文杰	董事会董事
66	国际道路联盟	郑健龙	董事会董事
67	国际航空科学理事会	张彦仲	理事
68	国际宇航联合会	于登云	副主席
69	国际空间法学会	张振军	理事
70	国际弹道学会	王中原	董事
71	国际腐蚀理事会	李晓刚	执委
72	世界化学工程联合会	陈建峰	执委委员
73	亚太化工联盟	钱旭红	理事
74	世界采矿大会	王显政	国际组委会副主席

续表

序号	国际民间科技组织名称	姓　　名	担任职务
75	国际氢能协会	毛宗强	副主席
76	国际标准化组织氢能委员会	毛宗强	副主席
77	国际地热协会	庞忠和	理事/司库
78	国际陶瓷联合会	南策文	前任主席
79	国际玻璃协会	彭寿	前任主席
80	国际建筑师协会	庄惟敏	理事
81	国际建筑师协会	张百平	副理事
82	亚洲建筑师协会	周畅	理事
83	亚洲生物技术联合会	高福	现任主席
84	东亚文化遗产保护学会	马家郁	现任主席
85	国际标准化组织印刷技术委员会	蒲嘉陵	现任主席
86	亚太网印及制像协会	沈春燕	现任主席
87	亚太地区职业安全健康组织	罗志明(中国香港)	秘书长
88	烟草科学研究合作中心	谢剑平	理事
89	国际建模仿真学会	张霖	前任主席
90	国际照明委员会	崔一平	副主席
91	国际消防协会联盟	张少禹	执委
92	国际生物材料科学与工程学会联合会	张兴栋	中国
93	东亚地区农业文化遗产研究会	闵庆文	执行主席
94	国际杨树委员会	卢孟柱	执委
95	国际林业研究组织联盟	刘世荣	执委
96	国际土壤科学联合会	张甘霖	执委
97	国际土壤科学联合会	张福锁	执委
98	东亚及东南亚土壤科学联合会	沈仁芳	轮值主席
99	亚洲水产学会	黄硕琳	理事长
100	世界家禽学会	杨宁	候任主席
101	国际猪兽医学会	杨汉春	执委
102	世界家兔科学学会	秦应和	执委会副主席
103	国际植物-微生物分子互作学会	周俭民	主任
104	国际植物保护科学协会	周雪平	执委
105	国际野蚕学会	姜德富	理事
106	世界水土保持学会	李锐	主席
107	国际抗癌联盟	郝希山	董事会成员
108	国际糖尿病联盟	纪立农	副主席
109	国际胃肠病组织	吴开春	执委
110	国际眼科学会联盟	王宁利	理事
111	国际防止核战争医生联盟	苏旭	理事
112	国际防止核战争医生联盟	孟庆龙	理事
113	世界医学气功学会	高鹤亭	主席
114	世界医学气功学会	龙致贤	副主席兼秘书长
115	世界医学气功学会	郑守曾	副主席
116	世界医学气功学会	王雷	副秘书长

续表

序号	国际民间科技组织名称	姓　　名	担 任 职 务
117	世界针灸学会联合会	刘保延	主席
118	世界针灸学会联合会	王国强	名誉主席
119	世界针灸学会联合会	杨金生	司库
120	世界中医骨科联合会	施杞	主席
121	世界中医骨科联合会	韦以宗	秘书长兼常务副主席
122	世界中医骨科联合会	孙永章	副主席兼副秘书长
123	世界中医骨科联合会	董福慧	常务副主席
124	世界中医药学会联合会	佘靖	主席
125	世界中医药学会联合会	王国强	名誉主席
126	世界中医药学会联合会	房书亭	副主席
127	世界中医药学会联合会	汪受传	理事
128	亚大地区生理学会联合会	王晓民	主席
129	国际生理科学联合会	王晓民	执委
130	国际解剖学工作者协会	李云庆	执委
131	国际形态学大会	李云庆	候任主席
132	亚洲临床解剖学会	刘树伟	副主席
133	国际组织化学与细胞化学学会联盟	李和	理事
134	国际生物医学工程的联合会	廖洪恩	秘书长
135	国际医学物理组织	胡逸民	执委
136	亚太危重病医学会	杜斌	主席
137	亚太危重病医学会	马朋林	理事
138	亚太危重病医学会	许媛	理事
139	国际病理生理学会	徐明	理事
140	国际心脏研究会	惠汝太	理事
141	国际心脏研究会	肖瑞平	理事
142	国际休克联盟	姜勇	理事
143	国际基础与临床药理学联合会	张永祥	执委
144	世界针灸学会联合会	沈志祥	秘书长
145	世界针灸学会联合会	杨金生	司库
146	国际防痨与肺部疾病联合会	王撷秀	董事局成员
147	亚太区国际防痨与肺部疾病联合会	王撷秀	主席
148	国际抗癌联盟	郝希山	常务理事
149	国际乳腺疾病协会	郝希山	常务理事
150	国际运动医学联合会	李国平	副主席
151	国际运动心理学会	姒刚彦	主席
152	亚洲及南太平洋运动心理学会	张力为	主席
153	亚洲及南太平洋运动心理学会	黄志剑	理事
154	国际毒理学联合会	付立杰	执委
155	亚洲毒理学联合会	庄志雄	理事
156	亚洲毒理学联合会	周平坤	理事
157	亚洲毒理学联合会	付立杰	理事
158	亚洲毒理学联合会	孙祖越	理事

续表

序号	国际民间科技组织名称	姓　　名	担任职务
159	国际免疫学联合会	田志刚	理事
160	亚洲-大洋洲国际免疫学联盟	田志刚	秘书长
161	世界公共卫生联盟	杨维中	执委
162	国际牙科研究会	边专	理事
163	世界科技记者联盟	姜岩	执委
164	国际城市与区域规划师学会	石楠	副主席
165	发明协会国际联合会	余华荣	理事
166	国际生物材料科学与工程学会联合会	张兴栋	主席
167	亚洲睡眠医学学会	韩芳	副主席
168	世界自然保护联盟	章新胜	主席
169	国际粉体检测与控制联合会	谢植	主席
170	国际数字地球学会	郭华东	现任主席

注：本表包含的国际民间科技组织以及任职者姓名和职位由全国学会提供。

附表 6-1　原值 50 万以上的大型科研仪器数量(2008—2014 年)

年　　份	数量/(台/套)	原值/亿元
2008	24577	342.1
2009	28720	431.4
2010	34738	468.6
2011	40395	556.1
2012	48164	659.5
2013	54918	780.3
2014	61251	868.8

附表 6-2　原值 500 万以上的大型科研仪器数量(2008—2014 年)

年　　份	数量/(台/套)
2008	573
2009	676
2010	759
2011	861
2012	1016
2013	1241
2014	1438

附表 6-3　大型科研仪器区域分布(2014 年)

区　　域	数量/(台/套)	占　　比
东三省	5791	9.5%
长三角	14452	23.6%
中东部	5451	8.9%
西南	4624	7.5%
东南沿海	4288	7.0%

续表

区　　域	数量(台/套)	占　　比
西北	4104	6.7%
京津冀	18008	29.4%
中南	4533	7.4%
合计	61251	100.0%

附表 6-4　不同区域大型科研仪器增长速率(2008—2014 年)

区　　域	增　长　率
东三省	19.0%
长三角	15.8%
中东部	14.8%
西南	24.8%
东南沿海	13.6%
西北	15.9%
京津冀	16.8%
中南	15.0%

附表 6-5　按类型分大型科研仪器总数占比(截至 2014 年底)

仪 器 类 型	数量/(台/套)	占　　比
大气探测仪器	541	0.88%
地球探测仪器	940	1.53%
电子测量仪器	3274	5.35%
分析仪器	27622	45.10%
工艺实验设备	6808	11.11%
海洋仪器	815	1.33%
核仪器	318	0.52%
激光器	1241	2.03%
计量仪器	2981	4.87%
计算机及其配套设备	3768	6.15%
其他仪器	5194	8.48%
特种检测仪器	788	1.29%
天文仪器	99	0.16%
物理性能测试仪器	5167	8.44%
医学诊断仪器	1695	2.77%
总计	61251	100.00%

附表 6-6　不同类型仪器增长率(2008—2014 年)

仪 器 类 型	增　长　率
天文仪器	9.6%
医学诊断器	10.8%
计算机及其配套设备	11.8%
激光器	12.0%

续表

仪器类型	增长率
电子测量仪器	12.2%
其他仪器	12.2%
核仪器	13.1%
地球探测仪器	17.0%
物理性能测试仪器	17.2%
工艺实验设备	17.5%
分析仪器	18.2%
海洋仪器	18.5%
大气探测仪器	18.9%
计量仪器	22.0%
特种检测仪器	25.2%
总计	16.4%

附表 6-7　中央财政资金支持大型科研仪器占比情况(2014 年)

来源	占比
中央级科学事业单位修缮购置专项	13.6%
国家重点实验室仪器设备购置费	4.5%
“985”工程	14.9%
“211”工程	8.4%
其他	25.4%
主体科技计划	33.1%
国家重大科技专项	21.0%
“973”计划	1.6%
“863”计划	2.8%
星火计划	0.0%
火炬计划	0.3%
国家自然科学基金	4.0%
国家社会科学基金	0.0%
科技支撑计划	2.3%
公益性行业项目	1.2%

附表 6-8　各类型大型科研仪器国产化率(2014 年)

仪器类型	数量/(台/套)	国产化仪器/(台/套)	国产化率
大气探测仪器	541	205	37.9%
地球探测仪器	940	209	22.2%
电子测量仪器	3274	785	24.0%
分析仪器	27622	2056	7.4%
工艺实验设备	6808	3561	52.3%
海洋仪器	815	253	31.0%
核仪器	318	78	24.5%
激光器	1241	200	16.1%

续表

仪器类型	数量/(台/套)	国产化仪器/(台/套)	国产化率
计量仪器	2981	776	26.0%
计算机及其配套设备	3768	2030	53.9%
其他仪器	5194	2639	50.8%
特种检测仪器	788	242	30.7%
天文仪器	99	67	67.7%
物理性能测试仪器	5167	1609	31.1%
医学诊断器	1695	248	14.6%
总计	61251	14958	24.4%

附表 6-9 科研院所大型科研仪器数量(2008—2014 年) 单位/(台/套)

年份	中国科学院	科研院所
2008	3890	10399
2009	4594	12446
2010	5288	15294
2011	6355	18526
2012	7770	21110
2013	8776	24060
2014	10777	27847

附表 6-10 国家重点实验室大型科研仪器发展情况(2010—2014 年)

年份	数量/(台/套)	原值/亿元
2010	3420	48.4
2011	3860	55.3
2012	4236	60.4
2013	5102	77.0
2014	4927	87.8

附表 6-11 大型科研仪器开放共享情况(2008—2014 年) 单位/(台/套)

年份	开放仪器总数	对外开放仪器总数	开放率	对外开放率
2008	18721	8442	76.9%	34.3%
2009	23014	9503	80.0%	33.1%
2010	27957	15618	80.6%	44.8%
2011	33612	18132	83.5%	44.8%
2012	40169	21484	83.3%	44.4%
2013	46601	24513	84.8%	44.4%
2014	54289	33672	85.7%	52.0%

附表 6-12　中国高校和科研院所已建成的重大科研基础设施一览表(不含保密设施)

序号	项目名称	依托单位	主管部门
1	北京正负电子对撞机	中国科学院高能物理研究所	中国科学院
2	长短波授时系统	中国科学院国家授时中心	中国科学院
3	大亚湾反应堆中微子实验	中国科学院高能物理研究所	中国科学院
4	兰州重离子研究装置	中国科学院近代物理研究所	中国科学院
5	全超导托卡马克核聚变实验装置	中国科学院等离子体物理研究所	中国科学院
6	“实验 1 号”科学考察船	中国科学院南海海洋研究所	中国科学院
7	大天区面积多目标光纤光谱天文望远镜(又称郭守敬望远镜)	中国科学院国家天文台	中国科学院
8	国家蛋白质科学研究(上海)设施	中国科学院上海生命科学研究院	中国科学院
9	“科学号”海洋科学综合考察船	中国科学院海洋研究所	中国科学院
10	遥感飞机	中国科学院遥感与数字地球研究所	中国科学院
11	合肥同步辐射装置	中国科学技术大学	中国科学院
12	神光Ⅱ高功率激光实验装置	中国科学院上海光学精密机械研究所	中国科学院
13	上海光源	中国科学院上海应用物理研究所	中国科学院
14	中国遥感卫星地面站	中国科学院遥感与数字地球研究所	中国科学院
15	东半球空间环境地基综合监测子午链(又称子午工程)	中科院空间科学与应用研究中心	中国科学院
16	新一代厘米-分米波射电日像仪	中国科学院国家天文台	中国科学院
17	脉冲强磁场实验装置	华中科技大学	教育部
18	多功能振动台实验室	同济大学	教育部
19	国家汽车整车风洞中心(上海)	同济大学	教育部
20	“东方红 2 号”海洋实习考察船	中国海洋大学	教育部
21	海洋深水试验池	上海交通大学	教育部
22	风洞循环水槽	上海交通大学	教育部
23	NF-3 低速翼型风洞	西北工业大学	工信部
24	NF-6 增压连续式高速风洞	西北工业大学	工信部
25	激光发射试验平台	南京理工大学	工信部
26	超声速风洞	南京理工大学	工信部
27	国家超级计算天津中心	天津滨海新区管委会	天津滨海新区管委会
28	国家超级计算深圳中心	深圳云计算中心	深圳市科技创新委员会
29	国家超级计算长沙中心	湖南大学	教育部
30	国家超级计算济南中心	山东省科学院	山东省科学院
31	国家超级计算广州中心	中山大学	教育部
32	聚龙一号装置	中国工程物理研究院流体物理研究所	中国工程物理研究院
33	神光-Ⅲ原型装置	中国工程物理研究院激光聚变研究中心	中国工程物理研究院
34	星光-Ⅲ激光装置	中国工程物理院激光聚变研究中心	中国工程物理研究院
35	研究堆及中子应用科学实验平台	中国工程物理研究院核物理与化学研究所	中国工程物理研究院
36	HI-13 串列加速器	中国原子能科学研究院	中国核工业集团公司
37	中国先进研究堆中子实验设施	中国原子能科学研究院	中国核工业集团公司

续表

序号	项目名称	依托单位	主管部门
38	泥沙基本理论研究平台	南京水利科学研究院	水利部
39	长江防洪模型	长江水利委员会长江科学院	水利部
40	长江中下游河口段模拟试验平台	南京水利科学研究院	水利部
41	“北斗号”海洋渔业科学调查船	中国水产科学研究院黄海水产研究所	农业部
42	“海洋六号”科考船	广州海洋地质调查局	国土资源部
43	500口径球面射电望远镜	中国科学院国家天文台	中国科学院

附表 6-13 中国高校和科研院所在建的重大科研基础设施一览表

序号	项目名称	依托单位	主管部门
1	中国散裂中子源	中国科学院高能物理研究所	中国科学院
2	X射线自由电子激光试验装置	中国科学院上海应用物理研究所	中国科学院
3	稳态强磁场实验装置	中国科学院合肥物质科学研究院	中国科学院
4	加速器驱动嬗变研究装置	中国科学院广州分院/近代物理研究所	中国科学院
5	强流重离子加速器	中国科学院近代物理研究所	中国科学院
6	中国南极天文台	中国科学院紫金山天文台、中国极地研究中心	中国科学院
7	模式动物表型与遗传研究国家重大科技基础设施	中国农业大学、中国科学院昆明动物研究所	中科院、教育部
8	重大工程材料服役安全研究评价设施	北京科技大学	教育部
9	空间环境地面模拟装置	哈尔滨工业大学	教育部
10	精密重力测量研究设施国家重大科学基础设施	华中科技大学	教育部
11	转化医学国家重大科技基础设施(上海)	上海交通大学	教育部
12	上海交大多功能船模拖曳水池	上海交通大学	教育部
13	自主水下航行器研究平台	西北工业大学	工信部

附表 6-14 国家级超级计算中心情况一览

名称	成立时间	所在地区	投资金额	人员	超级计算资源	服务领域
国家超级计算天津中心	2009年	天津市	6亿元	60人	天河一号、TH-1A系统、系统A(TH-1)、系统B、系统C	“天河一号”的服务领域：石油勘探、高端装备研制、生物医药、动漫设计、新能源、新材料、工程设计与仿真分析、气象预报、遥感数据处理、金融风险分析等；“TH-1A系统”的服务领域：高端装备制造、土木工程设计、新能源新材料、生物医药、石油勘探、动漫与影视制作、气象预报、遥感数据处理、金融风险分析、海洋环境工程等

续表

名　称	成立时间	所在地区	投资金额	人员	超级计算资源	服务领域
国家超级计算深圳中心	2010年	广东省深圳市	13亿元	100人	曙光6000超级计算系统	结构强度、动力学、运动学、碰撞安全、流体力学的工程计算、计算物理、计算化学、地球物理学、生物、气象、医药、运筹优化
国家超级计算长沙中心	2010年	湖南省长沙市	8.6亿元	80人	TH-1HN系统	科学研究、信息服务、装备制造等领域
国家超级计算济南中心	2011年	山东省济南市	6亿元	50人	神威蓝光计算机系统	海洋科学、信息安全、电子政务、气候气象、工业设计、生物信息、航空航天、智慧城市及科学计算
国家超级计算广州中心	2012年	广东省广州市	26亿元	50人	天河二号	高新产业和现代服务业，数字城市建设以及科研领域，还应用于城市抗震减灾、基因组学研究与应用、药物设计、生物分子动力学模拟、数字媒体和动漫渲染、舆情监控、应急智能决策等方面

注：资料来源于科技部。

附表7-1　高技术产业基本情况(2005—2015年)

产　业	2005	2006	2007	2008	2009	2010	2011	2012	2013	2014	2015
全部制造业											
企业数/个	251499	279282	313046	396950	405183	422532	301489	318772	343584	352365	358665
从业人员年平均人数/万人	5935	6347	6856	7732	7720	8391	8054	8395	8614	8647	
主营业务收入/亿元	213844	270478	347890	432760	471870	606300	729264	805662	909453	978230	992674
高技术产业											
企业数/个	17527	19161	21517	25817	27218	28189	21682	24636	26894	27939	29631
从业人员年平均人数/万人	663	744	843	945	958	1092	1147	1269	1294	1325	1354
主营业务收入/亿元	33916	41585	49714	55729	59567	74483	87527	102284	116049	127368	139969
航空航天器制造业											
企业数/个	167	173	181	217	220	237	224	304	318	338	382
从业人员年平均人数/万人	30	30	30	31	33	34	35	36	34	37	38.7
主营业务收入/亿元	781	799	1006	1162	1323	1592	1934	2330	2853	3028	3412.6

续表

产　业	2005	2006	2007	2008	2009	2010	2011	2012	2013	2014	2015
计算机及办公设备制造业											
企业数/个	1267	1293	1450	1695	1676	1642	1313	1387	1565	1629	1695
从业人员年平均人数/万人	101	122	143	165	163	181	195	198	191	184	146.7
主营业务收入/亿元	10717	12634	14887	16499	16432	19958	21164	22045	23214	23499	19407.9
电子及通信设备制造业											
企业数/个	7781	8606	9963	12871	12831	13425	10220	12215	13465	13973	14634
从业人员年平均人数/万人	347	393	455	523	510	602	636	731	748	773	814.23
主营业务收入/亿元	16646	21069	24824	27410	28466	35984	43206	52799	60634	67584	78309.9
医疗设备及仪器仪表制造业											
企业数/个	3341	3721	4175	4510	5684	5846	3999	4343	4707	4891	5062
从业人员年平均人数/万人	62	70	77	74	91	102	103	107	112	115	114.74
主营业务收入/亿元	1752	2364	3030	3256	4259	5531	6739	7772	8864	9907	10471.8
医药制造业											
企业数/个	4971	5368	5748	6524	6807	7039	5926	6387	6839	7108	7392
从业人员年平均人数/万人	123	130	137	151	160	173	179	197	209	216	222.94
主营业务收入/亿元	4020	4719	5967	7402	9087	11417	14484	17338	20484	23350	25729.5

注：(1)主营业务收入额为当年价；(2)2015 年各行业中企业数、从业人员年平均人数和主营业务收入之和不等于高技术产业的企业数、从业人员年平均人数和主营业务收入总计，因为 2015 年新增统计了信息化学品制造业，此表中并未包含信息化学品制造业数据。数据来源于《中国高技术产业统计年鉴 2006—2016》。

附表 7-2　按地区和行业分高技术产业主营业务收入(2015 年)　　单位/亿元

地　区	高技术产业主营业务收入	其　中				
		医药制造业	航空航天器及设备制造业	电子及通信设备制造业	计算机及办公设备制造业	医疗设备及仪器仪表制造业
全国	139968.6	25729.5	3412.6	78309.9	19407.9	10471.8
东部地区	99929.5	13459.6	1778.3	61473.1	13676.1	7956.3
中部地区	20836.1	6005.8	265.5	11272.4	1158.3	1539.4
西部地区	14918.6	3617.3	941.3	4840.8	4485.7	621.7
东北地区	4284.5	2646.8	427.5	723.7	87.9	354.5
北京	3997.1	715.7	241.5	1866.0	729.6	427.5
天津	4233.8	571.3	766.4	2363.9	394.2	117.0
河北	1705.9	905.3	15.2	561.0	13.2	134.6
山西	864.7	173.8	1.2	658.4	4.2	23.0
内蒙古	394.3	262.5	0.3	58.5	2.0	13.5

续表

地区	高技术产业主营业务收入	其中				
		医药制造业	航空航天器及设备制造业	电子及通信设备制造业	计算机及办公设备制造业	医疗设备及仪器仪表制造业
辽宁	1813.7	618.0	282.2	586.4	63.3	221.0
吉林	1848.5	1639.2		88.3	17.9	102.9
黑龙江	622.2	389.7	145.4	49.0	6.7	30.6
上海	7213.0	659.3	192.9	3677.6	2208.0	452.0
江苏	28530.2	3479.5	328.3	15864.9	3972.0	3876.6
浙江	5288.1	1158.1	5.9	2980.2	176.6	818.8
安徽	3064.1	715.6	14.1	1439.1	615.3	258.8
福建	3962.3	263.2	110.4	2506.1	899.2	132.8
江西	3318.1	1148.3	9.3	1485.2	155.9	229.1
山东	11535.3	4161.7	37.4	4755.7	1272.3	1172.9
河南	6653.8	1976.2	86.4	3817.6	101.4	541.0
湖北	3655.1	1067.4	93.6	1978.3	189.2	196.7
湖南	3280.2	924.5	60.9	1893.8	92.2	290.8
广东	33308.1	1407.9	80.3	26881.7	4010.9	821.8
广西	1791.0	354.8	19.4	589.5	729.8	69.8
海南	155.9	137.6		16.0		2.2
重庆	4028.8	518.6	0.8	1329.9	1950.1	183.7
四川	5171.7	1164.6	246.3	1892.1	1699.4	123.8
贵州	806.9	334.6	136.6	232.9	84.7	18.1
云南	350.0	255.3	0.3	29.4	17.5	38.3
西藏	9.9	9.9				
陕西	1902.9	507.5	528.8	623.6	2.1	154.8
甘肃	179.0	109.1	8.9	55.3		5.7
青海	100.5	35.4		25.6		3.0
宁夏	111.8	36.6		0.6		9.1
新疆	71.7	28.3		3.4		1.9

注：2015年各行业主营业务收入之和不等于高技术产业的主营业务收入总计，因为2015年新增统计了信息化学品制造业，此表中并未包含信息化学品制造业数据。数据来源于《中国高技术产业统计年鉴2016》。

附表 7-3　不同登记类型高技术产业主营业务收入（2009—2015年）　单位/亿元

类别		2009年	2010年	2011年	2012年	2013年	2014年	2015年
高技术产业	内资企业	20425.4	26266.5	32551.4	41355.4	50119.7	59338.1	71327.6
	国有及国有控股企业	1409.1	1721.6	1975.0	2389.7	1449.5	1319.7	1680.3
	港澳台投资企业	11822.3	14345.9	17534.7	21056.7	23073.6	25622.4	29694.5
	外商投资企业	27319.1	33870.4	37441.0	39871.9	42855.6	42407.1	38946.5
其中：								
医药制造业	内资企业	6541.1	8386.3	10932.7	13281.6	15945.4	18298.3	20509.8
	国有及国有控股企业	248.5	324.1	388.5	441.1	143.9	103.0	83.7
	港澳台投资企业	842.3	1056.2	1194.0	1377.5	1534.9	1751.7	1896.3
	外商投资企业	1703.6	1974.8	2357.7	2678.7	3004.0	3300.4	3323.5

续表

类　　别		2009 年	2010 年	2011 年	2012 年	2013 年	2014 年	2015 年
航空航天器制造业	内资企业	1123.0	1349.6	1616.3	1944.3	2365.1	2442.8	2673.5
	国有及国有控股企业	201.0	288.7	339.2	410.9	694.8	531.8	780.0
	港澳台投资企业	42.8	30.8	72.1	94.1	91.1	103.5	92.3
	外商投资企业	157.1	211.9	245.9	291.5	397.0	481.2	646.8
电子及通信设备制造业	内资企业	8475.3	11337.2	13821.8	18694.9	23154.4	28541.9	35350.3
	国有及国有控股企业	752.2	809.0	912.3	1202.8	408.8	437.1	516.5
	港澳台投资企业	6612.8	7741.3	9690.8	12441.3	13881.7	15234.8	18448.4
	外商投资企业	13377.4	16906.0	19693.7	21662.9	23597.7	23807.4	24511.2
计算机及办公设备制造业	内资企业	1584.2	1656.1	1737.3	1983.6	2330.4	2790.0	3422.5
	国有及国有控股企业	40.5	76.9	119.5	95.8	2.5	77.9	33.8
	港澳台投资企业	3975.4	5028.8	5959.8	6576.8	6917.4	7876.0	8016.0
	外商投资企业	10872.4	13272.9	13466.4	13484.8	13966.4	12833.0	7969.4
医疗设备及仪器仪表制造业	内资企业	2701.8	3537.2	4443.3	5451.0	6324.4	7265.1	7872.0
	国有及国有控股企业	166.9	223.0	215.5	239.1	199.4	169.9	263.0
	港澳台投资企业	349.0	488.9	618.0	567.0	648.5	656.4	657.3
	外商投资企业	1208.6	1504.8	1677.4	1754.1	1890.6	1985.1	1942.5

注：2015 年各行业中各等级类型企业主营业务收入之和不等于高技术产业的主营业务收入，因为 2015 年新增统计了信息化学品制造业，此表中并未包含信息化学品制造业数据。数据来源于《中国高技术产业统计年鉴 2010—2016》。

附表 7-4　各地区不同登记类型高技术产业主营业务收入（2009—2015 年）　　单位/亿元

类　　别		2009 年	2010 年	2011 年	2012 年	2013 年	2014 年	2015 年
全国	内资企业	20425.35	26266.45	32551.40	41355.40	50119.70	59338.10	71327.60
	国有及国有控股企业	1409.13	1721.63	1975.00	2389.70	1449.50	1319.70	1680.30
	港澳台投资企业	11822.25	14345.91	17534.70	21056.70	23073.60	25622.40	29694.50
	外商投资企业	27319.10	33870.41	37441.00	39871.90	42855.60	42407.10	38946.50
东部地区	内资企业	13881.78	18049.30	21496.30	25754.00	30989.10	36798.20	44581.60
	国有及国有控股企业	852.00	988.30	1195.70	1371.90	571.00	399.60	785.40
	港澳台投资企业	11088.00	13314.20	14824.40	15671.60	16243.60	17253.10	20503.50
	外商投资企业	26326.29	32505.90	35680.30	36924.70	38739.50	38154.60	34844.40
中部地区	内资企业	3663.23	5018.90	7027.50	7381.70	9357.50	11352.70	13980.90
	国有及国有控股企业	278.00	354.50	398.20	492.60	369.10	360.40	408.30
	港澳台投资企业	457.00	803.80	1572.00	2859.00	3719.40	4720.00	5777.60
	外商投资企业	597.22	727.80	951.90	863.20	1046.40	941.40	1077.60
西部地区	内资企业	2880.37	3198.30	4027.60	5327.30	6431.60	7603.00	9448.00
	国有及国有控股企业	279.00	378.80	381.10	456.40	443.90	417.20	439.70
	港澳台投资企业	278.00	227.90	1138.30	2419.80	2993.30	3517.20	3277.20
	外商投资企业	395.59	636.80	808.90	1205.60	2123.90	2375.50	2193.40
东北地区	内资企业	0.00	0.00	0.00	2892.40	3341.50	3584.20	3317.00
	国有及国有控股企业	0.00	0.00	0.00	68.80	65.40	142.40	47.00
	港澳台投资企业	0.00	0.00	0.00	106.30	117.20	132.20	136.20
	外商投资企业	0.00	0.00	0.00	878.30	945.80	935.60	831.20

注：数据来源于《中国高技术产业统计年鉴 2010—2016》。

附表 7-5　分行业和地区大中型高技术企业 R&D 支出强度(2015 年)

类　别	企业 R&D 经费内部支出/万元	企业主营业务收入/亿元	R&D 强度
高技术产业	22196591	112246.1	1.98%
航空航天器制造业	1680023	3079.2	5.46%
计算机及办公设备制造业	1588082	18099.4	0.88%
电子及通信设备制造业	13790569	66153	2.08%
医疗设备及仪器仪表制造业	1503751	5887.7	2.55%
医药制造业	3262105	17009	1.92%
东部地区	17360421	82439.5	2.11%
中部地区	2230327	15236.3	1.46%
西部地区	2057436	11835.4	1.74%
东北地区	548407	2734.9	2.01%
北京	960033	3188.2	3.01%
天津	667565	3626.8	1.84%
河北	333367	1099.8	3.03%
山西	32701	785.2	0.42%
内蒙古	52442	276	1.90%
辽宁	319552	1148.1	2.78%
吉林	61242	1126	0.54%
黑龙江	167613	460.8	3.64%
上海	1129356	6362.8	1.77%
江苏	2681658	23614.6	1.14%
浙江	1413372	3682.3	3.84%
安徽	372402	2007.6	1.85%
福建	779116	3235	2.41%
江西	188888	2260.8	0.84%
山东	1675038	8200	2.04%
河南	366205	5645	0.65%
湖北	804045	2549.1	3.15%
湖南	466087	1988.7	2.34%
广东	7691587	29301.5	2.62%
广西	51668	1391.5	0.37%
海南	29330	128.4	2.28%
重庆	253742	3347.9	0.76%
四川	718102	4266.4	1.68%
贵州	151521	513	2.95%
云南	47654	213	2.24%
西藏	137	1.2	1.14%
陕西	725448	1526.4	4.75%
甘肃	24296	100.9	2.41%
青海	3335	54.3	0.61%
宁夏	21986	98.1	2.24%
新疆	7104	46.7	1.52%

注：数据来源于《中国高技术产业统计年鉴 2016》。

附表 7-6 高技术产业技术创新(2005—2015 年)

产业	年份										
	2005	2006	2007	2008	2009	2010	2011	2012	2013	2014	2015
全部制造业											
R&D 人员/(万人/年)	54.5	62.2	77.76	92.28	106.99	127.56	147.9	171.04	186.13	192.71	188.81
R&D 经费/亿元	1184.52	1551.39	2009.56	2546.37	3012.94	3771.86	4753.75	5666.86	6407.34	699066	7476.04
新产品销售收入/亿元	23804.21	30876.90	40517.15	50287.42	57175.83	72310.12	87681.32	96939.94	111221.85	122624.26	128091.76
有效发明专利数/件	21870	28168	42455	54223	78884	109732	143397	199128	238501	303855	391732
高技术产业											
R&D 人员/(万人/年)	17.32	18.9	24.82	28.51	32	39.91	42.67	52.56	55.92	57.25	59.0016
R&D 经费/亿元	362.5	456.44	545.32	655.2	774.05	967.83	1237.81	1491.49	1734.37	1922.15	2219.66
新产品销售收入/亿元	6914.66	8248.86	10303.22	12879.47	12595	16364.76	20384.52	23765.32	29028.84	32845.19	38111.48
有效发明专利数/件	6658	8141	13386	23915	31830	50166	67428	97878	115884	147927	199728
航空航天器制造业											
R&D 人员/(万人/年)	2.99	2.74	2.72	1.93	2.3	2.82	2.95	3.79	4.44	3.63	4.21
R&D 经费/亿元	27.8	33.34	42.59	51.99	65.78	92.84	143.56	158.68	167.15	184.78	168.00
新产品销售收入/亿元	337.35	305.04	379.13	472.98	272.17	472.16	498.03	601.83	716.15	1080.91	1264.96
有效发明专利数/件	192	228	270	400	565	700	1277	1770	2778	3485	5535
计算机及办公设备制造业											
R&D 人员/(万人/年)	1.75	2.46	2.97	3.11	3.54	6.85	4.57	5.86	5.5	5.5	5.17
R&D 经费/亿元	43.45	72.93	81.82	80.9	98.87	117.57	151.33	158.07	137.84	142.11	158.81
新产品销售收入/亿元	2070.09	2963.11	2814.74	4227.74	2253.12	4421.47	6738.85	6613	5653.46	5611.37	5345.27
有效发明专利数/件	473	1174	3210	3344	4192	7552	10532	14922	13302	12288	7721

续表

产业	年份										
	2005	2006	2007	2008	2009	2010	2011	2012	2013	2014	2015
电子及通信设备制造业											
R&D人员/(万人/年)	9.51	9.78	14.24	17.22	18.31	21.15	24.18	30.14	31.14	32.72	34.50
R&D经费内部支出/亿元	234.72	276.89	324.52	402.94	454.85	572.41	700.57	855.5	1045.91	1176.49	1379.06
新产品销售收入/亿元	3852.04	4173.48	6013.02	6759.08	8232.77	9071.49	10411.84	12904.34	18424.62	21059.34	25207.95
有效发明专利数/件	4268	3807	6532	15418	21298	33677	44448	64603	79689	105307	150004
医疗设备及仪器仪表制造业											
R&D人员/(万人/年)	1.11	1.38	1.81	2.23	2.74	3.56	4.11	4.58	5.42	5.37	5.11
R&D经费/亿元	16.59	20.7	30.51	40.29	54.93	62.39	86.08	104.35	124.6	129.06	150.38
新产品销售收入/亿元	185.82	237.31	383.65	470.77	588.62	724.12	910.49	1196.81	1243.77	1468.18	1519.29
有效发明专利数/件	591	967	892	1583	1864	2565	4644	6510	7320	10686	13470
医药制造业											
R&D人员/(万人/年)	1.96	2.54	3.08	4.02	5.11	5.52	6.87	8.19	9.41	10.04	9.24
R&D经费/亿元	39.95	52.59	65.88	79.09	99.62	122.63	156.27	214.89	258.88	289.71	326.21
新产品销售收入/亿元	469.36	569.92	712.69	948.91	1248.32	1675.53	1825.31	2449.34	2990.83	3625.4	3940.76
有效发明专利数/件	1134	1965	2482	3170	3911	5672	6527	10073	12795	16161	21563

注：此表数据为大中型工业企业数据。数据来源于《中国高技术产业统计年鉴 2006—2016》。

附表 7-7 高技术产业的进出口贸易(2011—2015 年)

项目	2003	2004	2005	2006	2007	2008	2009	2010	2011	2012	2013	2014	2015
商品进出口总额/亿美元	8509.9	11545.6	14221.2	17604.3	21745.9	25632.5	22075.3	27216.8	36420	38668	41603	43030	39569
高技术产品/亿美元	2296.2	3267.1	4159.6	5287.5	6348	7575.5	6867.8	9050.4	10120	11080.3	12185	12119	12046
占商品进出口总额的比重/%	26.98%	28.30%	29.25%	30.04%	29.19%	29.55%	31.11%	33.25%	27.79%	28.65%	29.29%	28.16%	30.44%
商品出口总额/亿美元	4382.3	5933.3	7620	9689.7	12186.4	14306.9	12016.1	15779	18986	20490	22100	23427	22749
高技术产品/亿美元	1103.2	1653.6	2182.5	2814.5	3478.2	4156.1	3769.3	4923.8	5488	6011.7	6603	6605	6553
占商品出口总额的比重/%	25.2	27.9	28.6	29	28.5	29	31.2	31.2	28.9	29.3	29.9	28.2	28.8
商品进口总额/亿美元	4127.6	5612.3	6601.2	7914.6	9559.5	11325.6	10059.2	11437.8	17434	18178	19503	19603	16820
高技术产品/亿美元	1193	1613.5	1977.1	2473	2869.8	3419.4	3098.5	4126.6	4632	5068.6	5582	5514	5493
占商品进口总额的比重/%	28.9	28.7	30	31.2	30	30.2	30.8	29.6	26.6	27.9	28.6	28.1	32.7
贸易差额/亿美元	255.3	321	1018.8	1775.1	2626.9	2981.3	1956.9	1815.1	1552.5	2312	2597	3825	5930
高技术产品/亿美元	−89.8	40.2	205.4	341.5	608.4	736.7	670.8	797.2	856	943.1	1021	1091	1060

注：数据来源于国家海关总署商品进出口统计数据。

附表 7-8 高技术产品进出口额按技术领域分布(2015 年) 单位/百万美元

技术领域	出口额	进口额	进出口总额
计算机与通信技术	441886	116918	558804
生命科学技术	24586	26706	51291
电子技术	125542	278658	404200
计算机集成制造技术	12506	35850	48356
航空航天技术	7326	34972	42298
光电技术	35732	49372	85104
生物技术	687	1126	1813
材料技术	6234	4806	11040
其他技术	797	885	1682

注：数据来源于国家海关总署商品进出口统计数据。

附表 7-9 2008 年和 2015 年我国进出口前十大贸易伙伴国家或地区占比情况 单位/%

进口			出口			
	2008 年	2015 年	2008 年		2015 年	
法国	1.90	1.90	中国香港	23.5	中国香港	28.9
新加坡	2.50	2.00	美国	18.8	美国	18.4
菲律宾	4.90	2.20	日本	5.7	日本	5.5
泰国	3.90	2.30	荷兰	5.3	荷兰	4.1
德国	3.40	4	德国	5.1	德国	2.7
马来西亚	5.50	6	韩国	4.8	韩国	6.2
日本	13.40	8.40	新加坡	3.0	新加坡	2.5
美国	7	9.30	中国台湾	2.3	中国台湾	3.2
中国台湾	17.20	18.20	英国	2.1	印度	2.4
韩国	15.40	18.90	马来西亚	1.9	墨西哥	1.8
其他	24.90	26.70	其他	27.7	其他	24.2

注：数据来源于国家海关总署商品进出口统计数据。

附表 7-10 高技术产品出口按贸易方式分布(2002—2015 年) 单位/%

	一般贸易	来料加工装配贸易	进料加工贸易	其他
2002 年	7.6	15.1	74.2	3.1
2003 年	7.3	14	75.7	3
2004 年	7.4	13.3	76	3.3
2005 年	8.1	14.2	75.1	2.6
2006 年	9.8	12.9	74.4	2.9
2007 年	11.2	12.9	72.5	3.4
2008 年	13.5	10.8	71.7	4.1
2009 年	13.7	9.1	72.3	4.9
2010 年	15.2	9.2	69.7	6
2011 年	16.4	7.2	69.7	6.7
2012 年	15.7	5.6	66.2	12.5
2013 年	16.8	4.3	61	17.9
2014 年	19.8	4	62.5	13.7
2015 年	22.8	4	59.1	14.1

注：数据来源于国家海关总署商品进出口统计数据。

附表 7-11　高技术产品出口按企业类型分布(2002—2015 年)　单位/%

	国有企业	中外合资企业	外商独资企业	其他
2002 年	15.1	23.8	55.4	5.7
2003 年	10.4	21.4	61.9	6.3
2004 年	8.5	20.6	65	5.9
2005 年	7.4	18.9	67.4	6.3
2006 年	6.9	17.6	68.6	6.9
2007 年	7.3	17	68.1	7.6
2008 年	7.4	16.3	67.6	8.7
2009 年	6.9	15.7	67.5	9.9
2010 年	6.9	15.7	66.5	10.9
2011 年	5.8	14.5	67	12.7
2012 年	5.7	16.8	60.7	16.9
2013 年	5.6	17.4	54.8	22.2
2014 年	6.1	17.5	56.4	20
2015 年	6.4	16.6	53.5	23.5

注：数据来源于国家海关总署商品进出口统计数据。

附表 7-12　全国技术合同成交情况(2006—2015 年)　单位/项，亿元

	2006	2007	2008	2009	2010	2011	2012	2013	2014	2015
合同数	205845	220868	226343	213752	229601	256428	282242	294929	297037	307132
成交总额	1818.18	2226.53	2665.23	3039.01	3906.58	4763.56	6437.07	7469.13	8577.18	9835.79

注：数据来源于中国技术市场管理促进中心。

附表 7-13　各类技术交易合同平均每份成交额(2006—2015 年)　单位/万元

合同类别	2006	2007	2008	2009	2010	2011	2012	2013	2014	2015
技术开发	111	119.4	134.1	143.61	154.72	171.63	175.52	180.16	197.99	198.6
技术转让	276.6	366.3	446.4	405.45	492.93	472.93	860.89	918.41	909.81	1146.89
技术咨询	23.6	23.8	25.8	32.24	42.09	52.63	46.1	59.86	87.52	78.41
技术服务	74.1	85.5	100.7	137.21	184.26	217.96	300.15	353.59	394.38	471.25
单项合同平均成交额	88.32	100.78	117.75	142.17	170.15	185.77	228.07	253.25	288.76	320.25

注：数据来源于中国技术市场管理促进中心。

附表 7-14　技术交易合同类型构成(2014—2015 年)　单位/项，亿元

合同类别	2014 年				2015 年			
	合同数	成交额			合同数	成交额		
		金额	增长	占比		金额	增长	占比
合计	297037	8577.18	14.84%	—	307132	9835.79	14.67%	—
技术开发	148946	2949.01	6.33%	34.38%	153433	3047.18	3.33%	30.98%
技术转让	12499	1137.17	4.93%	13.26%	12787	1466.53	28.96%	14.91%
技术咨询	27911	244.29	25.21%	2.85%	33559	263.12	7.71%	2.68%
技术服务	107681	4246.72	24.29%	49.51%	107353	5058.96	19.13%	51.43%

注：数据来源于中国技术市场管理促进中心。

附表 7-15　全国登记技术合同成交额排在前十的省市(2014 年和 2015 年)单位/亿元

地　　区	2014 年	2015 年
北京	3136	3453
湖北	602	830
江苏	655	724
陕西	640	722
上海	668	708
广东	543	664
天津	418	539
山东	269	340
四川	251	396
辽宁	221	292

注：数据来源于中国技术市场管理促进中心。

附表 7-16　全国输出技术合同成交额排名前十的省市(2015 年)　　单位/亿元

省　　市	金　　额
北京	3454
湖北	789
陕西	722
上海	664
广东	663
江苏	573
天津	503
山东	308
四川	282
辽宁	267

注：数据来源于中国技术市场管理促进中心。

附表 8-1　各地区公民科学素质水平分布状况(2015 年)

省　　份	比　　例	位　　序	省　　份	比　　例	位　　序
北京	17.56%	2	湖南	5.14%	17
天津	12.00%	3	广东	6.91%	6
河北	5.28%	15	广西	4.25%	24
山西	5.27%	16	海南	3.27%	30
内蒙古	5.14%	18	重庆	4.74%	21
辽宁	5.71%	11	四川	4.68%	22
吉林	5.97%	9	贵州	3.56%	28
黑龙江	5.07%	20	云南	3.29%	29
上海	18.71%	1	西藏	1.93%	32
江苏	8.25%	4	陕西	5.51%	13
浙江	8.21%	5	甘肃	3.95%	27
安徽	5.94%	10	青海	3.24%	31
福建	6.10%	8	宁夏	4.01%	25
江西	5.10%	19	新疆	3.97%	26
山东	6.76%	7	兵团	4.42%	23
河南	5.59%	12	全国	**6.20%**	
湖北	5.47%	14			

附录2

APPENDIX 2

主要指标解释

科技人力资源量 包括两部分人员，一是完成科技领域大专学历教育或大专以上学历(学位)教育的人员，即具备成为科技人力资源“资格”的人员；二是虽然不具备上述资格，但从事通常需要上述资格的科技职业的人员，包括技师和高级技师、乡村医生和卫生员。本报告按资格和职业两者的合计值来测算科技人力资源的总量。

专业技术人员 指企事业单位中已经聘任专业技术职务、从事专业技术工作和专业技术管理工作的人员，以及未聘任专业技术职务、现在专业技术岗位上的人员。包括工程技术人员，农业技术人员，科学研究人员，卫生技术人员，教学人员，经济人员，会计人员，统计人员，翻译人员，图书资料、档案、文博人员，新闻出版人员，律师、公证人员，广播电视播音人员，工艺美术人员，体育人员，艺术人员及企业政治思想工作人员，共十七个专业技术职务类别。本报告中，科技领域的专业技术人员主要包括工程技术人员，农业技术人员，科学研究人员，卫生技术人员和教学人员这五种。

R&D人员全时当量 R&D人员指单位内部从事基础研究、应用研究和试验发展三类活动的人员，包括直接参加上述三类项目活动的人员以及这三类项目的管理人员和直接服务人员。为研发活动提供直接服务的人员包括直接为研发活动提供资料文献、材料供应、设备维护等服务的人员。R&D人员全时当量，指全时人员(全年从事R&D活动累积工作时间占全部工作时间的90%及以上的人员)工作量与非全时人员按实际工作时间折算的工作量之和。

高等学校专任教师 专任教师是指具有教师资格证书的在编教师，并承担教学工作的人员。本报告中的高等学校专任教师包括普通高等学校和成人高等学校的专任教师。

高等教育机构 泛指实施高等教育的学校，即提供教学、研究条件和授权颁发学位的高等教育组织，包括大学、学院、高等职业技术学院、高等专科学校等。根据教育部《中国教育统计年鉴》对高等教育机构的分类，我国高等教育机构可以分为研究生培养机构、普通高等学校、成人高等学校和民办的其他高等教育机构等。其中，研究生培养机构与普通高等学校在计数上有重叠，不计校数；民办的其他高等教育机构中既有本科类型院校，又有高职(专科)类型院校，不归列独立的高等教育机构类型。因此，从办学层次上，我国高等教育机构分为普通高等学校和成人高等学校；在办学隶属关系上，高等教育机构可以分为中央部门办、地方部门办和民办等三种类型。

普通高等学校生均教育经费支出 为高等学校经费支出除以年平均学生数，其中，高等学校经费支出主要包括普通高等学校和成人高等学校经费支出。该指标为在一定地区范围内（如某省、某市），按照当地的经济发展水平和教育发展实际，由政府制定的财政年度预算的依据，同时也是当地财政部门按照当地计划内在读学生数额，向相关教育部门拨款的依据。

高等教育培养渠道 主要包括普通、成人、网络和高自考四个渠道：①普通高等教育，指主要包括全日制普通博士学位研究生、全日制普通硕士学位研究生（包括学术型硕士和专业硕士）、全日制普通第二学士学位、全日制普通本科（包括通过高考录取的四年制、五年制本科和通过统招专升本考试录取的二年制本科）、全日制普通专科（高职高专）。②成人本专科，指招生计划在本校的通过全国成人高等学校统一招生考试所招收的本科层次学生；招生数为当年春季入学的新生数，在校生为统计时实际在校生数；招生计划在本校的通过全国成人高等学校统一招生考试所招收的专科层次（含职业）学生。③网络本专科，是指高级中等教育毕业，经教育部批准的具有实施网络本专科学历教育资质的高等学校（机构）培养的非全日制学生。④高自考，是指通过参加高等教育自学考试进入高等教育机构的学生。

留学生净流量 指外国留学生流入量与本国留学生流出量的差值，其中，外国留学生指持外国护照在我国高等学校注册并接受学历教育或非学历教育的外国公民。当净流量为正数时，说明外国留学生流入量大于本国留学生流出量，本国为留学生净流入国；当净流量为负数时，说明外国留学生流入量小于本国留学生流出量，本国为留学生净流出国。

数学和科学学业成就 是义务教育学业水平评价方案的重要组成部分，用文字描述学生在数学和科学学科方面的呈现出的优秀水平、良好水平或者合格水平的典型特征。

实验仪器达标率 实验仪器达标的学校数占全国中小学学校总数的百分比，其中，实验仪器达标的学校指学校各项仪器设备达到各省区市规定的仪器配备标准，是体现各地区学校基础教学设备配备情况的基本指标之一。

馆校合作 指科学技术类场馆（含科技馆、天文馆、海洋馆、动植物园及其他自然科学博物馆）与学校为实现共同教育目的，相互配合而开展的一种教学活动。该活动的施行可以扩大教育活动空间，丰富课程资源，拓展教育内涵，更好地实现人才培养目标。

科技教育出版物 指以中小学生为对象的非教材类科普图书，主要包括含有自然科学内容的青年读物、少年读物、少儿读物、儿童读物、青少年读物及部分普及读物等。数据来自中国国家图书馆联合编目中心的书目综合数据库，按关键词组合提取法进行提取。即先以青年读物、少年读物、少儿读物、儿童读物、青少年读物、普及读物等为关键词，从数据库中将以中小学生为读者对象的2015年出版的所有科技相关图书提取出来。随后参照国图的中图分类法，将自然科学类图书筛选出来，余下人文社会科学类图书及综合类图书则以“科学”“自然”“武器”和“地理”等明显具有自然科学倾向的词语进行组合式筛选。

研究与试验发展（R&D） 指在科学技术领域，为增加知识总量，以及运用这些知识去创造新的应用进行的系统的创造性的活动，包括基础研究、应用研究、试验发展三类活动。国际上通常采用R&D活动的规模和强度指标反映一国的科技实力和核心竞争力。

基础研究 指为获得关于现象和可观察事实的基本原理的新知识(揭示客观事物的本质、运动规律,获得新发现、新学说)而进行的实验性或理论性研究,它不以任何专门或特定的应用或使用为目的。其成果以科学论文和科学著作为主要形式,用来反映知识的原始创新能力。

应用研究 指为获得新知识而进行的创造性研究,主要针对某一特定的目的或目标。应用研究是为了确定基础研究成果可能的用途,或是为达到预定的目标探索应采取的新方法(原理性)或新途径。其成果形式以科学论文、专著、原理性模型或发明专利为主,用来反映对基础研究成果应用途径的探索。

试验发展 指利用从基础研究、应用研究和实际经验中所获得的现有知识,为产生新的产品、材料和装置,建立新的工艺、系统和服务,以及对已产生和建立的上述各项作实质性的改进而进行的系统性工作。其成果形式主要是专利、专有技术、具有新产品基本特征的产品原型或具有新装置基本特征的原始样机等。在社会科学领域,试验发展是指把通过基础研究、应用研究获得的知识转变成可以实施的计划(包括为进行检验和评估实施的示范项目)的过程。人文科学领域没有对应的试验发展活动。主要反映将科研成果转化为技术和产品的能力,是科技推动经济社会发展的物化成果。

R&D 经费内部支出 指单位在报告年度用于内部开展 R&D 活动的实际支出,包括用于 R&D 项目(课题)活动的直接支出,以及间接用于 R&D 活动的管理费、服务费、与 R&D 有关的基本建设支出以及外协加工费等。不包括生产性活动支出、归还贷款支出以及与外单位合作或委托外单位进行 R&D 活动而转拨给对方的经费支出。

国内和国际科技论文 国内科技论文,指我国科技工作者在国内期刊上发表的论文,本研究核算范围为 2006—2015 年《中国科技论文与引文数据库》收录的国内期刊论文。国际科技论文为科睿唯安(原汤森路透)Incites 平台中收录在 SCI 数据库的论文。

高被引论文 为按领域和出版年统计的引文数排名前 1%的论文。

热点论文 为按领域和出版年统计的引文数排名前 1‰的论文。

横向合作论文 指包含了一位或多位组织机构类型标记为"企业"的作者的出版物。

专利申请与授权量 专利申请量指专利机构受理技术发明申请专利的数量,专利授权量指由专利机构授予专利权的专利数量。

有效专利 指专利申请被授权后,仍处于有效状态的专利。

职务发明专利 指执行本单位的任务或者主要是利用本单位的物质技术条件所完成的发明专利。

PCT 专利 PCT 指专利合作条约,该条约规定,一项国际专利申请在申请文件中指定的每个签字国都具有与本国申请同等的效力。

三方专利 指在欧洲专利局和日本专利局都提出了申请并已在美国专利商标局获得发明专利权的同一项发明专利。

技术依存度 指一国的技术创新对国外技术的依赖程度。一般通过测算科学技术经费中技术引进经费的占比,度量一国的对外技术依存度。具体测算公式为

技术依存度(%)=技术引进经费/(R&D 经费+技术引进经费-技术出口经费)

由于目前中国没有技术出口经费的统计数据,且在中国的技术出口量很少,所以在测度公式中将技术出口经费忽略为零。

科技进步贡献率 指广义技术进步对经济增长的贡献份额，它反映在经济增长中投资、劳动和科技三大要素作用的相对关系。其基本含义是扣除了资本和劳动后科技等因素对经济增长的贡献份额。

大型科学仪器设备 指原值在50万元(含50万元)以上，纳入法人单位资产管理的单台科研仪器设备。

国产化率 指高校和科研院所拥有的大型科学仪器设备中，国产仪器数量与全部仪器数量的比值。

对外开放率和开放率 对外开放率指高校和科研院所拥有的大型科学仪器设备中，对外单位开放仪器数量与全部仪器数量的比值；开放率指高校和科研院所拥有的大型科学仪器设备中，对外单位开放的仪器数量加对单位内部开放的仪器数量之和，与全部仪器数量的比值。

重大科研基础设施 指主要由政府财政资金进行较大规模的投入，同时通过较长时间工程建设完成，建成后一般需长期稳定运行和持续开展科学技术活动，以实现重要科学技术或公益服务目标的重大科学研究系统。

高技术产业 指智力和技术密集型产业。中国高技术产业包括航天航空制造业、电子及通信设备制造业、计算机及办公设备制造业、医药制造业和医疗设备及仪器仪表制造业。

高技术产品 根据科技部和原外经贸部确定的《中国高技术产品进出口统计目录》，高技术产品包括计算机与通信技术、生命科学技术、电子技术、计算机集成制造技术、航空航天技术、光电技术、生物技术、材料技术及其他等9类产品。

出口贸易方式 按国家海关总署对贸易方式的分类和解释，出口贸易方式大致可以分为一般贸易、来料加工装配贸易和进料加工贸易等方式。其中，一般贸易指我国境内有进出口经营权的企业单边进口或单边出口的货物；来料加工装配贸易，指由外商提供全部或部分原材料、辅料、零部件、元器件、配套件和包装物料，必要时提供设备，由我方按对方的要求进行加工装配，成品交对方销售，我方收取工缴费，对方提供的作价设备价款，我方用工缴费偿还的交易形式；进料加工贸易，指我方用外汇购买进口的原料、材料、辅料、元器件、零部件、配套件和包装物料，加工成品或半成品后再外销出口的交易形式。

技术交易合同类别 报告期内签订成立的技术合同，按内容大致可以分为四类：①技术开发合同，指当事人之间就新技术、新产品、新工艺或者新材料及其系统的研究开发所订立的合同，包括委托开发合同和合作开发合同。②技术转让合同，指当事人之间就专利权转让、专利申请权转让、技术秘密转让、专利实施许可转让、计算机软件著作权转让、集成电路布图设计专有权转让、植物新品种权转让、生物、医药新品种权转让所订立的合同。③技术咨询合同，指一方当事人为另一方就特定技术项目提供可行性论证、技术预测、专题技术调查、分析评价所订立的合同。④技术服务合同，指一方当事人以技术知识为另一方解决特定技术问题所订立的合同，包括一般性技术服务合同、技术中介合同和技术培训合同。

后记

POSTSCRIPT

“中国科学技术与工程指标”项目，是在中国科协创新战略研究院（以下简称“创新院”）领导的设计和指导下，经创新院调查统计中心项目团队的共同努力，从最初的预研究、立项到报告完成，历经两年时间，终于付梓出版。

“中国科学技术与工程指标”凝聚了项目组众多研究人员的智慧和劳动。2015 年 9 月以来，创新院与中国科普研究所、北京理工大学、中国教育科学研究院、国家科技基础条件平台中心等成立了联合课题组，围绕项目研究的相关领域联合进行了研究设计、数据采集分析和报告写作，项目凝结了这些研究团队后面诸多研究人员和研究辅助人员的心血。

项目启动以来，得到国家自然科学基金委员会政策局龚旭研究员、中国科技指标研究会理事长杨起全研究员、中国科技发展战略研究院宋卫国研究员、中国科学院文献情报中心谭宗颖研究员的悉心指导，并在学术交流时得到全国政协人口资源环境委员会副主任、中国老科协常务副会长齐让同志、美国国家科学院院士谢宇教授等专家学者的点评和咨询建议。在此对他们为“中国科学技术与工程指标”项目在学术上的帮助表示衷心感谢！

本报告由创新院“中国科学技术与工程指标”项目组的研究人员集体完成。报告由创新院院务委员王宏伟研究员指导总体方案和内容审核，由徐婕、邓大胜执行总体研究、设计各章节框架和组织内容撰写。前言和研究概况由徐婕、张静执笔。第 1 章、第 2 章由中国教育科学研究院孙诚负责，赵晶晶、吕华、杜云英、尹玉辉、胡姝执笔，刘馨阳、黄辰修改。第 3 章 3.1～3.3 节由中国科普研究所陈玲研究员负责，李娟执笔，3.4.1 节由刘向东执笔，3.4.2 节由杨光、石磊、王燕妮、熊嘉慧执笔，3.4.3 节由中国科普研究所高宏斌、马俊锋执笔，全章由徐婕、张静、刘馨阳修改。第 4 章由黄辰、徐婕、张静、刘馨阳执笔和修改。第 5 章 5.1～5.4.2 节由北京理工大学崔宇红负责，王飒、崔崑、赵霞、郝琦玮、康桂英参与编写，张明妍修改；5.4.3 节由高晓巍、刘虹、夏婷执笔，徐婕修改；5.5 节由张静执笔。第 6 章由国家科技基础条件平台中心周琼琼、王晋、徐振国、石蕾、王超、高孟绪、杨静、华青松执笔，徐婕修改。第 7 章由原海关总署研究中心徐光耀执笔，张静、徐婕修改。第 8 章由中国科普研究所何薇、张超、任磊执笔。全书由徐婕、张明妍、张静、黄辰、刘馨阳、程豪统稿。附表由各章执笔人提供，刘馨阳协助整理。在项目的执行期间史慧、李慷等人参与了研究讨论以及基础资料的收集和整理。

由于数据来源众多，水平相对有限，疏漏和不足之处在所难免，真诚希望各位读者批评指正，以便我们在以后的报告中不断完善和改进。